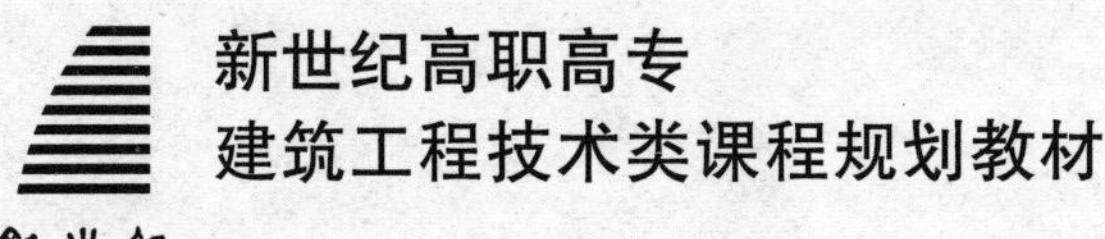

新世纪高职高专
建筑工程技术类课程规划教材

新世纪

建筑结构

下册

——砌体结构、钢结构、建筑抗震部分

新世纪高职高专教材编审委员会 组编
主　编 张玉敏 郑　伟
副主编 刘阳花 曲媛媛
参　编 孙　伟 侯旭魁 焦凤丽
尹博华 侯倩倩 高　红
祝清惠 朱　辉 荀长桐

大连理工大学出版社

图书在版编目(CIP)数据

建筑结构．下册，砌体结构、钢结构、建筑抗震部分 / 张玉敏，郑伟主编．—— 大连：大连理工大学出版社，2011.11(2018.1 重印)
新世纪高职高专建筑工程技术类课程规划教材
ISBN 978-7-5611-6633-8

Ⅰ．①建… Ⅱ．①张… ②郑… Ⅲ．①建筑结构—高等职业教育—教材 Ⅳ．①TU3

中国版本图书馆 CIP 数据核字(2011)第 241314 号

大连理工大学出版社出版
地址:大连市软件园路 80 号　邮政编码:116023
发行:0411-84708842　邮购:0411-84703636　传真:0411-84701466
E-mail:dutp@dutp.cn　URL:http://dutp.dlut.edu.cn
大连理工印刷有限公司印刷　　大连理工大学出版社发行

幅面尺寸:185mm×260mm　印张:14.25　字数:365 千字
2011 年 12 月第 1 版　　2018 年 1 月第 3 次印刷

责任编辑:唐　爽　　责任校对:刘金栓
封面设计:张　莹

ISBN 978-7-5611-6633-8　　定　价:34.80 元

总序

我们已经进入了一个新的充满机遇与挑战的时代，我们已经跨入了21世纪的门槛。

在20世纪与21世纪之交的中国，高等教育体制正经历着一场缓慢而深刻的变革，我们正在对传统的普通高等教育的培养目标与社会发展的现实需要不相适应的现状作历史性的反思与变革性的尝试。

20世纪最后的几年里，高等职业教育的迅速崛起是影响高等教育体制变革的一件大事。在此期间，普通中专教育和普通高专教育全面转轨，以高等职业教育为主导的各种形式的培养应用型人才的教育发展到与普通高等教育等量齐观的地步。其来势之迅猛，发人深思。

无论是正在缓慢变革着的普通高等教育，还是迅速推进着的培养应用型人才的高职教育，都向我们提出了同一个严肃问题：中国的高等教育为谁服务，是为教育发展自身，还是为包括教育在内的现实社会？答案肯定而且唯一，那就是教育也置身其中的现实社会。

由此又引发出高等教育的目的问题。既然教育必须服务于社会，它就必须按照不同领域的社会需要来完成自己的教育过程。换言之，教育资源必须按照社会划分的各个专业(行业)领域(岗位群)的需要实施配置，这就是我们长期以来明乎其理而疏于力行的学以致用问题，这就是我们长期以来未能给予足够关注的教育目的问题。

众所周知，整个社会由其发展所需要的不同部门构成，包括公共管理部门如国家机构；基础建设部门如教育研究机构和各种实业部门如工业部门、商业部门等等。每一个部门又可作更为具体的划分，直至同它所需要的各种专门人才相对应。教育如果不能按照实际需要完成各种专门人才培养的目标，就不能很好地完成社会分工所赋予它的使命，而教育作为社会分工的一种独立存在就应受到质疑(在市场经济条件下尤其如此)。可以断言，按照社会的各种不同需要培养各自对应的人才，是教育体制变革的终极目的。

随着教育体制变革的进一步深入,高等院校的设置是否会同社会对人才类型的不同需要一一对应,我们姑且不论。但高等教育走应用型人才培养的道路和走研究型(也是一种特殊应用)人才培养的道路,学生们根据自己的偏好各取所需,始终是一个理性运行的社会状态下高等教育正常发展的途径。

高等职业教育的崛起,既是高等教育体制变革的结果,也是高等教育体制变革的一个阶段性表征。它的进一步发展,必将极大地推进中国教育体制变革的进程。作为一种应用型人才培养的教育,它从专科层次起步,进而应用本科教育、应用硕士教育、应用博士教育……当应用型人才培养的渠道贯通之时,也许就是我们迎接中国教育体制变革的成功之日。从这一意义上说,高等职业教育的崛起,正是在为必然会取得最后成功的教育体制变革奠基。

高等职业教育刚刚开始自己发展道路的探索过程,它要全面达到应用型人才培养的正常理性发展状态,直至可以和现存的(同时也正处在变革分化过程中的)研究型人才培养的教育并驾齐驱,还需要假以时日;同时还需要政府教育主管部门的大力推进,需要人才市场的进一步完善,尤其需要高职教学单位及其直接相关部门肯于做长期的坚忍不拔的努力。新世纪高职高专教材编审委员会就是由全国100余所高职高专院校和出版单位组成的旨在以推动高职高专教材建设来推进高等职业教育这一变革过程的联盟共同体。

在宏观层面上,这个联盟始终会以推动高职高专教材的特色建设为己任,始终会从高职高专教学单位实际教学需要出发,以其对高职教育发展的前瞻性的总体把握,以其纵览全国高职高专教材市场需求的广阔视野,以其创新的理念与创新的运作模式,通过不断深化的教材建设过程,总结高职高专教学成果,探索高职高专教材的建设规律。

在微观层面上,我们将充分依托众多高职高专院校联盟的互补优势和丰裕的人才资源优势,从每一个专业领域、每一种教材入手,突破传统的片面追求理论体系严整性的观念限制,努力凸显高职教育职业能力培养的本质特征,在不断构建特色教材建设体系的过程中,逐步形成自己的品牌优势。

新世纪高职高专教材编审委员会在推进高职高专教材建设事业的过程中,得到了各级教育主管部门以及各相关院校相关部门的热忱支持和积极参与,对此我们谨致深深谢意,也希望一切关注、参与高职教育发展的同道朋友,在共同推动高职教育发展、推动高等教育体制变革的进程中,和我们携手并肩,共同担负起这一具有开拓性挑战意义的历史重任。

新世纪高职高专教材编审委员会

2001年8月18日

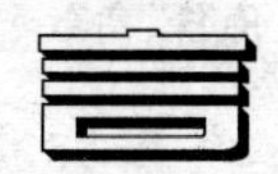

前言

《建筑结构》是新世纪高职高专教材编审委员会组编的建筑工程技术类课程规划教材之一。全书共分上、下两册，本书是其中的下册——砌体结构、钢结构、建筑抗震部分。

本教材是由国内技能型高职高专院校的一线教师，根据建筑工程技术专业建筑结构课程教学大纲要求和新修订的《混凝土结构设计规范》(GB 50010—2010)、《砌体结构设计规范》(GB 50003—2001)、《钢结构设计规范》(GB 50017—2003)、《建筑抗震设计规范》(GB 50011—2010)等编写的，反映了我国建筑结构在土木工程领域的新进展，以及可持续发展的要求。

本教材在编写过程中，力求突出以下特点：

1. 密切结合建筑结构课程教学内容的改革和实践，吸收各院校近年来建筑结构课程的教学经验，从培养高素质技能型专门人才的定位出发，本着理论知识以实用为主、必需和够用为度的原则，力求体现高等职业教育的特色。

2. 对教材内容进行适当的取舍，力求简明基本理论和基本概念，突出工程实际应用，注重职业技能和素质的培养，对解题方法的介绍翔实清楚，具有语言精练、概念清楚、重点突出、层次分明、结构严谨的特点。

3. 为了突出学生对基本知识的掌握，理论推导从简，精选了典型例题，加大了思考题和习题的分量，以便于学生得到较为全面的训练，提高专业综合应用能力。

本教材共分7章，内容包括砌体材料及其力学性能、砌体结构构件承载力计算、砌体结构房屋墙体设计、钢结构材料、钢结构的连接、钢结构构件设计、房屋建筑抗震基本知识等。

本教材主要作为高职高专院校建筑工程技术专业的教学用书，还可作为建筑类其他专业的教学用书，亦可作为土木建筑类函授教育、自学考试和在职人员培训教材，以及其他技术人员的阅读参考书。

新世紀

本教材由张玉敏、郑伟任主编,刘阳花、曲媛媛任副主编,孙伟、侯旭魁、焦凤丽、尹博华、侯倩倩、高红、祝清惠、朱辉、苟长桐参加了编写。全书由张玉敏统稿。

尽管我们在探索《建筑结构》教材建设特色方面做出了许多努力,但难免存在一些疏漏和不足之处,恳请读者批评指正,并将建议及时反馈给我们,以便及时修订完善。

所有意见和建议请发往:dutpgz@163.com

欢迎访问我们的网站:http://www.dutpbook.com

联系电话:0411-84707424 84706676

编 者

2011年11月

目录

第1章　砌体材料及其力学性能……1
1.1　砌体材料……1
1.2　砌体的受压性能……7
1.3　砌体的受拉、受弯、受剪性能……12
1.4　砌体的变形和其他性能……15
思考题……16

第2章　砌体结构构件承载力计算……17
2.1　受压构件承载力的计算……17
2.2　局部均匀受压承载力的计算……21
2.3　轴心受拉、受弯和受剪构件……28
2.4　配筋砖砌体构件……31
思考题……39

第3章　砌体结构房屋墙体设计……41
3.1　砌体结构房屋的结构布置和静力计算方案……41
3.2　墙柱高厚比验算……44
3.3　刚性方案房屋墙体的设计计算……50
3.4　墙柱的基本构造措施……59
3.5　过梁、圈梁、悬挑构件和构造柱……64
思考题……73

第4章　钢结构材料……76
4.1　钢结构对材料的要求……76
4.2　钢材的破坏形式……76
4.3　钢材的主要性能……77
4.4　影响钢材性能的因素……80
4.5　建筑钢材的种类、规格及选用……84
思考题……87

第5章 钢结构的连接 …… 88
5.1 钢结构的连接方法 …… 88
5.2 焊接方法和焊缝连接形式 …… 89
5.3 对接焊缝的构造与计算 …… 95
5.4 角焊缝的构造与计算 …… 98
5.5 焊接残余应力和残余变形 …… 109
5.6 普通螺栓连接的构造与计算 …… 111
5.7 高强度螺栓连接的计算 …… 121
思考题 …… 126

第6章 钢结构构件设计 …… 129
6.1 受弯构件(梁) …… 129
6.2 轴心受力构件 …… 150
6.3 拉弯、压弯构件 …… 161
思考题 …… 169

第7章 房屋建筑抗震基本知识 …… 172
7.1 概 述 …… 172
7.2 地震作用计算 …… 178
7.3 结构抗震验算 …… 184
7.4 钢筋混凝土框架结构抗震设计与抗震构造 …… 186
7.5 多层砌体房屋结构的抗震措施 …… 191
思考题 …… 196

附 录 …… 197
附录1 砌体结构用表 …… 197
附录2 其他常用表 …… 200

第1章 砌体材料及其力学性能

砌体结构是指由块体和砂浆砌筑而成的墙、柱作为建筑物主要受力构件的结构，是砖砌体、砌块砌体和石砌体结构的统称。砌体是由块体和砂浆黏结而成的复合体。组成砌体的块材、砂浆的种类不同，砌体的受力性能也不尽相同。了解砌体材料及其力学性能是掌握砌体结构设计和计算的基础。

1.1 砌体材料

1.1.1 砌体材料及强度等级

砌体材料包括块体和砂浆。

1. 块体

块体是组成砌体的主要材料。目前我国常用的砌体块体有砖、砌块、石材。

(1)砖

用于砌体结构的砖主要有烧结普通砖、烧结多孔砖、蒸压灰砂砖、蒸压粉煤灰砖四种。

烧结普通砖是以黏土、页岩、煤矸石或粉煤灰为主要原材料，经焙烧而成的实心或孔洞率不大于规定值(≤15%)且外形尺寸符合规定的砖。分为烧结黏土砖、烧结页岩砖、烧结煤矸石砖和烧结粉煤灰砖等。烧结普通砖的规格尺寸为 240 mm×115mm×53 mm，如图 1-1(a)所示。

烧结多孔砖是以黏土、页岩、煤矸石或粉煤灰为主要原料，经焙烧而成，孔洞率不小于25%，孔的尺寸小而数量多，主要用于承重部位的砖，简称多孔砖。多孔砖分为 P 型砖和 M 型砖：P 型砖的规格尺寸为 240 mm×115 mm×90 mm，如图 1-1(b)所示；M 型砖的规格尺寸为 190 mm×190 mm×90 mm，如图 1-1(c)所示。烧结多孔砖与实心砖相比，可减轻结构自重、节省砌筑砂浆、提高工效和保温隔热性能，此外黏土用量与耗能亦可相应减少。

此外，用黏土、页岩、煤矸石或粉煤灰等原料还可经焙烧制成孔洞较大、孔洞率大于 35%的烧结空心砖，用于围护结构，如图 1-1(d)所示。

蒸压灰砂砖是以石灰和砂为主要原料，经坯料制备、压制成型、蒸压养护而成的实心砖，简称灰砂砖。蒸压灰砂砖与烧结普通砖相比耐久性能差，所以不宜用于防潮层以下的勒脚、基础及高温、有酸性侵蚀的砌体中。

蒸压粉煤灰砖是以粉煤灰、石灰为主要原料，掺加适量的石膏和集料，经坯料制备、压制成

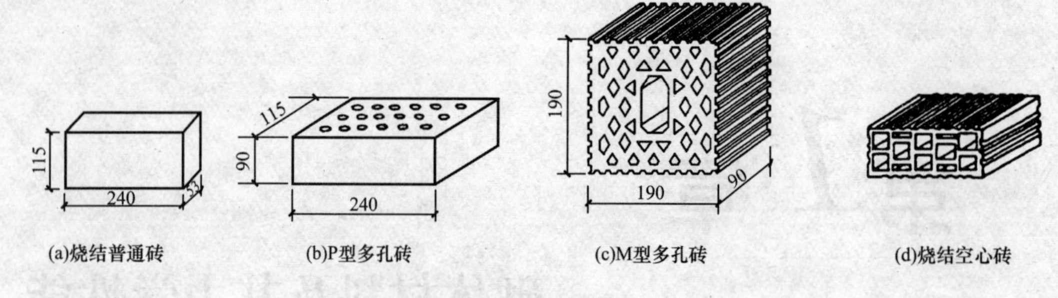

图 1-1 砖的规格

型、高压蒸汽养护而成的实心砖，简称粉煤灰砖。

(2)砌块

砌块按尺寸大小可分为小型、中型和大型三种，我国通常把砌块高度为 180～390 mm 的称为小型砌块，高度为 390～900 mm 的称为中型砌块，高度大于 900 mm 的称为大型砌块。我国目前在承重墙材料中应用最为普遍的是混凝土小型空心砌块，它是由普通混凝土或轻骨料混凝土制成的。主规格尺寸为 390 mm×190 mm×190 mm，空心率为 25%～50%，简称为混凝土砌块或砌块，如图 1-2 所示。

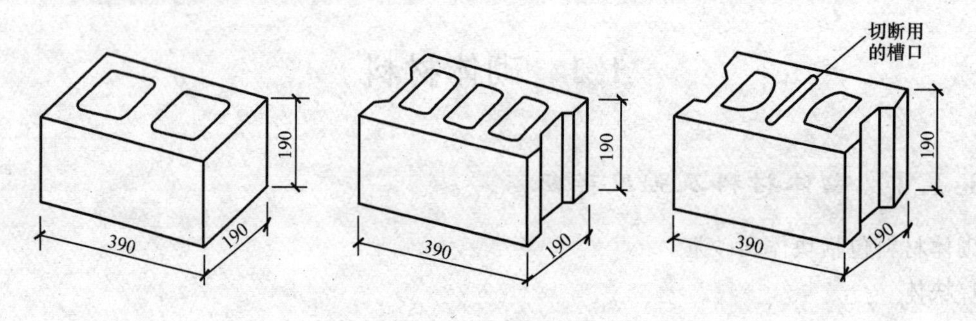

图 1-2 混凝土小型空心砌块

(3)石材

在承重结构中，常用的天然石材有花岗岩、石灰岩和凝灰岩等经过加工制成的块体。石材具有强度高、耐磨性好、抗冻及耐久性能好等优点，可在各种工程中用于承重和装饰。且其资源分布较广，蕴藏量丰富，是所有块体材料中应用历史最悠久、最广泛的土木工程材料之一。但石材传热性较高，所以用于砌筑炎热及寒冷地区的房屋墙体时，需要很大的厚度。

石材按其加工后的外形规则程度，可分为毛石和料石两类。毛石形状不规则，中部厚度不小于 200 mm，长度为 300～400 mm。料石为比较规则的六面体，其截面高度与宽度不宜小于 200 mm，且不宜小于长度的 1/4，料石按加工平整程度不同分为细料石、半细料石、粗料石和毛料石 4 种。其中，细料石、半细料石价格较高，一般用于镶面材料；粗料石、毛料石和毛石一般用于承重结构。

2. 砂浆

砂浆是由胶凝材料（如水泥、石灰等）及细骨料（如粗砂、中砂、细砂）加水搅拌而成的黏结块体的材料。砂浆的作用是将块体黏结成受力整体，抹平块体间的接触面，使应力均匀传递。同时，砂浆填满块体间的缝隙，减少了砌体的透气性，提高了砌体的隔热、防水和抗冻性能。

砂浆按组成可分为以下几种：

(1)水泥砂浆

由水泥与砂加水拌和而成的砂浆称为水泥砂浆，由于水泥砂浆无塑性掺和料(石灰浆或黏土浆)，其强度高、耐久性好，但可塑性和保水性较差，适用于砂浆强度要求较高的砌体和潮湿环境中的砌体。

(2)混合砂浆

在水泥砂浆中掺入一定塑性掺和料(石灰浆或黏土浆)所形成的砂浆称为混合砂浆。这种砂浆具有一定的强度和耐久性，而且可塑性和保水性较好，适用于砌筑一般墙、柱砌体。

(3)非水泥砂浆

非水泥砂浆指不含水泥的石灰砂浆、石膏砂浆、黏土砂浆等。这类砂浆强度低、耐久性较差，只适用于砌筑受力不大的砌体或临时性简易建筑的砌体。

(4)混凝土砌块砌筑砂浆

混凝土砌块砌筑砂浆指由水泥、砂、水以及根据需要掺入的掺和料和外加剂等组分，按一定比例，采用机械拌和制成，专门用于砌筑混凝土砌块的砌筑砂浆。简称砌块专用砂浆。

3. 块体和砂浆的强度等级

(1)块体的强度等级

块体的强度等级是根据标准试验方法所得到的极限抗压强度标准值的大小而划分的，是确定砌体在各种受力情况下强度的基础。

烧结普通砖的抗压强度试件为两个半砖(半截砖边长应≥100 mm)，断口反向叠置，中间用325号或425号水泥调制成稠度适宜的水泥净浆黏结，厚度≤5 mm；上下表面用同样的水泥浆抹平，厚度≤3 mm；上下面应平行，并垂直于侧面；砌块试件采用单块砌块；石材通常采用边长为70 mm的立方体试块。

块体的强度等级用符号“MU”加相应数字表示，其数字表示块体的强度大小，单位为MPa(即 N/mm^2)。

①烧结普通砖、烧结多孔砖的强度等级

共分为5级，依次为MU30、MU25、MU20、MU15和MU10。

②蒸压灰砂砖、蒸压粉煤灰砖的强度等级

共分为4级，依次为MU25、MU20、MU15和MU10。

③砌块的强度等级

共分为5级，依次为MU20、MU15、MU10、MU7.5和MU5。

确定蒸压粉煤灰砖和掺有粉煤灰15%以上的混凝土砌块的强度等级时，其抗压强度应乘以自然碳化系数；当无自然碳化系数时，可取人工碳化系数的1.15倍。

④石材的强度等级

共分为7级，依次为MU100、MU80、MU60、MU50、MU40、MU30和MU20。

当试件采用表1-1所列边长尺寸的立方体时，应对其试验结果乘以相应的换算系数后方可作为石材的强度等级。

表1-1　　石材强度等级的换算系数

立方体边长/mm	200	150	100	70	50
换算系数	1.43	1.28	1.14	1.0	0.86

(2)砂浆的强度等级

砂浆的强度等级用符号“M”或“Mb”加相应数字表示,其数字表示砂浆的强度大小,单位为 MPa。

①水泥砂浆、混合砂浆的强度等级

共分为 5 级,依次为 M15、M10、M7.5、M5 和 M2.5。

②混凝土砌块砂浆的强度等级

共分为 4 级,依次为 Mb15、Mb10、Mb7.5、Mb5。

确定砂浆强度等级时应采用同类块体为砂浆强度试块的底模,按标准方法制作的 70.7 mm 的立方体试块,在温度为 15~25 ℃环境下养护 28 d,经抗压试验所测的抗压强度的平均值来确定。当验算施工阶段砂浆尚未硬化的新砌砌体的强度和稳定性时,可按砂浆强度为零确定其砌体强度。

1.1.2 砌体的种类

砌体可按照所用材料、砌法以及在结构中所起作用等方面的不同进行分类。按照所用材料不同可分为砖砌体、砌块砌体及石砌体;按砌体中有无配筋可分为无筋砌体和配筋砌体;按在结构中所起的作用不同可分为承重砌体和非承重砌体等。

1. 无筋砌体

根据块体的种类不同,无筋砌体可分为以下几种:

(1)砖砌体

由砖和砂浆砌筑而成的砌体称为砖砌体。在房屋建筑中广泛用于内外墙、柱、基础等承重结构以及围护墙与隔墙等非承重结构等。承重结构一般为实心砖砌体墙,常用的砌筑方式有一顺一丁(砖长面与墙长度方向平行的则为顺砖,砖短面与墙长度方向平行的则为丁砖)、三顺一丁或梅花丁,如图 1-3 所示。

试验表明,采用同强度等级的材料,按照上述几种方法砌筑的砌体,其抗压强度相差不大。但应注意,上下两皮顶砖间的顺砖数量越多,则意味着宽为 240 mm 的两片半砖墙之间的联系越弱,很容易产生通缝形成“两片皮”的效果,如图 1-4 所示,从而使砌体的承载能力急剧降低。

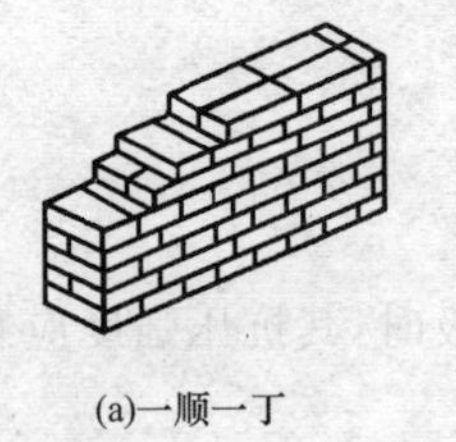

(a)一顺一丁

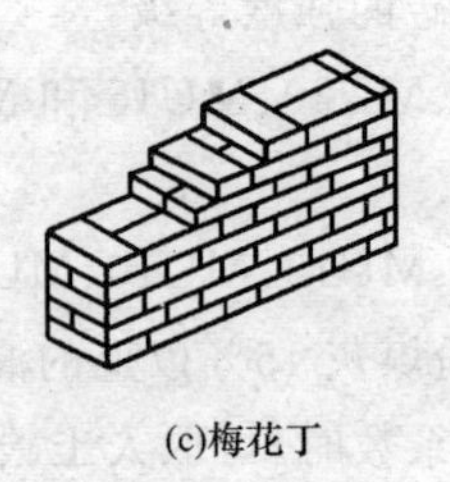

(b)三顺一丁

(c)梅花丁

图 1-3 实心砖墙的砌筑方式

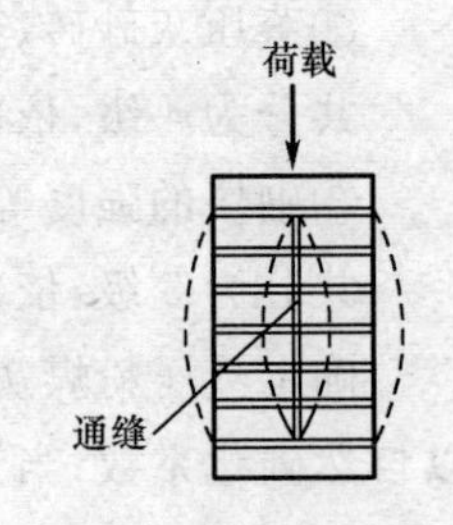

图 1-4 通缝示意图

标准砌筑的实心墙体厚度为 240 mm(一砖)、370 mm(一砖半)、490 mm(二砖)、620 mm(二砖半)、740 mm(三砖)等。有时为节约材料,墙厚可不按半砖长而按 1/4 砖长的倍数进位,即有些砖需侧砌而构成 180 mm、300 mm、420 mm 等厚度的墙体。试验表明,这些墙体的强度是符合要求的。

烧结多孔砖在砌筑时,其孔是沿竖向放置的,如图 1-5 所示。标准砌筑的墙体厚度为 190 mm、240 mm、370 mm。

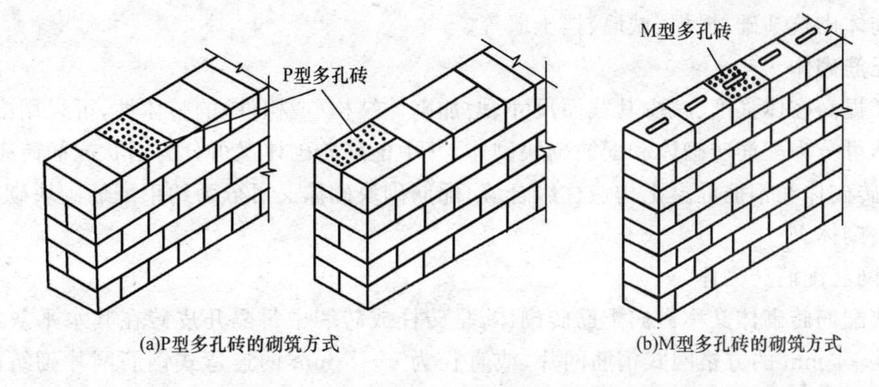

图 1-5　多孔砖墙的砌筑方式

砖砌体使用面广，故确保砌体的质量尤为重要。例如，在砌筑承重结构的墙体或砖柱时，应严格遵守施工规程，防止强度等级不同的砖混用，特别是防止大量混入低于设计要求强度等级的砖，并应使配制的砂浆强度符合设计强度等级的要求。此外，应严禁用包心砌法砌筑砖柱，这种柱仅四边搭接，整体性极差，承受荷载后柱的变形大，强度不足，极易引起严重的工程事故。

(2)砌块砌体

由砌块和砂浆砌筑而成的砌体称为砌块砌体。目前国内外常用的砌块砌体以混凝土空心砌块砌体为主，其中包括普通混凝土空心砌块砌体和轻骨料混凝土空心砌块砌体。

采用砌块砌体可减轻劳动强度，减少高空作业，有利于提高劳动生产率，并具有较好的经济技术效果。另外，砌块表观密度较小，可减轻结构的自重，保温隔热性能好，能充分利用工业废料、价格便宜。目前已广泛用于房屋的墙体，在有些地区，小型砌块已成功用于高层建筑的承重墙体。

砌块大小的选用主要取决于房屋墙体的分块情况和吊装能力。但排列砌块是设计工作中的一个重要环节，要充分利用其规律性，尽量减少砌块的类型和规格，使其排列整齐，避免通缝，并砌筑牢固。

(3)石砌体

由天然石材和砂浆(或混凝土)砌筑而成的砌体称为石砌体。石砌体一般分为料石砌体、毛石砌体、毛石混凝土砌体，如图 1-6 所示。料石砌体和毛石砌体是用砂浆砌筑；毛石混凝土砌体是在模板内交替铺置混凝土层及形状不规则的毛石构成。

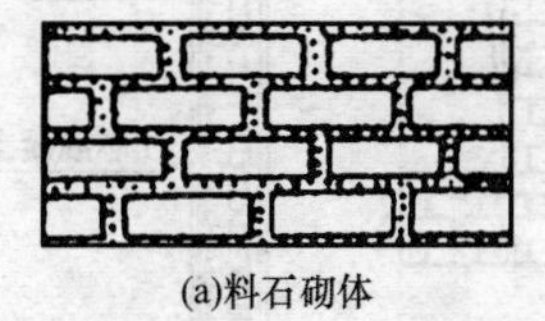
(a)料石砌体

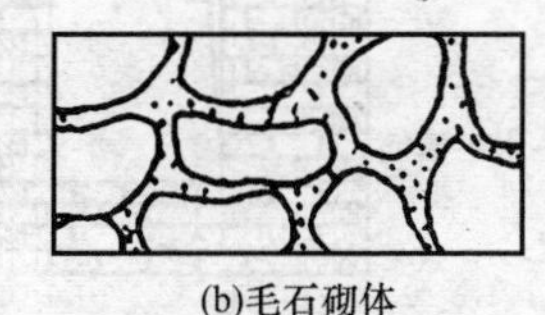
(b)毛石砌体

(c)毛石混凝土砌体

图 1-6　石砌体

石材是最古老的土木工程材料之一，用石材建造的砌体结构物具有很高的抗压强度、良好的耐磨性和耐久性，且石砌体表面经加工后美观并富于装饰性。因为石砌体具有永久保存的可能性，人们用它来建造重要的建筑物和纪念性的结构物。此外，石砌体中的石材资源分布广，蕴藏量丰富，便于就地取材，生产成本低，故古今中外在修建城垣、桥梁、房屋、道路和水利等工程中多有应用。如用料石砌体砌筑房屋上部结构、石拱桥、渡槽和储液池等建(构)筑物，用毛石砌体砌筑基础、堤坝、城墙、挡土墙等。

2. 配筋砌体

为了提高砌体强度、减少其截面尺寸、增加砌体结构（或构件）的整体性，可采用配筋砌体。配筋砌体可分为配筋砖砌体和配筋砌块砌体，其中配筋砖砌体又可分为网状配筋砖砌体、组合砖砌体、砖砌体和钢筋混凝土构造柱组合墙；配筋砌块砌体又可分为约束配筋砌块砌体和均匀配筋砌块砌体。

（1）网状配筋砖砌体

网状配筋砖砌体又称横向配筋砖砌体，是砖柱或砖墙中每隔几皮砖在其水平灰缝中设置直径为 3～4 mm 的方格网式钢筋网片，或直径为 6～8 mm 的连弯式钢筋网片砌筑而成的砌体结构。在砌体受压时，网状配筋可约束和限制砌体的横向变形以及竖向裂缝的开展和延伸，从而提高砌体的抗压强度。网状配筋砖砌体可用作承受较大轴心压力或偏心距较小的较大偏心压力的墙、柱。

（2）组合砖砌体

组合砖砌体是由砖砌体和钢筋混凝土面层或钢筋砂浆面层组成的构件，可以承受较大的偏心轴压力。

（3）砖砌体和钢筋混凝土构造柱组合墙

砖砌体和钢筋混凝土构造柱组合墙是在砖砌体的转角、纵横墙交接处以及每隔一定距离设置钢筋混凝土构造柱，并在各层楼盖处设置钢筋混凝土圈梁，使砖砌体墙与钢筋混凝土构造柱和圈梁组成一个整体结构，共同受力。

（4）配筋砌块砌体

配筋砌块砌体是在混凝土小型空心砌块砌体的水平灰缝中配置水平钢筋，在孔洞中配置竖向钢筋并用混凝土灌实的一种配筋砌体。约束配筋砌块砌体是仅在砌块墙体的转角、接头部位及较大洞口的边缘砌块孔洞中设置竖向钢筋，并在这些部位砌体的水平灰缝中设置一定数量的钢筋网片，主要用于中、低层建筑；均匀配筋砌块砌体是在砌块墙体上下贯通的竖向孔洞中插入竖向钢筋，并用灌孔混凝土灌实，使竖向和水平钢筋与砌体形成一个共同工作的整体，故又称配筋砌块剪力墙，可用于大开间建筑和中、高层建筑，如图 1-7 所示。

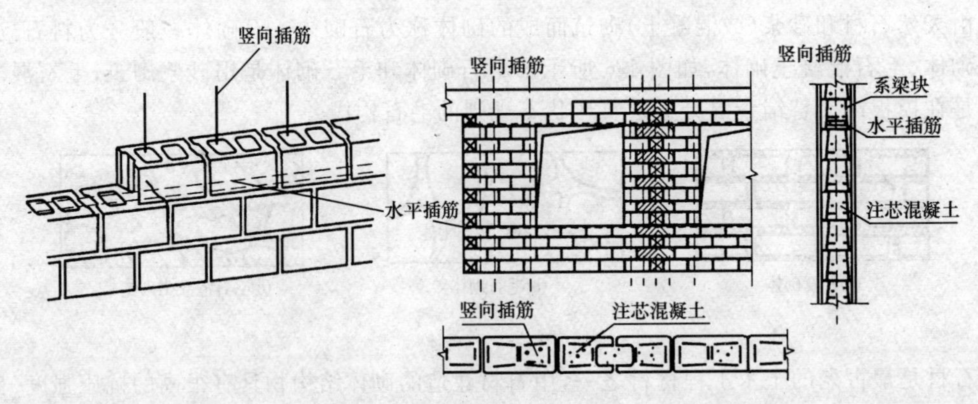

图 1-7 配筋砌块砌体

配筋砌体不仅加强了砌体的各种强度和抗震性能，还扩大了砌体结构的使用范围，比如高强混凝土砌块通过配筋与浇筑灌孔混凝土，作为承重墙体可砌筑 10～20 层的建筑物，而且相对于钢筋混凝土结构具有不需要支模、不需再作贴面处理及耐火性能更好等优点。

3. 墙板

目前我国的预制大型墙板有矿渣混凝土墙板、空心混凝土墙板、振动砖墙板及采用滑模工艺生产的整体混凝土墙板等。墙板的高度一般相当于房间的高度，宽度可相当于房屋的一个或半个开间(或进深)。大型墙板可进行工厂化定型生产，整体快速安装，大大减轻砌筑墙体繁重的体力劳动，加快施工进度，促进建筑工业化，施工机械化，还可在其墙板材料的内部或表面加入其他材料做成具有保温、隔热、吸声或其他特殊功能的墙板，满足建筑物对墙体在这些方面的功能要求，是一种有发展前途的墙体体系。但墙板在安装时，对施工吊装设备及施工工艺水平方面的要求亦有所提高。

1.1.3　砌体的选用原则

以上介绍的几种砌体都有各自不同的特点，在进行砌体结构设计时，可按以下几方面原则具体选用。

1. 因地制宜，就地取材

各地区砌体材料的供应情况不同，应根据当地可能提供的砌体材料种类，选择经济指标较好的砌体种类。

2. 应考虑结构的受荷性质、受荷大小

对于层数较多的房屋宜选择自重小、强度高、整体性好的砌体种类以及相应的材料强度等级，以满足结构承载力的要求。例如，对一般房屋的承重砌体，砖的强度等级一般采用MU15、MU10；石材的强度等级一般采用MU40、MU30、MU20；承重砌体砂浆的强度等级一般采用M2.5、M5、M7.5，对于受力较大的砌体重要部位可采用强度等级为M10、M15的砂浆。

3. 应考虑房屋的使用要求、使用年限和工作环境

对于寒冷地区，块体应具有较好的保温性能，并应满足抗冻性要求；在潮湿环境下砌体材料应具有长期不变的强度及其他正常使用功能。例如，对于基土很潮湿的一般地区，地面以下或防潮层以下的普通砖砌体，所用砖的最低强度等级为MU10，水泥砂浆最低强度等级为M7.5。

1.2　砌体的受压性能

1.2.1　砌体的受压破坏特征

试验研究表明，砌体轴心受压从开始受力到破坏，按照裂缝的出现、发展和最终破坏，大致经历三个阶段，如图1-8所示。

第一阶段：从砌体受压开始，当压力增大至50%～70%的破坏荷载时，砌体内某些单块砖在拉、弯、剪复合作用下出现第一条(批)裂缝。在此阶段砖内裂缝细小，未能穿过砂浆层，如果不再增加压力，单块砖内的裂缝也不继续发展。如图1-8(a)所示。

第二阶段：随着荷载的增加，当压力增大至80%～90%的破坏荷载时，单块砖内的裂缝将不断发展，并沿着竖向灰缝通过若干皮砖，并逐渐在砌体内连接成一段段较连续的裂缝。此时荷载即使不再增加，裂缝仍会继续发展，砌体已临近破坏，在工程实践中可视为构件处于十分危险状态。如图1-8(b)所示。

第三阶段：随着荷载的继续增加，砌体中的裂缝迅速延伸、宽度扩展，并连成通缝，连续的竖向贯通裂缝把砌体分割成半砖左右的小柱体（个别砖可能被压碎）失稳，从而导致整个砌体破坏，如图 1-8(c)所示。以砌体破坏时的压力除以砌体截面面积所得的应力值称为该砌体的极限抗压强度。

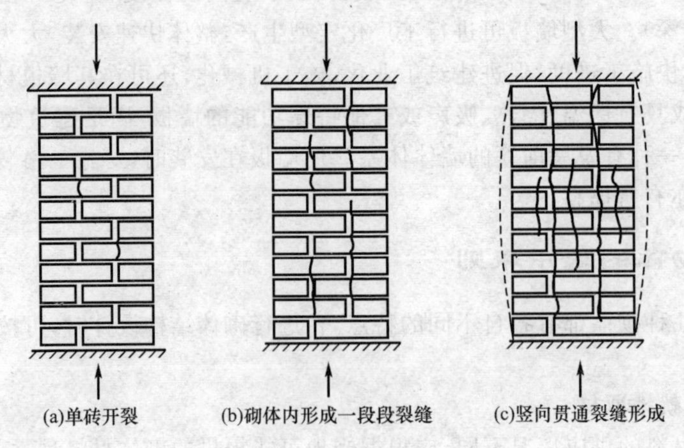

图 1-8 轴心受压砌体的破坏形态

1.2.2 砌体的受压应力状态

试验结果表明，砖柱的抗压强度明显低于它所用砖的抗压强度，这一现象主要是由于单块砖在砌体中的受力状态决定的。

1. 单块砖在砌体内并非均匀受压

由于砖块受压面并不完全规则平整，再加之所铺砂浆厚度和密实性不均匀，使得单块砖在砌体内并不是均匀受压，而是处于受弯、受剪和局部受压的复杂应力状态，如图 1-9 所示。由于砖的抗拉强度较低，当弯、剪应力引起的主拉应力超过砖的抗拉强度时，砖就会因受拉而开裂，所以砌体内第一批裂缝的出现是由单块砖的受弯受剪引起的。

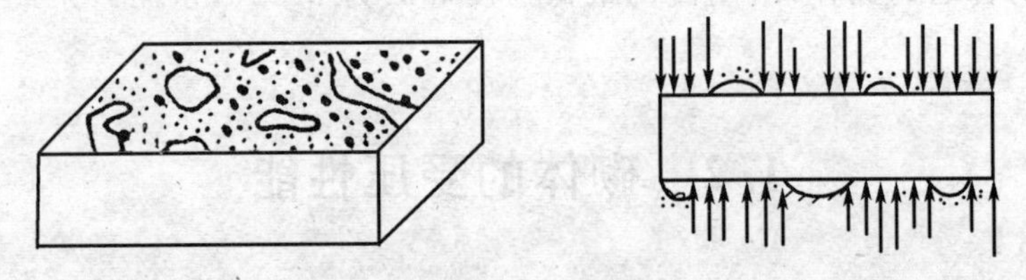

图 1-9 砌体内砖的受力状态示意图

砖砌体内的砖所受弯曲应力和剪应力的大小不仅与灰缝厚度和密实性有关，还与砂浆的弹性性质有关。每块砖可视为作用在弹性地基上的“梁”，其下面的砌体即可视为“弹性地基”。“弹性地基”的弹性模量越小，砖的弯曲变形就越大，砖内产生的弯、剪应力就越高。

2. 砌体横向变形时砖和砂浆存在交互作用

砌体中的砖和砂浆属于两种不同的材料，砖的弹性模量大、横向变形系数小，而砂浆（中等强度等级及以下）的弹性模量小、横向变形系数大，如图 1-10 所示。因此在砌体受压时，由于二者的交互作用，砌体的横向变形将介于两种材料之间，即砖的横向变形因砂浆的横向变形较大而增大，并由此在砖内产生了横向拉应力，所以单块砖在砌体中处于压、弯、剪及拉的复合应力状态，其抗压强度降低；而砂浆的横向变形受砖的约束而减少，砂浆处于三向受压状态，其抗压强度提高，如图 1-11 所示。由于砖和砂浆这种交互作用，使得砌体的抗压强度比相应砖的强度要低得多，而对于用较低强度等级砂浆砌筑的砌体抗压强度有时较砂浆本身的强度高得多,甚至刚砌筑好的砌体(砂浆强度为零)也能承受一定荷载。砖和砂浆的交互作用在砖内产生了附加拉应力,从而加快了砖内裂缝的出现,因此在用较低强度等级砂浆砌筑的砌体内,砖内裂缝出现较早。

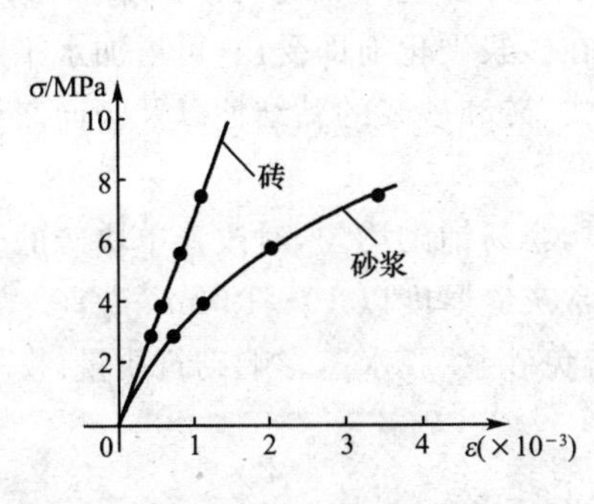

图 1-10　砖、砂浆的受压应力-应变曲线

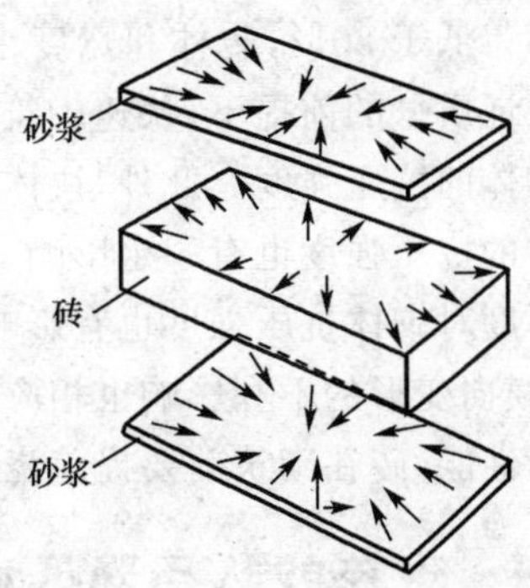

图 1-11　砂浆对砖的作用力

3. 竖向灰缝的应力集中

砌体的竖向灰缝不饱满、不密实,易在竖向灰缝上产生应力集中,同时竖向灰缝内的砂浆和砖的黏结力也不能保证砌体的稳定性。因此,在竖向灰缝上的砖内将产生拉应力和剪应力的集中,从而加快砖的开裂,引起砌体强度的降低。

1.2.3　影响砌体抗压强度的因素

从砌体轴心受压时的受力分析及试验结果可以看出,影响砌体抗压强度的主要因素有:

1. 块体与砂浆的等级强度

块体与砂浆的强度等级是确定砌体强度的最主要因素。单个块体的抗弯、抗拉强度在某种程度上决定了砌体的抗压强度。一般来说,块体和砂浆的强度越高,砌体的强度也越高,但并不与块体和砂浆强度等级的提高成正比。试验表明,对于一般砖砌体,当砖的强度等级提高一倍时,砌体的抗压强度可提高 50%左右;当砂浆的强度等级提高一倍时,砌体的抗压强度可提高 20%左右。可见提高砖的强度等级比提高砂浆强度等级的效果好。在可能的条件下,应尽量采用强度等级高的砖。

2. 块体的尺寸与形状

块体的尺寸、几何形状及表面的平整程度对砌体的抗压强度有较大影响。砌体中块体的截面高度越大,其截面的抗弯、抗剪及抗拉的能力越强,砌体的抗压强度越大;块体的长度越大,其截面的弯剪应力越大,砌体的抗压强度越低;块体的形状越规则,表面越平整,块体的受弯、受剪作用越小,砌体的抗压强度越高。

3. 砂浆的流动性、保水性及弹性模量的影响

砂浆的流动性、保水性和变形能力均对砌体的抗压强度有影响。砂浆的流动性大和保水性好时,容易铺成厚度均匀和密实性良好的灰缝,可减少单块砖内的弯剪应力,从而提高砌体强度。纯水泥砂浆的流动性较差,不易铺成均匀的灰缝层,影响砌体的强度,所以同一强度等级的混合砂浆砌筑的砌体强度要比相应纯水泥砂浆砌体高。砂浆弹性模量的大小对砌体强度亦具有较大的影响,当砖强度不变时,砂浆的弹性模量决定其变形率,砂浆的强度等级越低,变形越大,块体受到的拉剪应力就越大,砌体强度也就越低;而砂浆的弹性模量越大,其变形率越小,相应砌体的抗压强度也越高。

4. 砌筑质量与灰缝的厚度

砂浆铺砌饱满、均匀,可改善块体在砌体中的受力性能,使之较均匀地受压而提高砌体抗压强度;反之,则降低砌体强度。因此,《砌体工程施工及验收规范》规定,砌体水平灰缝的砂浆饱满程度不得低于80%,砖柱和宽度小于1 m的窗间墙竖向灰缝的砂浆饱满程度不得低于60%。在保证质量的前提下,快速砌筑能使砌体在砂浆硬化前即受压,可增加水平灰缝的密实性而提高砌体的抗压强度。此外,块体的搭缝方式、砖和砂浆的黏结性以及竖向灰缝的饱满程度等对砌体的抗压强度也有一定影响。

砂浆厚度对砌体抗压强度也有影响。灰缝厚,容易铺砌均匀,对改善单块砖的受力性能有利,但砂浆横向变形的不利影响也相应增大。通常灰缝厚度以10～12 mm为宜。为增加砖和砂浆的黏结性能,砖在砌筑前要提前浇水湿润,避免砂浆“脱水”,影响砌筑质量。

1.2.4 砌体的抗压强度设计值

根据试验和结构可靠度分析结果,《砌体结构设计规范》规定,龄期为28 d的以毛截面计算的各类砌体抗压强度设计值,当施工质量控制等级为B级时,应根据块体和砂浆的强度等级按以下规定采用。对施工阶段砂浆尚未硬化的新砌砌体的强度和稳定性,可采用表中“砂浆强度为0”的数值进行验算。

1. 烧结普通砖和烧结多孔砖砌体

烧结普通砖和烧结多孔砖砌体的抗压强度设计值按表1-2采用。

表 1-2 烧结普通砖和烧结多孔砖砌体的抗压强度设计值 MPa

砖强度等级	砂浆强度等级					砂浆强度
	M15	M10	M7.5	M5	M2.5	0
MU30	3.94	3.27	2.93	2.59	2.26	1.15
MU25	3.60	2.98	2.68	2.37	2.06	1.05
MU20	3.22	2.67	2.39	2.12	1.84	0.94
MU15	2.79	2.31	2.07	1.83	1.60	0.82
MU10	—	1.89	1.69	1.50	1.30	0.67

2. 蒸压灰砂砖和蒸压粉煤灰砖砌体

蒸压灰砂砖和蒸压粉煤灰砖砌体的抗压强度设计值按表1-3采用。

表 1-3 蒸压灰砂砖和蒸压粉煤灰砖砌体的抗压强度设计值 MPa

砖强度等级	砂浆强度等级				砂浆强度
	M15	M10	M7.5	M5	0
MU25	3.60	2.98	2.68	2.37	1.05
MU20	3.22	2.67	2.39	2.12	0.94
MU15	2.79	2.31	2.07	1.83	0.82
MU10	—	1.89	1.69	1.50	0.67

3. 单排孔混凝土和轻骨料混凝土砌块砌体

单排孔混凝土和轻骨料混凝土砌块砌体的抗压强度设计值按表1-4采用。

表 1-4　单排孔混凝土和轻骨料混凝土砌块砌体的抗压强度设计值　MPa

砌块强度等级	砂浆强度等级				砂浆强度
	Mb15	Mb10	Mb7.5	Mb5	0
MU20	5.68	4.95	4.44	3.94	2.33
MU15	4.61	4.02	3.61	3.20	1.89
MU10	—	2.79	2.50	2.22	1.31
MU7.5	—	—	1.93	1.71	1.01
MU5	—	—	—	1.19	0.70

注：1. 对错孔砌筑的砌体，应按表中数值乘以 0.8。

2. 对独立柱或厚度为双排组砌的砌块砌体，应按表中数值乘以 0.7。

3. 对 T 形截面砌体，应按表中数值乘以 0.85。

4. 表中轻骨料混凝土砌块为煤矸石和水泥煤渣混凝土砌块。

4. 轻骨料混凝土砌块砌体

孔洞率不大于 35% 的双排孔或多排孔轻骨料混凝土砌块砌体的抗压强度设计值按表 1-5 采用。

表 1-5　轻骨料混凝土砌块砌体的抗压强度设计值　MPa

砌块强度等级	砂浆强度等级			砂浆强度
	Mb10	Mb7.5	Mb5	0
MU10	3.08	2.76	2.45	1.44
MU7.5	—	2.13	1.88	1.12
MU5	—	—	1.31	0.78

注：1. 表中的砌块为火山渣、浮石和陶粒轻骨料混凝土砌块。

2. 对厚度方向为双排组砌的轻骨料混凝土砌块砌体的抗压强度设计值应按表中数值乘以 0.8。

5. 毛料石砌体

块体高度为 180～350 mm 的毛料石砌体的抗压强度设计值按表 1-6 采用。

表 1-6　毛料石砌体的抗压强度设计值　MPa

毛料石强度等级	砂浆强度等级			砂浆强度
	M7.5	M5	M2.5	0
MU100	5.42	4.80	4.18	2.13
MU80	4.85	4.29	3.73	1.91
MU60	4.20	3.71	3.23	1.65
MU50	3.83	3.39	2.95	1.51
MU40	3.43	3.04	2.64	1.35
MU30	2.97	2.63	2.29	1.17
MU20	2.42	2.15	1.87	0.95

注：对下列各类料石砌体，应按表中数值分别乘以系数：

细料石砌体　1.5

半细料石砌体　1.3

粗料石砌体　1.2

干砌勾缝石砌体　0.8

6. 毛石砌体

毛石砌体的抗压强度设计值按表1-7采用。

表1-7　毛石砌体的抗压强度设计值　MPa

毛石强度等级	砂浆强度等级			砂浆强度
	M7.5	M5	M2.5	0
MU100	1.27	1.12	0.98	0.34
MU80	1.13	1.00	0.87	0.30
MU60	0.98	0.87	0.76	0.26
MU50	0.90	0.80	0.69	0.23
MU40	0.80	0.71	0.62	0.21
MU30	0.69	0.61	0.53	0.18
MU20	0.56	0.51	0.44	0.15

1.3 砌体的受拉、受弯、受剪性能

砌体大多数用来承受压力,以充分利用其抗压性能;但也有用于受拉、受弯、受剪的情况,比如圆形水池的池壁上存在拉力,挡土墙受到土侧压力形成的弯矩作用,砌体过梁在自重和楼面荷载作用下受到的弯、剪作用,拱支座处的剪力作用等。

1.3.1 砌体的轴心受拉性能

在砌体结构中常遇到的轴心受拉构件是圆形水池的池壁,在静水压力作用下,池壁环向承受轴心拉力。

砌体在轴心拉力作用下,可能出现两种不同的破坏形态:沿齿缝截面Ⅰ—Ⅰ破坏和沿竖缝与块体截面Ⅱ—Ⅱ破坏,如图1-12所示。一般情况下,构件一般沿齿缝截面破坏,此时砌体的抗拉强度主要取决于块体与砂浆连接面的黏结强度,并与齿缝破坏面水平灰缝的总面积有关。由于块体与砂浆间的黏结强度取决于砂浆强度等级,故此时砌体的轴心抗拉强度可由砂浆的强度等级来确定。当块体的强度等级较低,而砂浆的强度等级较高时,砌体则可能沿块体与竖向灰缝截面破坏,此时,砌体的轴心抗拉强度取决于块体的强度等级。为了防止沿块体与竖向灰缝的受拉破坏,应提高块体的最低强度等级。

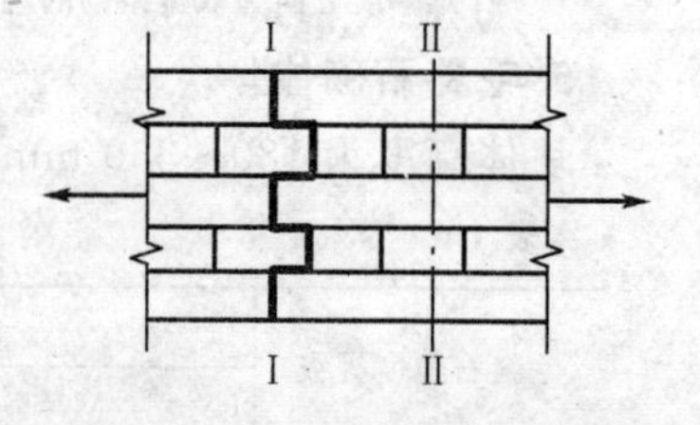

图1-12　砌体轴心受拉的破坏形态

1.3.2 砌体的受弯性能

在砌体结构中常遇到受弯及大偏心受压,如带壁柱的挡土墙、地下室墙体等。按其受力特征可分为沿齿缝截面受弯破坏、沿通缝截面受弯破坏及沿块体与竖向灰缝截面受弯破坏三种,如图1-13所示。

与轴心受拉时相同,沿齿缝截面受弯破坏发生于灰缝黏结强度低于块体本身的抗拉强度情况,故与砂浆的强度等级有关;沿水平通缝截面受弯破坏主要取决于砂浆与块体之间的法向黏结强度,故也与砂浆的强度等级有关;沿块体与竖向通缝截面受弯破坏发生于灰缝黏结强度

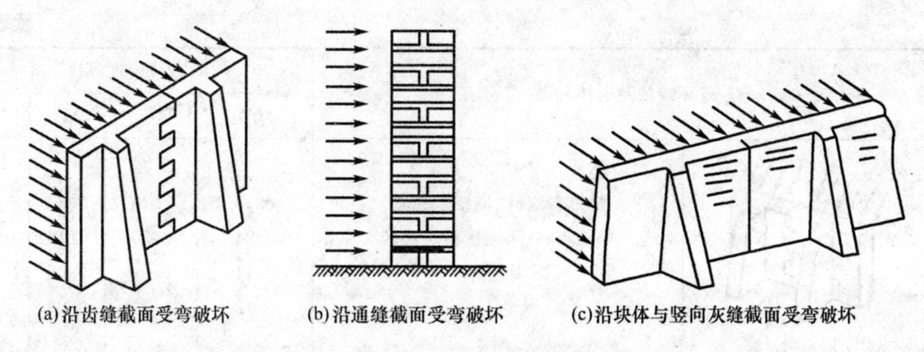

(a)沿齿缝截面受弯破坏　(b)沿通缝截面受弯破坏　(c)沿块体与竖向灰缝截面受弯破坏

图 1-13　砌体的受弯破坏

高于块体本身抗拉强度的情况，故主要取决于块体强度等级。由于《砌体结构设计规范》提高了块体的最低强度等级，防止了沿块体与竖向灰缝截面的受弯破坏。

1.3.3　砌体的受剪性能

在砌体结构中常遇到的受剪构件有门窗过梁、拱过梁、墙体的过梁等。

砌体在受剪时，可发生沿阶梯形截面受剪破坏、沿通缝截面受剪破坏及沿块体截面或灰缝受剪破坏，如图 1-14 所示。

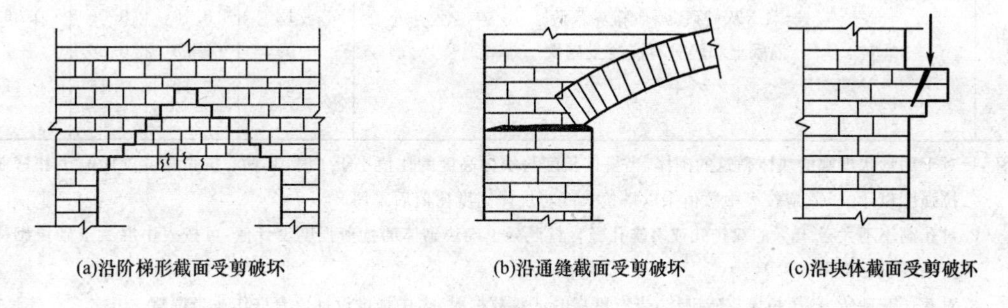

(a)沿阶梯形截面受剪破坏　(b)沿通缝截面受剪破坏　(c)沿块体截面受剪破坏

图 1-14　砌体的受剪破坏

1.3.4　砌体的轴心抗拉、弯曲抗拉、抗剪强度设计值

根据试验和结构可靠度分析结果，《砌体结构设计规范》规定，龄期为 28 d 的以毛截面计算的各类砌体的轴心抗拉强度设计值、弯曲抗拉强度设计值和抗剪强度设计值，当施工质量控制等级为 B 级时，按表 1-8 采用。

表 1-8　沿砌体灰缝截面破坏时砌体的轴心抗拉强度设计值、弯曲抗拉强度设计值和抗剪强度设计值　MPa

强度类别	破坏特征及砌体种类		砂浆强度等级			
			≥M10	M7.5	M5	M2.5
轴心抗拉	沿齿缝	烧结普通砖、烧结多孔砖	0.19	0.16	0.13	0.09
		蒸压灰砂砖、蒸压粉煤灰砖	0.12	0.10	0.08	0.06
		混凝土砌块	0.09	0.08	0.07	—
		毛石	0.08	0.07	0.06	0.04

(续表)

强度类别	破坏特征及砌体种类		砂浆强度等级			
			≥M10	M7.5	M5	M2.5
弯曲抗拉	沿齿缝	烧结普通砖、烧结多孔砖	0.33	0.29	0.23	0.17
		蒸压灰砂砖、蒸压粉煤灰砖	0.24	0.20	0.16	0.12
		混凝土砌块	0.11	0.09	0.08	—
		毛石	0.13	0.11	0.09	0.07
	沿通缝	烧结普通砖、烧结多孔砖	0.17	0.14	0.11	0.08
		蒸压灰砂砖、蒸压粉煤灰砖	0.12	0.10	0.08	0.06
		混凝土砌块	0.08	0.06	0.05	—
抗剪	烧结普通砖、烧结多孔砖		0.17	0.14	0.11	0.08
	蒸压灰砂砖、蒸压粉煤灰砖		0.12	0.10	0.08	0.06
	混凝土和轻骨料混凝土砌块		0.09	0.08	0.06	—
	毛石		0.21	0.19	0.16	0.11

注:1. 对于用形状规则的块体砌筑的砌体,当搭接长度与块体高度的比值小于1时,其轴心抗拉强度设计值 f_t 和弯曲抗拉强度设计值 f_{tm} 应按表中数值乘以搭接长度与块体高度比值后采用。

2. 对孔洞率不大于35%的双排孔或多排孔轻骨料混凝土砌块砌体的抗剪强度设计值,可按表中混凝土砌块砌体抗剪强度设计值乘以1.1。

3. 对蒸压灰砂砖、蒸压粉煤灰砖砌体,当有可靠的试验数据时,表中强度设计值允许作适当调整。

4. 对烧结页岩砖、烧结煤矸石砖、烧结粉煤灰砖砌体,当有可靠的试验数据时,表中强度设计值允许作适当调整。

1.3.5 砌体的强度设计值调整系数

考虑到实际工程中的一些不利的因素,下列情况的各类砌体,其砌体强度设计值应乘以调整系数 γ_a。

(1)有吊车房屋砌体、跨度不小于9 m的梁下烧结普通砖砌体、跨度不小于7.5 m的梁下烧结多孔砖、蒸压灰砂砖、蒸压粉煤灰砖砌体,混凝土和轻骨料混凝土砌块砌体,γ_a 为0.9。

(2)对无筋砌体构件,其截面面积小于0.3 m^2 时,γ_a 为其截面面积加0.7。对配筋砌体构件,当其中砌体截面面积小于0.2 m^2 时,γ_a 为其截面面积加0.8。构件截面面积以 m^2 计。

(3)当砌体用水泥砂浆砌筑时,对表1-2～表1-7中的数值,γ_a 为0.9;对表1-8中的数值,γ_a 为0.8;对配筋砌体构件,当其中的砌体采用水泥砂浆砌筑时,仅对砌体的强度设计值乘以调整系数 γ_a。

(4)当施工质量控制等级为C级时,γ_a 为0.89;当施工质量控制等级为A级时,γ_a 为1.05。

(5)当验算施工中房屋的构件时,γ_a 为1.1。

1.4　砌体的变形和其他性能

1.4.1　砌体的弹性模量和剪变模量

为便于应用，现行《砌体结构设计规范》对砌体受压弹性模量采用了更为简化的结果，按砂浆的不同强度等级，取弹性模量与砌体的抗压强度设计值成正比关系。而对于石材抗压强度和弹性模量均远高于砂浆相应值的石砌体，砌体的受压变形主要集中在灰缝砂浆中，故石砌体弹性模量可仅按砂浆的强度等级来确定。

砌体的弹性模量 E 可按表 1-9 采用，剪变模量 G 可按弹性模量的 40%采用。

表 1-9　　砌体的弹性模量　　MPa

砌体种类	砂浆强度等级			
	≥M10	M7.5	M5	M2.5
烧结普通砖、烧结多孔砖砌体	$1\,600f$	$1\,600f$	$1\,600f$	$1\,390f$
蒸压灰砂砖、蒸压粉煤灰砖砌体	$1\,060f$	$1\,060f$	$1\,060f$	$960f$
混凝土砌块砌体	$1\,700f$	$1\,600f$	$1\,500f$	—
粗料石、毛料石、毛石砌体	7 300	5 650	4 000	2 250
细料石、半细料石砌体	22 000	17 000	12 000	6 750

注：1. 轻骨料混凝土砌块砌体的弹性模量，可按表中混凝土砌块砌体的弹性模量采用。
2. 单排孔且对孔砌筑的混凝土砌块灌孔砌体的弹性模量，应按式 $E=1\,700f_g$ 计算，f_g 为灌孔砌体的抗压强度设计值。

1.4.2　砌体的线膨胀系数和收缩率

砌体的线膨胀系数和收缩率可按表 1-10 采用。

表 1-10　　砌体的线膨胀系数和收缩率

砌体类别	线膨胀系数/(10^{-6} ℃$^{-1}$)	收缩率/(mm・m^{-1})
烧结黏土砖砌体	5	−0.1
蒸压灰砂砖、蒸压粉煤灰砖砌体	8	−0.2
混凝土砌块砌体	10	−0.2
轻骨料混凝土砌块砌体	10	−0.3
料石和毛石砌体	8	—

注：表中的收缩率系由达到收缩允许标准的块体砌筑 28 d 的砌体收缩率，当地方有可靠的砌体收缩试验数据时，亦可采用当地的试验数据。

砌体浸水时体积膨胀，失水时体积干缩，而且收缩变形较膨胀变形大得多，因此工程中对砌体的干缩变形予以重视。

1.4.3　砌体的摩擦系数

在砌体结构的抗滑移和抗剪承载力计算中要用到砌体的摩擦因数，其值与摩擦面的材料和干湿程度有关，可按表 1-11 采用。

表 1-11　　摩擦因数

材料类别	摩擦面情况	
	干燥	潮湿
砌体沿砌体或混凝土滑动	0.70	0.60
木材沿砌体滑动	0.60	0.50
钢沿砌体滑动	0.45	0.35
砌体沿砂或卵石滑动	0.60	0.50
砌体沿粉土滑动	0.55	0.40
砌体沿黏性土滑动	0.50	0.30

思考题

1-1　什么是砌体和砌体结构？砌体的种类有哪些？

1-2　砂浆在砌体中起什么作用？有哪些砂浆类型？

1-3　块体和砂浆的强度等级如何表示？在什么情况下砂浆强度取为零？

1-4　什么是配筋砌体？配筋砌体有何优点及用途？

1-5　砌体的选用原则是什么？

1-6　轴心受压砌体的破坏特征有哪些？

1-7　砌体在轴心压力作用下单块砖及砂浆可能处于怎样的应力状态？它对砌体的抗压强度有何影响？

1-8　影响砌体抗压强度的因素有哪些？

1-9　轴心受拉、弯曲受拉及剪切破坏的砌体构件各有哪些破坏形态？其破坏形态主要取决于哪些因素？

第2章

砌体结构构件承载力计算

2.1 受压构件承载力的计算

在试验研究和理论分析的基础上,《砌体结构设计规范》(以下简称为"《规范》")规定无筋砌体受压构件的承载力应按下式计算

$$N \leqslant \varphi f A \tag{2-1}$$

式中 N——轴向力设计值;

φ——高厚比 β 和轴向力的偏心矩 e 对受压构件承载力的影响系数,按附表 1-1~附表 1-3 采用;

f——砌体的抗压强度设计值,按表 1-2~表 1-7 采用;

A——截面面积,对各类砌体均应按毛截面计算。

由于砌体材料的种类不同,构件的承载力有较大的差异,因此,在计算影响系数 φ 或查 φ 值表时,构件高厚比 β 应按下式计算

对矩形截面
$$\beta = \gamma_\beta \frac{H_0}{h} \tag{2-2}$$

对 T 形截面
$$\beta = \gamma_\beta \frac{H_0}{h_T} \tag{2-3}$$

式中 γ_β——不同砌体材料构件的高厚比修正系数,按表 2-1 采用;

H_0——受压构件的计算高度,按表 2-2 确定;

h——矩形截面轴向力偏心方向的边长,当轴心受压时为截面较小边长;

h_T——T 形截面的折算厚度,可近似按 $3.5i$ 计算;

i——截面回转半径。

表 2-1 高厚比修正系数 γ_β

砌体材料类别	γ_β
烧结普通砖、烧结多孔砖	1.0
混凝土及轻骨料混凝土砌块	1.1
蒸压灰砂砖、蒸压粉煤灰砖、细料石、半细料石	1.2
粗料石、毛石	1.5

注:对灌孔混凝土砌块,γ_β 取 1.0。

表 2-2 受压构件的计算高度 H_0

房屋类别			柱	带壁柱墙或周边拉结的墙			
			排架方向	垂直排架方向	$s>2H$	$2H\geqslant s>H$	$s\leqslant H$
有吊车的单层房屋	变截面柱上段	弹性方案	$2.5H_u$	$1.25H_u$	$2.5H_u$		
		刚性、刚弹性方案	$2.0H_u$	$1.25H_u$	$2.0H_u$		
	变截面柱下段		$1.0H_l$	$0.8H_l$	$1.0H_l$		
无吊车的单层和多层房屋	单跨	弹性方案	$1.5H$	$1.0H$	$1.5H$		
		刚弹性方案	$1.2H$	$1.0H$	$1.2H$		
	多跨	弹性方案	$1.25H$	$1.0H$	$1.25H$		
		刚弹性方案	$1.10H$	$1.0H$	$1.1H$		
	刚性方案		$1.0H$	$1.0H$	$1.0H$	$0.4s+0.2H$	$0.6s$

注:1. 表中 H_u 为变截面柱的上段高度;H_l 为变截面柱的下段高度。

2. 对于上段为自由端的构件,$H_0=2H$。

3. 独立砖柱,当无柱间支撑时,柱在垂直排架方向的 H_0 应按表中数值乘以 1.25 后采用。

4. s 为房屋横墙间距。

5. 自承重墙的计算高度应根据周边支撑或拉结条件确定。

对矩形截面构件,当轴向力偏心方向的截面边长大于另一方向的边长时,除按偏心受压计算外,还应对较小边长方向,按轴心受压进行验算。

轴向力的偏心距 e 按内力设计值计算。当轴向力的偏心距 e 较大时,构件截面的受拉边将出现水平裂缝,从而导致截面面积 A 减少,构件刚度降低,纵向弯矩的影响增大,构件的承载能力显著降低,这样的结构即不安全也不够经济。因此,受压构件承载力计算公式(2-1)的适用条件是

$$e\leqslant 0.6y \tag{2-4}$$

式中 y——截面重心到轴向力所在偏心方向截面边缘的距离。

当轴向力的偏心距 e 超过 $0.6y$ 时,宜采用组合砖砌体构件;也可在梁端或屋架端部处设置带中心装置的垫块或带缺口垫块,以减少偏心距,如图 2-1 所示。

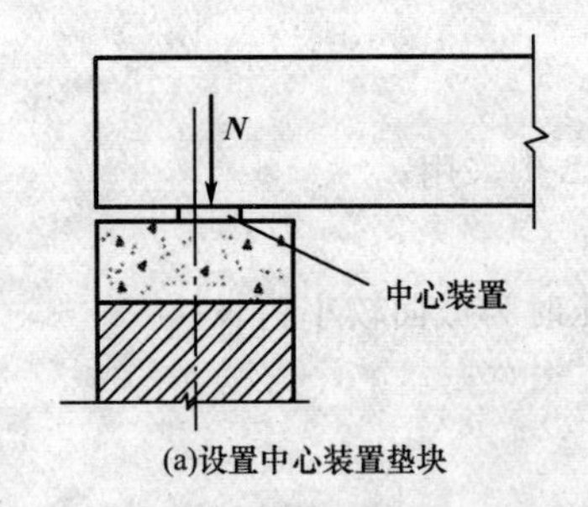

(a)设置中心装置垫块

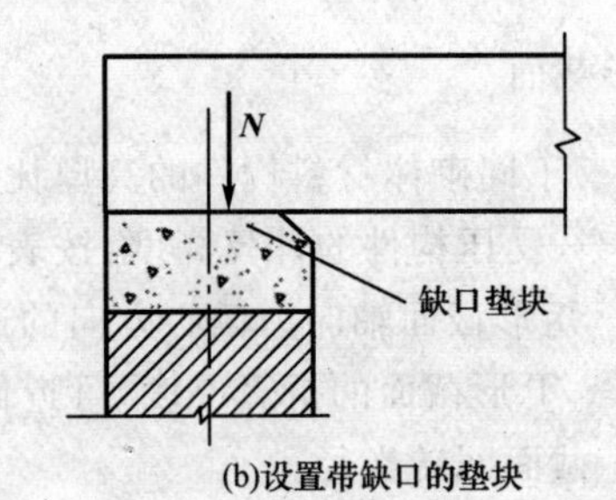

(b)设置带缺口的垫块

图 2-1 减小偏心距的措施

例 2-1 一无筋砌体砖柱,截面尺寸为 370 mm×490 mm,柱的计算高度为 3.3 m,承受的轴向压力标准值 $N_k=150$ kN(其中永久荷载 120 kN,包括砖柱自重),结构的安全等级为二级,采用 MU10 烧结普通砖和 M5 混合砂浆砌筑,施工质量控制等级为 B 级。试验算该砖柱的承载力是否满足要求。

解 Ⅰ. 轴向力设计值的计算

第一种组合为

$$N=1.2\times120+1.4\times(150-120)=186\text{ kN}$$

第二种组合为

$$N=1.35\times120+1.4\times0.7\times(150-120)=191.4\text{ kN}>186\text{ kN}$$

所以最不利轴向力设计值 $N=191.4$ kN。

Ⅱ.承载力验算

柱截面面积 $A=0.37\times0.49=0.18\text{ m}^2<0.3\text{ m}^2$，砌体强度设计值应乘以调整系数 γ_a

$$\gamma_a=0.7+0.18=0.88$$

查表 1-2 得砌体抗压强度设计值 $f=1.50$ MPa

$$\beta=\gamma_\beta\frac{H_0}{h}=1.0\times\frac{3.3}{0.37}=8.92$$

查附表 1-1 得 $\varphi=0.89$，则

$$\varphi fA=0.89\times0.88\times1.50\times0.18\times10^6=211\ 464\text{ N}=211.46\text{ kN}>N=191.4\text{ kN}$$

满足要求。

例 2-2　一承受轴心压力的砖柱，截面尺寸为 370 mm×490 mm，采用 MU10 蒸压粉煤灰砖和混合砂浆砌筑，施工阶段，砂浆尚未硬化，施工质量控制等级为 B 级。柱顶截面承受的轴向压力设计值 $N=39$ kN，柱的计算高度为 3.5 m，砖砌体的重力密度 18 kN/m³。试验算该砖柱的承载力是否满足要求。

解　Ⅰ.轴向力设计值的计算

砖柱自重为

$$18\times0.37\times0.49\times3.5\times1.35=15.42\text{ kN}$$（采用以承受自重为主的内力组合）

柱底截面上的轴向力设计值为

$$N=39+15.42=54.42\text{ kN}$$

Ⅱ.承载力验算

柱截面面积 $A=0.37\times0.49=0.18\text{ m}^2<0.3\text{ m}^2$，砌体强度设计值应乘以调整系数 γ_a

$$\gamma_a=0.7+0.18=0.88$$

$$\beta=\gamma_\beta\frac{H_0}{h}=1.2\times\frac{3.5}{0.37}=11.35$$

轴心受压砖柱 $e=0$。施工阶段，砂浆尚未硬化，查附表 1-3 得 $\varphi=0.47$。当验算施工中房屋的构件时，取 $1.1\gamma_a$。查表 1-3 得砌体抗压强度设计值 $f=0.67$ MPa。则

$$\gamma_a f=1.1\times0.88\times0.67=0.65\text{ MPa}$$

$$\varphi(\gamma_a f)A=0.47\times0.65\times0.18\times10^6=54\ 990\text{ N}=54.99\text{ kN}>N=54.42\text{ kN}$$

满足要求。

例 2-3　一矩形截面偏心受压柱，截面尺寸为 370 mm×620 mm，计算高度 $H_0=6$ m，采用 MU10 蒸压粉煤灰砖和 M5 混合砂浆砌筑，施工质量控制等级为 B 级。承受轴向力设计值 $N=120$ kN，沿长边方向作用的弯矩设计值 $M=15$ kN·m。试验算该偏心受压砖柱的承载力是否满足要求。

解　Ⅰ.验算柱长边方向的承载力

偏心距为

$$e=\frac{M}{N}=\frac{15\times10^6}{120\times10^3}=125\text{ mm}<0.6y=0.6\times310=186\text{ mm}$$

$$\frac{e}{h}=\frac{125}{620}=0.2016$$

$$\beta=\gamma_\beta \frac{H_0}{h}=1.2\times\frac{6\,000}{620}=11.61$$

查附表 1-1 得 $\varphi=0.433$。

柱截面面积

$$A=0.37\times0.62=0.2294\ \text{m}^2<0.3\ \text{m}^2$$

$$\gamma_a=0.7+0.2294=0.9294$$

查表 1-3 得砌体抗压强度设计值 $f=1.5$ MPa，则

$$\varphi(\gamma_a f)A=0.433\times0.9294\times1.5\times0.2294\times10^6$$
$$=138\,476\ \text{N}=138.48\ \text{kN}>N=120\ \text{kN}$$

满足要求。

Ⅱ.验算垂直弯矩作用平面的承载力

$$\beta=\gamma_\beta \frac{H_0}{h}=1.2\times\frac{6\,000}{370}=19.46$$

查附表 1-1 得 $\varphi=0.634$，则

$$\varphi(\gamma_a f)A=0.634\times0.9294\times1.5\times0.2294\times10^6$$
$$=202\,757\ \text{N}=202.76\ \text{kN}>N=120\ \text{kN}$$

满足要求。

例 2-4 如图 2-2 所示，带壁柱窗间墙采用 MU10 烧结普通砖和 M2.5 混合砂浆砌筑，施工质量控制等级为 B 级，计算高度 $H_0=6.5$ m，承受轴向力设计值 $N=325$ kN，弯矩设计值 $M=40.3$ kN·m，轴向力作用点位于翼缘一侧。试验算窗间墙的承载力。

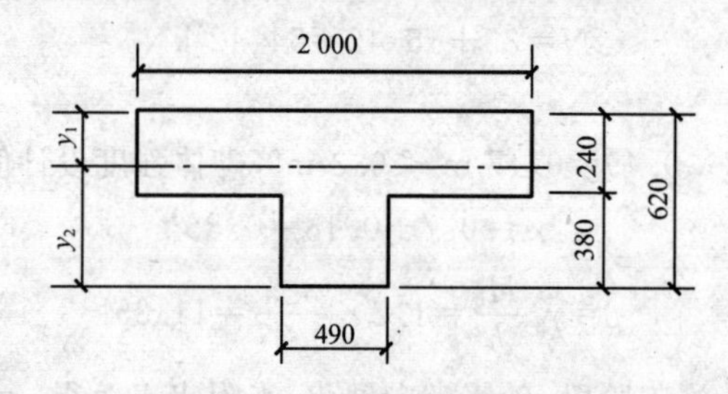

图 2-2 带壁柱砖墙截面图

解 Ⅰ.确定截面几何尺寸

$$A=2\,000\times240+380\times490=666\,200\ \text{mm}^2=0.6662\ \text{m}^2>0.3\ \text{m}^2,\gamma_a=1.0$$

$$y_1=\frac{2\,000\times240\times120+490\times380\times(240+190)}{666\,200}=206.6\ \text{mm}$$

$$y_2=620-206.6=413.4\ \text{mm}$$

$$I=\frac{2\,000\times240^3}{12}+2\,000\times240\times(206.6-120)^2+\frac{490\times380^3}{12}+490\times380\times(413.4-190)^2$$
$$=1.744\times10^{10}\ \text{mm}^4$$

回转半径 $$i=\sqrt{\frac{I}{A}}=\sqrt{\frac{1.744\times10^{10}}{666\,200}}=161.8\ \text{mm}$$

T 形截面折算厚度

$$h_T=3.5i=3.5\times161.8=566\ \text{mm}$$

Ⅱ.偏心距

$$e=M/N=40\ 300\div325=124\ \text{mm}=0.6y_1=0.6\times206.6=124\ \text{mm}$$

$$\frac{e}{h_T}=\frac{124}{566}=0.219$$

$$\beta=\gamma_\beta\frac{H_0}{h_T}=1.0\times\frac{6\ 500}{566}=11.48$$

查附表1-2得 $\varphi=0.38$。

Ⅲ.承载力

查表1-2得砌体抗压强度设计值 $f=1.3$ MPa,则

$$\varphi fA=0.38\times1.3\times0.666\ 2\times10^6=329\ 103\ \text{N}=329.1\ \text{kN}>N=325\ \text{kN}$$

满足要求。

2.2　局部均匀受压承载力的计算

当轴向力只作用在砌体的局部截面上时,称为局部受压。如果砌体的局部受压面积 A_l 上受到的压应力是均匀分布的,称为局部均匀受压;否则,为局部非均匀受压。例如,支承轴心受压柱的砌体基础为局部均匀受压;梁或屋架支承处的砌体一般为局部非均匀受压。如图2-3所示。

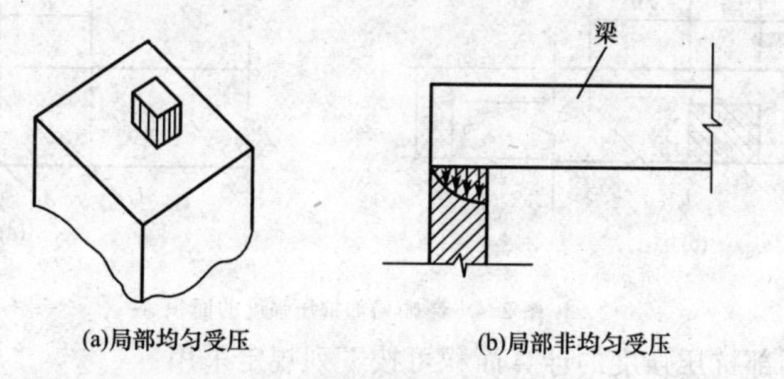

(a)局部均匀受压　(b)局部非均匀受压

图2-3　砌体的局部受压

2.2.1　局部抗压强度提高系数

砌体局部受压时,直接受压的局部范围内的砌体抗压强度有较大程度的提高,这主要有两方面的原因,一是局部受压的砌体在产生纵向变形的同时还产生横向变形,未直接承受压力的周围砌体像套箍一样约束其横向变形,使在一定高度范围内的砌体处于三向或双向受压状态,大大地提高了砌体的局部抗压强度,称为"套箍强化"作用;另一方面是由于砌体搭缝砌筑,局部压应力能够向未直接承受压力的周围砌体迅速扩散,从而使应力很快变小,称为应力扩散作用。

砌体的抗压强度为 f,其局部抗压强度可取为 γf,γ 称为局部抗压强度提高系数,按下式计算

$$\gamma=1+0.35\sqrt{\frac{A_0}{A_l}-1}\tag{2-5}$$

式中　A_l——局部受压面积;

A_0——影响砌体局部抗压强度的计算面积。

为了避免$\frac{A_0}{A_l}$大于某一限值时会在砌体内出现危险的劈裂破坏，规定对按式(2-5)计算所得的γ值，尚应符合下列规定：

(1)在图 2-4(a)的情况下，$\gamma \leqslant 2.5$；

(2)在图 2-4(b)的情况下，$\gamma \leqslant 2.0$；

(3)在图 2-4(c)的情况下，$\gamma \leqslant 1.5$；

(4)在图 2-4(d)的情况下，$\gamma \leqslant 1.25$；

(5)对多孔砖砌体和混凝土砌块灌孔砌体，在(1)、(2)的情况下，尚应符合$\gamma \leqslant 1.5$；未灌孔混凝土砌块砌体，$\gamma = 1.0$。

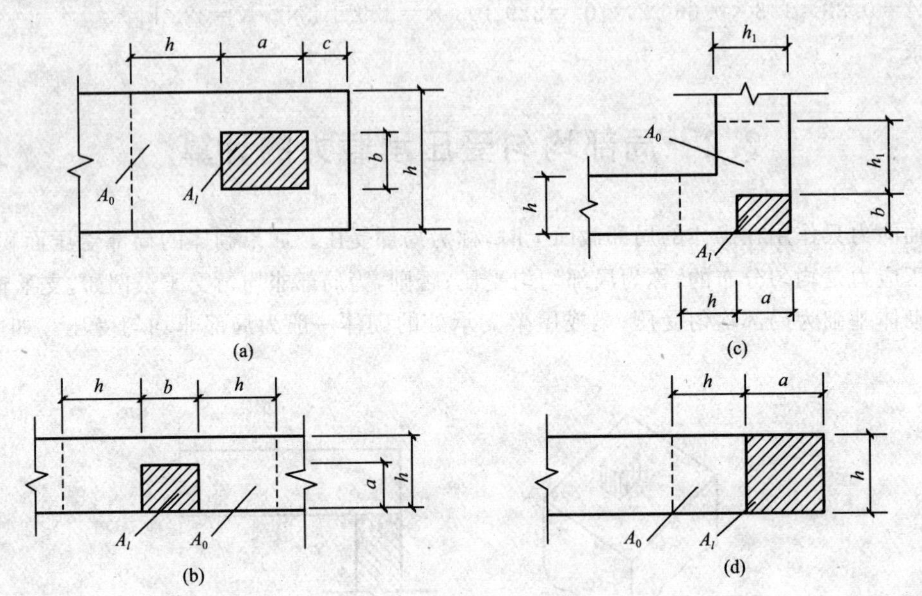

图 2-4　影响局部抗压强度的面积 A_0

影响砌体局部抗压强度的计算面积可按下列规定采用：

在图 2-4(a)的情况下　　$A_0=(a+c+h)h$

在图 2-4(b)的情况下　　$A_0=(b+2h)h$

在图 2-4(c)的情况下　　$A_0=(a+h)h+(b+h_1-h)h_1$

在图 2-4(d)的情况下　　$A_0=(a+h)h$

式中　a、b——矩形局部受压面积A_l的边长；

h、h_1——墙厚或柱的较小的边长，墙厚；

c——矩形局部受压面积的外边缘至构件边缘的较小距离，当大于h时，应取为h。

2.2.2　局部均匀受压承载力计算

砌体截面中受局部均匀压力时的承载力计算公式为

$$N_l \leqslant \gamma f A_l \tag{2-6}$$

式中　N_l——局部受压面积上的轴向力设计值；

γ——砌体局部抗压强度提高系数；

f——砌体的抗压强度设计值，可不考虑强度调整系数γ_a的影响；

A_l——局部受压面积。

2.2.3 梁端支承处砌体局部受压

1. 梁端有效支承长度

当梁端支承在砌体上时，由于梁的挠曲变形和支承处砌体的压缩变形，使梁末端向上翘并与部分砌体脱开，因而梁端有效支承长度 a_0 可能小于其实际支承长度 a，而且梁下砌体的局部压应力也非均匀分布，如图 2-5 所示。

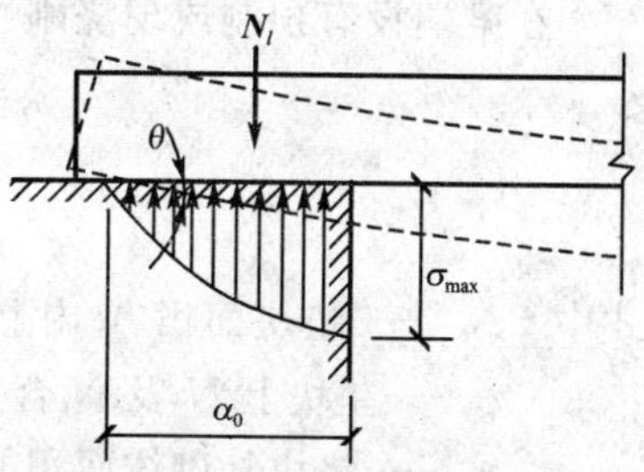

图 2-5 梁端局部受压

《砌体结构设计规范》给出梁端有效支承长度的计算公式为

$$a_0=10\sqrt{\frac{h_c}{f}} \tag{2-7}$$

式中 a_0——梁端有效支承长度，mm，当 a_0 大于 a 时，应取 a_0 等于 a；

h_c——梁的截面高度，mm；

f——砌体的抗压强度设计值，N/mm²。

2. 梁端支承处砌体局部受压承载力计算

梁端下面砌体局部面积上受到的压力包括两部分：①梁端支承压力 N_l；②上部砌体传至梁端下面砌体局部面积上的轴向力 N_0。但由于梁端底部砌体的局部变形而产生“拱作用”，如图 2-6 所示，使上部砌体传至梁下砌体的平均压力减小为 ψN_0。

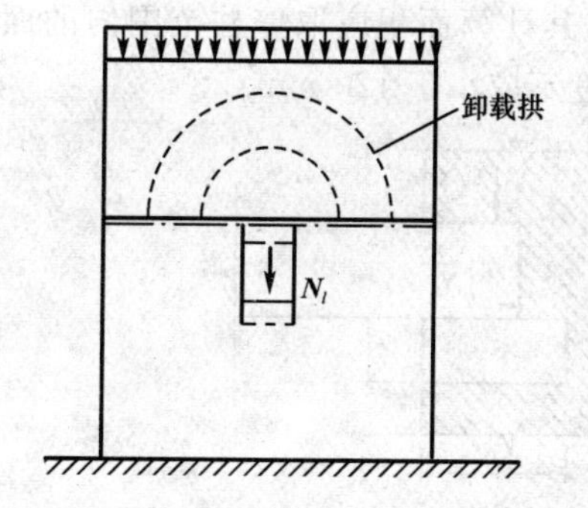

图 2-6 上部荷载对局部抗压强度的影响

根据试验结果，梁端支承处砌体的局部受压承载力应按下列公式计算

$$\psi N_0+N_l\leqslant \eta\gamma f A_l \tag{2-8}$$

$$\psi=1.5-0.5\frac{A_0}{A_l} \tag{2-9}$$

$$N_0=\sigma_0 A_l \tag{2-10}$$

$$A_l=a_0 b \tag{2-11}$$

式中 ψ——上部荷载的折减系数，当 $A_0/A_l\geqslant 3$ 时，应取 ψ 等于 0；

N_0——局部受压面积内上部轴向力设计值，N；

N_l——梁端支承压力设计值，N；

σ_0——上部平均压应力设计值，N/mm²；

η——梁端底面压应力图形的完整系数，可取 0.7，对于过梁和墙梁可取 1.0；

a_0——梁端有效支承长度，按式(2-7)计算；

b——梁的截面宽度，mm；

f——砌体的抗压强度设计值，N/mm²。

2.2.4 梁下设有刚性垫块

当梁端局部受压承载力不满足要求时，在梁端下设置预制或现浇混凝土垫块扩大局部受压面积，是较有效的方法之一。当垫块的高度 $t_b\geqslant 180$ mm，且垫块自梁边缘起挑出的长度不大于垫块的高度时，称为刚性垫块。刚性垫块不但可以增大局部受压面积，还可以使梁端压力能较好地传至砌体表面。试验表明，垫块底面积以外的砌体对局部抗压强度仍能提供有利的影响,但考虑到垫块底面压应力分布不均匀,偏于安全取垫块外砌体面积的有利影响系数 $\gamma_1=0.8\gamma$(γ 为砌体的局部抗压强度提高系数)。试验还表明,刚性垫块下砌体的局部受压可采用砌体偏心受压的公式计算。

在梁端设有预制或现浇刚性垫块的砌体局部受压承载力按下列公式计算

$$N_0+N_l\leqslant\varphi\gamma_1 fA_b \tag{2-12}$$

$$N_0=\sigma_0 A_b \tag{2-13}$$

$$A_b=a_b b_b \tag{2-14}$$

式中 N_0——垫块面积 A_b 内上部轴向力设计值;

φ——垫块上 N_0 及 N_l 合力的影响系数,应采用附表 1-1~附表 1-3 中当 $\beta\leqslant3$ 时的 φ 值;

γ_1——垫块外砌体面积的有利影响系数,γ_1 应为 0.8γ,但不小于 1.0[γ 为砌体局部抗压强度提高系数,按式(2-5)以 A_b 代替 A_l 计算得出];

A_b——垫块面积;

a_b——垫块伸入墙内的长度;

b_b——垫块的宽度。

刚性垫块的构造应符合下列规定:

(1)刚性垫块的高度不宜小于 180 mm,自梁边算起的垫块挑出长度不宜大于垫块高度 t_b。

(2)在带壁柱墙的壁柱内设刚性垫块时,如图 2-7 所示,其计算面积应取壁柱范围内的面积,而不应计算翼缘部分,同时壁柱上垫块伸入翼墙内的长度不应小于 120 mm。

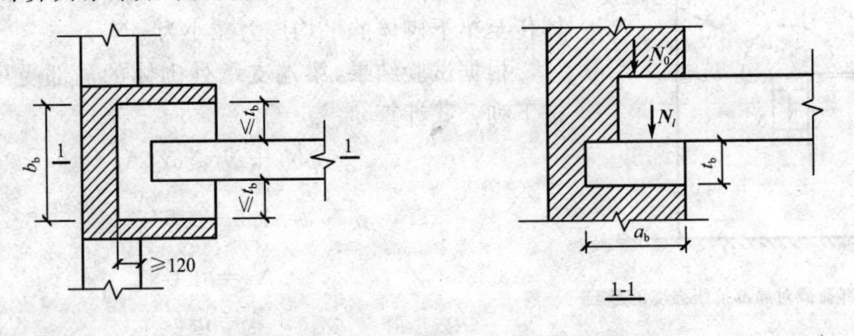

图 2-7 壁柱上设有垫块时梁端局部受压

(3)当现浇垫块与梁端整体浇筑时,垫块可在梁高范围内设置。

梁端设有刚性垫块时,梁端有效支承长度 a_0 应按下式确定

$$a_0=\delta_1\sqrt{\frac{h}{f}} \tag{2-15}$$

式中 δ_1——刚性垫块的影响系数,可按表 2-3 采用。

表 2-3 系数 δ_1 值表

σ_0/f	0	0.2	0.4	0.6	0.8
δ_1	5.4	5.7	6.0	6.9	7.8

注:表中其间的数值可采用插入法求得。

垫块上 N_l 作用点的位置可取 $0.4a_0$ 处。

2.2.5 梁下设有长度大于 πh_0 的钢筋混凝土垫梁

在实际工程中,常在梁或屋架端部下面的砌体墙上设置连续的钢筋混凝土梁,如圈梁等。

此钢筋混凝土梁可把承受的局部集中荷载扩散到一定范围的砌体墙上起到垫块的作用，故称为垫梁，如图2-8所示。

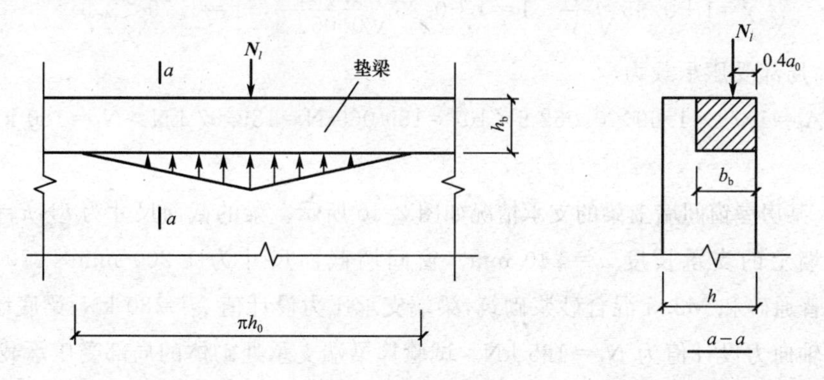

图2-8　垫梁局部受压

根据试验分析，当垫梁长度大于 πh_0 时，在局部集中荷载作用下，垫梁下砌体受到的竖向压应力在长度 πh_0 范围内分布为三角形，应力峰值可达 $1.5f$。此时，垫梁下的砌体局部受压承载力可按下列公式计算

$$N_0+N_l\leqslant 2.4\delta_2 f b_b h_0 \tag{2-16}$$

$$N_0=\frac{\pi b_b h_0 \sigma_0}{2} \tag{2-17}$$

$$h_0=2\sqrt[3]{\frac{E_b I_b}{Eh}} \tag{2-18}$$

式中　N_0——垫梁上部轴向力设计值；

b_b——垫梁在墙厚方向的宽度；

δ_2——当荷载沿墙厚方向均匀分布时取1.0，不均匀时可取0.8；

h_0——垫梁折算高度；

E_b、I_b——分别为垫梁的混凝土弹性模量和截面惯性矩；

E——砌体的弹性模量；

h——墙厚。

垫梁上梁端有效支承长度 a_0 可按公式(2-15)计算。

例2-5　某房屋的基础采用MU10烧结普通砖和M7.5水泥砂浆砌筑，其上支承截面尺寸为250 mm×250 mm的钢筋混凝土柱，如图2-9所示，柱作用于基础顶面中心处的轴向力设计值 $N_l=180$ kN。试验算柱下砌体的局部受压承载力是否满足要求。

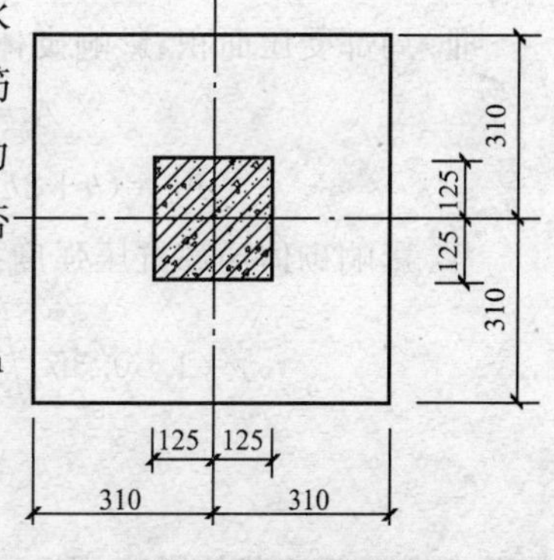

图2-9　基础平面图

解　Ⅰ.查表1-2得砌体抗压强度设计值　$f=1.69$ MPa

砌体的局部受压面积　$A_l=0.25\times0.25=0.0625\ \text{m}^2$

影响砌体抗压强度的计算面积

$$A_0=0.62\times0.62=0.3844\ \text{m}^2$$

Ⅱ.砌体局部抗压强度提高系数

$$\gamma=1+0.35\sqrt{\frac{A_0}{A_l}-1}=1+0.35\sqrt{\frac{0.3844}{0.0625}-1}=1.79<2.5$$

Ⅲ.砌体局部受压承载力

$$\gamma f A_l=1.79\times1.69\times0.0625\times10^6=189\ 069\ \text{N}=189.07\ \text{kN}>N_l=180\ \text{kN}$$

满足要求。

例 2-6 某房屋窗间墙上梁的支承情况如图 2-10 所示。梁的截面尺寸为 $b\times h=200\ \text{mm}\times 550\ \text{mm}$，在墙上的支承长度 $a=240$ mm。窗间墙截面尺寸为 1 200 mm×370 mm，采用 MU10 烧结普通砖和 M2.5 混合砂浆砌筑，梁端支承压力设计值 $N_l=80$ kN，梁底墙体截面处的上部荷载轴向力设计值为 $N_e=165$ kN。试验算梁端支承处砌体的局部受压承载力。

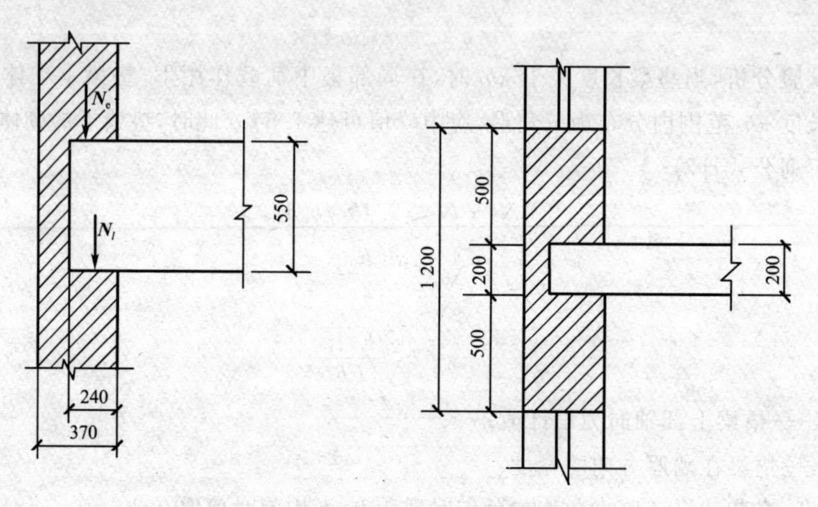

图 2-10　窗间墙上梁的支承情况

解　Ⅰ.查表 1-2 得砌体抗压强度设计值　$f=1.30$ MPa

梁端底面压应力图形的完整系数　$\eta=0.7$

Ⅱ.梁端有效支承长度

$$a_0=10\sqrt{\frac{h_c}{f}}=10\sqrt{\frac{550}{1.30}}=205.7\ \text{mm}<a=240\ \text{mm}$$

Ⅲ.局部受压面积、影响砌体局部抗压强度的计算面积

$$A_l=a_0b=205.7\times200=41\ 140\ \text{mm}^2$$

$$A_0=(b+2h)h=(200+2\times370)\times370=347\ 800\ \text{mm}^2$$

Ⅳ.影响砌体局部抗压强度提高系数

$$\gamma=1+0.35\sqrt{\frac{A_0}{A_l}-1}=1+0.35\sqrt{\frac{347\ 800}{41\ 140}-1}=1.96<2.0$$

$$\frac{A_0}{A_l}=\frac{347\ 800}{41\ 140}=8.45>3.0$$

故不考虑上部荷载的影响，取 $\psi=0$。

Ⅴ.局部受压承载力验算

$$\eta\gamma fA_l=0.7\times1.96\times1.30\times41\ 140=73\ 377\ \text{N}=73.38\ \text{kN}<N_l=80\ \text{kN}$$

不满足要求。

例 2-7　条件同上题，如设置刚性垫块，试选择垫块的尺寸，并进行验算。

解　Ⅰ.选择垫块的尺寸

取垫块高度 $t_b=180$ mm，垫块的宽度 $a_b=240$ mm，长度 $b_b=500$ mm，则垫梁自梁边两侧各挑出 $(500-200)\div2=150$ mm $<t_b=180$ mm，符合刚性垫块的要求，如图 2-11 所示。

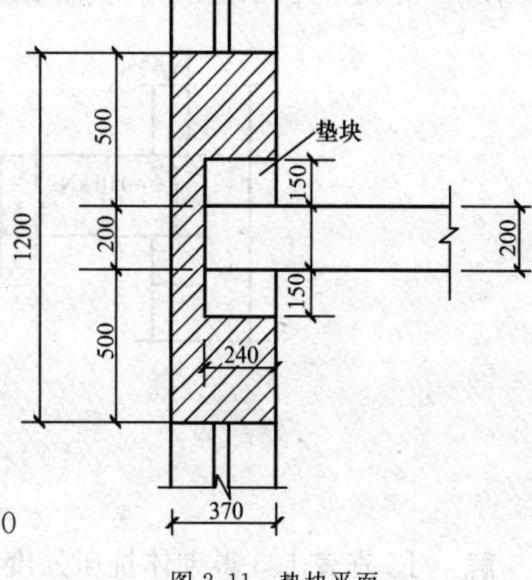

图 2-11　垫块平面

$A_l=A_b=a_b\times b_b=240\times500=120\ 000\ \text{mm}^2$

因为 $500+2\times370=1\ 240$ mm $>1\ 200$ mm，故垫块外取 350 mm。

$A_0=(500+2\times350)\times370=444\ 000\ \text{mm}^2$

Ⅱ.影响砌体局部抗压强度提高系数

$$\gamma=1+0.35\sqrt{\frac{A_0}{A_l}-1}=1+0.35\sqrt{\frac{444\ 000}{120\ 000}-1}=1.58<2.0$$

$$\gamma_1=0.8\gamma=0.8\times1.58=1.26>1$$

Ⅲ.求影响系数

上部荷载产生的平均压应力为

$$\sigma_0=\frac{165\ 000}{370\times1\ 200}=0.37\ \text{N/mm}^2$$

$\frac{\sigma_0}{f}=\frac{0.37}{1.3}=0.28$，查表 2-3 得 $\delta_1=5.82$。

梁端有效支承长度为

$$a_0=\delta_1\sqrt{\frac{h}{f}}=5.82\sqrt{\frac{500}{1.30}}=114.1\ \text{mm}$$

N_l合力点至墙边的位置为

$$0.4a_0=0.4\times114.1=45.6\ \text{mm}$$

N_l对垫块中心的偏心距为

$$e_l=120-45.6=74.4\ \text{mm}$$

垫块面积 A_b 内上部轴向力设计值

$$N_0=\sigma_0A_b=0.37\times120\ 000=44\ 400\ \text{N}=44.4\ \text{kN}$$

作用在垫块上的总轴向力

$$N=N_0+N_l=44.4+80=124.4\ \text{kN}$$

轴向力对垫块重心的偏心距

$$e=\frac{N_le_l}{N_0+N_l}=\frac{80\times74.4}{124.4}=47.8\ \text{mm}$$

$\frac{e}{a_b}=\frac{47.8}{240}=0.199$，查附表 1-2($\beta\leqslant3$)得 $\varphi=0.68$。

Ⅳ.局部受压承载力验算

$$\varphi\gamma_1fA_b=0.68\times1.26\times1.30\times120\ 000=133\ 661\ \text{N}=133.66\ \text{kN}>N_0+N_l=124.4\ \text{kN}$$

满足要求。

例 2-8 如图 2-12 所示，窗间墙截面尺寸为 1 600 mm×370 mm，采用 MU10 蒸压粉煤灰砖和 M5 混合砂浆砌筑，承受截面为 $b\times h=200$ mm×500 mm 的钢筋混凝土梁，梁端的支承压力设计值 $N_l=110$ kN，支承长度 $a=240$ mm。上层传来的轴向力设计值为 $N_e=250$ kN，梁端下部设置钢筋混凝土垫梁，其截面尺寸为 240 mm×240 mm，长 1 600 mm，混凝土为 C20，$E_b=2.55\times10^4$ N/mm²。试验算局部受压承载力。

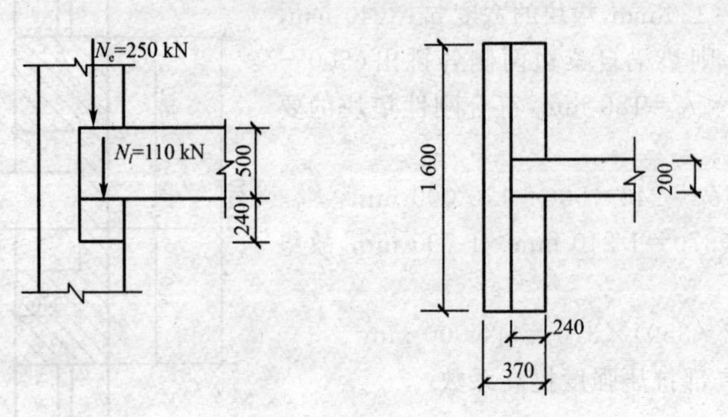

图 2-12 垫梁局部受压

解 Ⅰ. 查表 1-3 得砌体抗压强度设计值 $f=1.50$ MPa

查表 1-9 得砌体的弹性模量 $E=1\,060f=1\,060\times1.50=1\,590$ N/mm²

Ⅱ. 应用式(2-18)得垫梁折算高度

$$h_0=2\sqrt[3]{\frac{E_bI_b}{Eh}}=2\times\sqrt[3]{\frac{2.55\times10^4\times\frac{1}{12}\times240\times240^3}{1\,590\times370}}=458\ \text{mm}$$

$$\pi h_0=3.14\times458=1\,438\ \text{mm}<1\,600\ \text{mm}$$

Ⅲ. 上部平均压应力设计值

$$\sigma_0=\frac{250\,000}{1\,600\times370}=0.422\ \text{N/mm}^2$$

Ⅳ. 应用式(2-17)求垫梁上部轴向力设计值

$$N_0=\frac{\pi b_b h_0\sigma_0}{2}=\frac{3.14\times240\times458\times0.422}{2}=72\,826\ \text{N}\approx72.83\ \text{kN}$$

Ⅴ. 因荷载沿墙厚方向分布不均匀取 $\delta_2=0.8$，应用式(2-16)得局部受压承载力为

$$2.4\delta_2 fb_bh_0=2.4\times0.8\times1.50\times240\times458=316\,570\ \text{N}=316.57\ \text{kN}$$

Ⅵ. $N_0+N_l=72.83+110=182.83$ kN<316.57 kN，满足要求。

2.3 轴心受拉、受弯和受剪构件

2.3.1 轴心受拉构件

砌体的抗拉强度很低，故实际工程中很少采用砌体轴心受拉构件。对容积较小的圆形水池或筒仓，在液体或松散材料的侧压力作用下，池壁或筒壁内只产生环向拉力时，可采用砌体结构，如图 2-13 所示。

砌体轴心受拉构件的承载力应按下式计算

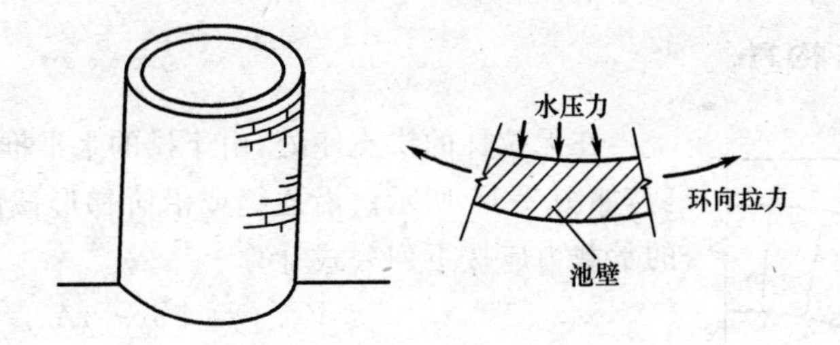

图 2-13　圆形水池壁受拉

$$N_t \leqslant f_t A \tag{2-19}$$

式中　N_t——轴心拉力设计值；

f_t——砌体的轴心抗拉强度设计值，应按表 1-8 采用。

2.3.2　受弯构件

砖砌平拱过梁及挡土墙均属于受弯构件，在弯矩作用下砌体可能沿齿缝截面[图 2-14(a)、图 2-14(b)]或沿通缝截面[图 2-14(c)]因弯曲受拉而破坏，应进行受弯承载力计算。此外，在支座处有时还存在较大的剪力，还应进行相应的受剪承载力计算。

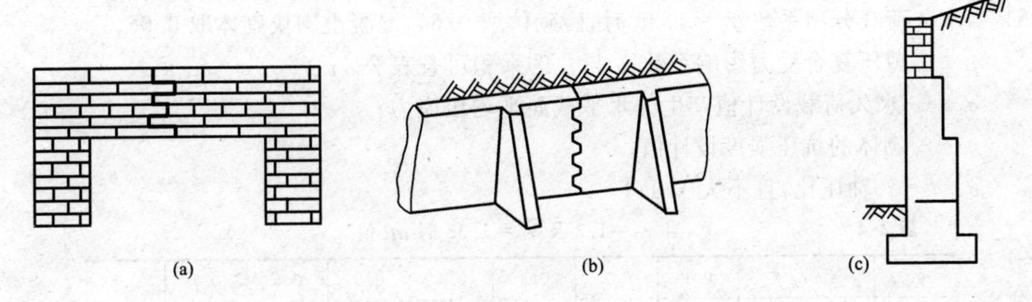

图 2-14　受弯构件

1. 受弯承载力计算

受弯构件的受弯承载力应按下式计算

$$M \leqslant f_{tm} W \tag{2-20}$$

式中　M——弯矩设计值；

f_{tm}——砌体弯曲抗拉强度设计值，应按表 1-8 采用；

W——截面抵抗矩，矩形截面的宽度为 b、高度为 h 时，$W=\frac{1}{6}bh^2$。

2. 受剪承载力计算

受弯构件的受剪承载力应按下式计算

$$V \leqslant f_V bz \tag{2-21}$$

式中　V——剪力设计值；

f_V——砌体的抗剪强度设计值，应按表 1-8 采用；

z——内力臂，$z=\frac{I}{S}$，当截面为矩形时取 $z=\frac{2h}{3}$；

b、h——截面的宽度和高度；

I——截面惯性矩；

S——截面面积矩。

2.3.3 受剪构件

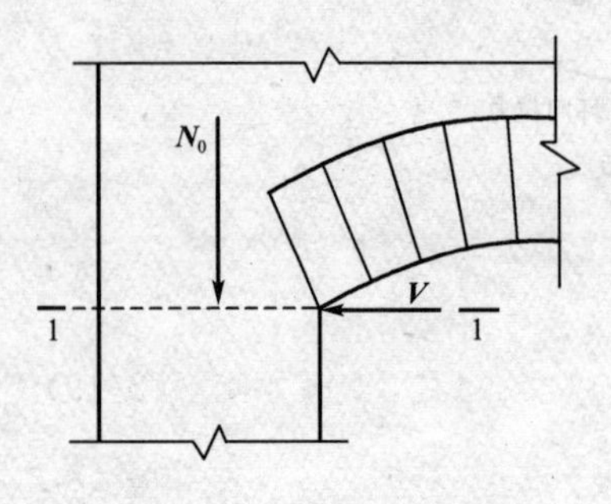

图 2-15 拱支座截面受剪

在无拉杆的拱支座处,由于拱的水平推力将使支座砌体受剪,如图 2-15 所示。沿通缝或沿阶梯形截面破坏时受剪构件的承载力应按下列公式计算

$$V \leqslant (f_V + \alpha\mu\sigma_0)A \tag{2-22}$$

当永久荷载分项系数 $\gamma_G = 1.2$ 时

$$\mu = 0.26 - 0.082\frac{\sigma_0}{f} \tag{2-23}$$

当永久荷载分项系数 $\gamma_G = 1.35$ 时

$$\mu = 0.23 - 0.065\frac{\sigma_0}{f} \tag{2-24}$$

式中 V——截面剪力设计值;

A——水平截面面积,当有孔洞时,取净截面面积;

f_V——砌体抗剪强度设计值,按表 1-8 采用,对灌孔的混凝土砌块砌体取 f_{VG};

α——修正系数,当永久荷载分项系数 $\gamma_G = 1.2$ 时,砖砌体取 0.60,混凝土砌块砌体取 0.64,当永久荷载分项系数 $\gamma_G = 1.35$ 时,砖砌体取 0.64,混凝土砌块砌体取 0.66;

μ——剪压复合受力影响系数,α 与 μ 的乘积可查表 2-4;

σ_0——永久荷载设计值产生的水平截面平均压应力;

f——砌体的抗压强度设计值;

σ_0/f——轴压比,且不大于 0.8。

表 2-4　当 $\gamma_G = 1.2$ 及 $\gamma_G = 1.35$ 时 $\alpha\mu$ 值

γ_G	σ_0/f	0.1	0.2	0.3	0.4	0.5	0.6	0.7	0.8
1.2	砖砌体	0.15	0.15	0.14	0.14	0.13	0.13	0.12	0.12
	砌块砌体	0.16	0.16	0.15	0.15	0.14	0.13	0.13	0.12
1.35	砖砌体	0.14	0.14	0.13	0.13	0.13	0.12	0.12	0.11
	砌块砌体	0.15	0.14	0.14	0.13	0.13	0.13	0.12	0.12

例 2-9　一圆形砖砌水池,采用 MU15 普通砖和 M10 水泥砂浆砌筑,水池壁厚 370 mm,施工质量控制等级为 B 级,池壁承受 55 kN/m 的环向拉力设计值。试验算池壁的受拉承载力。

解　采用水泥砂浆砌筑 $\gamma_a = 0.8$,查表 1-8,$f_t = 0.8 \times 0.19 = 0.152$ MPa。

取 1 m 宽构件进行计算

$$A = 1\ 000 \times 370 = 370\ 000\ \text{mm}^2$$

$$f_t A = 0.152 \times 490\ 000 = 56\ 240\ \text{N} = 56.24\ \text{kN} > N_t = 55\ \text{kN}$$

满足要求。

例 2-10　一矩形浅水池,如图 2-16 所示,池壁高 $H = 1.5$ m,壁厚 490 mm,采用 MU10 普通砖和 M10 混合砂浆砌筑,施工质量控制等级为 B 级。如不考虑池壁自重所产生的不大的垂直应力,试验算池壁的承载力。

解　Ⅰ.内力计算

因属于浅池,故可沿池壁竖向切取单位宽度的池壁,按上端自由、下端固定的悬臂构件承

受三角形水压力计算内力(取水的重力密度 $\rho=10\ kN/m^3$)

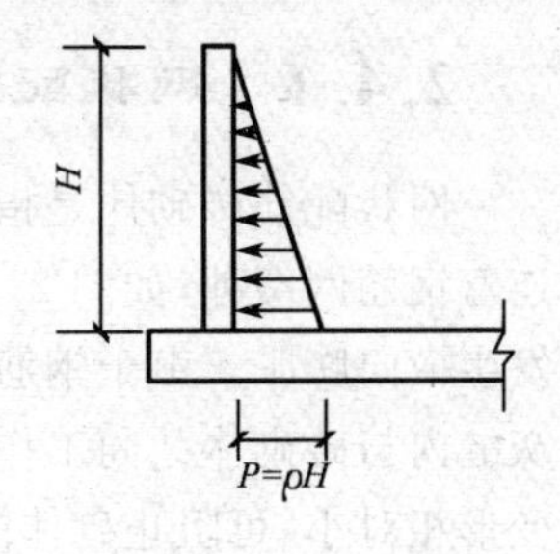

图 2-16　例 2-10 简图

$$M=\frac{1}{6}\rho H^3=\frac{1}{6}\times10\times1.5^3=5.63\ kN\cdot m$$

$$V=\frac{1}{2}\rho H^2=\frac{1}{2}\times10\times1.5^2=11.25\ kN$$

Ⅱ.受弯承载力

$$W=\frac{1}{6}bh^2=\frac{1}{6}\times1\ 000\times490^2=4\times10^7\ mm^3$$

查表 1-8 得 $f_{tm}=0.17$ MPa,则

$$f_{tm}W=0.17\times4\times10^7=6.8\times10^6\ N\cdot mm=6.8\ kN\cdot m>M=5.63\ kN\cdot m$$

受弯承载力满足要求。

Ⅲ.受剪承载力

$$z=\frac{2}{3}h=\frac{2}{3}\times490=327\ mm$$

查表 1-8 得 $f_V=0.17$ MPa,则

$$f_Vbz=0.17\times1\ 000\times327=55\ 590\ N=55.59\ kN>V=11.25\ kN$$

受剪承载力满足要求。

例 2-11　如图 2-15 所示拱支座截面,受剪截面面积为 370 mm×490 mm,采用 MU10 烧结多孔砖和 M5 混合砂浆砌筑,施工质量控制等级为 B 级,拱支座处水平推力设计值为 23.8 kN,作用在受剪截面面积上由永久荷载设计值产生的竖向压力为 35 kN(永久荷载分项系数 $\gamma_G=1.35$)。试验算拱支座截面的受剪承载力。

解　查表 1-2 得 $f=1.50$ MPa;查表 1-8 得 $f_V=0.11$ MPa。

$$A=370\times490=181\ 300\ mm^2$$

由永久荷载设计值产生的水平截面平均压应力 σ_0 为

$$\sigma_0=\frac{35\times10^3}{181\ 300}=0.193\ N/mm^2$$

$$\frac{\sigma_0}{f}=\frac{0.193}{1.50}=0.129<0.8$$

则

$$\mu=0.23-0.065\frac{\sigma_0}{f}=0.23-0.065\times0.129=0.222$$

$$\alpha=0.64$$

$$(f_V+\alpha\mu\sigma_0)A=(0.11+0.64\times0.222\times0.193)\times181\ 300$$
$$=24\ 915\ N=24.9\ kN>23.8\ kN$$

受剪承载力满足要求。

2.4　配筋砖砌体构件

当无筋砌体构件不能满足承载力要求或截面尺寸受到限制时,可采用配筋砌体构件。配筋砌体构件的种类很多,本节主要介绍目前常用的网状配筋砖砌体构件和组合砖砌体构件,其中组合砖砌体构件又分为砖砌体和钢筋混凝土面层或钢筋砂浆面层的组合砌体构件、砖砌体和钢筋混凝土构造柱组合墙。

2.4.1 网状配筋砖砌体构件

网状配筋砖砌体是指在砖砌体水平灰缝内每隔一定间距设置钢筋网片，有方格网配筋和连弯钢筋网两种，如图 2-17 所示。在竖向荷载作用下，砖砌体不但发生纵向压缩变形，同时也发生横向膨胀。由于钢筋、砂浆层与块体之间存在着摩擦力和黏结力，钢筋网片被完全嵌固在灰缝内与砖砌体共同工作；当砖砌体纵向受压时，钢筋横向受拉，因钢筋的弹性模量比砌体大，变形相对小，可阻止砌体的横向变形发展，防止砌体因纵向裂缝的延伸而过早失稳破坏，从而间接地提高网状配筋砖砌体构件的承载能力，故这种配筋又称为间接配筋。砌体和这种横向间接钢筋的共同工作可一直维持到砌体完全破坏。

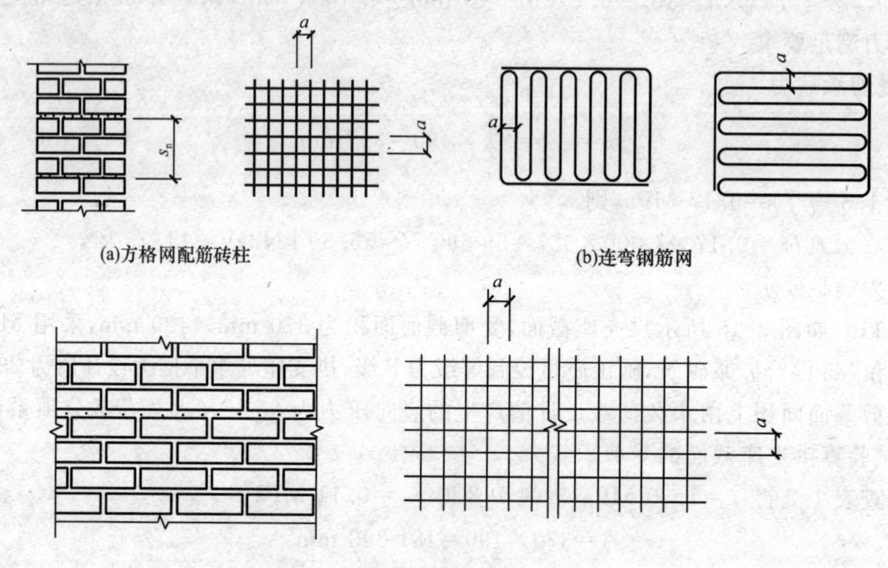

图 2-17　网状配筋砖砌体

1. 网状配筋砖砌体构件的受压性能

试验表明，网状配筋砖砌体在轴心压力作用下，从开始加荷到破坏，类似于无筋砖砌体，按照裂缝的出现与发展，也可分为三个受力阶段，但其破坏特征和无筋砖砌体不同。

(1)第一阶段

在加载的初始阶段个别砖内出现第一批裂缝，所表现的受力特点与无筋砌体相同，出现第一批裂缝时的荷载约为破坏荷载的 60%～75%，较无筋砌体高。

(2)第二阶段

随着荷载的继续增加，纵向裂缝的数量增多，但发展很缓慢。纵向裂缝受到横向钢筋网的约束，不能沿砌体高度方向形成连续裂缝，这是与无筋砖砌体明显的不同之处。

(3)第三阶段

荷载增至极限，砌体内部分开裂严重的砖脱落或被压碎，最后导致砌体完全破坏。此阶段一般不会像无筋砌体那样形成 1/2 砖的竖向小柱体而发生失稳破坏的现象，砖的强度得以比较充分的发挥。

2. 受压承载力计算

网状配筋砖砌体受压构件的承载力应按下列公式计算

$$N \leqslant \varphi_n f_n A \tag{2-25}$$

$$f_n=f+2(1-\frac{2e}{y})\frac{\rho}{100}f_y \tag{2-26}$$

$$\rho=(\frac{V_s}{V})\times 100 \tag{2-27}$$

式中 N——轴向力设计值；

f_n——网状配筋砖砌体的抗压强度设计值；

A——截面面积；

e——轴向力的偏心距；

ρ——体积配筋率，当采用截面面积为 A_s 的钢筋组成的方格网[图 2-17(a)]，网格尺寸为 a、钢筋网的竖向间距为 S_n 时，$\rho=\frac{2A_s}{as_n}\times 100$；

V_s、V——分别为钢筋和砌体的体积；

f_y——钢筋的抗拉强度设计值，当 f_y 大于 320 MPa，仍采用 320 MPa；

φ_n——高厚比和配筋率以及轴向力的偏心距对网状配筋砖砌体受压构件承载力的影响系数，可按下列公式计算，也可按附表 1-4 采用

$$\varphi_n=\frac{1}{1+12\left[\frac{e}{h}+\sqrt{\frac{1}{12}(\frac{1}{\varphi_{on}}-1)}\right]^2} \tag{2-28}$$

$$\varphi_{on}=\frac{1}{1+\frac{1+3\rho}{667}\beta^2} \tag{2-29}$$

式中 φ_{on}——网状配筋砖砌体受压构件的稳定系数；

β——构件的高厚比。

当采用连弯钢筋网[图 2-17(b)]时，网的钢筋方向应互相垂直，沿砌体高度交错设置，s_n 取同一方向网的间距。

试验表明，当荷载偏心作用时，横向配筋的效果将随偏心距的增大而降低。因此，网状配筋砖砌体受压构件尚应符合下列规定：

(1)偏心距超过截面核心范围，对于矩形截面即 $e/h>0.17$ 时或偏心距虽未超过截面核心范围，但构件的高厚比 $\beta>16$ 时，不宜采用网状配筋砖砌体构件；

(2)对矩形截面构件，当轴向力偏心方向的截面边长大于另一方向的边长时，除按偏心受压计算外，还应对较小边长方向按轴心受压进行验算；

(3)当网状配筋砖砌体下端与无筋砌体交接时，尚应验算交接处无筋砌体的局部受压承载力。

3. 构造规定

网状配筋砖砌体构件的构造应符合下列规定：

(1)网状配筋砖砌体中的体积配筋率，不应小于 0.1%，并不应大于 1%。

(2)采用钢筋网时，钢筋的直径宜采用 3～4 mm；当采用连弯式钢筋网时，钢筋的直径不应大于 8 mm。

(3)钢筋网中钢筋的间距，不应大于 120 mm，并不应小于 30 mm。

(4)钢筋网的竖向间距，不应大于 5 皮砖，并不应大于 400 mm。

(5)网状配筋砖砌体所用的砂浆强度等级不应低于 M7.5；钢筋网应设置在砌体的水平灰缝中，灰缝厚度应保证钢筋上下至少各有 2 mm 厚的砂浆层。

2.4.2 组合砖砌体构件

当荷载偏心距较大超过截面核心范围,无筋砖砌体承载力不足而截面尺寸又受到限制时,以及单层砖柱厂房在设防烈度为8度、9度时,应采用砖砌体和钢筋混凝土面层或钢筋砂浆面层组成的组合砖砌体构件,如图2-18所示。

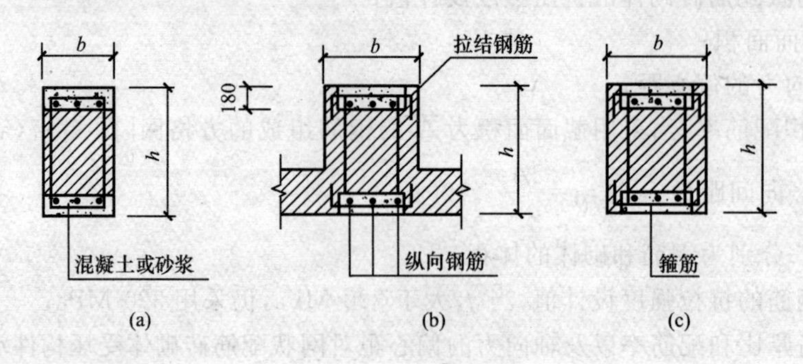

图2-18 组合砖墙体构件截面

1. 组合砖砌体的受力特点

组合砖砌体在轴心压力作用下,常在砌体与面层混凝土(或面层砂浆)的结合处产生第一批裂缝。随着荷载的增大,砖砌体内逐渐产生竖直方向的裂缝。由于钢筋混凝土(或钢筋砂浆)面层对砖砌体有横向约束作用,砌体内裂缝的发展较为缓慢,开展的宽度也不及无筋砌体。最后,砌体内的砖和面层混凝土(或面层砂浆)严重脱落甚至被压碎,或竖向钢筋在箍筋范围内压屈,组合砖砌体才完全破坏。

此外,在组合砖砌体中,砖能吸收混凝土(或砂浆)中的多余水分,使混凝土(或砂浆)面层的早期强度有明显提高,这在砌体结构房屋的增层或改建过程中,对原有砌体构件的补强或加固是很有利的。

2. 承载力计算

组合砖砌体轴心受压构件的承载力按下式计算

$$N \leqslant \varphi_{com}(fA + f_c A_c + \eta_s f_y' A_s') \tag{2-30}$$

式中 φ_{com}——组合砖砌体构件的稳定系数,按附表1-5采用;

A——砖砌体的截面面积。

f_c——混凝土或面层水泥砂浆的轴心抗压强度设计值。砂浆的轴心抗压强度设计值可取为同强度等级混凝土的轴心抗压强度设计值的70%。当砂浆为M15时,取5.2 MPa;当砂浆为M10时,取3.5 MPa;当砂浆为M7.5时,取2.6 MPa。

A_c——混凝土或砂浆面层的截面面积。

η_s——受压钢筋的强度系数。当为混凝土面层时,可取1.0;当为砂浆面层时,可取0.9。

f_y'——钢筋的抗压强度设计值。

A_s'——受压钢筋的截面面积。

3. 构造规定

组合砖砌体构件应符合下列规定:

(1)面层混凝土强度等级宜采用C20,面层水泥砂浆强度等级不宜低于M10,砌筑砂浆的强度等级不宜低于M7.5。

(2)竖向受力钢筋的混凝土保护层厚度,不应小于表2-5的规定。竖向受力钢筋距砖砌体表面的距离不应小于5 mm。

表2-5　混凝土保护层最小厚度　mm

构件类别＼环境条件	室内正常环境	露天或室内潮湿环境
墙	15	25
柱	25	35

注:当面层为水泥砂浆时,对于柱,保护层厚度可减少5 mm。

(3)砂浆面层的厚度可采用30～45 mm。当面层厚度大于45 mm时,其面层宜采用混凝土。

(4)竖向受力钢筋宜采用HPB300级钢筋,对于混凝土面层,亦可采用HRB335级钢筋。受压钢筋一侧的配筋率,对砂浆层面不宜小于0.1%,对混凝土面层不宜小于0.2%;受拉钢筋的配筋率不应小于0.1%。竖向受力钢筋的直径不应小于8 mm,钢筋的净间距不应小于30 mm。

(5)箍筋的直径,不宜小于4 mm及0.2倍的受压钢筋的直径,并不宜大于6 mm;箍筋的间距,不应大于20倍受压钢筋的直径及500 mm,并不应小于120 mm。

(6)当组合砖砌体构件一侧的竖向受力钢筋多于4根时,应设置附加箍筋或拉结钢筋。

(7)对于截面长短边相差较大的构件如墙体等,应采用穿通墙体的拉结钢筋作为箍筋,同时设置水平分布钢筋。水平分布钢筋的竖向间距及拉结钢筋的水平间距,均不应大于500 mm,如图2-19所示。

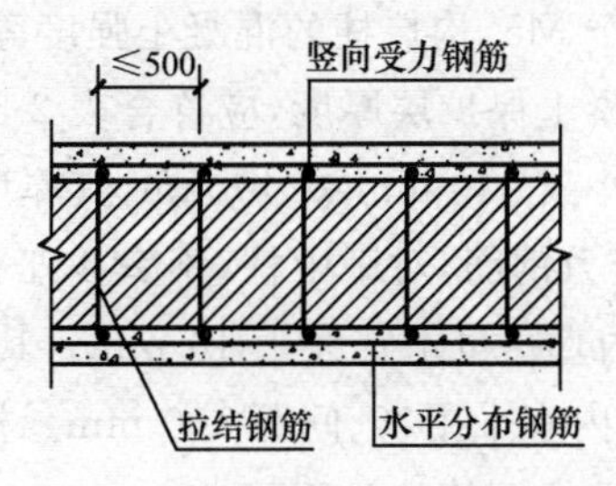

图2-19　混凝土或砂浆面层组合墙

(8)组合砖砌体构件的顶部和底部及牛腿部位必须设置钢筋混凝土垫块;竖向受力钢筋伸入垫块的长度必须满足锚固要求。

2.4.3　砖砌体和钢筋混凝土构造柱组合墙

砖砌体和钢筋混凝土构造柱组合墙,是在砖墙中间隔一定距离设置钢筋混凝土构造柱,并在各层楼盖处设置钢筋混凝土圈梁(约束梁),使砖砌体墙与钢筋混凝土构造柱和圈梁组成一个整体结构共同受力,如图2-20所示。由于钢筋混凝土构造柱和砖墙的刚度不同,在荷载作用下砖砌体和钢筋混凝土构造柱将产生内力重分布,构造柱可分担墙体上的荷载。此外,构造柱和墙体中的圈梁形成“弱框架”,砌体受到约束,也提高了墙体的承载力。

1. 轴心受压承载力计算

砖砌体和钢筋混凝土构造柱组合墙轴心受压承载力按下列公式计算

$$N \leqslant \varphi_{com}[fA_n + \eta(f_c A_c + f_y' A_s')] \tag{2-31}$$

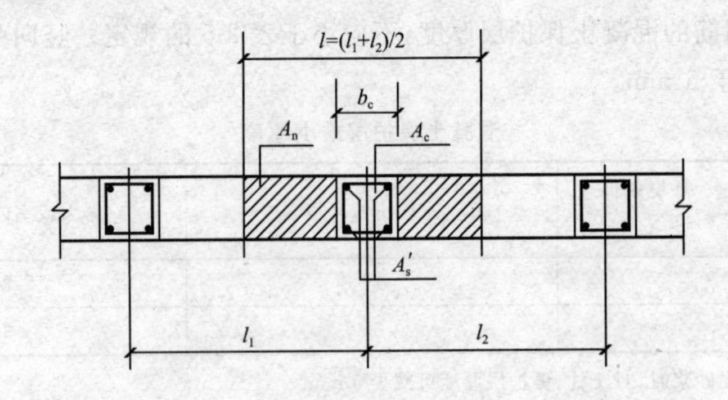

图 2-20 砖砌体和构造柱组合墙截面

$$\eta=\left(\frac{1}{\frac{l}{b_c}-3}\right)^{\frac{1}{4}} \tag{2-32}$$

式中 φ_{com}——组合砖墙的稳定系数，可按附表 1-5 采用；

η——强度系数，当 l/b_c 小于 4 时取 l/b_c 等于 4；

l——沿墙长方向构造柱的间距；

b_c——沿墙长方向构造柱的宽度；

A_n——砖砌体的净截面面积；

A_c——构造柱的截面面积。

2. 构造规定

砖砌体和钢筋混凝土构造柱组合砖墙的材料和构造应符合下列规定：

(1)砂浆的强度等级不应低于 M5，构造柱的混凝土强度等级不宜低于 C20。

(2)柱内竖向受力钢筋的混凝土保护层厚度，应符合表 2-5 的规定。

(3)构造柱的截面尺寸不宜小于 240 mm×240 mm，其厚度不应小于墙厚，边柱、角柱的截面宽度宜适当加大。柱内竖向受力钢筋，对于中柱，不宜少于 4ϕ12；对于边柱、角柱不宜少于 4ϕ14。构造柱的竖向受力钢筋的直径也不宜大于 16 mm。其箍筋，一般部位宜采用ϕ6、间距 200 mm，楼层上下 500 mm 范围内宜采用ϕ6、间距 100 mm。构造柱的竖向受力钢筋应在基础梁和楼层圈梁中锚固，并应符合受拉钢筋的锚固要求。

(4)组合砖墙砌体结构房屋，应在纵横墙交接处、墙端部和较大洞口的洞边设置构造柱，其间距不宜大于 4 m；各层洞口宜设在相应位置，并宜上下对齐。

(5)组合砖墙砌体结构房屋应在基础顶面、有组合墙的楼层处设置现浇钢筋混凝土圈梁；圈梁的截面高度不宜小于 240 mm，纵向钢筋不宜小于 4ϕ12，纵向钢筋应伸入构造柱内，并应符合受拉钢筋的锚固要求；圈梁的箍筋宜采用ϕ6、间距 200 mm。

(6)砖砌体与构造柱的连接处应砌成马牙槎，并应沿墙高每隔 500 mm 设 2ϕ6 拉结钢筋，且每边伸入墙内不宜小于 600 mm。

(7)组合砖墙的施工程序应为先砌墙后浇混凝土构造柱。

例 2-12 一网状配筋砖柱，截面尺寸 $b\times h=370\text{ mm}\times 490\text{ mm}$，柱的计算高度 $H_0=3.9\text{ m}$，承受轴向力设计值 $N=185\text{ kN}$，沿长边方向的弯矩设计值 $M=12\text{ kN}\cdot\text{m}$，采用 MU10 普通砖和 M7.5 混合砂浆砌筑，施工质量控制等级为 B 级，网状配筋采用 ϕ^b4 冷拔低碳钢丝焊接方格网（$A_s=12.6\text{ mm}^2$），钢丝间距 $a=50\text{ mm}$，钢丝网竖向间距 $s_n=252\text{ mm}$，$f_y=430\text{ MPa}$，试验

算该砖柱的承载力。

解　Ⅰ.沿截面长边方向的承载力验算

$f_y=430\ \text{MPa}>320\ \text{MPa}$,取 $f_y=320\ \text{MPa}$,查表 1-2 得 $f=1.69\ \text{MPa}$。

$A=0.37\times0.49=0.181\ 3\ \text{m}^2<0.2\ \text{m}^2,\gamma_a=0.8+0.181\ 3=0.981\ 3$

$$\rho=\frac{2A_s}{as_n}\times100=\frac{2\times12.6}{50\times252}\times100=0.2>0.1$$

$$e=\frac{M}{N}=\frac{12}{185}=0.065\ \text{m}=65\ \text{mm},\frac{e}{h}=\frac{65}{490}=0.133<0.17$$

$$\frac{e}{y}=2\times0.133=0.266$$

$$f_n=f+2(1-\frac{2e}{y})\times\frac{\rho}{100}f_y=1.69+2\times(1-2\times0.266)\times\frac{0.2}{100}\times320=2.29\ \text{MPa}$$

考虑强度调整系数后

$$f_n=0.981\ 3\times2.29=2.25\ \text{MPa}$$

$\beta=\gamma_\beta\dfrac{H_0}{h}=1.0\times\dfrac{3\ 900}{490}=7.96<16$,查附表 1-4 得 $\varphi_n=0.579$。

$\varphi_n f_n A=0.579\times2.25\times0.181\ 3\times10^6=236\ 189\ \text{N}=236.19\ \text{kN}>N=185\ \text{kN}$

满足要求。

Ⅱ.沿短边方向按轴心受压验算承载力

$\beta=\gamma_\beta\dfrac{H_0}{b}=1.0\times\dfrac{3\ 900}{370}=10.57$,查附表 1-4 得 $\varphi_n=0.79$。

$f_n=f+2(1-\dfrac{2e}{y})\times\dfrac{\rho}{100}f_y=1.69+2\times(1-0)\times\dfrac{0.2}{100}\times320=2.97\ \text{MPa}$

$\varphi_n f_n A=0.79\times0.981\ 3\times2.97\times370\times490=417\ 430\times10^3\ \text{N}=417.4\ \text{kN}>N=185\ \text{kN}$

满足要求。

例 2-13　一承重横墙,墙厚 240 mm,计算高度 $H_0=3.6$ m,每米宽度墙体承受轴心压力设计值 $N=530$ kN/m,采用 MU10 烧结多孔砖和 M7.5 混合砂浆砌筑,施工质量控制等级为 B 级。试验计算该墙承载力是否满足要求。若不满足,试设计采用组合砖砌体。

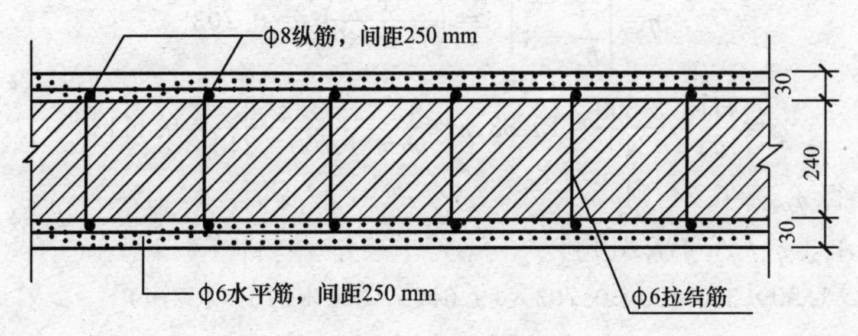

图 2-21　例 2-13 简图

解　查表 1-2 得 $f=1.69$ MPa。

$\beta=\gamma_\beta\dfrac{H_0}{b}=1.0\times\dfrac{3\ 600}{240}=15$,查附表 1-1 得 $\varphi=0.745$。

$\varphi fA=0.745\times1.69\times1\ 000\times240=302\ 172\ \text{N}=302.2\ \text{kN}<N=530\ \text{kN}$

不满足要求。

采用双面钢筋水泥砂浆面层组合砖砌体，按构造要求采用 M10 水泥砂浆，$f_c=3.5$ MPa，每边砂浆面层厚 30 mm，钢筋采用 HPB300 级钢筋（$f_y'=270$ MPa），竖向钢筋采用Φ8 间距 250 mm，水平钢筋采用Φ6 间距 250 mm，并按规定设穿墙拉结筋，如图 2-21 所示。

$$A_s'=2\times4\times50.3=402.4\ \text{mm}^2$$

$\rho=\dfrac{A_s'}{bh}=\dfrac{402.4}{1\,000\times240}=0.17\%$，查附表 1-5 得 $\varphi_{com}=0.77$。

$$\begin{aligned}\varphi_{com}(fA+f_cA_c+\eta_s f_y'A_s')&=0.77\times(1.69\times1\,000\times240+3.5\times1\,000\times60+0.9\times270\times402.4)\\&=549\,305\ \text{N}=549.3\ \text{kN}>N=530\ \text{kN}\end{aligned}$$

满足要求。

例 2-14 如图 2-22 所示，一砖砌体和钢筋混凝土构造柱组合墙，墙厚 240 mm，构造柱截面尺寸 240 mm×240 mm，$l_1=l_2=1\,700$ mm，计算高度 $H_0=3.8$ m，每根构造柱内配置4Φ12的 HPB300 级钢筋（$f_y'=270$ MPa），采用 MU10 烧结普通砖、M5 混合砂浆和 C20 混凝土（$f_c=9.6$ MPa）。试计算受压承载力。

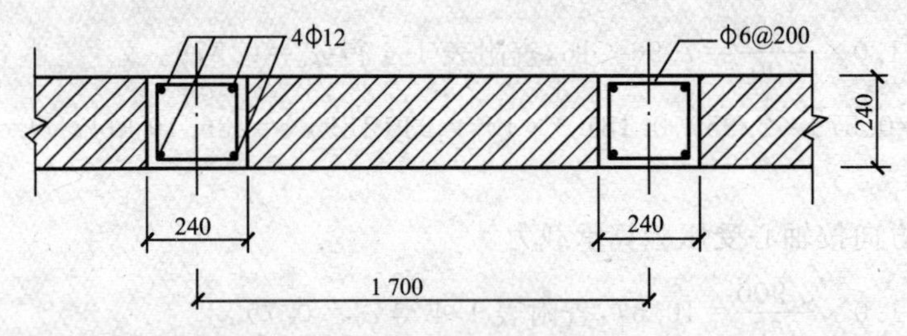

图 2-22 例 2-14 简图

解 查表 1-2 得 $f=1.50$ MPa。

砖砌体净截面面积 $A_n=240\times(1\,700-240)=350\,400\ \text{mm}^2$

构造柱截面面积 $A_c=240\times240=57\,600\ \text{mm}^2$

全部受压钢筋截面面积 $A_s'=4\times113.1=452.4\ \text{mm}^2$

取 $l=1\,700$ mm，$\dfrac{l}{b_c}=\dfrac{1\,700}{240}=7.1>4$。

强度系数
$$\eta=\left[\frac{1}{\dfrac{l}{b_c}-3}\right]^{\frac{1}{4}}=\left(\frac{1}{7.1-3}\right)^{\frac{1}{4}}=0.703$$

$$\beta=\frac{H_0}{h}=\frac{3\,800}{240}=15.83,\quad\rho=\frac{A_s'}{bh}=\frac{452.4}{1\,700\times240}=0.111\%$$

查附表 1-5 得 $\varphi_{com}=0.74$，则

$$\begin{aligned}N&=\varphi_{com}[fA_n+\eta(f_cA_c+f_y'A_s')]\\&=0.74\times[1.50\times350\,400+0.703\times(9.6\times57\,600+270\times452.4)]\\&=740\,149\ \text{N}=740\ \text{kN}\end{aligned}$$

折算成每米长的承载力为

$$N=\frac{740}{1.7}=435.29\ \text{kN/m}$$

思考题

2-1 偏心距如何计算？在受压承载力计算中偏心距的大小有何限制？

2-2 为什么砌体局部受压时抗压强度有明显的提高？

2-3 什么是砌体局部抗压强度提高系数？如何计算？

2-4 什么是梁端有效支承长度？如何计算？

2-5 混凝土刚性垫块有何要求？如何计算设置刚性垫块后的砌体局部受压？

2-6 为什么在砖砌体的水平灰缝中设置水平钢筋网片可以提高砌体构件的受压承载力？

2-7 组合砖砌体构件和设置构造柱的砖墙分别有哪些构造要求？

习 题

2-1 已知一轴心受压柱，柱的截面尺寸为 $b\times h=370\ \text{mm}\times 490\ \text{mm}$，采用 MU10 烧结普通砖、M2.5 混合砂浆砌筑，施工质量控制等级为 B 级，柱的计算高度 $H_0=3.6\ \text{m}$，承受轴向力设计值 $N=118\ \text{kN}$。试验算该柱的受压承载力。

2-2 一矩形截面偏心受压柱，柱的截面尺寸为 $b\times h=490\ \text{mm}\times 620\ \text{mm}$，采用 MU10 蒸压灰砂砖、M7.5 混合砂浆砌筑，施工质量控制等级为 B 级，柱的计算高度 $H_0=7\ \text{m}$，承受轴向力设计值 $N=300\ \text{kN}$，沿长边方向弯矩设计值 $M=9.3\ \text{kN}\cdot\text{m}$。试验算该柱的受压承载力。

2-3 某单层厂房纵墙窗间墙截面尺寸如图 2-23 所示，采用 MU10 蒸压粉煤灰砖、M10 混合砂浆砌筑，施工质量控制等级为 B 级，柱的计算高度 $H_0=7.2\ \text{m}$，承受轴向力设计值 $N=600\ \text{kN}$，弯矩设计值 $M=70\ \text{kN}\cdot\text{m}$(偏心压力偏向翼缘一侧)。试验算该窗间墙的承载力是否满足要求。

2-4 如图 2-24 所示一钢筋混凝土柱，柱的截面尺寸为 $b\times h=200\ \text{mm}\times 240\ \text{mm}$，支承在砖墙上，墙厚 240 mm，采用 MU10 蒸压灰砂砖、M5 混合砂浆砌筑，施工质量控制等级为 B 级，柱传给墙的轴向力设计值 $N=115\ \text{kN}$。试验算柱下砌体局部受压承载力。

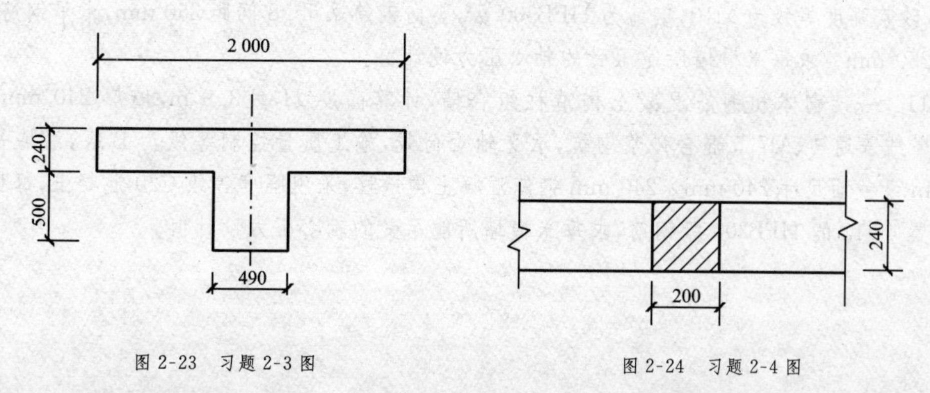

图 2-23 习题 2-3 图

图 2-24 习题 2-4 图

2-5 某窗间墙截面尺寸为 1 000 mm×240 mm，采用 MU10 烧结多孔砖、M5 混合砂浆砌筑，施工质量控制等级为 B 级，墙上支承钢筋混凝土梁，支承长度 240 mm，梁截面尺寸 $b\times h=200\ \text{mm}\times 500\ \text{mm}$，梁端支承压力设计值为 $N_l=50\ \text{kN}$，梁底截面上部荷载传来的轴向力设计值为N_e＝120 kN。试验算梁端砌体局部受压承载力。

2-6 某房屋窗间墙上梁的支承情况如图 2-25 所示，窗间墙截面尺寸为 1 200 mm×370 mm，采用 MU10 烧结多孔砖、M5 混合砂浆砌筑，施工质量控制等级为 B 级，墙上支承钢筋混凝土梁，支承长度 240 mm，梁截面尺寸 $b\times h$＝250 mm×500 mm，梁端支承压力设计值为 N_l＝100 kN，梁底截面上部荷载传来的轴向力设计值为 N_e＝175 kN。试验算梁端砌体局部受压承载力。

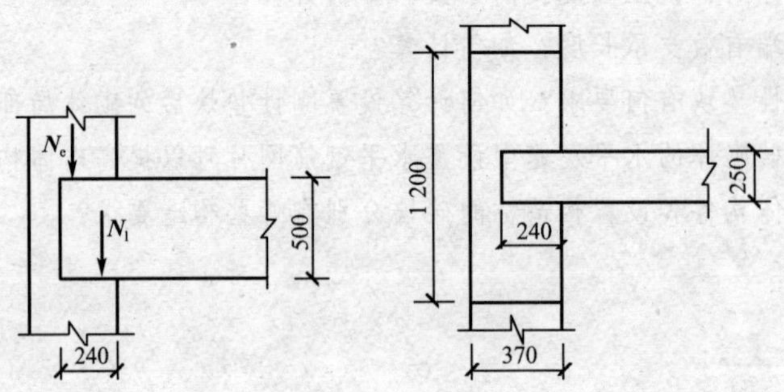

图 2-25 习题 2-6 图

2-7 一圆形砖砌水池，壁厚 370 mm，采用 MU10 蒸压灰砂砖、M7.5 水泥砂浆砌筑，施工质量控制等级为 B 级，池壁承受的最大环向拉力设计值为 46 kN/m。试验算池壁的抗拉强度。

2-8 一矩形浅水池，壁高 H＝1.2 m，采用 MU10 蒸压灰砂砖、M5 水泥砂浆砌筑，施工质量控制等级为 B 级，壁厚 490 mm。如不考虑池壁自重所产生的不大的垂直压力，试计算池壁承载力。

2-9 一网状配筋砖柱，截面尺寸 $b\times h$＝370 mm×740 mm，柱的计算高度 H_0＝5.2 m，承受轴向力设计值 N＝205 kN，沿长边方向的弯矩设计值 M＝21 kN·m，采用 MU10 普通砖和 M5 混合砂浆砌筑，施工质量控制等级为 B 级，网状配筋采用ϕ^b4 冷拔低碳钢丝焊接方格网（A_s＝12.6 mm^2），钢丝间距 a＝60 mm，钢丝网竖向间距 s_n＝180 mm，f_y＝430 MPa。试验算该砖柱的承载力。

2-10 一承重横墙，墙厚 240 mm，计算高度 H_0＝3.9 m，采用 MU10 蒸压粉煤灰砖和 M7.5 混合砂浆砌筑，承受轴心荷载，施工质量控制等级为 B 级，双面采用钢筋水泥砂浆面层，每边厚 30 mm，砂浆强度等级为 M10，钢筋为 HPB300 级，竖向钢筋采用ϕ8 间距 250 mm，水平钢筋采用ϕ6 间距 250 mm。求每米横墙所能承受的轴心压力设计值。

2-11 一砖砌体和钢筋混凝土构造柱组合墙，计算高度 H_0＝3.9 m，墙厚 240 mm，采用 MU10 烧结普通砖、M7.5 混合砂浆砌筑，承受轴心荷载，施工质量控制等级为 B 级，沿墙长方向每 1.6 m 设截面尺寸 240 mm×240 mm 钢筋混凝土构造柱，采用强度等级 C20 混凝土，每根构造柱内配置 4ϕ12 的 HPB300 级钢筋，求每米横墙所能承受的轴心压力设计值。

第3章

砌体结构房屋墙体设计

砌体结构房屋通常是指屋盖、楼盖等水平承重结构的构件采用钢筋混凝土、轻钢或木材，而墙体、柱、基础等竖向承重结构的构件采用砌体（砖、石、砌块）材料。由于砌体结构房屋的墙体材料通常可就地取材，因此砌体结构房屋具有造价低的优点，被广泛应用于多层住宅、宿舍、办公楼、中小学教学楼、商店、酒店、食堂等民用建筑中，若采用配筋砌体，还可用于小高层住宅、公寓等；同时，还大量应用于中小型单层及多层工业厂房、仓库等工业建筑中。

在砌体结构房屋中，通常将平行于房屋长向布置的墙体称为纵墙；平行于房屋短向布置的墙体称为横墙；房屋四周与外界隔离的墙体称为外墙；外横墙又称为山墙；其余的墙体称为内墙，内墙中仅起隔断作用而不承受楼板荷载的墙称作隔墙，其厚度可适当减小。

砌体结构房屋墙体的设计主要包括：结构布置方案、计算简图、荷载统计、内力计算、内力组合、构件截面承载力验算等。

3.1　砌体结构房屋的结构布置和静力计算方案

3.1.1　砌体结构房屋的结构布置方案

砌体结构房屋的结构布置方案主要是指承重墙体和柱的布置方案。墙体和柱的布置要满足建筑和结构两方面的要求。根据竖向荷载传递路线的不同，房屋的结构布置可分为纵墙承重、横墙承重、纵横墙混合承重和内框架承重四种方案。

1. 纵墙承重方案

纵墙承重方案是指纵墙直接承受屋面、楼面荷载的结构方案。如图 3-1 所示为某仓库屋面结构布置图，其屋盖为预制屋面大梁或屋架和屋面板。这种方案房屋的竖向荷载的主要传递路线为：

板→梁（屋架）→纵墙→基础→地基

这种承重方案的特点是房屋空间较大，平面布置比较灵活。但是由于纵墙上有大梁或屋架，纵墙承受的荷载较大，设置在纵墙上的门窗洞口大小和位置受到一定限制，而且由于横墙数量少，房屋的横向刚度较差，一般适用于单层厂房、仓库、酒店、食堂等建筑。

2. 横墙承重方案

由横墙直接承受屋面、楼面荷载的结构方案。如图 3-2 所示为某住宅楼（一个单元）标准层的结构布置图，房间的楼板直接支承在横墙上，纵墙仅承受墙体本身自重。这种方案房屋的竖向荷载的主要传递路线为：

楼(屋)面板→横墙→基础→地基

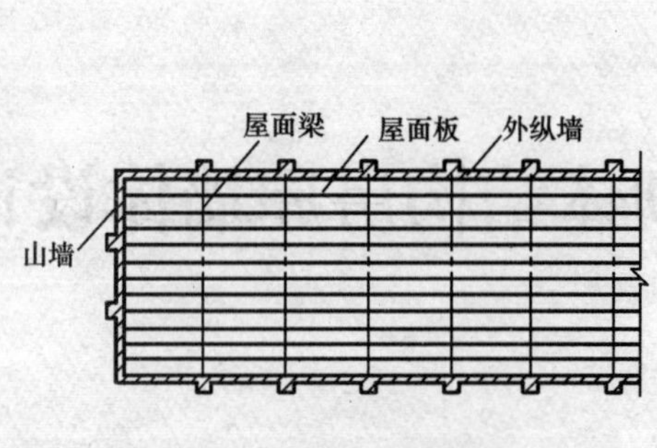

图 3-1 纵墙承重方案

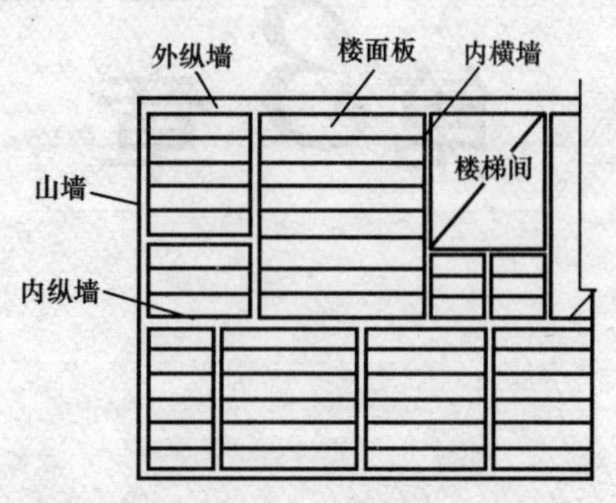

图 3-2 横墙承重方案

这种承重方案的特点是横墙数量多、间距小，房屋的横向刚度大，整体性好；由于纵墙是非承重墙，对纵墙上设置门窗洞口的限制较少，立面处理比较灵活。横墙承重适合于房间大小较固定的宿舍、住宅、旅馆等建筑。

3. 纵横墙混合承重方案

当建筑物的功能要求房间的大小变化较多时，为了结构布置的合理性，通常采用纵横墙混合承重方案，如图 3-3 所示。这种方案房屋的竖向荷载的主要传递路线为：

$$\text{楼(屋)面板}\rightarrow\left\{\begin{array}{c}\text{梁}\rightarrow\text{纵墙}\\ \text{横墙或纵墙}\end{array}\right\}\rightarrow\text{基础}\rightarrow\text{地基}$$

这种承重方案的特点是既可保证有灵活布置的房间，又具有较大的空间刚度和整体性，所以适用于办公楼、教学楼、医院等建筑。

4. 内框架承重方案

内框架承重方案由房屋内部的钢筋混凝土框架和外部的砖墙、砖柱组成，如图 3-4 所示，该结构布置为楼板铺设在梁上，梁两端支承在外纵墙上，中间支承在柱上。这种方案房屋的竖向荷载的主要传递路线为：

$$\text{楼(屋)面板}\rightarrow\text{梁}\rightarrow\left\{\begin{array}{c}\text{外纵墙}\rightarrow\text{外纵墙基础}\\ \text{柱}\rightarrow\text{柱基础}\end{array}\right\}\rightarrow\text{地基}$$

这种承重方案的特点是平面布置灵活，有较大的使用空间，但横墙较少，房屋的空间刚度较差。另外由于竖向承重构件材料不同，基础形式亦不同，因此施工较复杂，易引起地基不均匀沉降。内框架承重方案一般适用于多层工业厂房、仓库和商店等建筑。

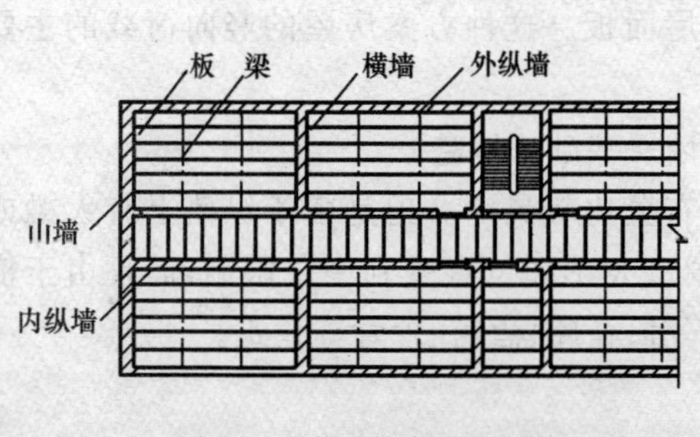

图 3-3 纵横墙混合承重方案

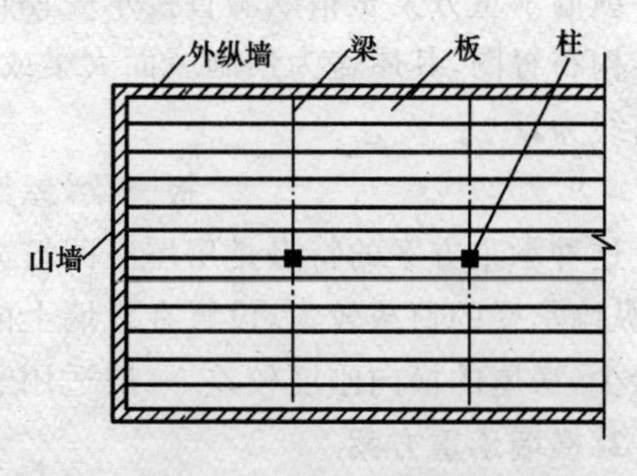

图 3-4 内框架承重方案

3.1.2 砌体结构房屋的静力计算方案

确定房屋的静力计算方案，实际上就是通过对房屋空间工作情况进行分析，根据房屋空间刚度的大小确定墙、柱设计时的结构计算简图。确定房屋的静力计算方案非常重要，是关系到墙、柱的构造要求和承载力计算方法的重要根据。

1. 房屋的空间工作情况

砌体结构房屋中的屋盖、楼盖、墙柱和基础共同组成一个空间结构体系，承受作用在房屋上的竖向荷载和水平荷载。房屋的竖向荷载由楼盖和屋盖承受，并通过墙或柱传递到基础和地基上去。作用在外墙上的水平荷载(如风荷载、地震作用)一部分通过屋盖和楼盖传给横墙，再由横墙传至基础和地基，另一部分直接由纵墙传给基础和地基。

在水平荷载作用下，屋盖和楼盖的工作相当于一根在水平方向受弯的梁，要产生水平位移，而房屋的墙柱和楼、屋盖连接在一起，因此墙柱顶端也将产生水平位移。由此可见，砌体结构房屋在荷载作用下，各种构件相互联系、相互影响，处在空间工作情况，因此在静力计算分析中必须要考虑房屋的空间工作。

2. 房屋的静力计算方案

《砌体结构设计规范》根据房屋空间刚度的大小把房屋的静力计算方案分为刚性方案、弹性方案和刚弹性方案三种。

(1)刚性方案

当横墙间距小、楼屋盖水平刚度较大时，房屋的空间刚度也较大，在水平荷载作用下，房屋的水平位移很小。在确定墙柱的计算简图时，可以忽略房屋的水平位移，将楼屋盖视为墙柱的不动铰支承，则墙柱的内力可按不动铰支承的竖向构件计算，如图 3-5(a)所示。这种房屋称为刚性方案房屋。一般的多层住宅、办公楼、教学楼、宿舍等均为刚性方案房屋。

(2)弹性方案

当房屋的横墙间距较大，楼屋盖水平刚度较小，则在水平荷载作用下，房屋的水平位移很大，不可以忽略。故在确定墙柱的计算简图时，就不能把楼屋盖视为墙柱的不动铰支承，而应视为可以自由位移的悬臂端，按平面排架计算墙柱的内力，如图 3-5(b)所示。这种房屋称为弹性方案房屋。一般的单层厂房、仓库、礼堂等多属于弹性方案房屋。

(3)刚弹性方案

这是介于刚性和弹性两种方案之间的房屋。其楼盖或屋盖具有一定的水平刚度，横墙间距不太大，能起一定的空间作用，在水平荷载作用下，其水平位移较弹性方案的水平位移小，但又不能忽略。这种房屋称为刚弹性方案房屋。刚弹性方案房屋的墙柱内力计算应按屋盖或楼盖处具有弹性支承的平面排架计算，如图 3-5(c)所示。

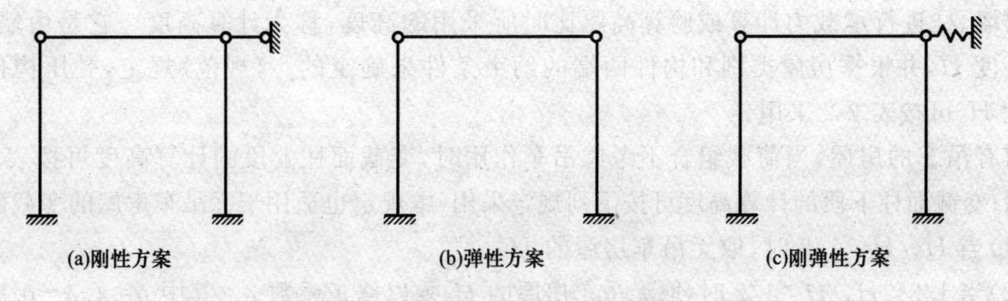

图 3-5　三种计算静力方案计算简图

影响房屋空间性能的因素很多，除上述的屋盖刚度和横墙间距外，还有屋架的跨度、排架的刚度、荷载类型及多层房屋层与层之间的相互作用等。《规范》为方便计算，仅考虑屋盖刚度和横墙间距两个主要因素的影响，按房屋空间刚度（作用）大小，将砌体结构房屋静力计算方案分为三种，见表3-1。

表 3-1　砌体结构房屋静力计算方案

屋盖或楼盖类别		刚性方案	刚弹性方案	弹性方案
1	整体式、装配整体式和装配式无檩体系钢筋混凝土屋盖或钢筋混凝土楼盖	$s<32$	$32\leqslant s\leqslant 72$	$s>72$
2	装配式有檩体系钢筋混凝土屋盖、轻钢屋盖和有密铺望板的木屋盖或木楼盖	$s<20$	$20\leqslant s\leqslant 48$	$s>48$
3	瓦材屋面的木屋盖和轻钢屋盖	$s<16$	$16\leqslant s\leqslant 36$	$s>36$

注：1. 表中 s 为房屋横墙间距，其单位为 m。
2. 当多层房屋屋盖、楼盖类别不同或横墙间距不同时，可按本表的规定分别确定各层（底层或顶部各层）房屋的静力计算方案。
3. 对无山墙或伸缩缝处无横墙的房屋，应按弹性方案考虑。

需要注意的是，从表3-1中可以看出，横墙间距是确定房屋静力计算方案的一个重要条件，因此作为刚性和刚弹性方案房屋的横墙，《规范》规定应符合下列要求：

(1)横墙中开有洞口时，洞口的水平截面面积不应超过横墙截面面积的50%。

(2)横墙的厚度不宜小于180 mm。

(3)单层房屋的横墙长度不宜小于其高度，多层房屋的横墙长度不宜小于 $H/2$（H 为横墙总高度）。

当横墙不能同时符合上述要求时，应对横墙的高度进行验算。如其最大水平位移值 $\mu_{max}\leqslant H/4\ 000$ 时，仍可视作刚性或刚弹性方案房屋的横墙。

3.2 墙柱高厚比验算

砌体结构房屋中的墙、柱均是受压构件，除了应满足承载力的要求外，还必须保证其稳定性，《规范》规定，用验算墙、柱高厚比的方法来保证墙、柱的稳定性。

高厚比验算包括两方面：一是允许高厚比的限值；二是墙、柱实际高厚比的确定。

3.2.1 墙柱的计算高度

对墙、柱进行承载力计算或验算高厚比时所采用的高度，称为计算高度。它是由墙、柱的实际高度 H，并根据房屋类别和构件两端的约束条件来确定的。《规范》规定，受压构件的计算高度 H_0 可按表2-2采用。

对有吊车的房屋，当荷载组合不考虑吊车作用时，变截面柱上段的计算高度可按表2-2规定采用；变截面柱下段的计算高度可按下列规定采用（本规定也适用于无吊车房屋的变截面柱）：

(1)当 $H_u/H\leqslant 1/3$ 时，取无吊车房屋的 H_0。

(2)当 $1/3<H_u/H<1/2$ 时，取无吊车房屋的 H_0 乘以修正系数 μ。其中 $\mu=1.3-0.3I_u/I_l$，I_u 为变截面柱上段的惯性矩，I_l 为变截面柱下段的惯性矩。

(3)当 $H_u/H \geqslant 1/2$ 时,取无吊车房屋的 H_0;但在确定 β 值时,应采用上柱截面。

表 2-2 中的构件高度 H 应按下列规定采用:

(1)在房屋底层,为楼板顶面到构件下端支点的距离。下端支点的位置,可取在基础顶面;当埋置较深且有刚性地坪时,可取室外地面下 500 mm 处。

(2)在房屋其他层,为楼板或其他水平支点间的距离。

(3)对于无壁柱的山墙,可取层高加山墙尖高度的 1/2;对于带壁柱的山墙,可取壁柱处的山墙高度。

3.2.2　墙柱的允许高厚比及其修正

1. 墙柱的允许高厚比

墙、柱高厚比的限值称为允许高厚比,用[β]表示。《规范》按砂浆强度等级的大小规定了无洞口的承重墙、柱的允许高厚比[β],见表 3-2。

表 3-2　墙、柱允许高厚比[β]的值

砂浆强度等级	墙	柱
M2.5	22	15
M5.0	24	16
≥M7.5	26	17

注:1 毛石墙、柱允许高厚比应按表中数值降低 20%。

2. 组合砖砌体构件的允许高厚比,可按表中数值提高 20%,但不得大于 28。

3. 验算施工阶段砂浆尚未硬化的新砌砌体高厚比时,允许高厚比对墙取 14,对柱取 11。

2. 允许高厚比的修正

自承重墙是房屋中的次要构件,仅承受自重作用。根据弹性稳定理论,对用同一材料制成的等高、等截面构件,在两端支承条件相同的条件下,构件仅承受自重作用时失稳的临界荷载比上端受有集中荷载时要大,所以自承重墙的允许高厚比的限值可适当放宽,即表 3-2 中的[β]值可乘以大于 1 的系数予以提高。《规范》规定,厚度 $h \leqslant 240$ mm 的自承重墙,允许高厚比修正系数 μ_1 应按下列规定采用:

当 $h=240$ mm 时,$\mu_1=1.2$;

当 $h=90$ mm 时,$\mu_1=1.5$;

当 240 mm$>h>$90 mm 时,μ_1 可按插入法取值。

上端为自由端墙的允许高厚比,除按上述规定提高外,尚可提高 30%;工程实践表明,对于厚度小于 90 mm 的墙,当双面用不低于 M10 的水泥砂浆抹面,包括抹面层的墙厚不小于 90 mm 时,可按墙厚等于 90 mm 验算高厚比。

对有门窗洞口的墙,其刚度因开洞而降低,其允许高厚比应按表 3-2 中所列的[β]值乘以降低系数 μ_2,μ_2 应按下式计算

$$\mu_2 = 1 - 0.4\frac{b_s}{s} \tag{3-1}$$

式中　b_s——在宽度 s 范围内的门窗洞口总宽度,如图 3-6 所示;

s——相邻窗间墙或壁柱之间的距离。

当按公式(3-1)算得 μ_2 的值小于 0.7 时,应采用 0.7;当洞口高度等于或小于墙高的 1/5 时,可取 μ_2 等于 1.0。

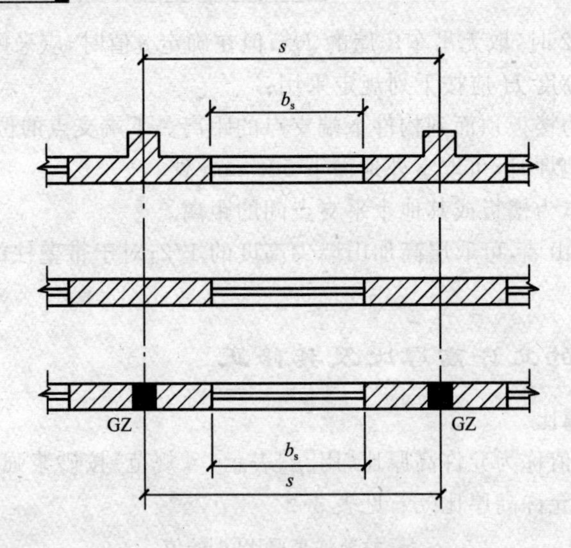

图 3-6 门窗洞口宽度示意图

3.2.3 墙柱的高厚比验算

1. 一般墙、柱的高厚比验算

$$\beta=\frac{H_0}{h}\leqslant\mu_1\mu_2[\beta] \tag{3-2}$$

式中 H_0——墙、柱的计算高度，按表 2-2 采用；

h——墙厚或矩形柱与 H_0 相对应的边长；

μ_1——自承重墙允许高厚比的修正系数；

μ_2——有门窗洞口墙允许高厚比的修正系数，按式(3-1)计算；

$[\beta]$——墙、柱的允许高厚比，按表 3-2 采用。

当与墙连接的相邻两横墙间的距离 $s\leqslant\mu_1\mu_2[\beta]h$ 时，墙的高度可不受式(3-2)的限制；变截面柱的高厚比可按上、下截面分别验算，其计算高度可按表 2-2 及其有关规定采用。验算上柱的高厚比时，墙、柱的允许高厚比可按表 3-2 的数值乘以 1.3 后采用。

2. 带壁柱墙的高厚比验算

(1)整片墙的高厚比验算

$$\beta=\frac{H_0}{h_T}\leqslant\mu_1\mu_2[\beta] \tag{3-3}$$

式中 h_T——带壁柱墙截面的折算厚度，$h_T=3.5i$；

i——带壁柱墙截面的回转半径，$i=\sqrt{I/A}$；

I、A——分别为带壁柱墙截面的惯性矩和截面面积。

当确定带壁柱墙的计算高度 H_0 时，s 应取相邻横墙间的距离 s_w，如图 3-7 所示；在确定截面回转半径 i 时，带壁柱墙的计算截面翼缘宽度可按下列规定采用：

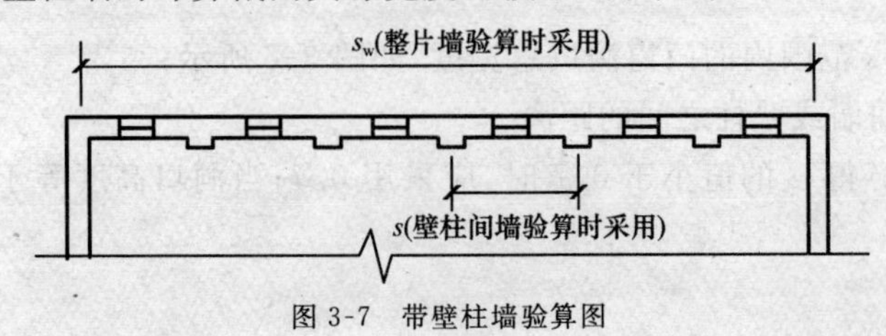

图 3-7 带壁柱墙验算图

①多层房屋，当有门窗洞口时，可取窗间墙宽度；当无门窗洞口时，每侧翼墙宽度可取壁柱高度的 1/3。

②单层房屋，可取壁柱宽加 2/3 墙高，但不大于窗间墙宽度和相邻壁柱间距离。

③计算带壁柱墙的条形基础时，可取相邻壁柱间的距离。

(2)壁柱间墙的高厚比验算

壁柱间墙的高厚比可按无壁柱墙公式(3-2)进行验算。此时可将壁柱视为壁柱间墙的不动铰支座。因此计算 H_0时，s 应取相邻壁柱间的距离，而且不论带壁柱墙体的房屋的静力计算采用何种计算方案，H_0一律按表 2-2 中的刚性方案取用。

3. 带构造柱墙的高厚比验算

(1)整片墙的高厚比验算

$$\beta=\frac{H_0}{h_T}\leqslant\mu_1\mu_2\mu_c[\beta] \tag{3-4}$$

式中 μ_c——带构造柱墙允许高厚比$[\beta]$提高系数，可按下式计算

$$\mu_c=1+\gamma\frac{b_c}{l} \tag{3-5}$$

其中 γ——系数，对细料石、半细料石砌体 $\gamma=0$，对混凝土砌块、粗料石、毛料石及毛石砌体 $\gamma=1.0$，其他砌体 $\gamma=1.5$；

b_c——构造柱沿墙长方向的宽度；

l——构造柱的间距。

当 $b_c/l>0.25$ 时，取 $b_c/l=0.25$；当 $b_c/l<0.25$ 时，取 $b_c/l=0$。

由于在施工过程中大多是采用先砌筑墙体后浇注构造柱，因此考虑构造柱有利作用的高厚比验算不适用于施工阶段，并应注意采取措施保证构造柱在施工阶段的稳定性。

(2)构造柱间墙的高厚比验算

构造柱间墙的高厚比仍可按式(3-2)进行验算。此时可将构造柱视为壁柱间墙的不动铰支座。因此计算 H_0时，s 应取相邻壁柱间的距离，而且不论带构造柱墙体的房屋的静力计算采用何种计算方案，H_0一律按表 2-2 中的刚性方案取用。

设有钢筋混凝土圈梁的带壁柱墙或带构造柱墙，当 $b/s\geqslant1/30$ 时，圈梁可视作壁柱间墙或构造柱间墙的不动铰支点(b 为圈梁宽度)。这是由于圈梁的水平刚度较大，能够限制壁柱间墙或构造柱间墙的侧向变形的缘故。如果墙体条件不允许增加圈梁的宽度，可按墙体平面外等刚度原则增加圈梁高度，以满足壁柱间墙或构造柱间墙不动铰支点的要求。

例 3-1 某混合结构办公楼底层平面图如图 3-8 所示，采用装配式钢筋混凝土楼(屋)盖，外墙厚 370 mm，内纵墙与横墙厚 240 mm，隔墙厚 120 mm，底层墙高 $H=4.5$ m(从基础顶面算起)，隔墙高 $H=3.5$ m。承重墙采用 M5 砂浆；隔墙采用 M2.5 砂浆。试验算底层墙的高厚比。

解 Ⅰ. 确定静力计算方案

最大横墙间距 $s=3.6\times3=10.8$ m<32 m，查表 3-1 属刚性方案。

Ⅱ. 外纵墙高厚比验算

$s=3.6\times3=10.8$ m$>2H=2\times4.5=9$ m，查表 2-2，计算高度 $H_0=1.0H=4.5$ m。

砂浆强度等级 M5，表 3-2 得允许高厚比$[\beta]=24$。外墙为承重墙，故 $\mu_1=1.0$。

$$\mu_2=1-0.4\frac{b_s}{s}=1-0.4\times\frac{1.5}{3.6}=0.833>0.7$$

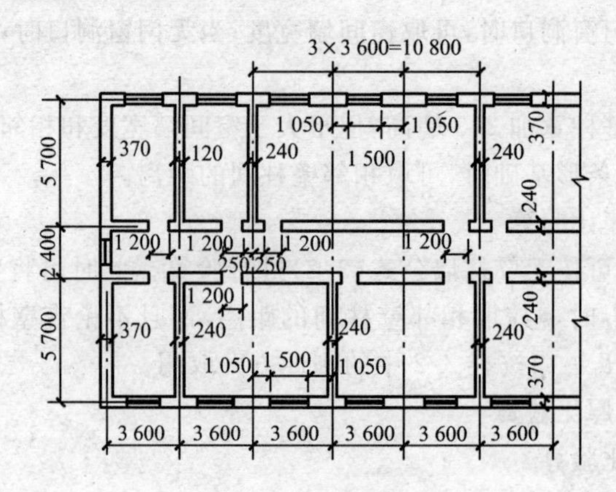

图 3-8 办公楼底层平面图

$$\beta=\frac{H_0}{h}=\frac{4.5}{0.37}=12.16<\mu_1\mu_2[\beta]=1.0\times0.833\times24=19.99$$

满足要求。

Ⅲ.内纵墙高厚比验算

内纵墙为承重墙，故 $\mu_1=1.0$

$$\mu_2=1-0.4\frac{b_s}{s}=1-0.4\times\frac{1.2}{3.6}=0.867>0.7$$

$$\beta=\frac{H_0}{h}=\frac{4.5}{0.24}=18.75<\mu_1\mu_2[\beta]=1.0\times0.867\times24=20.81$$

满足要求。

Ⅳ.内横墙高厚比验算

纵墙间距 $s=5.7$ m，$H=4.5$ m，所以 $H<s<2H$。

查表 2-2，计算高度

$$H_0=0.4s+0.2H=0.4\times5.7+0.2\times4.5=3.18\text{ m}$$

内纵墙为承重墙且无洞口，故 $\mu_1=1.0$，$\mu_2=1.0$。

$$\beta=\frac{H_0}{h}=\frac{3.18}{0.24}=13.25<\mu_1\mu_2[\beta]=1.0\times1.0\times24=24$$

满足要求。

Ⅴ.隔墙高厚比验算

隔墙一般后砌在地面垫层上，上端用斜放立砖顶住楼板，故应按顶端为不动铰支承点考虑。

如隔墙与纵墙同时砌筑，则 $s=5.7$ m，$H=3.5$ m，$H<s<2H$。

查表 2-2，计算高度

$$H_0=0.4s+0.2H=0.4\times5.7+0.2\times3.5=2.98\text{ m}$$

隔墙为非承重墙，厚 $h=120$ mm，内插得 $\mu_1=1.44$，隔墙上未开洞 $\mu_2=1.0$。

砂浆强度等级 M2.5，查表 3-2 得允许高厚比$[\beta]=22$，故

$$\beta=\frac{H_0}{h}=\frac{2.98}{0.12}=24.83<\mu_1\mu_2[\beta]=1.44\times1.0\times22=31.68$$

满足要求。

如隔墙为后砌墙，与两端纵墙无拉结作用，可按 $s>2H$ 查表 2-2 求计算高度，此时 $H_0=$

$1.0H=3.5$ m，故

$$\beta=\frac{H_0}{h}=\frac{3.5}{0.12}=29.17<\mu_1\mu_2[\beta]=1.44\times1.0\times22=31.68$$

满足要求。

例 3-2　某单层无吊车厂房，全长 42 m，宽 12 m，层高 4.5 m，如图 3-9 所示，四周墙体采用 MU10 蒸压灰砂砖和 M5 砂浆砌筑，装配式无檩体系钢筋混凝土屋盖。试验算外纵墙和山墙高厚比。

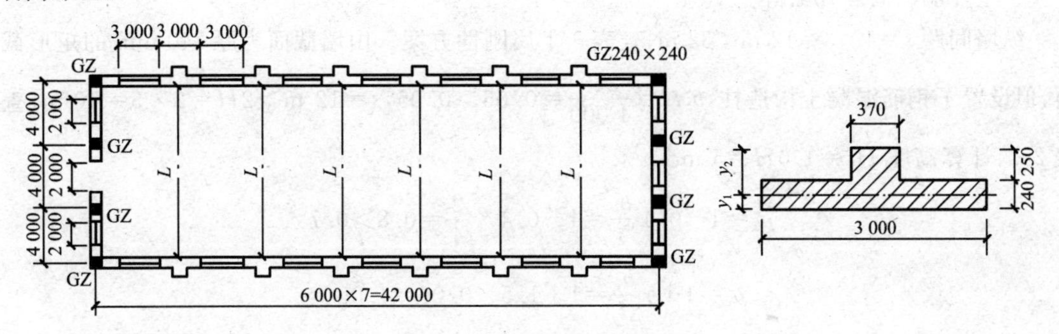

图 3-9　仓库平面图、壁柱墙截面

解　Ⅰ.确定静力计算方案

该仓库属一类屋盖，两端山墙（横墙）间距 $s=42$ m，查表 3-1，$32\text{ m}<s<72\text{ m}$，属刚弹性方案。壁柱下端嵌固于室内地面以下 0.5 m 处，墙的高度 $H=4.5+0.5=5$ m，砂浆强度等级 M5，查表 3-2 得允许高厚比 $[\beta]=24$。

Ⅱ.带壁柱外纵墙高厚比验算

①带壁柱墙截面几何特征的计算

截面面积　$A=240\times3\,000+370\times250=8.125\times10^5\ \text{mm}^2$

形心位置　$y_1=\dfrac{3\,000\times240\times120+250\times370\times(240+250/2)}{8.125\times10^5}=148$ mm

$$y_2=240+250-148=342\ \text{mm}$$

惯性矩　$I=\dfrac{3\,000\times148^3}{3}+\dfrac{370\times342^3}{3}+\dfrac{(3\,000-370)\times(240-148)^3}{3}=8.86\times10^9\ \text{mm}^4$

回转半径　$i=\sqrt{I/A}=\sqrt{8.86\times10^9/(8.125\times10^5)}=104$ mm

折算厚度　$h_T=3.5i=3.5\times104=364$ mm

②整片纵墙的高厚比验算

查表 2-2，计算高度

$$H_0=1.2H=1.2\times5=6\ \text{m}$$

$$\mu_2=1-0.4\frac{b_s}{s}=1-0.4\times\frac{3}{6}=0.8>0.7$$

外墙为承重墙，故 $\mu_1=1.0$。

$$\beta=\frac{H_0}{h_T}=\frac{6}{0.364}=16.48<\mu_1\mu_2[\beta]=1.0\times0.8\times24=19.2$$

满足要求。

③壁柱间墙的高厚比验算

$s=6$ m，$H=5$ m，故 $H<s<2H$。

查表 2-2,计算高度

$$H_0=0.4s+0.2H=0.4\times6+0.2\times5=3.4\ \text{m}$$

$$\beta=\frac{H_0}{h}=\frac{3.4}{0.24}=14.17<\mu_1\mu_2[\beta]=1.0\times0.8\times24=19.2$$

满足要求。

Ⅲ.山墙高厚比验算

①整片墙的高厚比验算

纵墙间距 $s=4\times3=12\ \text{m}<32\ \text{m}$,查表 3-1 属刚性方案。山墙截面为厚 240 mm 的矩形截面,但设置了钢筋混凝土构造柱,$b_c/l=\frac{240}{4\ 000}=0.06>0.05$,$s=12\ \text{m}>2H=2\times5=10\ \text{m}$,查表 2-2,计算高度 $H_0=1.0H=5\ \text{m}$。

$$\mu_2=1-0.4\frac{b_s}{s}=1-0.4\times\frac{2}{4}=0.8>0.7$$

$$\mu_c=1+\gamma\frac{b_c}{l}=1+1.5\times0.06=1.09$$

$$\beta=\frac{H_0}{h}=\frac{5}{0.24}=20.83<\mu_1\mu_2\mu_c[\beta]=1.0\times0.8\times1.09\times24=20.93$$

满足要求。

②构造柱间墙的高厚比验算

构造柱间距 $s=4\ \text{m}<H=5\ \text{m}$,查表 2-2,计算高度 $H_0=0.6s=0.6\times4=2.4\ \text{m}$。

$$\mu_2=1-0.4\frac{b_s}{s}=1-0.4\times\frac{2}{4}=0.8>0.7$$

$$\beta=\frac{H_0}{h}=\frac{2.4}{0.24}=10<\mu_1\mu_2[\beta]=1.0\times0.8\times24=19.2$$

满足要求。

3.3 刚性方案房屋墙体的设计计算

3.3.1 单层刚性方案房屋承重纵墙的计算

房屋承重纵墙计算时,一般应取荷载较大、截面削弱最多具有代表性的一个开间作为计算单元。由于结构的空间作用,房屋纵墙顶端的水平位移很小,在作内力分析时认为水平位移为零。

1. 计算简图

在结构简化为计算简图的过程中,考虑了下列假定:

(1)纵墙、柱下端在基础顶面处固接,上端与屋面大梁(或屋架)铰接;

(2)屋盖结构可作为纵墙上端的不动铰支座。

根据上述假定,其计算简图为无侧移的平面排架,如图 3-10(b)所示,每片纵墙均可以按上端支承在不动铰支座和下端支承在固定支座上的竖向构件单独进行计算,使计算简化,如图 3-10(c)所示。

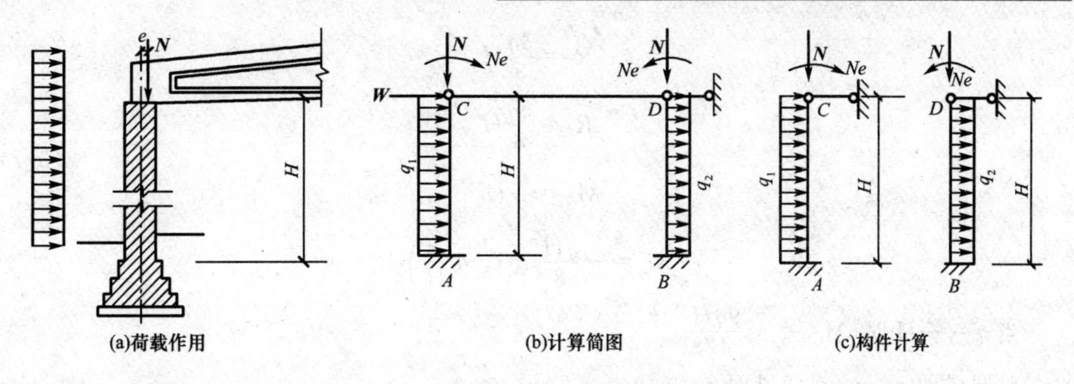

图 3-10　单层刚性方案房屋承重纵墙的计算简图

2. 荷载计算

(1)屋面荷载

屋面荷载包括屋面构件的自重、屋面活荷载或雪荷载，有的还有积灰荷载，这些荷载通过屋架或屋面大梁以集中力的形式作用于墙体顶端。通常情况下，屋架或屋面大梁传至墙体顶端的集中力 $\boldsymbol{N}$ 的作用点对墙体中心线有一个偏心距 e，如图 3-10(a)所示，所以作用于墙体顶端的屋面荷载由轴心压力 $\boldsymbol{N}$ 和 $M=Ne$ 组成。

(2)风荷载

由作用于屋面上和墙面上的风荷载两部分组成。屋面上的风荷载(包括作用在女儿墙上的风荷载)一般简化为作用于墙、柱顶端的集中荷载 $\boldsymbol{W}$，对于刚性方案房屋，$\boldsymbol{W}$ 直接通过屋盖传至横墙，再由横墙传至基础后传给地基。墙面上的风荷载为均布荷载，应考虑两种风向，即按迎风面(压力)、背风面(吸力)分别考虑，如图 3-10(b)所示。

(3)墙体自重

包括砌体、内外粉刷及门窗的自重，作用于墙体的轴线上。当墙、柱为等截面时，自重不引起弯矩；当墙、柱为变截面时，上阶柱自重 $\boldsymbol{G}_1$ 对下阶柱各截面产生弯矩 $M_1=G_1e_1$(e_1 为上下阶柱轴线间距离)。因 M_1 在施工阶段就已经存在，应按悬臂构件计算。

3. 内力计算

(1)在屋面荷载作用下，对于等截面墙、柱，内力可直接用结构力学的方法，按一次超静定求解，如图 3-11(a)所示，其内力为

$$
\begin{aligned}
R_C&=-R_A=-\frac{3M}{2H}\\
M_C&=M\\
M_A&=-M/2\\
M_x&=\frac{M}{2}\left(2-3\,\frac{x}{H}\right)
\end{aligned}
\tag{3-6}
$$

(2)在均布风荷载作用下，如图 3-11(b)所示，墙体内力为

$$
\begin{aligned}
R_C &= \frac{3q}{8}H \\
R_A &= \frac{5q}{8}H \\
M_A &= \frac{q}{8}H^2 \\
M_x &= -\frac{qH}{8}x\left(3-4\frac{x}{H}\right)
\end{aligned}
\tag{3-7}
$$

当 $x=\frac{3}{8}H$ 时，$M_{\max}=-\frac{9qH^2}{128}$。

对迎风面 $q=q_1$，对背风面 $q=q_2$。

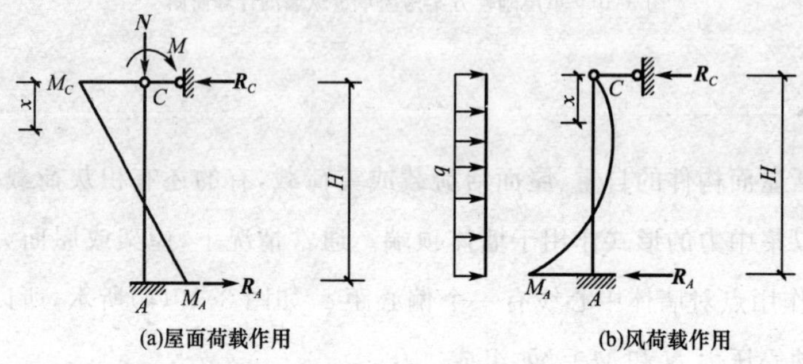

图 3-11　屋面及风荷载作用下墙内力图

4. 控制截面与内力组合

在进行承重墙、柱设计时，应先求出各种荷载单独作用下的内力，然后根据荷载规范考虑多种荷载组合，再找出墙柱的控制截面，求出控制截面的内力组合，最后选出各控制截面的最不利内力进行墙柱承载力验算。

墙截面宽度取窗间墙宽度。其控制截面为：墙柱顶端Ⅰ—Ⅰ截面、墙柱下端Ⅲ—Ⅲ截面和风荷载作用下的最大弯矩 $M_{\max}$ 对应的Ⅱ—Ⅱ截面，如图 3-12 所示。Ⅰ—Ⅰ截面既有轴力 $\boldsymbol{N}$ 又有弯矩 M，按偏心受压验算承载力，同时还需验算梁下的砌体局部受压承载力；Ⅱ—Ⅱ、Ⅲ—Ⅲ截面均按偏心受压验算承载力。

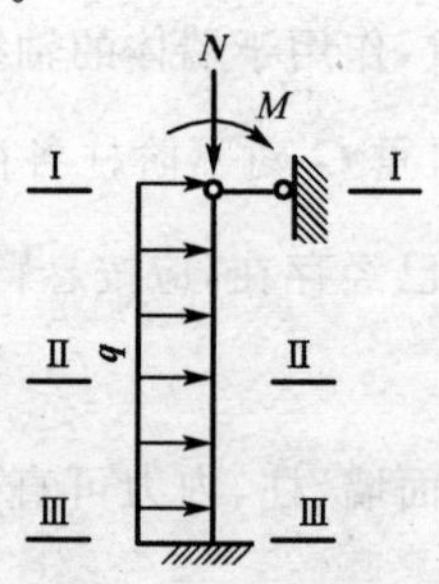

图 3-12　墙柱控制截面

3.3.2　多层刚性方案房屋承重纵墙的计算

对多层民用房屋，如宿舍、住宅、办公楼、教学楼等，由于横墙间距较小，一般属于刚性方案房屋。设计时除验算墙柱的高厚比外，还需验算墙柱在控制截面处的承载力。

1. 计算单元

设计时选取有代表性的一段墙柱（一个开间）作为计算单元。一般情况下，计算单元的受荷宽度为一个开间 $(l_1+l_2)/2$，如图 3-13 所示。有门窗洞口时，内外纵墙的计算截面宽度 B 一般取一个开间的门间墙或窗间墙；无门窗洞口时，计算截面宽度 B 为 $(l_1+l_2)/2$；如壁柱间

的距离较大且层高较小时，B 按下式取用

$$B=\left(b+\frac{2}{3}H\right)\leqslant\frac{l_1+l_2}{2} \tag{3-8}$$

式中　b——壁柱宽度。

2. 竖向荷载作用下的计算

在竖向荷载作用下，多层刚性方案房屋的承重墙如同一竖向连续梁，屋盖、楼盖及基础顶面作为连续梁的支承点，如图 3-14(b)所示。由于屋盖、楼盖中的梁或板伸入墙内搁置，致使墙体的连续性受到削弱，因此在支承点处所能传递的弯矩很小。为了简化计算，假定连续梁在屋盖、楼盖处为铰接。在基础顶面处的轴向力远比弯矩大，所引起的偏心距 $e=M/N$ 也很小，按轴心受压和偏心受压的计算结果相差不大，因此，墙体在基础顶面处也可假定为铰接。这样，在竖向荷载作用下，多层刚性方案房屋的墙体在每层高度范围内，均可简化为两端铰接的竖向构件进行计算，如图 3-14(c)所示。计算每层内力时，其计算高度等于每层层高，底层计算高度要算至基础顶面。

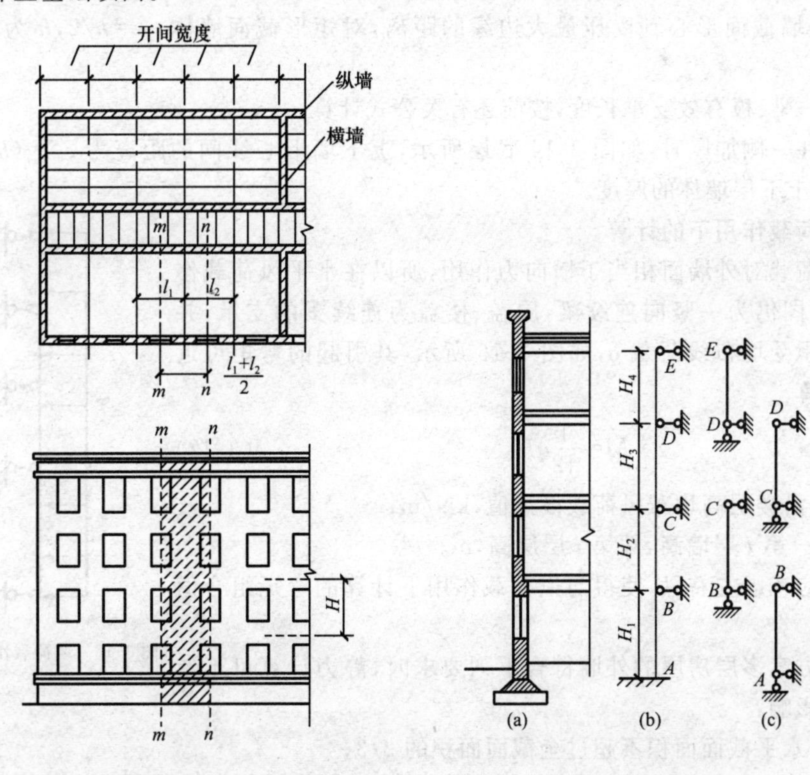

图 3-13　计算单元图　　　图 3-14　计算简图

因此，竖向荷载作用下多层刚性方案房屋的计算原则为：上部各层荷载沿上一层墙体的截面形心传至下层；在计算某层墙体弯矩时，要考虑梁、板支承压力对本层墙体产生的弯矩，当本层墙体与上层墙体形心不重合时，要考虑上层墙体传来的荷载对本层墙体产生的弯矩。每层墙体的弯矩按三角形变化，上端弯矩最大，下端为零。

以图 3-13 四层办公楼的第二层墙为例，来说明其在竖向荷载作用下内力计算方法。

第二层墙计算简图如图 3-15 所示，上端Ⅰ—Ⅰ截面内力

$$\begin{aligned} N_{\mathrm{I}} &= N_{\mathrm{u}}+N_l \\ M_{\mathrm{I}} &= N_l \cdot e_l \end{aligned} \tag{3-9}$$

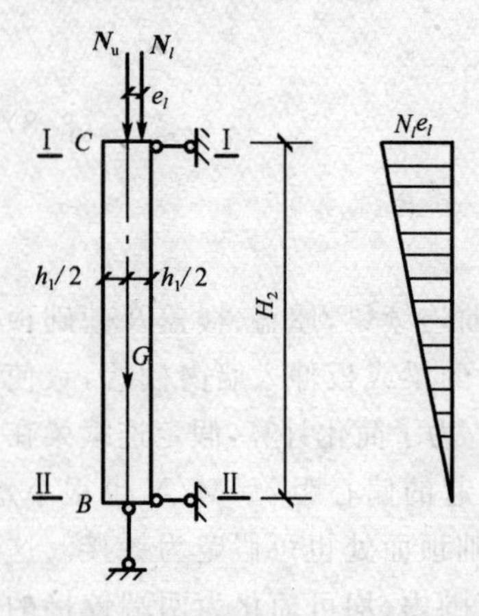

图 3-15　竖向荷载作用下墙体计算简图

下端Ⅱ—Ⅱ截面内力

$$N_{Ⅱ}=N_u+N_l+G \qquad M_{Ⅱ}=0 \tag{3-10}$$

式中　N_l——本层墙顶楼盖的梁或板传来的荷载即支承力；

N_u——由上层墙传来的荷载；

e_l——N_l对本层墙体截面形心线的偏心距；

G——本层墙体自重(包括内外粉刷，门窗自重等)。

N_l对本层墙体截面形心线的偏心距e_l可按下面方式确定：当梁、板支承在墙体上时，有效支承长度为a_0，由于上部墙体压在梁或板上面阻止其端上翘，使N_l作用点内移。《规范》规定，这时取N_l作用在距墙体内边缘$0.4a_0$处，因此，N_l对墙体截面产生的偏心距e_l为

$$e_l=y-0.4a_0 \tag{3-11}$$

式中　y——墙截面形心到受压最大边缘的距离，对矩形截面墙体，$y=h/2$，h为墙厚，如图 3-15 所示；

a_0——梁、板有效支承长度，按前述有关公式计算。

当墙体在一侧加厚时，如图 3-14 底层所示，上下墙形心线间的距离为$e_u=(h_2-h_1)/2$，h_1、h_2分别为上下层墙体的厚度。

3. 水平荷载作用下的计算

由于风荷载对外墙面相当于横向力作用，所以在水平风荷载作用下，计算简图仍为一竖向连续梁，屋盖、楼盖为连续梁的支承，并假定沿墙高承受均布线荷载q，如图 3-16 所示，其引起的弯矩可近似按下式计算

$$M=\frac{1}{12}qH_i^2 \tag{3-12}$$

式中　q——沿楼层高均布风荷载设计值，kN/m；

H_i——第i层墙高，即第i层层高，m。

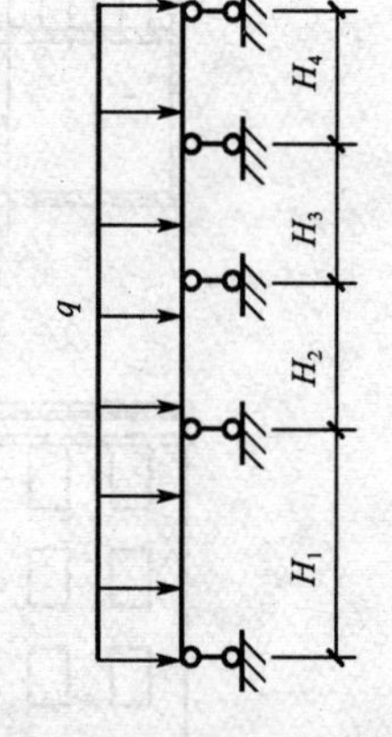

图 3-16　风荷载作用计算简图

计算时应考虑左右风，使得与风荷载作用下计算的弯矩组合值绝对值最大。

当刚性方案多层房屋的外墙符合下列要求时，静力计算可不考虑风荷载的影响：

(1)洞口水平截面面积不超过全截面面积的 2/3；

(2)层高和总高不超过表 3-3 的规定；

(3)屋面自重不小于 0.8 kN/m^2。

表 3-3　**外墙不考虑风荷载影响时的最大高度**

基本风压值/(kN·m^{-2})	层高/m	总高/m
0.4	4.0	28
0.5	4.0	24
0.6	4.0	18
0.7	3.5	18

注：对于多层砌块房屋 190 mm 厚的外墙，当层高不大于 2.8 m，总高不大于 19.6 m，基本风压不大于 0.7 kN/m^{2}时可不考虑风荷载的影响。

4. 选择控制截面进行承载力计算

每层墙取两个控制截面，上截面可取墙体顶部位于大梁（或板）底的墙体截面Ⅰ—Ⅰ，该截面承受弯矩 M_{I} 和轴力 N_{I}，因此需进行偏心受压承载力和梁下局部受压承载力验算。下截面可取墙体下部位于大梁（或板）底稍上的砌体截面Ⅱ—Ⅱ，底层墙则取基础顶面，该截面轴力 N_{II} 最大，仅考虑竖向荷载时弯矩为零，按轴向受压计算；若需考虑风荷载，则该截面弯矩 $M=\frac{1}{12}qH_i^2$，因此需按偏心受压进行承载力计算。

若 n 层墙体的截面及材料强度等级相同，则只需验算最下一层即可。

当楼面梁支承于墙上时，梁端上下的墙体对梁端转动有一定的约束作用，因而梁端也有一定的约束弯矩。当梁的跨度较小时，约束弯矩可以忽略；但当梁的跨度较大时，约束弯矩不可忽略，约束弯矩将在梁端上下墙体内产生弯矩，使墙体偏心距增大（曾出现过因梁端约束弯矩较大引起的事故），为防止这种情况，《规范》规定：对于梁跨度大于 9 m 的墙承重的多层房屋，除按上述方法计算墙体承载力外，宜再按梁两端固结计算梁端弯矩，再将其乘以修正系数 γ 后，按墙体线性刚度分到上层墙底部和下层墙顶部，修正系数 γ 可按下式计算

$$\gamma=0.2\sqrt{\frac{a}{h}} \tag{3-13}$$

式中 a——梁端实际支承长度；

h——支承墙体的厚度，当上下墙厚不同时取下部墙厚，当有壁柱时取 h_{T}。

此时Ⅱ—Ⅱ截面的弯矩不为零，不考虑风荷载时也应按偏心受压计算。

3.3.3 多层刚性方案房屋承重横墙的计算

在以横墙承重的房屋中，横墙间距较小，纵墙间距（房屋的进深）亦不大，一般情况均属于刚性方案房屋。其承载力计算按下列方法进行。

1. 计算单元和计算简图

刚性方案房屋的横墙一般承受屋盖、楼盖中楼板传来的均布线荷载，且很少开设洞口，因此，通常取宽度 $B=1$ m 的横墙作为计算单元，如图 3-17(a)所示，计算简图为每层横墙视为两端不动铰接的竖向构件，构件的高度为层高。但当顶层为坡屋顶时，则取层高加上山尖高度的一半。

横墙承受的荷载也和纵墙一样，但对中间墙则承受两边楼盖传来的竖向力，即 N_u，N_{l1}、N_{l2}、G，如图 3-17(b)所示，其中 N_{l1}、N_{l2} 分别为横墙左、右两侧楼板传来的竖向力。

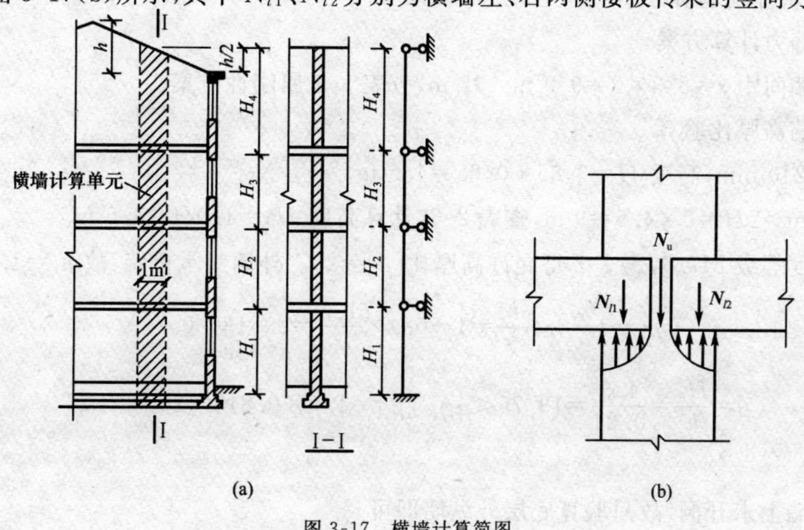

图 3-17 横墙计算简图

2. 控制截面的承载力验算

当 $N_{l1}=N_{l2}$ 时，沿整个横墙高度承受轴心压力，横墙的控制截面取该层墙体的底部截面，此处轴力最大。当 $N_{l1}\neq N_{l2}$ 时，顶部截面将产生弯矩，则需验算顶部截面的偏心受压承载力。当墙体支承梁时，还需验算砌体局部受压承载力。

当横墙上有洞口时应考虑洞口削弱的影响。对直接承受风荷载的山墙，其计算方法同纵墙。

例 3-3 某三层办公楼，采用混合结构，如图 3-18 所示。砖墙厚 240 mm，大梁截面尺寸为 $b\times h=200$ mm×500 mm，梁在墙上的支承长度为 240 mm，采用 MU10 普通砖和 M7.5 混合砂浆砌筑。屋盖恒荷载的标准值为 4.5 kN/m²，活荷载标准值为 0.5 kN/m²；楼盖恒荷载的标准值为 2.5 kN/m²，活荷载标准为 2.0 kN/m²，窗重 0.3 kN/m²，墙双面抹灰重 5.24 kN/m²，层高 3.6 m。试验算外纵墙和横墙高厚比和承载力。

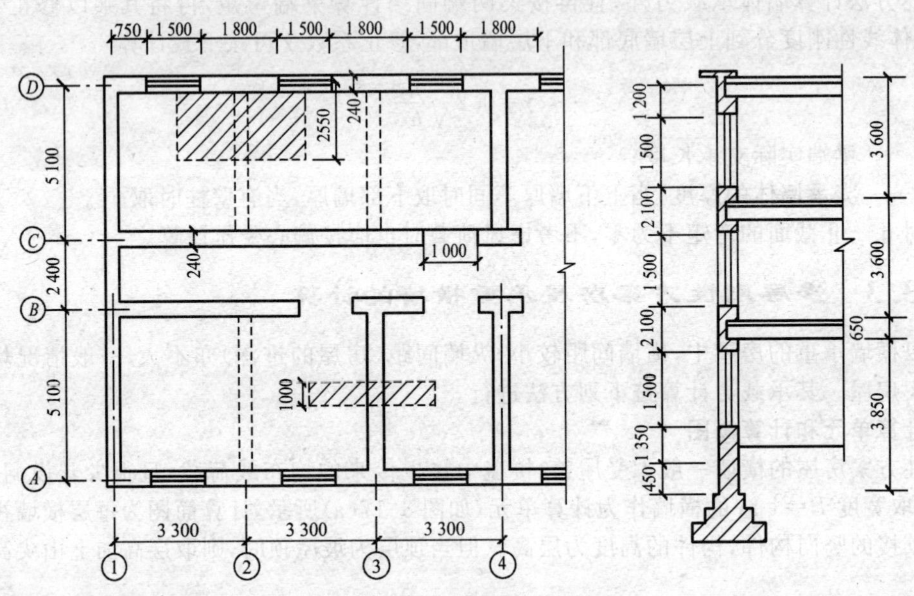

图 3-18 某办公楼的平剖面图

解 Ⅰ. 高厚比验算

①确定静力计算方案

最大横墙间距 $s=3.3\times3=9.9$ m<32 m，查表 3-1 属刚性方案。

②外纵墙高厚比验算

纵墙厚 240 mm，高度 $H=3.85+0.65=4.5$ m。

$s=9.9$ m>$2H=2\times4.5=9$ m，查表 2-2，计算高度 $H_0=1.0H=4.5$ m。

砂浆强度等级 M7.5，表 3-2 得允许高厚比 $[\beta]=26$。外墙为承重墙，故 $\mu_1=1.0$。

$$\mu_2=1-0.4\frac{b_s}{s}=1-0.4\times\frac{1.5}{3.3}=0.818>0.7$$

$$\beta=\frac{H_0}{h}=\frac{4.5}{0.24}=18.75<\mu_1\mu_2[\beta]=1.0\times0.818\times26=21.27$$

满足要求。

由于横墙上未开洞，故只验算底层外纵墙即可。

Ⅱ.外纵墙内力计算和截面承载力验算

①计算单元

外纵墙取一个开间为计算单元;根据图3-18,取图中斜、虚线部分为纵墙计算单元的受荷面积,窗间墙为计算截面。纵墙承载力由外纵墙(A、D轴线)控制,内纵墙由于洞口的面积较小,不起控制作用,因而不必计算。

②控制截面

墙体截面相同,材料相同,可仅取底层墙体上部Ⅰ—Ⅰ截面和基础顶部Ⅱ—Ⅱ截面进行验算。

③各层墙体内力标准值计算

a.屋面传来荷载

恒荷载的标准值 $4.5\times3.3\times(5.1\div2)+0.2\times0.5\times25\times5.1\div2=44.24\ \text{kN}$

活荷载的标准值 $0.5\times3.3\times(5.1\div2)=4.21\ \text{kN}$

b.楼面传来荷载(考虑二、三层楼面活荷载折减系数0.85)

恒荷载的标准值 $2.5\times3.3\times(5.1\div2)+0.2\times0.5\times25\times5.1\div2=27.41\ \text{kN}$

活荷载的标准值 $2.0\times3.3\times(5.1\div2)\times0.85=14.3\ \text{kN}$

c.二层以上每层墙体自重及窗重标准值

$$(3.3\times3.6-1.5\times1.5)\times5.24+1.5\times1.5\times0.3=51.14\ \text{kN}$$

楼面至大梁底的一段墙重为

$$3.3\times(0.5+0.15)\times5.24=11.24\ \text{kN}$$

底层墙体自重及窗重标准值

$$(3.3\times3.85-1.5\times1.5)\times5.24+1.5\times1.5\times0.3=55.46\ \text{kN}$$

d.内力组合

底层墙体上部Ⅰ—Ⅰ截面(如图3-19所示):

第一种组合($\gamma_G=1.2$,$\gamma_Q=1.4$)

$N_u=1.2\times(51.14\times2+11.24+44.24+27.41)+1.4\times(4.21+14.3)=248.12\ \text{kN}$

本层大梁传来的支承压力设计值为

$$N_l=1.2\times27.41+1.4\times14.3=52.91\ \text{kN}$$

有效支承长度

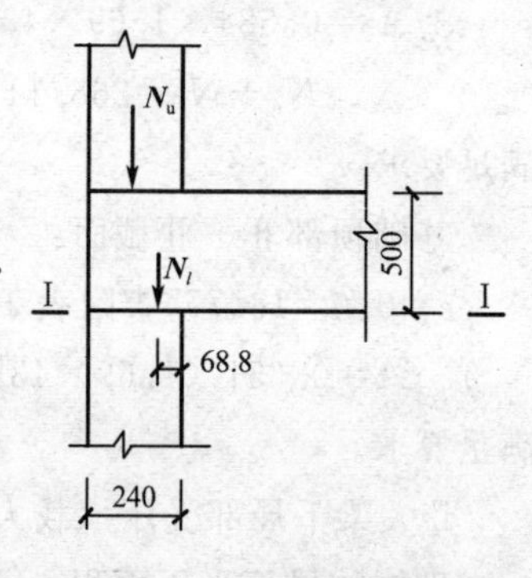

图3-19 Ⅰ—Ⅰ截面的荷载情况

$$a_0=10\sqrt{\frac{h}{f}}=10\times\sqrt{\frac{500}{1.69}}=172\ \text{mm}<240\ \text{mm}$$

$$0.4a_0=0.4\times172=68.8\ \text{mm}$$

$$e_l=\frac{240}{2}-0.4a_0=120-68.8=51.2\ \text{mm}$$

$$e=\frac{N_l e_l}{N_u+N_l}=\frac{52.91\times51.2}{248.12+52.91}=9\ \text{mm}$$

第二种组合($\gamma_G=1.35$,$\gamma_Q=1.4$,$\psi_c=0.7$)

$N_u=1.35\times(51.14\times2+11.24+44.24+27.41)+1.4\times0.7\times(4.21+14.3)=268.11\ \text{kN}$

本层大梁传来的支承压力设计值为

$$N_l=1.35\times27.41+1.4\times0.7\times14.3=51.02\ \text{kN}$$

$$e=\frac{N_l e_l}{N_u+N_l}=\frac{51.02\times51.2}{268.11+51.02}=8.19\ \text{mm}$$

基础顶部Ⅱ—Ⅱ截面：

第一种组合

$$N=1.2\times55.46+248.12+52.91=367.58\ \text{kN}$$

第二种组合

$$N=1.35\times55.46+268.11+51.02=394\ \text{kN}$$

所以，取 $N=394$ kN。

e. 截面承载力验算

底层墙体上部Ⅰ—Ⅰ截面（$A=1\,800\times240=432\,000\ \text{mm}^2$，$f=1.69$ MPa）：

第一种组合

$$\frac{e}{h}=\frac{9}{240}=0.038,\ \beta=\frac{H_0}{h}=\frac{4.5}{0.24}=18.75$$

查附表 1-1 得 $\varphi=0.577$。

$$\varphi fA=0.577\times1.69\times432\,000=421.26\times10^3\ \text{N}=421.26\ \text{kN}$$

$$>N_u+N_l=248.12+52.91=301.03\ \text{kN}$$

满足要求。

第二种组合

$$\frac{e}{h}=\frac{8.19}{240}=0.034,\beta=18.75$$

查附表 1-1 得 $\varphi=0.584$。

$$\varphi fA=0.584\times1.69\times432\,000=426.37\times10^3\ \text{N}=426.37\ \text{kN}$$

$$>N_u+N_l=268.11+51.02=319.13\ \text{kN}$$

满足要求。

基础顶部Ⅱ—Ⅱ截面：

$e=0$，$\beta=18.75$，查附表 1-1 得 $\varphi=0.651$。

$$\varphi fA=0.651\times1.69\times432\,000=475.28\times10^3\ \text{N}=475.28\ \text{kN}>N=394\ \text{kN}$$

满足要求。

f. 大梁下局部受压承载力验算

砌体的局部受压面积

$$A_l=a_0\times b=0.172\times0.2=0.034\,4\ \text{m}^2$$

影响砌体抗压强度的计算面积

$$A_0=0.24\times(0.2+0.24\times2)=0.163\,2\ \text{m}^2$$

$\frac{A_0}{A_l}=\frac{0.163\,2}{0.034\,4}=4.74>3$，取 $\psi=0$。

$$\eta=0.7,\gamma=1+0.35\sqrt{\frac{A_0}{A_l}-1}=1+0.35\sqrt{\frac{0.163\,2}{0.034\,4}-1}=1.68<2.0$$

$$\eta\gamma fA_l=0.7\times1.68\times1.69\times0.034\,4\times10^6=68.37\times10^3\ \text{N}=68.37\ \text{kN}>N_l=52.91\ \text{kN}$$

满足要求。

Ⅲ.横墙内力计算和截面承载力验算

取1 m宽墙体作为计算单元，沿纵向取3.3 m为受荷宽度，计算截面面积 $A=0.24\times 1=0.24\ m^2$，由于房屋开间、荷载均相同，因此近似按轴心受压验算。

基础顶部Ⅱ—Ⅱ截面(考虑二、三层楼面活荷载折减系数0.85)

第一种组合

$$N=1.2\times(1\times3.6\times5.24\times2+1\times4.5\times5.24+1\times3.3\times4.5+1\times3.3\times2.5\times2)$$
$$+1.4\times(1\times3.3\times0.5+0.85\times1\times3.3\times2\times2)$$
$$=111.19+18.02=129.21\ kN$$

第二种组合

$$N=1.35\times(1\times3.6\times5.24\times2+1\times4.5\times5.24+1\times3.3\times4.5+1\times3.3\times2.5\times2)$$
$$+1.4\times0.7(1\times3.3\times0.5+0.85\times1\times3.3\times2\times2)$$
$$=125.09+12.61=137.7\ kN$$

所以，取 $N=137.7\ kN$。

$e=0$，底层 $H=4.5\ m$，纵墙间距 $s=5.1\ m$，所以 $H<s<2H$，查表2-2，计算高度

$$H_0=0.4s+0.2H=0.4\times5.1+0.2\times4.5=2.94\ m$$
$$\beta=\gamma_\beta H_0/h=1.0\times2.94\div0.24=12.25$$

查附表1-1得 $\varphi=0.814$。

$\varphi fA=0.814\times1.69\times0.24\times10^6=330.16\times10^3\ N=330.16\ kN>N=137.7\ kN$

满足要求。

3.4 墙柱的基本构造措施

3.4.1 墙柱的一般构造要求

设计砌体结构房屋时，除进行墙、柱的承载力计算和高厚比的验算外，尚应满足下列墙、柱的一般构造要求：

(1)五层及五层以上房屋的墙，以及受振动或层高大于6 m的墙、柱所用材料的最低强度等级：砖采用MU10，砌块采用MU7.5，石材采用MU30，砂浆采用M5。对于安全等级为一级或设计使用年限大于50年的房屋，墙、柱所用材料的最低强度等级应至少提高一级。

(2)在室内地面以下，室外散水坡顶面以上的砌体内，应设防潮层。地面以下或防潮层以下的砌体、潮湿房间的墙，所用材料的最低强度等级应符合表3-4的要求。

表3-4 地面以下或防潮层以下的砌体、潮湿房间墙所用材料的最低强度等级

基土的潮湿程度	烧结普通砖、蒸压灰砂砖		混凝土砌块	石材	水泥砂浆
	严寒地区	一般地区			
稍潮湿的	MU10	MU10	MU7.5	MU30	MU5
很潮湿的	MU15	MU10	MU7.5	MU30	MU7.5
含水饱和的	MU20	MU15	MU10	MU40	MU10

注：1.在冻胀地区，地面以下或防潮层以下的砌体，不宜采用多孔砖。如采用时，其孔洞应采用水泥砂浆灌实，当采用混凝土砌块砌体时，其孔洞应采用强度等级不低于Cb20的混凝土灌实。

2.对安全等级为一级或设计使用年限大于50年的房屋，表中材料强度等级应至少提高一级。

(3)承重的独立砖柱截面尺寸不应小于 240 mm×370 mm。毛石墙的厚度不宜小于 350 mm,毛料石柱较小边长不宜小于 400 mm。当有振动荷载时,墙、柱不宜采用毛石砌体。

(4)跨度大于 6 m 的屋架和跨度大于下列数值的梁,对砖砌体为 4.8 m,对砌块和料石砌体为 4.2 m,对毛石砌体为 3.9 m,应在支承处砌体上设置混凝土或钢筋混凝土垫块;当墙中设有圈梁时,垫块与圈梁宜浇成整体。

(5)跨度大于或等于下列数值的梁,对 240 mm 厚的砖墙为 6 m,对 180 mm 厚的砖墙为 4.8 m,对砌块和料石墙为 4.8 m,其支承处宜加设壁柱或采取其他加强措施。

(6)预制钢筋混凝土板的支承长度,在墙上不宜小于 100 mm,在钢筋混凝土圈梁上不宜小于 80 mm,当利用板端伸出钢筋拉结和混凝土灌缝时,其支承长度可为 40 mm,但板端缝不宜小于 80 mm,灌缝混凝土强度等级不宜低于 C20。

(7)支承在墙、柱上的吊车梁、屋架及跨度≥9 m(支承在墙砌体上)或 7.2 m(支承在砌块和料石砌体上)的预制梁的端部,应采用锚固件与在墙、柱上的垫块锚固。

(8)填充墙、隔墙应分别采取措施与周边构件可靠连接。山墙处的壁柱宜砌至山墙顶部,屋面构件应与山墙可靠拉接。

(9)砌块砌体应分皮错缝搭砌,上下皮搭砌长度不得小于 90 mm。当搭砌长度不满足上述要求时,应在水平灰缝内设置不少于 2ϕ4 的焊接钢筋网片(横向钢筋的间距不宜大于 200 mm),网片每端均应超过该垂直缝,其长度不得小于 300 mm。

(10)砌块墙与后砌隔墙交接处,应沿墙高每 400 mm 在水平灰缝内设置不少于 2ϕ4、横筋间距不大于 200 mm 的焊接钢筋网片,如图 3-20 所示。

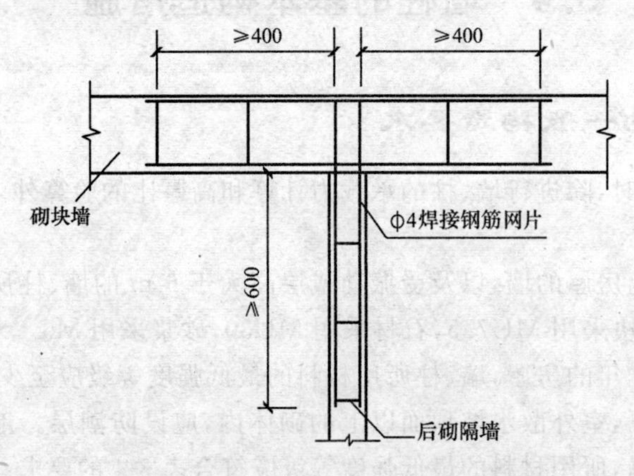

图 3-20 砌块墙与后砌隔墙交接处钢筋网片

(11)混凝土砌块房屋,宜将纵横墙交接处,距墙中心线每边不小于 300 mm 范围内的孔洞,采用不低于 Cb20 灌孔混凝土灌实,灌实高度应为墙身全高。

(12)混凝土砌块墙体的下列部位,如未设圈梁或混凝土垫块,应采用不低于 Cb20 灌孔混凝土将孔洞灌实:

①搁栅、檩条和钢筋混凝土楼板的支承面下,高度不应小于 200 mm 的砌体。

②屋架、梁等构件的支承面下,高度不应小于 600 mm,长度不应小于 600 mm 的砌体。

③挑梁支承面下,距墙中心线每边不应小于 300 mm,高度不应小于 600 mm 的砌体。

(13)在砌体中留槽洞及埋设管道时,应遵守下列规定:

①不应在截面长边小于 500 mm 的承重墙体、独立柱内埋设管线。

②不宜在墙体中穿行暗线或预留、开凿沟槽,无法避免时应采取必要的加强措施或按削弱后的截面验算墙体的承载力。

(14)夹心墙中混凝土砌块的强度等级不应低于 MU10,夹心墙的夹层厚度不宜大于 100 mm,夹心墙外叶墙的最大横向支承间距不宜大于 9 m。

(15)夹心墙叶墙间的连接应符合下列规定:

①叶墙应用经防腐处理的拉结件或钢筋网片连接。

②当采用环形拉结件时,钢筋直径不应小于 4 mm;当采用 Z 形拉结件时,钢筋直径不小于 6 mm。拉结件应沿竖向梅花形布置,拉结件的水平和竖向最大间距分别不宜大于 800 mm 和 600 mm。对有振动或有抗震设防要求时,其水平和竖向最大间距分别不宜大于 800 mm 和 400 mm。

③当采用钢筋网片作拉结件时,网片横向钢筋的直径不应小于 4 mm,其间距不应大于 400 mm;网片的竖向间距不宜大于 600 mm,对有振动或有抗震设防要求时,不宜大于 400 mm。

④拉结件在叶墙上的搁置长度,不应小于叶墙厚度的 2/3,并不应小于 60 mm。

⑤门窗洞口周边 300 mm 范围内应附加间距不大于 600 mm 的拉结件。

⑥对于安全等级为一级或设计使用年限大于 50 年的房屋,夹心墙叶墙间宜采用不锈钢拉结件。

3.4.2 防止或减轻墙体开裂的措施

引起墙体开裂的一种因素是温度变形和收缩变形。当气温变化或材料收缩时,钢筋混凝土屋盖、楼盖和砖墙由于线膨胀系数和收缩率的不同,将产生各自不同的变形,而引起彼此的约束作用而产生应力。当温度升高时,由于钢筋混凝土温度变形大,砖砌体温度变形小,砖墙阻碍了屋盖或楼盖的伸长,必然在屋盖和楼盖中引起压应力和剪应力,在墙体中引起拉应力和剪应力,当墙体中的主拉应力超过砌体的抗拉强度时,将产生斜裂缝。反之,当温度降低或钢筋混凝土收缩时,将在砖墙中引起压应力和剪应力,在屋盖或楼盖中引起拉应力和剪应力,当主拉应力超过混凝土的抗拉强度时,在屋盖或楼盖中将出现裂缝。采用钢筋混凝土屋盖或楼盖的砌体结构房屋的顶层墙体常出现裂缝,如内外纵墙和横墙的八字裂缝,沿屋盖支承面的水平裂缝和包角裂缝以及女儿墙水平裂缝等就是上述原因产生的。

地基产生过大的不均匀沉降,也是造成墙体开裂的一种原因。当地基为均匀分布的软土,而房屋长高比较大时,或地基土层分布不均匀、土质差别很大时,或房屋体型复杂或高差较大时,都有可能产生过大的不均匀沉降,从而使墙体产生附加应力。当不均匀沉降在墙体内引起的拉应力和剪应力一旦超过墙体的强度时,就会产生裂缝。

(1)为了防止或减轻房屋在正常使用条件下,由温差和砌体干缩引起的墙体竖向裂缝,应在墙体中设置沉降缝。伸缩缝应设在因温度和收缩变形可能引起应力集中、砌体产生裂缝可能性最大的地方。伸缩缝的间距可按表 3-5 采用。

表 3-5　　砌体房屋伸缩缝的最大间距　　m

屋盖或楼盖类别		间　距
整体式或装配整体式钢筋混凝土结构	有保温层或隔热层的屋盖、楼盖	50
	无保温层或隔热层的屋盖	40
装配式无檩体系钢筋混凝土结构	有保温层或隔热层的屋盖、楼盖	60
	无保温层或隔热层的屋盖	50
装配式有檩体系钢筋混凝土结构	有保温层或隔热层的屋盖	75
	无保温层或隔热层的屋盖	60
瓦材屋盖、木屋盖或楼盖、轻钢屋盖		100

注:1. 对烧结普通砖、多孔砖、配筋砌块砌体房屋取表中数值;对石砌体、蒸压灰砂砖、蒸压粉煤灰砖和混凝土砌块取表中数值乘以 0.8 的系数。当有实践经验并采取有效措施时,可不遵守本表规定。
2. 在钢筋混凝土屋面上挂瓦的屋盖应按钢筋混凝土屋盖采用。
3. 按本表设置的墙体伸缩缝,一般不能同时防止由于钢筋混凝土屋盖的温度变形和砌体干缩变形引起的墙体局部裂缝。
4. 层高大于 5 m 的烧结普通砖、多孔砖、配筋砌块砌体结构单层房屋,其伸缩缝间距可按表中数值乘以 1.3。
5. 温差较大且变化频繁地区和严寒地区不采暖的房屋及构筑物墙体的伸缩缝的最大间距应按表中数值予以适当减小。
6. 墙体的伸缩缝应与结构的其他变形缝相重合,在进行立面处理时,必须保证缝隙的伸缩作用。

(2)为防止或减轻房屋顶层墙体的裂缝,可根据具体情况采取下列措施:

①屋面应设置有效的保温、隔热层。

②屋面保温(隔热)层或屋面刚性面层及砂浆找平层应设置分隔缝,分隔缝间距不宜大于 6 m,并与女儿墙隔开,其缝宽不小于 30 mm。

③采用装配式有檩体系钢筋混凝土屋盖和瓦材屋盖。

④在钢筋混凝土屋面板与墙体圈梁的接触面处设置水平滑动层,滑动层可采用两层油毡夹滑石粉或橡胶片等做法,对于长纵墙,可只在其两端的 2～3 个开间内设置,对于横墙可只在其两端各 $l/4$ 范围内设置(l 为横墙长度)。

⑤顶层屋面板下设置现浇钢筋混凝土圈梁,并沿内外墙拉通,房屋两端圈梁下的墙体内宜适当设置水平筋。

⑥顶层挑梁末端下墙体灰缝内设置 3 道焊接钢筋网片(纵向钢筋不宜少于 2ϕ4,横向钢筋间距不宜大于 200 mm)或 2ϕ6 的钢筋,钢筋网片或钢筋应自挑梁末端伸入两边墙体不小于 1 m,如图 3-21 所示。

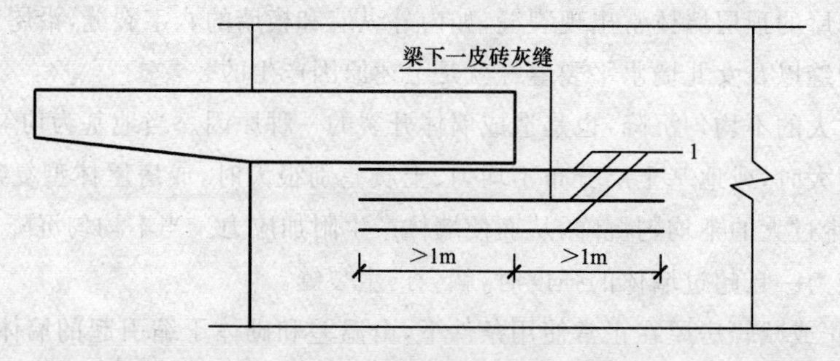

图 3-21　顶层挑梁末端钢筋网片或钢筋

1—2ϕ4 钢筋网片或 2ϕ6 钢筋

⑦顶层墙体有门窗等洞口时，在过梁上的水平灰缝内设置 2～3 道焊接钢筋网片或 2ϕ6 的钢筋，并应伸入过梁两端墙内不小于 600 mm。

⑧顶层墙体及女儿墙砂浆强度等级不低于 M5。

⑨房屋顶层端部墙体内适当增设构造柱。女儿墙应设置构造柱，构造柱间距不宜大于 4 m，构造柱应伸至女儿墙顶并与现浇钢筋混凝土压顶整浇在一起。

(3)为防止或减轻房屋底层墙体的裂缝，可根据具体情况采取下列措施：

①房屋的长高比不宜过大。当房屋建造在软弱地基上时，对于三层及三层以上的房屋，其长高比宜小于或等于 2.5；当房屋的长高比为 $2.5<l/H\leqslant 3$ 时，应做到纵墙不转折或少转折，内横墙间距不宜过大。必要时适当增强基础的刚度和强度。

②在房屋建筑平面的转折部位、高度差异或荷载差异较大处、地基土的压缩性有显著差异处、建筑结构(或基础)类型不同处、分期建造房屋的交界处宜设置沉降缝。

③设置钢筋混凝土圈梁是增强房屋整体刚度的有效措施，特别是基础圈梁和屋顶檐口部位的圈梁对抵抗不均匀沉降作用最为有效。必要时应增大基础圈梁的刚度。

④在房屋底层的窗台下墙体灰缝内设置 3 道焊接钢筋网片或 2ϕ6 钢筋，并伸入两边窗间墙内不小于 600 mm。

⑤采用钢筋混凝土窗台板，窗台板嵌入窗间墙内不小于 600 mm。

(4)墙体转角处和纵横墙交接处宜沿竖向每隔 400～500 mm 设拉结钢筋，其数量为每 120 mm墙厚不少于 1ϕ6 或焊接钢筋网片，埋入长度从墙的转角和交接处算起，每边不小于 600 mm。

(5)蒸压灰砂砖、混凝土砌块和其他非烧结砖砌体的干缩变形较大，当实体墙长超过 5 m 时，往往在墙体中部出现两端小、中间大的竖向收缩裂缝。为防止和减轻这类裂缝的出现，对灰砂砖、粉煤灰砖、混凝土砌块和其他非烧结砖，宜在各层门、窗过梁上方的水平灰缝内及窗台下第一和第二道水平灰缝内设置焊接钢筋网片或 2ϕ6 钢筋，焊接钢筋网片或钢筋应伸入两边窗间墙内不少于 600 mm。

当灰砂砖、粉煤灰砖、混凝土砌块或其他非烧结砖实体墙长大于 5 m 时，宜在每层墙高度中部设置 2～3 道焊接钢筋网片或 3ϕ6 的通长水平钢筋，竖向间距宜为 500 mm。

(6)为防止或减轻混凝土砌块房屋顶层两端和底层第一、二开间门窗洞处的裂缝，可采取下列措施：

①在门窗洞口两侧不少于一个孔洞中设置不小于 1ϕ12 的钢筋，钢筋应在楼层圈梁或基础锚固，并采用不低于 Cb20 灌孔混凝土灌实。

②在门窗洞口两边的墙体的水平灰缝中，设置长度不小于 900 mm、竖向间距为 400 mm 的 2ϕ4 焊接钢筋网片。

③在顶层和底层设置通长钢筋混凝土窗台梁，窗台梁的高度宜为块高的模数，纵筋不少于 4ϕ10、箍筋ϕ6@200mm，混凝土强度等级 Cb20。

(7)当房屋刚度较大时，可在窗台下或窗台角处墙体内设置竖向控制缝。在墙体高度或厚度突然变化处也宜设置竖向控制缝，或采取其他可靠的防裂措施。竖向控制缝的构造和嵌缝材料应能满足墙体平面外传力和防护的要求。

(8)灰砂砖、粉煤灰砖砌体宜采用黏结性好的砂浆砌筑，混凝土砌块砌体应采用砌块专用砂浆砌筑。

3.5 过梁、圈梁、悬挑构件和构造柱

3.5.1 过梁

1. 过梁的分类及应用范围

设置在门窗洞口顶部承受洞口上部一定范围内荷载的梁称为过梁。常用的过梁有钢筋混凝土过梁和砖砌过梁两类。砖砌过梁按其构造不同又分为钢筋砖过梁和砖砌平拱等形式。如图 3-22 所示。

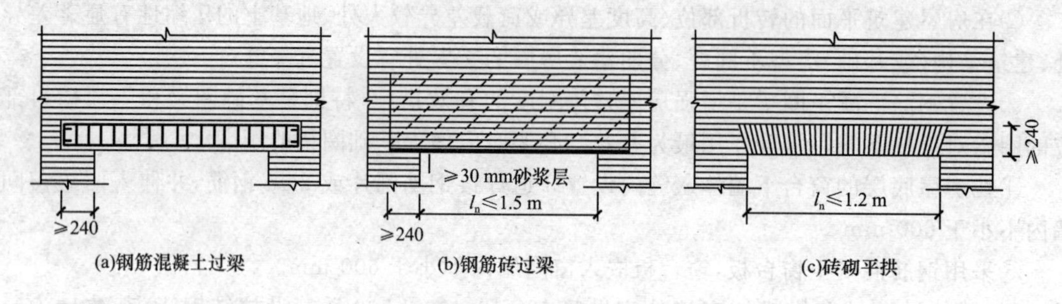

图 3-22 过梁的分类

砖砌过梁延性较差，对振动荷载和地基不均匀沉降反应敏感，跨度也不宜过大。因此，对有较大振动荷载或可能产生不均匀沉降的房屋，或当门窗洞口宽度较大时，应采用钢筋混凝土过梁。《规范》规定：砖砌过梁的跨度，对钢筋砖过梁不应超过 1.5 m，对砖砌平拱不应超过 1.2 m。砖砌过梁截面计算高度内砖的强度等级不应低于 MU10，砂浆强度等级不宜低于 M5；砖砌平拱用竖砖砌筑部分的高度不应小于 240 mm；钢筋砖过梁底面砂浆层处的钢筋，其直径不应小于 5 mm，间距不宜大于 120 mm，钢筋伸入支座砌体内的长度不宜小于 240 mm，砂浆层的厚度不宜小于 30 mm。

2. 过梁上的荷载

过梁上的荷载有两种：一种是仅承受墙体荷载；另一种是除承受墙体荷载外，还承受过梁上梁板传来的荷载。试验表明，当过梁上的砖砌体采用水泥混合砂浆砌筑，砖的强度较高时，当砌筑的高度接近跨度的一半时，跨中挠度的增量明显减小。此时，过梁上砌体的当量荷载相当于高度等于跨度 1/3 的砌体自重。这是由于砌体砂浆随时间增长而逐渐硬化，参加工作的砌体高度不断增加，使砌体的组合作用不断增强。试验还表明，当在砖砌体高度等于跨度的 80％左右位置处施加外荷载时，过梁挠度变化极微。可以认为，在高度等于或大于跨度的砌体上施加荷载时，梁板荷载并不由过梁承担。为了简化计算，《规范》规定：过梁的荷载应按下列规定采用：

(1)梁、板荷载

对砖和小型砌块砌体，当梁、板下的墙体高度 $h_w<l_n$(过梁的净跨)时，应计入梁、板传来的荷载。当梁、板下的墙体高度 $h_w\geq l_n$时，可不考虑梁、板荷载，如图 3-23(a)所示。

(2)墙体荷载

①对砖砌体，当过梁上的墙体高度 $h_w<l_n/3$ 时，应按墙体的均布自重采用。当墙体高度 $h_w\geq l_n/3$ 时，应按高度为 $l_n/3$ 墙体的均布自重采用，如图 3-23(b)、3-23(c)所示。

②对混凝土砌块砌体，当过梁上的墙体高度 $h_w<l_n/2$ 时，应按墙体的均布自重采用。当

墙体高度 $h_w \geqslant l_n/2$ 时，应按高度为 $l_n/2$ 墙体的均布自重采用，如图 3-23(b)、3-23(c)所示。

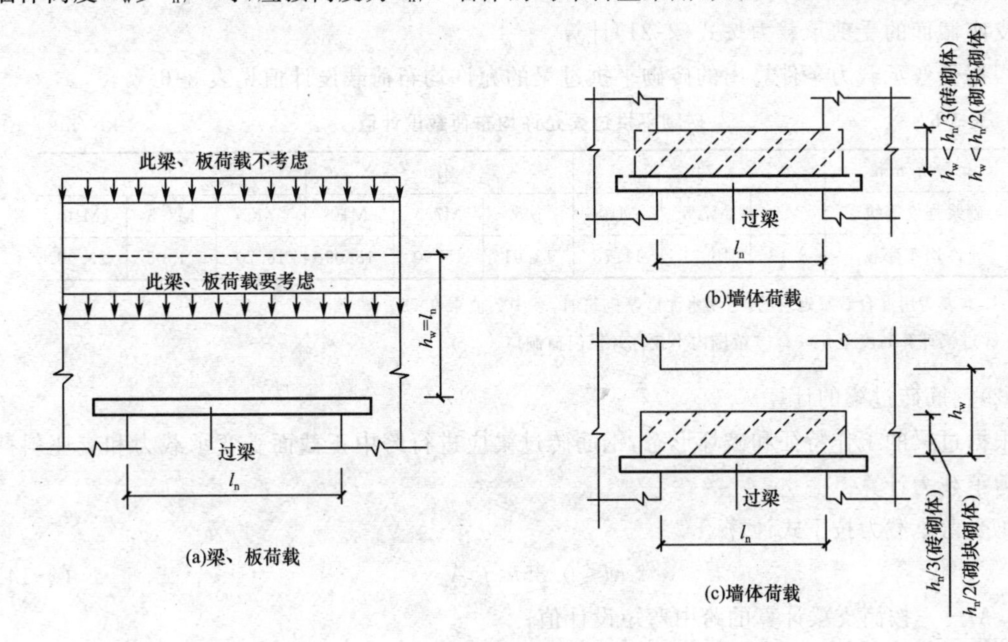

图 3-23 过梁上的荷载

3. 过梁的计算

如图 3-24 所示的砖砌过梁，当竖向荷载较小时，与受弯构件受力一样，上部受压，下部受拉。随着荷载的不断增加，当跨中竖向截面的拉应力或支座斜截面的主拉应力超过砌体的抗拉强度时，将先后在跨中出现竖向裂缝和在支座处出现阶梯形斜裂缝。这两种裂缝出现后，对于砖砌平拱过梁将形成由两侧支座水平推力来维持平衡的三铰拱，如图 3-24(a)所示。对于钢筋砖过梁将形成有钢筋承受拉力的有拉杆三铰拱，如图 3-24(b)所示。过梁破坏主要有：过梁跨中截面因受弯承载力不足而破坏；过梁支座附近截面因受剪承载力不足，沿灰缝产生 45°方向的阶梯形裂缝扩展而破坏；外墙端部因端部墙体宽度不够，引起水平灰缝的受剪承载力不足而发生支座滑动破坏。

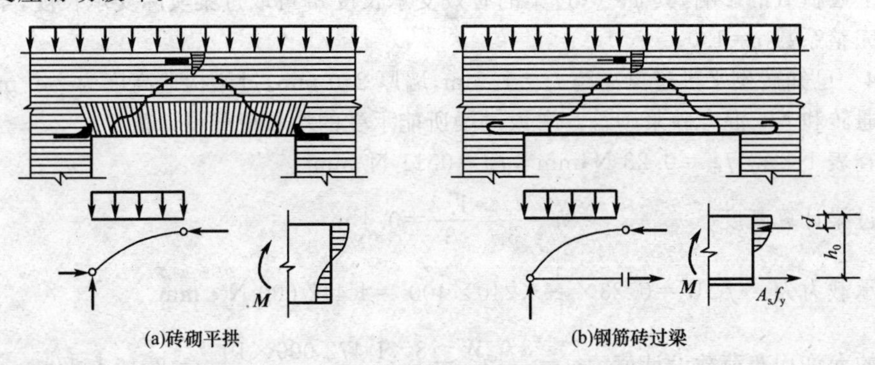

图 3-24 砖砌过梁的破坏特征

(1)砖砌平拱的计算

根据过梁的工作特征和破坏形态，砖砌平拱过梁应进行跨中正截面的受弯承载力和支座斜截面的受剪承载力计算。

跨中正截面受弯承载力按式(2-20)计算，砌体的弯曲抗拉强度设计值 f_{tm} 采用沿齿缝截面的弯曲抗拉强度值。

支座截面的受剪承载力按式(2-21)计算。

根据受弯承载力条件算出的砖砌平拱过梁的允许均布荷载设计值见表3-6。

表3-6 砖砌平拱过梁允许均布荷载设计值 kN/m

墙厚 h/mm	240			370			490		
砂浆强度等级	M5	M7.5	M10	M5	M7.5	M10	M5	M7.5	M10
允许均布荷载	8.18	10.31	11.73	12.61	15.90	18.09	16.70	21.05	23.96

注：1.本表为用混合砂浆砌筑的，当用水泥砂浆砌筑时，表中数值乘0.75。

2.过梁计算高度至 $h_0=l_0/3$ 范围内不允许开设门窗洞口。

(2)钢筋砖过梁的计算

根据过梁的工作特征和破坏形态，钢筋砖过梁应进行跨中正截面受弯承载力和支座斜截面受剪承载力计算。

①受弯承载力按下式计算

$$M \leqslant 0.85 h_0 f_y A_s \tag{3-14}$$

式中 M——按简支梁计算的跨中弯矩设计值；

f_y——受拉钢筋的抗拉强度设计值；

A_s——受拉钢筋的截面面积；

h_0——过梁截面的有效高度，$h_0=h-a_s$；

h——过梁的截面计算高度，取过梁底面以上的墙体高度，但不大于 $l_n/3$，当考虑梁、板传来的荷载时，则按梁、板下的高度采用；

a_s——受拉钢筋重心至截面下边缘的距离。

②钢筋砖过梁的受剪承载力仍按式(2-21)计算。

(3)钢筋混凝土过梁

钢筋混凝土过梁应按钢筋混凝土受弯构件计算。在验算过梁下砌体局部受压承载力时，可不考虑上层荷载的影响，其 $\psi=0$；过梁的有效支承长度 a_0 可取过梁实际支承长度，梁端底面应力图形完整系数 $\eta=1.0$。

例3-4 已知砖砌平拱过梁净跨 $l_n=1.2$ m，墙厚240 mm，过梁构造高度为240 mm，采用MU10普通砖和M5混合砂浆砌筑。求该过梁所能承受的均布荷载设计值。

解 查表1-8得 $f_{tm}=0.23\ \text{N/mm}^2$，$f_V=0.11\ \text{N/mm}^2$。

平拱过梁计算高度 $h=\dfrac{l_n}{3}=\dfrac{1.2}{3}=0.4$ m

受弯承载力为 $f_{tm}W=0.23\times\dfrac{1}{6}\times240\times400^2=1\ 472\ 000$ N·mm

平拱的允许均布荷载设计值 $q_1=\dfrac{8f_{tm}W}{l_n^2}=\dfrac{8\times1\ 472\ 000\times10^{-6}}{1.2^2}=8.18$ kN/m

内力臂 $z=\dfrac{2}{3}h=\dfrac{2}{3}\times400=267$ mm

受剪承载力为 $f_V bz=0.11\times240\times267=7\ 049\ \text{N}=7.049$ kN

其允许均布荷载设计值 $q_2=\dfrac{2f_V bz}{l_n}=\dfrac{2\times7.049}{1.2}=11.75$ kN/m

取 q_1 和 q_2 中的较小值，则 $q=8.18$ kN/m。

例 3-5 已知某墙窗洞口净宽 $l_n=1.5$ m，洞口上墙高 1.0 m，墙厚 240 mm，采用钢筋砖过梁，用 MU10 普通砖和 M7.5 混合砂浆砌筑，钢筋采用 HPB300 级。在距洞口顶面 600 mm 处作用有楼板传来的荷载设计值 14 kN/m，砖墙自重为 5.24 kN/m²。试设计该钢筋砖过梁。

解 查表 1-8 得 $f_V=0.14$ N/mm²；钢筋的抗拉强度设计值 $f_y=270$ N/mm²。

Ⅰ.内力计算

由于楼板下的墙体高度 $h_w=0.6$ m$<l_n=1.5$ m，故应考虑楼板传来的荷载。则作用在过梁上的均布荷载设计值为

$$q=1.2\times\frac{1.5}{3}\times5.24+14=17.14\ \text{kN/m}$$

跨中弯矩
$$M=\frac{ql_n^2}{8}=\frac{17.14\times1.5^2}{8}=4.82\ \text{kN}\cdot\text{m}$$

支座剪力
$$V=\frac{ql_n}{2}=\frac{17.14\times1.5}{2}=12.86\ \text{kN}$$

Ⅱ.受弯承载力计算

由于考虑楼板传来的荷载，故取梁高 h 为楼板以下的墙体高度，即取 $h=600$ mm。按砂浆层厚度为 30 mm，则有 $a_s=15$ mm，从而截面有效高度 $h_0=h-a_s=600-15=585$ mm。

钢筋面积
$$A_s=\frac{M}{0.85h_0f_y}=\frac{4.82\times10^6}{0.85\times585\times270}=35.9\ \text{mm}^2$$

选用 2ϕ6 钢筋（$a_s=57$ mm²）。

Ⅲ.受剪承载力计算

$$z=\frac{2h}{3}=\frac{2\times600}{3}=400\ \text{mm}$$

$$f_Vbz=0.14\times240\times400=13\ 440\ \text{N}=13.44\ \text{kN}>V=12.86\ \text{kN}$$

受剪承载力满足要求。

3.5.2 圈梁

在砌体结构房屋中，沿外墙四周、内纵墙及部分横墙上设置的连续封闭的钢筋混凝土梁，称为圈梁。位于房屋±0.000 以下基础顶面处设置的圈梁，称为地圈梁或基础圈梁。位于房屋檐口处的圈梁，称为檐口圈梁。

在房屋的墙体中设置圈梁，可以增强房屋的整体性和空间刚度，防止由于地基的不均匀沉降或较大振动荷载等对房屋引起的不利影响。

1. 圈梁的设置

圈梁的设置通常根据房屋类型、层数、所受的振动荷载、地基情况等条件来决定圈梁设置的位置和数量。当房屋发生不均匀沉降时，墙体沿纵向发生弯曲。若把墙体比拟成钢筋混凝土梁，圈梁就成了其中的钢筋，砌体就成了砌筑的混凝土。因此，设置在基础顶面和檐口部位的圈梁抵抗不均匀沉降的作用最为有效。当房屋中部沉降较两端大时，位于纵向基础顶面的圈梁受拉，其作用较大。当房屋两端沉降较中部大时，位于房屋纵向檐口部位的圈梁受拉，其作用较大。

《规范》对在墙体中设置钢筋混凝土圈梁作如下规定：

(1)车间、仓库、食堂等空旷的单层房屋应按下列规定设置圈梁：

①砖砌体房屋，檐口标高为 5～8 m 时，应在檐口标高处设置圈梁一道；檐口标高大于 8 m

时,应增加设置数量。

②砌块及料石砌体房屋,檐口标高为 4～5 m 时,应在檐口标高处设置圈梁一道;檐口标高大于 5 m 时,应增加设置数量。

③对有吊车或较大振动设备的单层工业房屋,除在檐口或窗顶标高处设置现浇钢筋混凝土圈梁外,尚应在吊车梁标高处或其他适当位置增设。

(2)多层工业与民用建筑应按下列规定设置圈梁:

①宿舍、办公楼等多层砌体民用房屋,且层数为 3～4 层时,应在檐口标高处设置圈梁一道;当层数超过 4 层时,应在所有纵横墙上隔层设置。

②多层砌体工业房屋,应每层设置现浇钢筋混凝土圈梁。

③设置墙梁的多层砌体房屋应在托梁、墙梁顶面和檐口标高处设置现浇钢筋混凝土圈梁,其他楼盖处应在所有纵横墙上每层设置。

④采用现浇钢筋混凝土楼(屋)盖的多层砌体结构房屋,当层数超过 5 层时,除在檐口标高处设置一道圈梁外,可隔层设置圈梁,并与楼(屋)面板一起现浇。未设置圈梁的楼面板嵌入墙内的长度不应小于 120 mm,应沿墙长配置不小于 2Φ10 的纵向钢筋。

(3)建筑在软弱地基或不均匀地基上的砌体房屋,除按上述规定设置圈梁外,尚应符合现行国家标准《建筑地基基础设计规范》(GB 50007)的有关规定。

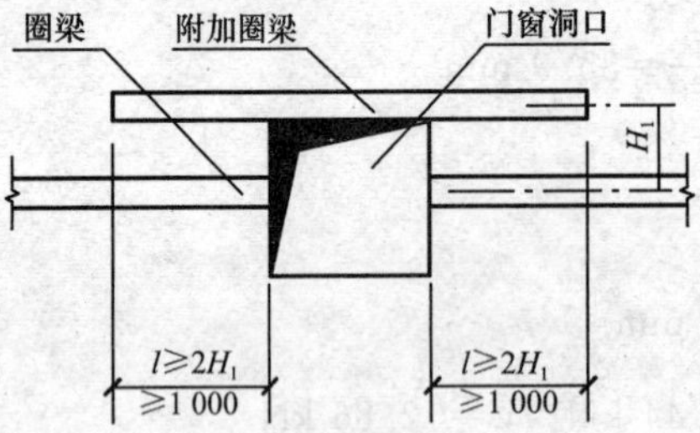

图 3-25 附加圈梁

2. 圈梁的构造要求

(1)圈梁宜连续地设在同一水平面上,并形成封闭状;当圈梁被门窗洞口截断时,应在洞口上部增设相同截面的附加圈梁,附加圈梁与圈梁的搭接长度不应小于其中到中垂直间距的两倍,且不得小于 1 m,如图 3-25 所示。

(2)纵横墙交接处的圈梁应有可靠的连接,如图 3-26 所示。刚弹性和弹性方案房屋,圈梁应与屋架、大梁等构件可靠连接。

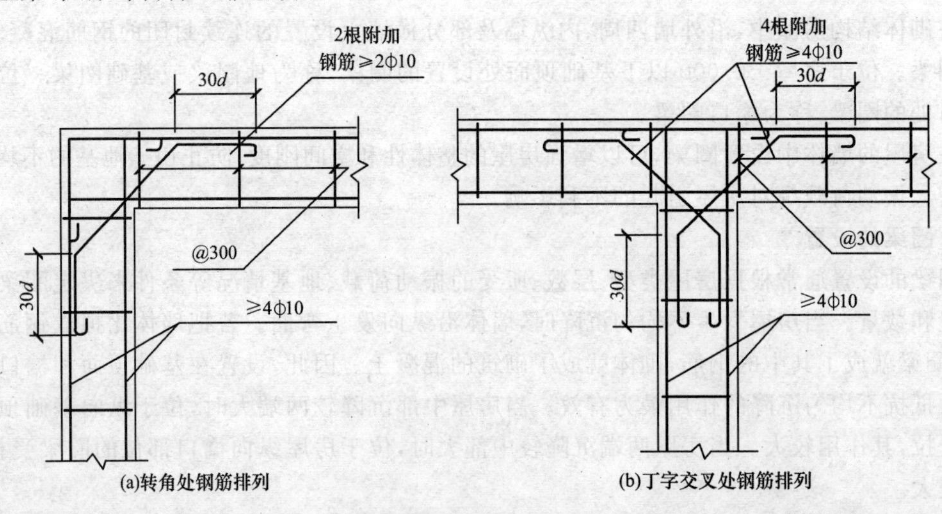

图 3-26 圈梁连接构造图

(3)钢筋混凝土圈梁的宽度宜与墙厚相同,当墙厚 $h \geqslant 240$ mm 时,其宽度不宜小于 $2h/3$。圈梁高度不应小于 120 mm。纵向钢筋不宜少于 4Φ10,绑扎接头的搭接长度按受拉钢筋考虑,箍筋间距不应大于 300 mm。

(4)圈梁兼作过梁时,过梁部分的钢筋应按计算用量另行增配。

3.5.3 悬挑构件

在砌体结构房屋中,一端嵌入墙内,另一端悬挑在墙外,以承受外走廊、阳台或雨篷等传来荷载的梁或板称为悬挑构件。

1.悬挑构件的受力性能及破坏形态

埋置于砌体中的悬挑构件,例如挑梁,实际上是与砌体共同工作的。在砌体上的均布荷载和挑梁端部集中力 $\boldsymbol{F}$ 作用下经历了弹性、界面水平裂缝发展及破坏三个受力阶段。

弹性阶段,在砌体自重及上部荷载作用下,在挑梁埋入部分上、下界面将产生压应力 $\boldsymbol{\sigma}_0$。当在悬梁端施加集中力 $\boldsymbol{F}$ 后,在墙边截面处的挑梁内将产生弯矩和剪力,并形成如图 3-27 所示的竖向正应力分布,此正应力与 $\boldsymbol{\sigma}_0$ 叠加。

当挑梁与砌体的上界面墙边竖向拉应力超过砌体沿通缝的抗拉强度时,将出现水平裂缝①,如图 3-28 所示。随着荷载的增大,水平裂缝①不断向内发展,随后在挑梁埋入端下界面出现水平裂缝②,并随着荷载的增大逐步向墙边发展,挑梁由上翘趋势。随后在挑梁埋入端上角出现阶梯形斜裂缝③,试验表明,其与竖向轴线的夹角平均值为 57°。水平裂缝②的发展使挑梁下砌体受压区不断减小,有时会出现局部受压裂缝④。

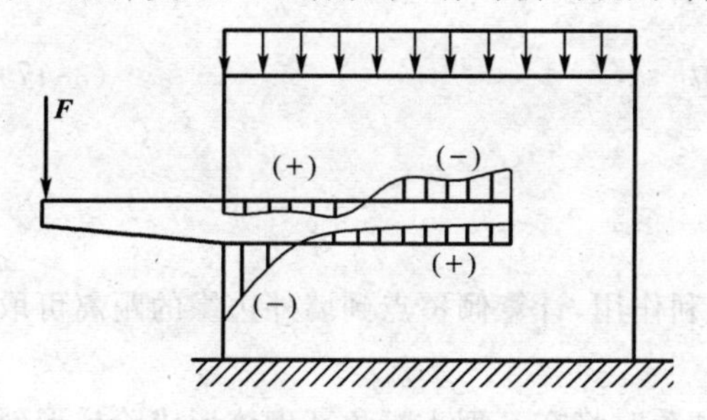

图 3-27　挑梁应力分布

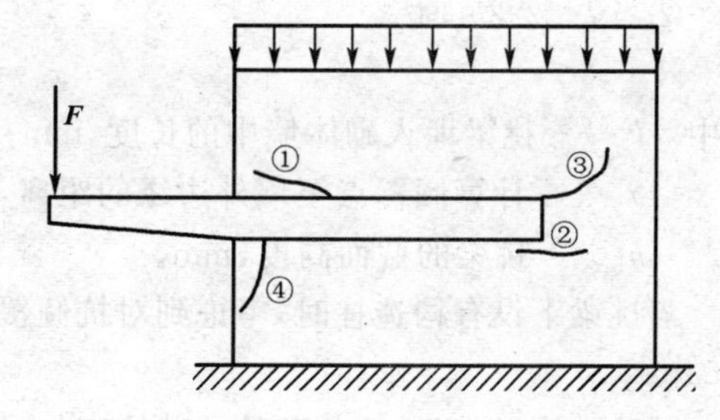

图 3-28　挑梁裂缝

挑梁最后可能发生下述三种破坏形态:

(1)抗倾覆力矩小于倾覆力矩而使挑梁绕其下表面与砌体外缘交点处稍向内移的一点转动发生倾覆破坏,如图 3-29(a)所示。

(2)当压应力超过砌体的局部抗压强度时,挑梁下的砌体将发生局部受压破坏,如图 3-29(b)所示。

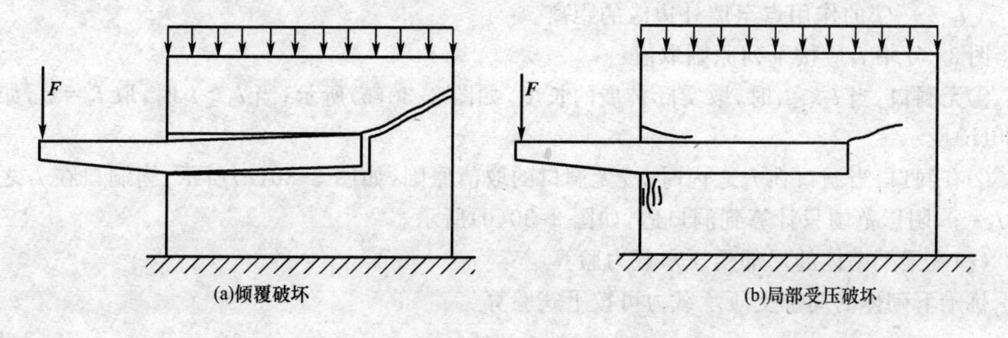

(a)倾覆破坏　(b)局部受压破坏

图 3-29　挑梁破坏形态

(3)挑梁倾覆点附近由于正截面受弯承载力或斜截面受剪承载力不足引起弯曲破坏或剪切破坏。

对于阳台、雨篷这类垂直于墙段挑出的构件，当其发生倾覆破坏时，将在雨篷或阳台梁沿墙面产生阶梯斜裂缝。根据试验统计，其与竖轴的夹角平均值为75°。

2. 挑梁的计算

根据埋入砌体中钢筋混凝土挑梁的受力特点和破坏形态，挑梁需进行抗倾覆验算、挑梁下砌体的局部受压承载力验算和挑梁本身的承载力计算。

(1)挑梁抗倾覆验算

砌体墙中钢筋混凝土挑梁的抗倾覆应按下式验算

$$M_{ov} \leqslant M_r \tag{3-15}$$

式中 M_{ov}——挑梁的荷载设计值对计算倾覆点产生的倾覆力矩；

M_r——挑梁的抗倾覆力矩设计值。

试验表明，挑梁倾覆破坏时其倾覆点并不在墙边，而在距墙外边缘 x_0 处。挑梁下压应力分布为上凸曲线，压应力合力距墙边约为 $0.25a$，a 为压应力分布长度。根据试验统计可取 $a=1.2h_0$。因此，挑梁计算倾覆点至墙外边缘的距离可按下列规定采用：

①当 $l \geqslant 2.2h_b$ 时，可近似采用

$$x_0 = 0.3h_b \tag{3-16}$$

②当 $l < 2.2h_b$ 时

$$x_0 = 0.13l_1 \tag{3-17}$$

式中 l_1——挑梁埋入砌体墙中的长度，mm；

x_0——计算倾覆点至墙外边缘的距离，mm；

h_b——挑梁的截面高度，mm。

当挑梁下设有构造柱时，考虑到对抗倾覆的有利作用，计算倾覆点到墙外边缘的距离可取 $0.5x_0$。

试验表明，由于挑梁与砌体的共同工作，挑梁倾覆时将在其埋入端角部砌体形成阶梯形斜裂缝。斜裂缝以上的砌体及作用在上面的楼(屋)盖荷载均可起到抗倾覆作用。斜裂缝与竖轴夹角称为扩散角，可偏于安全地取45°，如图3-30所示。这样，挑梁的抗倾覆力矩设计值可按下式计算

$$M_r = 0.8G_r(l_2 - x_0) \tag{3-18}$$

式中 G_r——挑梁的抗倾覆荷载，为挑梁尾端上部45°扩展角的阴影范围(其水平长度为 l_3)内本层的砌体与楼面恒荷载标准值之和，如图3-30所示；

l_2——G_r 的作用点至墙外边缘的距离。

图3-30中 l_3 应按下列原则取值：

①无洞口：当 $l_3 \leqslant l_1$ 时，取实际扩展的长度，如图3-30(a)所示；当 $l_3 > l_1$ 时，取 $l_3 = l_1$，如图3-30(b)所示。

②有洞口：当洞口在 l_1 之内时，按无洞口的取值原则，如图3-30(c)所示；当洞口在 l_1 之外时，$l_3=0$，阴影范围只计算到洞口边，如图3-30(d)所示。

(2)挑梁下砌体的局部受压承载力验算

挑梁下砌体的局部受压承载力可按下式验算

$$N_l \leqslant \eta\gamma f A_l \tag{3-19}$$

式中 N_l——挑梁下的支承压力，可取 $N_l = 2R$，R 为挑梁的倾覆荷载设计值；

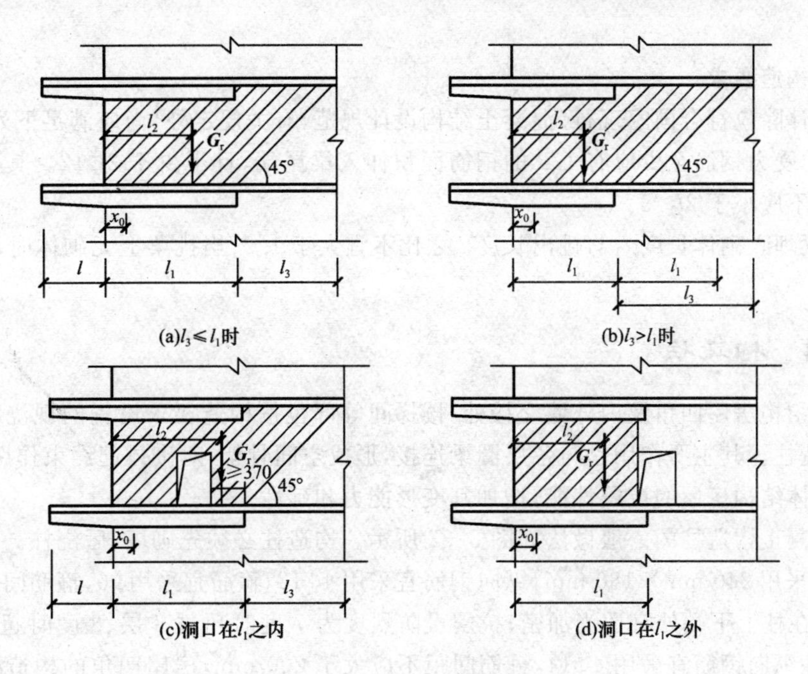

图 3-30　挑梁的抗倾覆荷载

η——梁端底面压应力图形的完整系数，可取 0.7；

γ——砌体局部抗压强度提高系数，对如图 3-31(a)所示矩形截面墙段（一字墙），$\gamma=1.25$，对如图 3-31(b)所示 T 形截面墙段（丁字墙），$\gamma=1.5$；

A_l——挑梁下砌体局部受压面积，可取 $A_l=1.2bh_b$，b 为挑梁的截面宽度，h_b 为挑梁的截面高度。

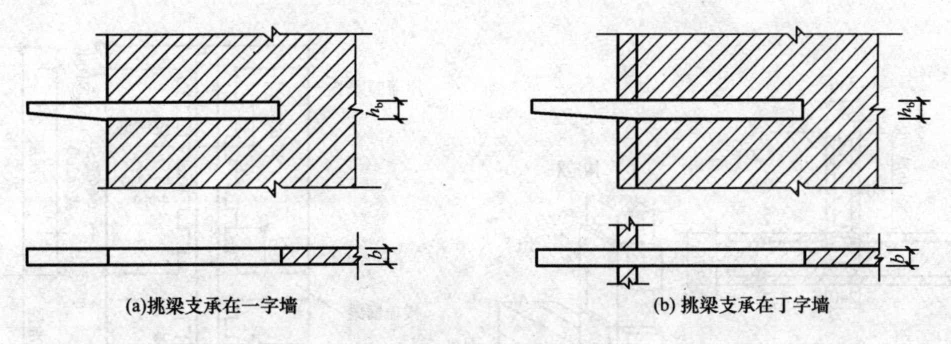

图 3-31　挑梁下砌体局部受压

(3)挑梁承载力计算

由于倾覆点不在墙边而在离墙边 x_0 处，以及墙内挑梁上、下界面压应力作用，可以看出，挑梁承受的最大弯矩 $M_{\max}$ 在接近 x_0 处，最大剪力 $V_{\max}$ 在墙边，故

$$M_{\max}=M_{ov} \tag{3-20}$$

$$V_{\max}=V_o \tag{3-21}$$

式中　$M_{\max}$——挑梁最大弯矩设计值；

$V_{\max}$——挑梁最大剪力设计值；

V_o——挑梁的荷载设计值在挑梁墙外边缘处截面产生的剪力。

(4)雨篷等悬挑构件抗倾覆验算

雨篷等悬梁构件抗倾覆验算详见《建筑结构（上册）》（大连理工大学出版社）第 11 章

11.6 节。

3. 挑梁构造要求

挑梁设计除应符合国家现行《混凝土结构设计规范》有关规定外，尚应满足下列要求：

(1)纵向受力钢筋至少应有 1/2 的钢筋面积伸入梁尾端，且不少于 2ϕ12。其余钢筋伸入支座的长度不应小于 $2l_1/3$。

(2)挑梁埋入砌体长度 l_1 与挑出长度 l 之比不宜大于 1.2；当挑梁上无砌体时，l_1 与 l 之比宜大于 2。

3.5.4 构造柱

在砌体结构房屋四角及内外墙交接处，楼梯间等部位按构造要求设置的现浇钢筋混凝土柱，称为构造柱。其主要作用是与各层圈梁连接，形成空间骨架，对砌体起约束作用，可以明显改善多层砌体结构房屋的抗震性能，增加其变形能力和延性。

钢筋混凝土构造柱的一般做法如图 3-32 所示。构造柱必须先砌墙，后浇柱。构造柱最小截面尺寸可采用 240 mm×180 mm，纵向钢筋宜采用 4ϕ12，箍筋宜采用ϕ6，箍筋间距不宜大于 250 mm，且在柱上下端处宜适当加密；抗震设防烈度为 7 度时超过 6 层、8 度时超过 5 层和 9 度时，构造柱纵向钢筋宜采用 4ϕ14，箍筋间距不应大于 200 mm，房屋四角的构造柱可适当加大截面及配筋。

构造柱与墙连接处应砌成马牙槎，并应沿墙高每隔 500 mm 设 2ϕ6 拉结钢筋，每边伸入墙内的长度不宜小于 1 m。构造柱与圈梁连接处，构造柱的纵筋应穿过圈梁的主筋，保证构造柱纵筋上下贯通。

构造柱可不单独设置基础，但应伸入室外地面下 500 mm，或锚入浅于 500 mm 的基础圈梁内。

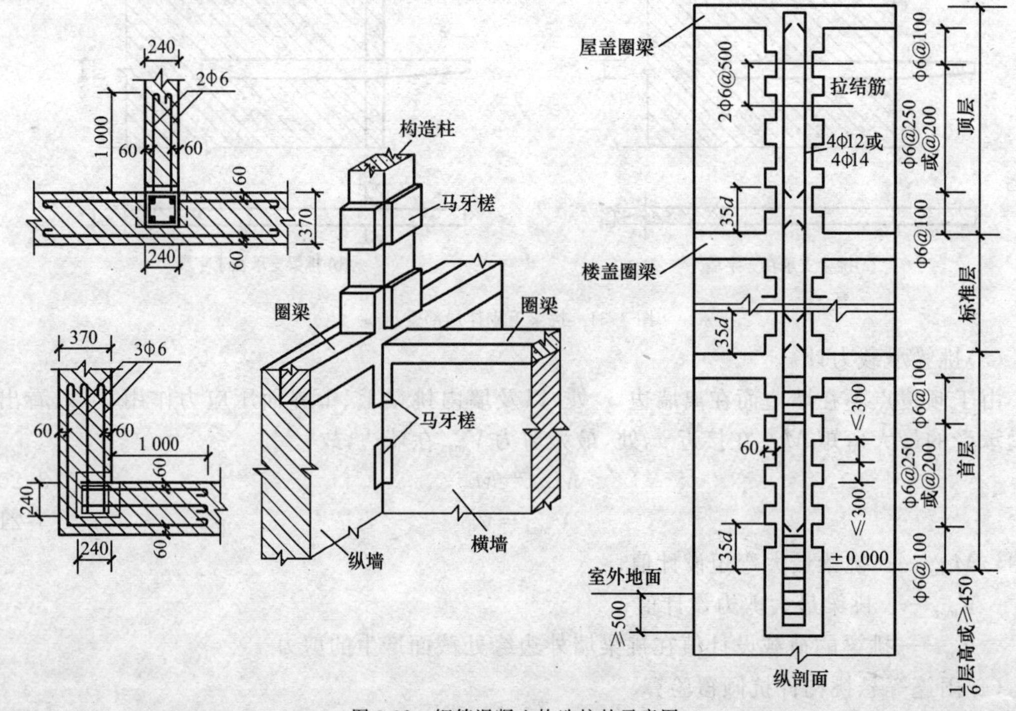

图 3-32 钢筋混凝土构造柱的示意图

房屋高度和层数接近规范规定的限制时，纵、横墙内构造柱的间距尚应符合下列要求：①横墙内的构造柱间距不宜大于层高的两倍，下部1/3楼层的构造柱间距适当减小。②外纵墙的构造柱应每开间设置一柱，当开间大于3.9 m时，应另设加强措施。内纵墙的构造柱间距不宜大于4.2 m。

构造柱的设置要求请参阅本书第7章有关内容。

思考题

3-1 砌体结构房屋的结构布置方案有哪些？其特点是什么？

3-2 如何确定房屋的静力计算方案？

3-3 为什么要验算墙、柱高厚比？怎样验算？

3-4 刚性方案房屋墙柱静力计算简图是怎样的？什么情况下可不考虑风荷载？

3-5 砌体结构房屋墙柱承载力验算时，如何选取控制截面？

3-6 引起墙体开裂的主要因素是什么？

3-7 为防止或减轻房屋顶层墙体的裂缝，可采取什么措施？

3-8 常用砌体过梁的种类及适用范围是怎样的？

3-9 过梁上的荷载如何计算？

3-10 在一般砌体结构房屋中，圈梁的作用是什么？

3-11 多层工业与民用建筑中圈梁的设置有哪些要求？

3-12 挑梁有哪几种破坏形态？

3-13 构造柱有什么作用？构造柱的构造要求有哪些？

习 题

3-1 某房屋砖柱截面尺寸为$b \times h=370\ \text{mm} \times 490\ \text{mm}$，采用MU15烧结普通砖、M5混合砂浆砌筑，层高4.5 m，试验算该柱的高厚比。

3-2 某混合结构办公楼左端底层平面图如图3-33所示，采用装配式钢筋混凝土楼(屋)盖，外墙厚370 mm，内纵墙与横墙厚240 mm，隔墙厚120 mm，底层墙高$H=4.8$ m(从基础顶面算起)，隔墙高$H=3.6$ m。承重墙采用M5砂浆；隔墙采用M2.5砂浆。试验算底层墙的高厚比。

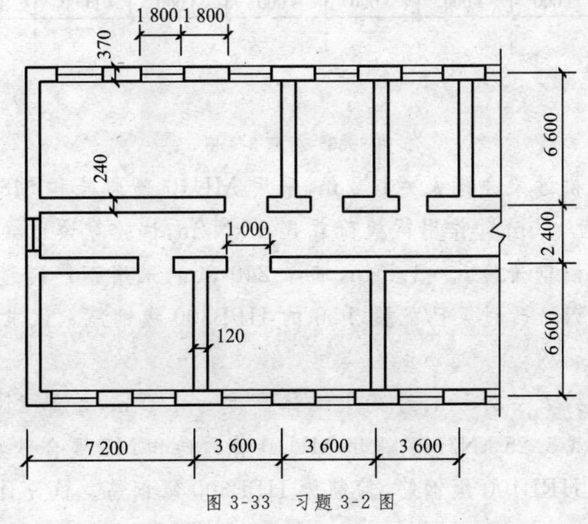

图3-33 习题3-2图

3-3 某单层无吊车厂房，全长 30 m，宽 12 m，层高 4.8 m，如图 3-34 所示，四周墙体采用 MU10 蒸压灰砂砖和 M5 砂浆砌筑，构造柱截面尺寸为 240 mm×240 mm，装配式无檩体系钢筋混凝土屋盖，计算单元柱顶受集中风荷载标准值 $W_k=0.6$ kN，迎风柱均布荷载 $q_{1k}=1.6$ kN/m，背风柱均布荷载 $q_{1k}=1.2$ kN/m，屋面恒载为 2.4 kN/m^2，屋面活载为 0.7 kN/m^2。试验算外纵墙和山墙的高厚比，计算纵墙的弯矩。

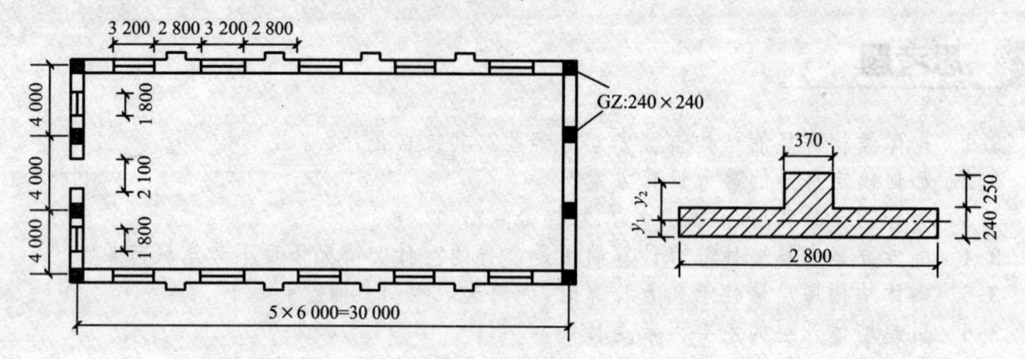

图 3-34 习题 3-3 图

3-4 某四层宿舍楼平面布置如图 3-35 所示，采用 190 mm 厚 MU7.5 混凝土砌块砌筑，Mb7.5 砂浆。屋盖恒荷载的标准值为 4.6 kN/m^2，活荷载标准值为 0.5 kN/m^2；楼盖恒荷载的标准值为 2.5 kN/m^2，活荷载标准值为 2.0 kN/m^2，窗重 0.25 kN/m^2，墙双面抹灰重 2.08 kN/m^2，层高 3.1 m。试验算各墙的高厚比和横墙的承载力。

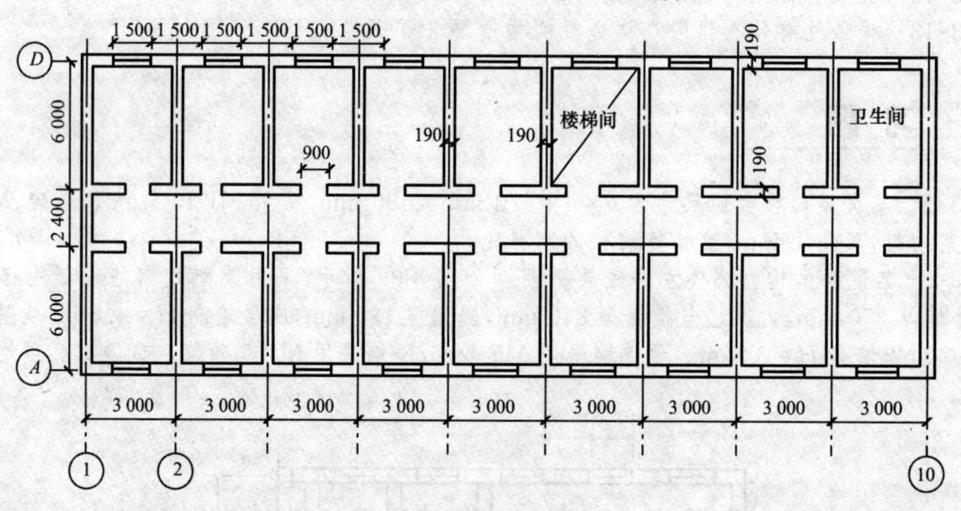

图 3-35 习题 3-4 图

3-5 已知砖砌平拱过梁净跨 $l_n=1.2$ m，采用 MU10 普通砖和 M5 混合砂浆砌筑，墙厚 240 mm，在距洞口顶面 1.0m 处作用梁板荷载 3.6 kN/m，试验算该过梁的承载力。

3-6 已知某墙窗洞口净跨 $l_n=1.5$ m，墙厚 240 mm，采用钢筋砖过梁，用 MU10 普通砖和 M5 混合砂浆砌筑，钢筋砖过梁已配置 2ϕ6 的 HPB300 级钢筋。试求该过梁所能承受的允许均布荷载。

3-7 已知过梁净跨 $l_n=3.6$ m，过梁上墙体高度为 1.0 m，墙厚 240 mm，承受梁板荷载 12.6 kN/m(其中活荷载 5.25 kN/m)，采用 MU10 普通砖和 M5 混合砂浆砌筑，过梁混凝土强度等级为 C25，纵筋为 HRB400 级钢筋，箍筋为 HPB300 级钢筋。试设计该混凝土过梁。

3-8　承托阳台的钢筋混凝土挑梁埋置于丁字形截面的墙体中，如图 3-36 所示。挑梁混凝土强度等级为 C30，主筋采用 HRB400 级钢筋，箍筋采用 HPB300 级钢筋，挑梁根部截面尺寸为 240 mm×240 mm。挑梁上、下墙厚均为 240 mm，采用 MU10 烧结多孔砖与 M5 混合砂浆砌筑。图中挑梁上的荷载均为标准值。试设计该挑梁。

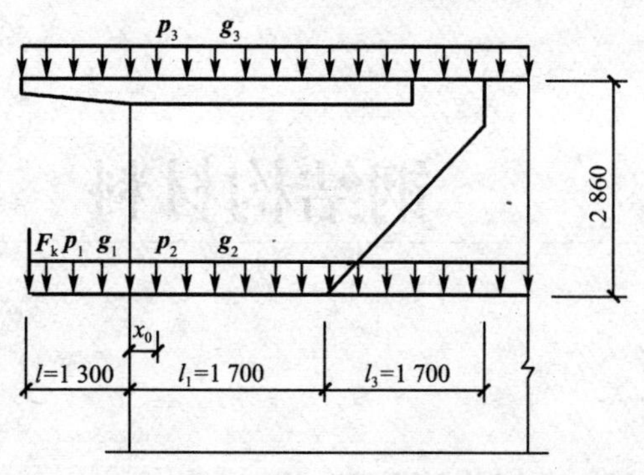

恒荷载	活荷载
$F_k = 8.4$ kN	$p_1 = 11.42$ kN/m
$g_1 = 12.84$ kN/m	$p_2 = 5.82$ kN
$g_2 = 12.12$ kN/m	$p_3 = 2.90$ kN/m
$g_3 = 14.64$ kN/m	

挑梁自重：挑出部分　1.20 kN/m

埋入部分　1.44 kN/m

图 3-36　挑梁受力图

3-9　某入口处钢筋混凝土雨篷，尺寸如图 3-37 所示。雨篷板均布面恒荷载 g_k 为 2.88 kN/m²，均布面活荷载 q_k 为 0.96 kN/m²，集中线荷载 F 为 1.0 kN/m。雨篷的净跨度（门洞）为 2.0 m，梁两端伸入墙内各为 500 mm。雨篷板采用 C25 混凝土、HPB300 级钢筋。试设计该雨篷。

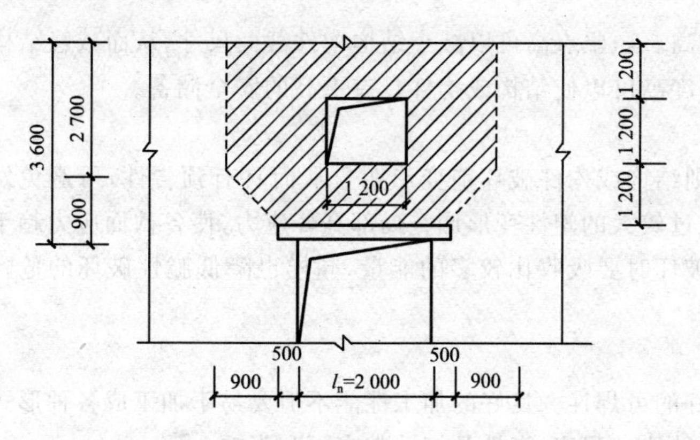

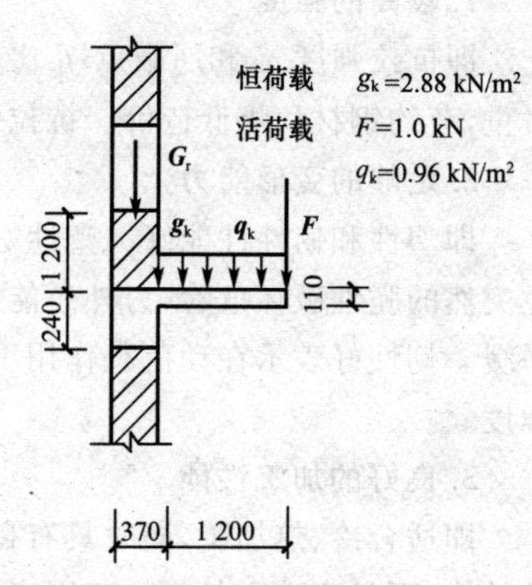

图 3-37　雨篷受力图

第4章 钢结构材料

4.1 钢结构对材料的要求

钢结构的原材料是钢材，钢材的种类繁多，性能差别很大，符合钢结构性能要求的钢材只有碳素钢及合金钢中的少数几种。用作钢结构的钢材必须具有下列性能：

1. 较高的强度

即抗拉强度 f_u和屈服点 f_y比较高。屈服点高可以减小结构构件截面尺寸，从而减轻结构自重，节约钢材和降低造价。抗拉强度高可以使结构或构件具有更高的安全储备。

2. 足够的变形能力

即塑性和韧性性能好。塑性好则结构或构件破坏前变形明显从而具有预告性，可避免发生突然的脆性破坏危险，另外还能通过较大的塑性变形调整局部高峰应力，使各截面应力趋于平缓。韧性好表示在动荷载作用下破坏时要吸收比较多的能量，同样也降低脆性破坏的危险程度。

3. 良好的加工性能

即适合冷、热加工，同时具有良好的可焊性。良好的加工性能不但要易于加工成各种形式的结构，而且不致因材料加工因素对结构的强度、塑性及韧性带来不利影响。

此外，根据结构的具体工作条件，有时还要求钢材具有适应低温、有害介质侵蚀以及重复荷载作用的性能。

《钢结构设计规范》推荐的普通碳素结构钢 Q235 钢和低合金高强度结构钢 Q345、Q390 及 Q420 是符合上述要求的较为理想的结构钢。

4.2 钢材的破坏形式

钢材有两种性质完全不同的破坏形式，即塑性破坏和脆性破坏。钢结构所用的材料虽然有较高的塑性和韧性，在正常使用的条件下，一般为塑性破坏，但在某些条件下，仍然存在发生脆性破坏的可能性。

塑性破坏是由于构件的变形达到并超过材料或构件的应变能力而产生的，破坏断口呈纤维状，色泽发暗，破坏前有较大的塑性变形，且变形持续的时间较长，容易及时发现并采取有效补救措施，不致引起严重后果。另外，塑性变形后出现内力重分布，使结构中原先受力不等的部分应力趋于均匀，因而提高结构的承载能力。

脆性破坏是在塑性变形很小，甚至没有塑性变形的情况下突然发生的，破坏时构件的应力可能小于钢材的屈服点 f_y。破坏的断口平直，呈有光泽的晶粒状或有人字纹。由于破坏前没有任何预兆，破坏速度又极快，无法及时察觉和补救，而且一旦发生常引发整个结构的破坏，后果非常严重。因此，在钢结构的设计、施工和使用过程中，要特别注意防止出现脆性破坏。

4.3　钢材的主要性能

4.3.1　钢材在单向一次拉伸时的工作性能

钢材在常温、静载条件下单向一次拉伸所表现的性能最具有代表性，拉伸试验也比较容易进行，并且便于规定标准的试验方法和多项性能指标。所以，钢材的主要强度指标和变形性能都是根据标准试件单向一次拉伸试验确定的。

低碳钢和低合金钢单向一次拉伸时的应力-应变曲线如图 4-1(a)所示，简化的光滑曲线如图 4-1(b)所示。由应力一应变规律示出的各种力学性能指标如下。

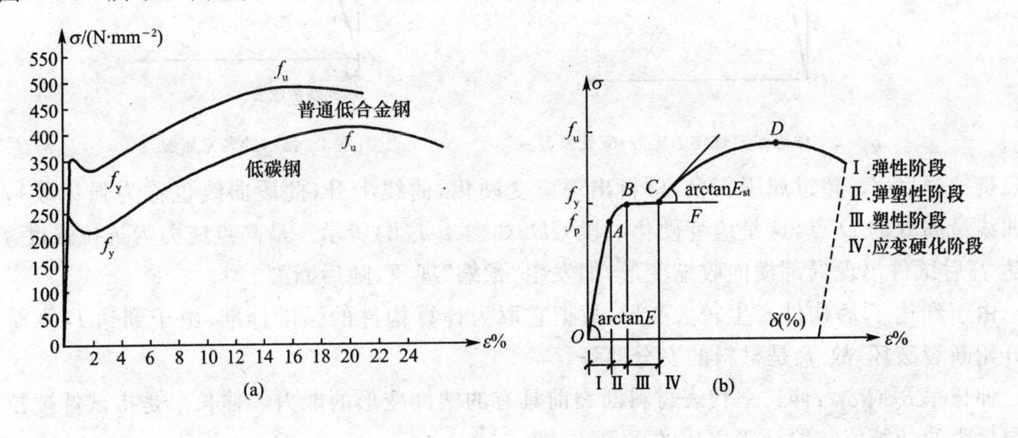

图 4-1　钢材的单向一次拉伸应力-应变曲线

比例极限 f_p：这是应力-应变图中直线段的最大应力值。实际上，比 f_p略高处还有弹性极限，但弹性极限与 f_p十分接近，所以通常略去弹性极限的点，把 f_p看做是弹性极限。这样，当应力不超过 f_p时，应力与应变成正比，卸荷后变形完全恢复，符合虎克定律。这一阶段是图 4-1(b)中的弹性阶段 OA。

屈服点 f_y：应变 ε 在 f_p之后不再与应力成正比，而是逐渐加大，应力-应变间呈曲线关系，一直到达屈服点。这一阶段是图 4-1(b)中的弹塑性阶段 AB，B 点的应力为屈服点 f_y，在此之后应力保持不变而应变持续发展，形成水平线段即屈服平台 BC。这是塑性流动阶段。应力超过比例极限 f_p后，任一点的变形中都将包括弹性变形和塑性变形两部分，其中弹性变形在卸荷后立即恢复，但塑性变形在卸荷后不再恢复，故称为残余变形。

屈服点是建筑钢材的一个重要力学特征。其意义在于以下两个方面：

(1)作为结构计算中材料强度标准，或材料抗力标准。应力达到 f_y时的应变(约为 ε＝0.15％)与 f_p时的应变(约为 ε＝0.1％)较接近，可以认为应力达到 f_y时为弹性变形的终点。

同时，达到 f_y后在一个较大的应变范围内（$\varepsilon=0.15\%\sim0.25\%$）应力不会继续增加，表示结构一时丧失继续承担更大荷载的能力，故此以 f_y作为弹性计算时强度的标准。

(2)形成理想弹塑性体的模型，为发展钢结构计算理论提供基础。钢材在屈服点 f_y以前，接近理想弹性体工作；屈服点 f_y以后，屈服平台阶段又近似于理想的塑性体工作，这样就可把钢材视为理想的弹塑性体，其应力-应变模型表现为双直线，如图 4-2 所示。钢结构设计规范对塑性设计的规定，就以材料是理想弹塑性体的假设为依据，忽略了应变硬化的有利作用。

有屈服平台并且屈服平台末端的应变比较大，这就有足够的塑性变形来保证截面上的应力最终都达到 f_y。因此一般的强度计算中不考虑应力集中和残余应力。在拉杆中截面的应力按均匀分布计算，即以此为基础。

调质处理的低合金钢没有明显的屈服点和屈服平台，应力-应变曲线呈一条连续曲线。对于没有明显屈服点的钢材，一般取卸荷后试件中残余应变为 0.2%时所对应的应力作为钢材强度的标准，通常称为名义屈服点，用 $\sigma_{0.2}$表示，如图 4-3 所示。

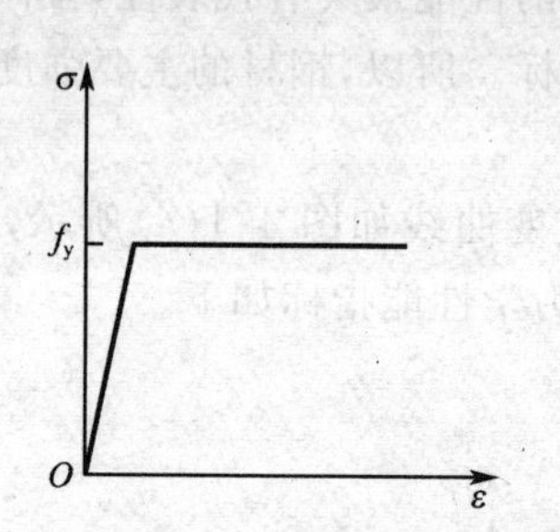

图 4-2　理想弹塑性体的应力-应变模型

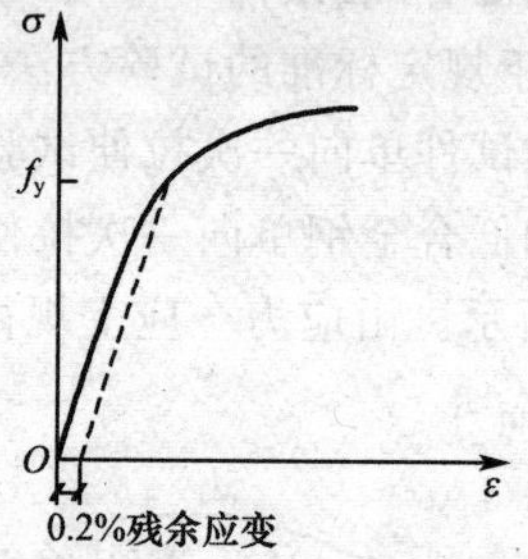

图 4-3　钢材的名义屈服点

抗拉强度 f_u：超过屈服平台，材料出现应变硬化，曲线上升（此段曲线也称为强化段），直至曲线最高处的 D 点，这是应变硬化阶段 CD，如图 4-1(b)所示。最高点应力为抗拉强度 f_u。到达 f_u后试件出现局部横向收缩变形，即发生“颈缩”现象，随后断裂。

由于到达 f_y后构件产生较大变形，故把它取为计算构件的强度标准；由于到达 D 点时构件开始断裂破坏，故 f_u是材料的安全储备。

伸长率 δ_5或 δ_{10}：伸长率代表材料断裂前具有的塑性变形的能力。伸长率是指试件被拉断后原标距的伸长值与原标距之比的百分数，即

$$\delta=\frac{l_1-l_0}{l_0}\times100\% \tag{4-1}$$

式中　l_1——试件拉断后标距间长度；

　　　l_0——试件原标距长度。

显然，δ 值越大，钢材的塑性越好。试件 $l_0/d_0=5$ 和 $l_0/d_0=10$ 时测得的伸长率分别以 δ_5和 δ_{10}表示，$\delta_5>\delta_{10}$，d_0为试件直径。

屈服点、抗拉强度和伸长率是钢材的三个重要力学性能指标。钢结构中所采用的钢材都应满足钢结构设计规范对这三项力学性能指标的要求。

4.3.2　冷弯性能

钢材的冷弯性能由冷弯试验确定。试验时，根据钢材的牌号和试样的不同厚度，按规定的弯心直径将试样弯曲 180°，以试件表面及侧面无裂纹或分层则为“冷弯试验合格”，如图 4-4 所示。冷弯试验不仅能检验材料承受规定的弯曲变形能力的大小，还能显示其内部的冶金缺陷，

因此，冷弯性能是判别钢材塑性变形能力和冶金质量的综合指标。重要结构中需要有良好的冷热加工的工艺性能时，应有冷弯试验合格保证。

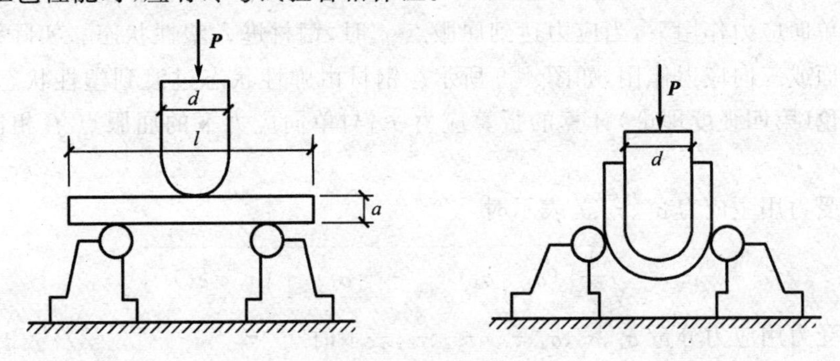

图 4-4 冷弯试验

4.3.3 冲击韧性

韧性是钢材断裂时吸收机械能能力的度量。吸收较多能量才断裂的钢材，是韧性好的钢材。钢材在单向一次拉伸静载作用下断裂时所吸收的能量，用单位体积吸收的能量来表示，其值等于应力-应变曲线下的面积。塑性好的钢材，其应力-应变曲线下的面积大，所以韧性值大。然而，实际工作中，不用上述方法来衡量钢材的韧性，因为没有考虑应力集中和动载作用的影响，只能用来比较不同钢材在正常情况下的韧性好坏。冲击韧性也称缺口韧性是评定带有缺口的钢材在冲击荷载作用下抵抗脆性破坏能力的指标，通常用带有夏比V形缺口的标准试件做冲击试验，以击断试件所消耗的冲击功大小来衡量钢材抵抗脆性破坏的能力，如图 4-5 所示。冲击韧性也叫冲击功，用 A_{kv} 或 C_v 表示，单位为 J。

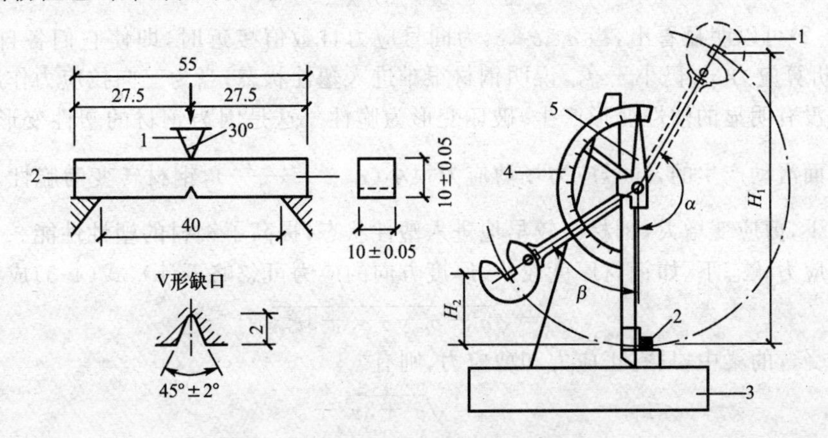

图 4-5 夏比V形缺口冲击试验和标准试件

1—摆锤；2—试件；3—试验机台座；4—刻度盘；5—指针

冲击试验采用V形缺口试件是考虑到钢材的脆性断裂常常发生在裂纹和缺口等应力集中处或三向拉应力场处，试件的V形缺口根部比较尖锐，与实际缺陷情况相近，因此能更好地反映钢材的实际性能。

缺口韧性值受温度影响，温度低于某值时将急剧降低。设计处于不同环境温度的重要结构，尤其是受动载作用的结构时，要根据相应的环境温度对应提出常温（20 ℃±5 ℃）冲击韧性指标、0 ℃冲击韧性指标或负温（−20 ℃或−40 ℃）冲击韧性指标的要求，以防脆性破坏发生。

4.3.4 钢材在复杂应力状态下的屈服条件

钢材在单向应力作用下，当应力达到屈服点 f_y 时，钢材进入塑性状态。实际结构中，钢材常常受到平面或三向应力作用，如图 4-6 所示。钢材由弹性状态过渡到塑性状态的条件是按能量强度理论（第四强度理论）计算的折算应力 σ_{red} 与单向应力下的屈服点 f_y 相比较来判别。折算应力为：

当三向受力用主应力 σ_1、σ_2、σ_3 表示时

$$\sigma_{red}=\sqrt{\frac{1}{2}\left[(\sigma_1-\sigma_2)^2+(\sigma_2-\sigma_3)^2+(\sigma_3-\sigma_1)^2\right]} \tag{4-2}$$

当三向受力用应力分量 σ_x、σ_y、σ_z、τ_{xy}、τ_{yz}、τ_{zx} 表示时

$$\sigma_{red}=\sqrt{\sigma_x^2+\sigma_y^2+\sigma_z^2-(\sigma_x\sigma_y+\sigma_y\sigma_z+\sigma_z\sigma_x)+3(\tau_{xy}^2+\tau_{yz}^2+\tau_{zx}^2)} \tag{4-3}$$

当 $\sigma_{red}<f_y$ 时，为弹性状态；当 $\sigma_{red}\geqslant f_y$ 时，为塑性状态。

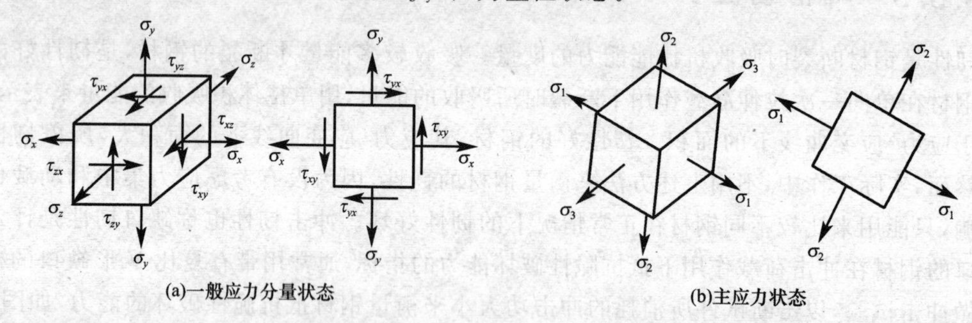

图 4-6 复杂应力状态

由式(4-2)可以明显看出，当 σ_1、σ_2、σ_3 为同号应力且数值接近时，即使它们各自的应力都远大于 f_y，折算应力 σ_{red} 仍小于 f_y，说明钢材很难进入塑性状态；当为三向拉应力作用时，甚至直到破坏也没有明显的塑性变形产生，破坏变形为脆性。这是因为钢材的塑性变形主要是铁素体沿剪切面滑动产生的，同号应力场剪应力很小（$\tau_{max}=\frac{\sigma_1-\sigma_2}{2}$），钢材转变为脆性。相反，在异号应力场下，剪应变增大，钢材会较早地进入塑性状态，提高了钢材的塑性性能。

在平面应力状态下（如钢材厚度较小，厚度方向的应力可忽略不计），式(4-3)成为

$$\sigma_{red}=\sqrt{\sigma_x^2+\sigma_y^2-\sigma_x\sigma_y+3\tau_{xy}^2} \tag{4-4}$$

在单向受弯的梁中，只有正应力和剪应力，则有

$$\sigma_{red}=\sqrt{\sigma^2+3\tau^2} \tag{4-5}$$

当承受纯剪时，变为 $\sigma_{red}=\sqrt{3\tau^2}=\sqrt{3}\tau=f_y$，则有

$$\tau=0.58f_y \tag{4-6}$$

因此，钢结构设计规范确定钢材抗剪设计强度为抗拉设计强度的 58%。

4.4 影响钢材性能的因素

4.4.1 化学成分的影响

钢是含碳量小于 2% 的铁碳合金，碳大于 2% 时则为铸铁。制造钢结构所用的材料有碳素

结构钢中的低碳钢及低合金结构钢。

碳素结构钢由纯铁、碳及其他元素组成，其中纯铁约占99%，碳和其他元素约占1%。低合金结构钢中，除上述元素外还加入少量合金元素，后者总量通常不超过3%。碳和其他元素虽然所占比重不大，但对钢材的力学性能有着决定性的影响。

1. 碳

碳是碳素结构钢中仅次于铁的元素，是影响钢材强度的主要因素。随着碳含量的增加，钢材的强度提高，而塑性和韧性下降，同时冷弯性能、焊接性能和抗锈蚀性能也变劣。因此，结构用钢中碳含量一般不应超过0.22%；对焊接结构，为了有良好的焊接性能，碳含量应低于0.20%。

2. 硫

硫是一种有害元素，它会降低钢材的韧性、疲劳强度、抗锈蚀性能和焊接性能等，尤其在高温时，会使钢材变脆，称为热脆。因而应严格控制钢材中的含硫量，随着钢材牌号和质量等级的提高，含硫量的限值由0.05%依次降至0.025%，厚度方向性能钢板(抗层状撕裂钢板)含硫量要求控制在0.01%以下。

3. 磷

磷既是有害元素也是能利用的合金元素。磷的存在使钢材的强度和抗锈蚀能力提高，但严重降低钢材的塑性、韧性、冷弯性能和焊接性能，特别在低温时，会使钢材变脆，称为冷脆。因此，磷的含量也要严格控制，随着钢材牌号和质量等级的提高，含磷量的限值由0.045%依次降至0.025%。但是当采取特殊的冶炼工艺时，磷可作为一种合金元素来制造含磷的低合金钢，此时其含量可达0.12%～0.13%。

4. 氧和氮

氧和氮都是钢材的有害杂质。氧的作用和硫类似，使钢材热脆；而氮的作用和磷类似，使钢材冷脆。故其含量均应严格控制。

5. 锰

锰是有益元素，在普通碳素钢中，它是一种弱脱氧化剂，可提高钢材的强度，消除硫对钢材的热脆影响，同时不显著降低钢材的塑性和韧性。在碳素结构钢中锰的含量为0.3%～0.8%，在低合金钢中为1.0%～1.7%。但锰可使钢材的焊接性能降低，因此含量也不宜过多。

6. 硅

硅是有益元素，在普通碳素钢中，它是一种强脱氧化剂，适量的硅，可以细化晶粒，提高钢材的强度，而对塑性、韧性、冷弯性能和焊接性能无显著不良影响，硅的含量在碳素镇静钢中为0.12%～0.30%，在低合金钢中为0.2%～0.55%。过量的硅会恶化焊接性能和抗锈蚀性能。

为改善钢材的性能，还可掺入一定数量的其他合金元素，如铝、铬、镍、铜、钛、钒等。

4.4.2 冶金缺陷

常见的冶金缺陷有偏析、非金属夹杂、气孔及分层等。偏析是指钢中化学成分分布不均匀，特别是硫、磷偏析严重恶化钢材的性能；非金属夹杂是指钢中含有硫化物、氧化物等杂质；气孔是浇注钢锭时，由于氧化铁与碳作用所生成的一氧化碳不能充分逸出而滞留在钢锭内形成的微小孔洞。这些缺陷都将降低钢材的性能。非金属夹杂物在轧制后能造成钢材的分层，分层使钢材沿厚度受拉的性能大大降低。

冶金缺陷对钢材性能的影响，不仅在结构或构件受力工作时表现出来，有时在加工制作过程中也可表现出来。

4.4.3 钢材的硬化

根据其机理不同,钢材的硬化又可分为冷作硬化和时效硬化两类。

1. 冷作硬化

经冷加工(冷拉、冷弯、冲孔、机械剪切等)使钢材产生较大塑性变形的情况下,卸荷后再重新加载,钢材的屈服点提高,塑性和韧性降低的现象称为冷作硬化,如图 4-7 所示。由于减小了塑性和韧性性能,普通钢结构中不利用硬化现象所提高的强度。重要结构还把钢板因剪切而硬化的边缘部分刨去。

2. 时效硬化

在高温时融化于铁中的少量氮和碳,随着时间的推移逐渐从纯铁中析出,生成碳化物和氮化物,对纯铁体的塑性变形起遏制作用,从而使钢材的强度提高,塑性和韧性下降,这种现象称为时效硬化,俗称老化。产生时效硬化的过程一般较长,但在振动荷载、反复荷载及温度变化等情况下,会加速发展。

在钢材产生一定数量的塑性变形后,铁中的氮和碳将更容易析出,从而使已经冷作硬化的钢材又发生时效硬化现象,称为应变时效硬化,如图 4-7 所示。这种硬化在高温作用下发展特别迅速,人工时效就是据此提出来的,方法是:先使钢材产生 10%左右的塑性变形,卸载后再加热至 250 ℃,保持 1 h 后在空气中冷却。有些重要结构要求对钢材进行人工时效后检验其冲击韧性,以保证结构具有足够的抗脆性破坏能力。

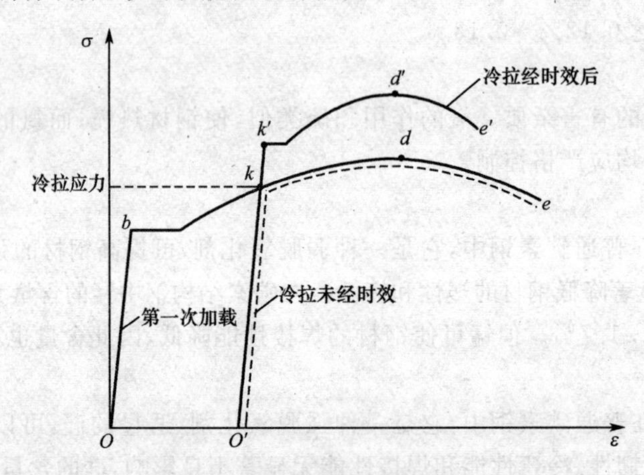

图 4-7 钢材的冷作硬化和应变时效硬化

4.4.4 温度的影响

钢材对温度相当敏感,温度升高与降低都会使钢材性能发生变化。

图 4-8 给出了低碳钢在不同正温下的单向拉伸试验结果。由图可见,在 150 ℃以内,钢材的强度、弹性模量和塑性均与常温相近,变化不大。但在 250 ℃左右时,抗拉强度有局部提高,伸长率和断面收缩率均降至最低,材料有转脆倾向,钢材表面氧化膜呈现蓝色,称为蓝脆现象。故应避免钢材在蓝脆温度范围内进行热加工。当温度超过 300 ℃后,强度和弹性模量均开始显著下降,塑性显著上升;600 ℃时强度已很低,丧失承载力。

当温度低于常温时,随着温度的降低,钢材的强度提高,而塑性和韧性降低,材料逐渐变脆,这种性质称为钢材的低温冷脆。图 4-9 是钢材冲击韧性与温度的关系曲线。由图可见,温

度由 T_2 向 T_1 降低的过程中，钢材的冲击功急剧下降，材料由韧性破坏转变为脆性破坏，这一转变是在一个温度区间 T_1T_2 内完成的，此温度区间 T_1T_2 称为脆性转变温度区。曲线的反弯点(最陡点)所对应的温度 T_0 称为转变温度。不同牌号和等级的钢材具有不同的转变温度区和转变温度，均应通过试验确定。在结构设计中要求避免完全脆性破坏，所以结构所处温度应大于 T_1，而不要求一定大于 T_2，因为那样虽然安全，但对材质要求过严将会造成浪费。

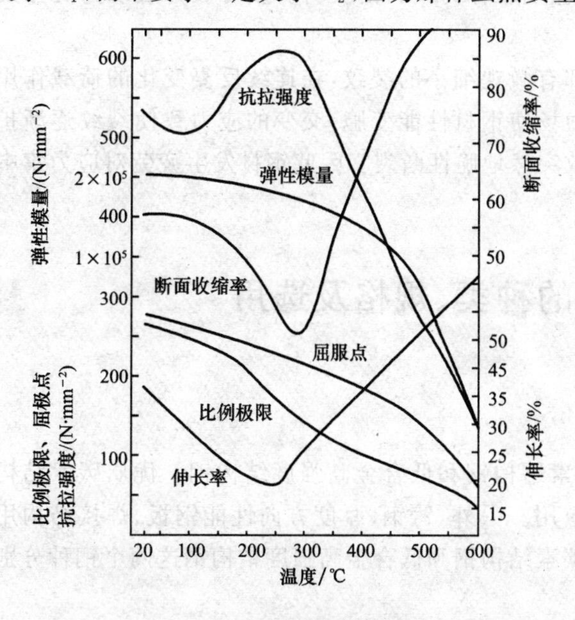

图 4-8 温度对低碳钢性能的影响

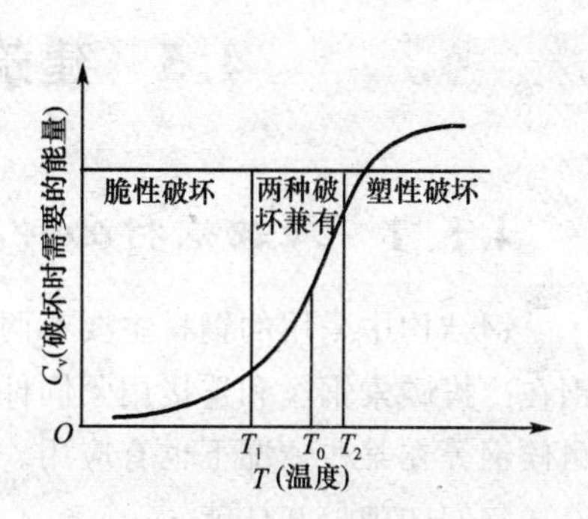

图 4-9 冲击功 C_v 与温度的关系

4.4.5 应力集中的影响

在钢结构的构件中有时存在着孔洞、刻槽、凹角、裂纹以及截面的厚度或宽度突然改变，此时，构件中的应力分布将变得很不均匀。在缺陷或截面变化处截面，应力线曲折、密集、出现高峰应力的现象称为应力集中，如图 4-10 所示。孔洞或缺口边缘的最大应力 σ_{max} 与净截面的平均应力 σ_0 ($\sigma_0 = N/A_n$，A_n 为净截面面积)之比称为应力集中系数，$K = \sigma_{max}/\sigma_0$。孔边高峰应力处将产生同号的双向或三向应力。这是因为由高峰拉应力引起的截面横向收缩受到附近低应力区的阻碍而引起垂直于内力方向的拉应力 σ_y，当板厚较大时还将引起 σ_z，使材料处于复杂受力状态，由能量强度理论得知，这种同号的平面或立体应力场有使钢材变脆的趋势。应力集中系数愈大，变脆的倾向亦愈严重。

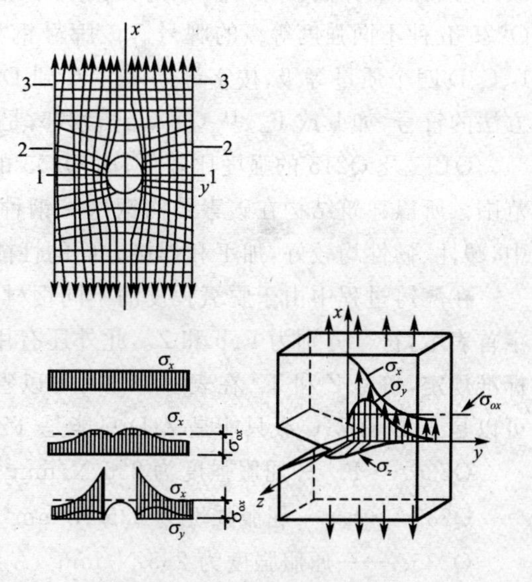

图 4-10 孔洞、缺口处的应力集中

4.4.6 反复荷载作用

钢材在反复荷载作用下,结构的抗力及性能都会发生重要变化,甚至发生疲劳破坏。在直接的、连续反复的动力荷载作用下,钢材的强度将降低,即低于一次静载条件下的单向拉伸的抗拉强度 f_u,甚至还可能低于屈服点 f_y,这种现象称为钢材的疲劳。疲劳破坏表现为突然发生的脆性断裂。

钢材发生疲劳一般认为是由于钢材内部有微观细小的裂纹,在连续反复变化的荷载作用下,裂纹根部产生应力集中,其中同号的应力场使钢材性能变脆,交变的应力致使裂纹逐渐扩展,构件截面削弱,这种累积的损伤最后导致突然地脆性断裂。因此钢材发生疲劳对应力集中也最为敏感。

4.5 建筑钢材的种类、规格及选用

4.5.1 建筑钢材的种类

钢结构中采用的钢材主要有两类,即碳素结构钢和低合金高强度结构钢。优质碳素结构钢在冷拔碳素钢丝和连接用紧固件中也有应用。另外,铸钢、厚度方向性能钢板、焊接结构用耐候钢等在某些情况下也有应用。下面就碳素结构钢和低合金高强度结构钢这两个钢种分别论述它们的牌号和性能。

1. 碳素结构钢

碳素结构钢的牌号(简称钢号)由代表屈服点的字母 Q、屈服点的数值(N/mm^2)、质量等级符号和脱氧方法符号等四个部分按顺序组成。碳素结构钢分为 Q195、Q215、Q235、Q255、Q275 五种不同强度等级的牌号。该牌号钢材又根据化学成分和冲击韧性的不同划分为 A、B、C、D 四个质量等级,按字母顺序由 A 到 D,表示质量等级由低到高。最后为一个表示脱氧方法的符号,如 b 或 F。从 Q195 到 Q275,是按强度从低到高排列的。

Q195 及 Q215 的强度比较低,而 Q255 的含碳量上限和 Q275 的含碳量都超出低碳钢的范围。所以建筑结构在碳素结构钢这一钢种中主要应用 Q235 这一牌号,该牌号钢材强度适中,塑性、韧性均较好,加工和焊接方面的性能也都比较好。

在浇铸过程中由于脱氧程度的不同钢材有沸腾钢、半镇静钢和镇静钢之分。用汉语拼音字首表示,符号分别为 F、b 和 Z。此外还有用铝补充脱氧的特殊镇静钢,用 TZ 表示。按国家标准规定,符号 Z 和 TZ 在表示牌号时可以省略不写。对 Q235 钢来说,A、B 两级的脱氧方法可以是 F、b 和 Z;C 级只能是 Z;D 只能是 TZ。这样,其钢号表示法及代表意义为:

Q235A·F——屈服强度为 235 N/mm^2,A 级,沸腾钢;

Q235A·b——屈服强度为 235 N/mm^2,A 级,半镇静钢;

Q235A——屈服强度为 235 N/mm^2,A 级,镇静钢;

Q235B·F——屈服强度为 235 N/mm^2,B 级,沸腾钢;

Q235B·b——屈服强度为 235 N/mm^2,B 级,半镇静钢;

Q235B——屈服强度为 235 N/mm^2,B 级,镇静钢;

Q235C——屈服强度为 235 N/mm^2,C 级,镇静钢;

Q235D——屈服强度为 235 N/mm^2,D 级,特殊镇静钢；

《规范》将 Q235 牌号的钢材选为承重结构用钢。Q235 钢的化学成分和力学性能均应符合附表 2-3 的规定。

2. 低合金高强度结构钢

低合金高强度结构钢是在钢的冶炼过程中添加少量几种合金元素使钢的强度明显提高,合金元素的总量低于 5%,故称为低合金高强度结构钢。低合金高强度结构钢分为 Q295、Q345、Q390、Q420、Q460 五种不同强度等级的牌号。其中 Q345、Q390 和 Q420 是钢结构设计规范规定选用的钢种,其质量等级分为 A、B、C、D、E 五级,字母顺序越靠后的钢材质量越高,这三种牌号的钢材均具有较高的强度和较好的塑性、韧性、焊接性能。其牌号与碳素结构钢牌号的表示方法类似,只是前者的 A、B 级属于镇静钢,C、D、E 级属于特殊镇静钢。这三种牌号钢材的化学成分和力学性能均应符合附表 2-3 的规定。

4.5.2 建筑钢材的规格

钢结构所用钢材主要为热轧成型的钢板、型钢及冷弯成型的薄壁型钢,如图 4-11 及图 4-12 所示。现分别介绍如下。

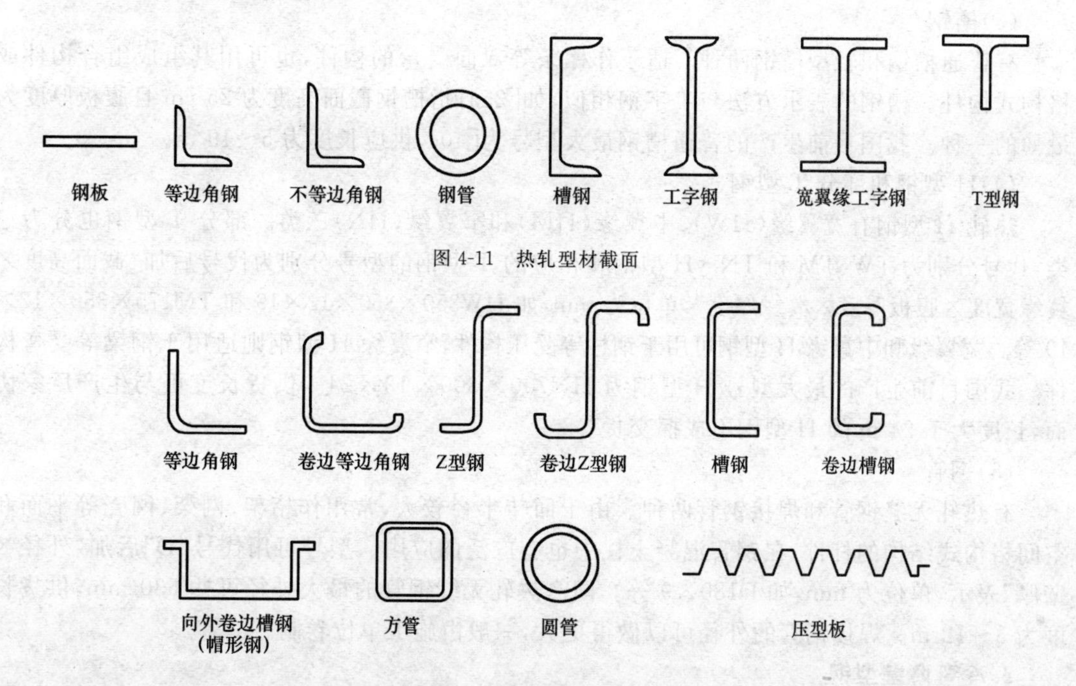

图 4-11 热轧型材截面

图 4-12 冷弯薄壁型钢的截面形式

1. 热轧钢板

热轧钢板分厚钢板及薄钢板两种。厚钢板常用来组成焊接构件和连接钢板；薄钢板主要用来制造冷弯薄壁型钢。在图纸中钢板的表示方法为在符号"—"后加"宽度×厚度×长度",如—800×10×3 100,单位为 mm。钢板的供应规格如下：

厚钢板：厚度 4.5～60 mm,宽度 600～3 000 mm,长度 4～12 m;

薄钢板：厚度 0.35～4 mm,宽度 500～1 500 mm,长度 0.5～4 m。

2. 热轧型钢

钢结构常用的型钢是角钢、工字钢、槽钢、H 型钢和钢管等。

(1)角钢

有等边(也叫等肢)和不等边(也叫不等肢)两种,主要用来制作桁架等格构式结构的杆件和支撑等连接杆件。角钢型号的表示方法为在符号“∟”后加“边长×厚度”(对等边角钢,如∟100×8),或加“长边宽×短边宽×厚度”(对不等边角钢,如∟125×80×10),单位为mm。我国目前生产的角钢最大边长为200 mm,角钢的供应长度一般为4~19 m。

(2)工字钢

有普通工字钢和轻型工字钢两种。普通工字钢和轻型工字钢的两个主轴方向的惯性矩相差较大,不宜单独用作受压构件,而宜用作腹板平面内受弯的构件,或由工字钢和其他型钢组成的组合构件或格构式构件。

普通工字钢的型号用符号“I”后加截面高度的厘米数表示,截面高度20 cm以上的工字钢,又按腹板厚度的不同,分为a、b或a、b、c等类别,a类腹板最薄、翼缘最窄,b类腹板较厚、翼缘较宽,c类腹板最厚、翼缘最宽。例如I40a,表示截面高度为40 cm、腹板厚度为a类的工字钢。轻型工字钢可用汉语拼音“轻”的拼音字首符号“Q”表示,如I30Q等。轻型工字钢由于壁厚较薄,故不再按厚度划分。轻型工字钢的翼缘要比普通工字钢的翼缘宽而薄,回转半径较大。普通工字钢的型号为10~63号,轻型工字钢为10~70号,供应长度均为5~19 m。

(3)槽钢

有普通槽钢和轻型槽钢两种。适于作檩条等双向受弯的构件,也可用其组成组合构件或格构式构件。槽钢的表示方法与工字钢相似,如[25a,指槽钢截面高度为25 cm且腹板厚度为最薄的一种。我国目前生产的普通槽钢最大型号为[40c,供应长度为5~19 m。

(4)H型钢和部分T型钢

热轧H型钢有宽翼缘(HW)、中翼缘(HM)和窄翼缘(HN)三类。部分T型钢也分为三类,代号分别为TW、TM和TN。H型钢和相应的T型钢的型号分别为代号后加“截面高度×翼缘宽度×腹板厚度×翼缘厚度”,单位为mm,如HW350×350×12×19和TM175×350×12×19等。宽翼缘和中翼缘H型钢可用于钢柱等受压构件,窄翼缘H型钢则适用于钢梁等受弯构件。我国目前生产的最大型号H型钢为HN700×300×13×24。供货长度可与生产厂家协商,长度大于24 m的H型钢不成捆交货。

(5)钢管

有热轧无缝钢管和焊接钢管两种。由于回转半径较大,常用作桁架、网架、网壳等平面和空间格构式结构的杆件;在钢管混凝土柱中也有广泛的应用。型号可用代号“D”后加“外径×壁厚”表示,单位为mm,如D180×9等。国产热轧无缝钢管的最大外径可达630 mm,供货长度为3~12 m。焊接钢管的外径可以做得更大,一般由施工单位卷制。

3. 冷弯薄壁型钢

冷弯薄壁型钢是由厚度为1.5~12 mm的薄钢板经冷弯或模压制成,如图4-12所示。薄壁型钢的截面形式和尺寸均可按受力特点合理设计,能充分利用钢材的强度,节约钢材,在轻钢结构中得到广泛的应用。压型钢板是冷弯薄壁型钢的另一种形式,它是用厚度为0.4~2 mm的钢板、镀锌钢板或彩色涂层钢板经冷轧而成的波形板,用做轻型屋面、墙面等构件。

热轧型钢的型号及截面几何特性见附表2-1。薄壁型钢的常用型号及截面几何特性见《冷弯薄壁型钢结构技术规范》(GB 50018—2002)的附录。

4.5.3 建筑钢材的选用

钢材的选用既要使结构安全可靠和满足使用要求,又要最大可能节约钢材和降低造价。

为保证承重结构的承载能力和防止在一定条件下出现的脆性破坏，应根据结构的重要性、荷载特性、结构形式、应力状态、连接方法、钢材厚度和工作环境等因素综合考虑，选用合适的钢材牌号和材性。

对于直接承受动力荷载或振动荷载的构件和结构（吊车梁、工作平台梁或直接承受车辆荷载的栈桥构件等）、重要的构件或结构（屋面楼面大梁、框架梁柱、桁架、大跨度结构等）、采用焊接连接的结构以及处于低温下工作的结构，应采用质量较高的钢材。对承受静力荷载的受拉及受弯的重要焊接构件和结构，宜选用较薄的型钢和板材构成；对处于外露环境，且对耐腐蚀有特殊要求的或在腐蚀性气态和固态介质作用下的承重结构，宜采用耐候钢；当选用的型材或板材的厚度较大时，宜采用质量较高的钢材，以防钢材中较大的残余应力和缺陷等与外力共同作用形成三向拉应力场，引起脆性破坏。

承重结构采用的钢材应具有抗拉强度、伸长率、屈服强度和硫、磷含量的合格保证，对焊接结构尚应具有碳含量的合格保证。焊接承重结构以及重要的非焊接承重结构采用的钢材还应具有冷弯试验的合格保证。

对于需要验算疲劳的焊接结构，应采用具有常温冲击韧性合格保证的B级钢。当这类结构处于温度较低的环境时，若结构工作温度在－20 ～0 ℃范围内，Q235和Q345应选用具有0 ℃冲击韧性合格的C级钢，Q390和Q420则应选用－20 ℃冲击韧性合格的D级钢。若结构工作温度不高于－20 ℃时，则钢材的质量级别还要提高一级，Q235和Q345选用D级钢而Q390和Q420选用E级钢。非焊接的构件发生脆性断裂的危险性比焊接结构小些，对材质的要求可比焊接结构适当放宽，但需要验算疲劳的构件仍应选用有常温冲击韧性保证的B级钢。当结构工作温度不高于－20 ℃时，Q235和Q345应选用具有0 ℃冲击韧性合格的C级钢，Q390和Q420应选用－20 ℃冲击韧性合格的D级钢。

钢结构的连接材料，如焊条、自动焊或半自动焊的焊丝及螺栓的钢材应与主体金属的强度相适应。

思考题

4-1　简述钢结构对钢材的要求、指标。《规范》推荐使用的钢材有哪些？

4-2　钢材有哪两种主要破坏形式？

4-3　衡量材料力学性能的好坏，常用哪些指标？它们的作用如何？

4-4　引起钢材脆性破坏的主要因素有哪些？应如何防止脆性破坏的发生？

4-5　影响钢材性能的主要化学成分有哪些？碳、硫、磷对钢材的性能有哪些影响？

4-6　钢材中常见的冶金缺陷有哪些？

4-7　随着温度的变化，钢材的力学性能有何变化？

4-8　什么情况下会产生应力集中？应力集中对材性有何影响？

4-9　什么是钢材的疲劳？

4-10　什么是冷作硬化、时效硬化、应变时效硬化？

4-11　选用钢材应考虑的因素有哪些？

第5章 钢结构的连接

钢结构是由型钢、钢板通过必要的连接构件，安装构成整体结构。在传力过程中，连接部位应有足够的强度、刚度和延性。被连接构件间应保持正确的相对位置，以满足传力和使用要求。因此，选定合适的连接方案和节点构造是钢结构设计的一个很重要的环节。

5.1 钢结构的连接方法

钢结构的连接方法可分为焊缝连接、铆钉连接和螺栓连接三种，如图5-1所示。

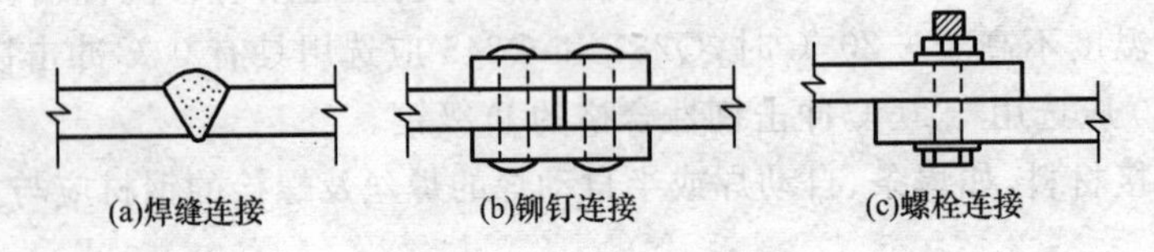

图5-1 钢结构的连接方法

5.1.1 焊缝连接

焊缝连接是通过电弧产生的热量使焊条和焊件局部融化，经冷却凝结形成焊缝，从而将焊件连成一体。焊缝连接是现代钢结构最主要的连接方法。其优点是：构造简单，可焊任何形状；用料经济，不削弱构件截面；制作加工方便，易于采用自动化操作；连接的密封性好，刚度大。其缺点是：焊缝附近钢材因焊接高温作用形成热影响区，钢材的金相组织和机械性能发生改变，导致局部材质变脆；焊接残余应力和残余变形也对结构有不利影响；焊接结构对裂缝很敏感，局部裂缝一旦发生，极容易扩展成整体裂缝而破坏，若局部裂缝发生又遇到低温环境，则裂缝扩展会更迅速。

5.1.2 铆钉连接

铆钉连接是将铆钉加热后插入构件的钉孔中，用铆钉枪制作封闭钉头。随后钉杆由高温逐渐冷却而发生收缩，将被连接的钢板压紧。铆钉连接的优点是塑性和韧性较好，传力可靠，质量易于检查，适用于直接承受动载结构的连接。缺点是构造复杂，费钢费工，目前已很少采用。

5.1.3 螺栓连接

螺栓连接分普通螺栓连接和高强度螺栓连接两种。

1. 普通螺栓连接

普通螺栓连接的优点是施工简单、拆装方便。缺点是用钢量多。适用于安装连接和需要经常拆装的结构。普通螺栓连接分为A、B、C三级。A级与B级为精制螺栓，C级为粗制螺栓。C级螺栓材料性能等级为4.6级或4.8级。小数点前数字表示螺栓的抗拉强度不小于400 N/mm^2，小数点及小数点以后数字表示其屈强比（屈服点与抗拉强度之比）为0.6或0.8。A级和B级螺栓材料性能等级则为5.6级和8.8级，其抗拉强度分别不小于500 N/mm^2和800 N/mm^2，屈强比分别为0.6和0.8。

C级螺栓由圆钢压制而成，螺栓表面粗糙，螺栓孔的直径比螺栓杆的直径大1.5～3 mm，对制孔的质量要求不高，一般采用在单个零件上一次冲成或不用钻模钻出设计孔径（Ⅱ类孔）。对于采用C级螺栓的连接，由于螺栓杆与螺栓孔间有较大的空隙，受剪力作用时将会产生较大的剪切滑移，连接的变形大。但其安装方便，且能有效的传递拉力，故一般可用于沿螺栓杆轴受拉的连接中，以及次要结构的抗剪连接或用作安装时的临时固定。

A、B级精致螺栓是由毛坯在车床上经过切削加工精制而成的。其表面光滑，尺寸准确，螺杆直径与螺栓孔径相同，对成孔质量要求较高。一般采用钻模成孔或冲后扩孔，孔壁平滑，质量较高（属Ⅰ类孔）。由于其有较高的精度，因而受剪性能好，但制作和安装复杂，价格较高，已很少在结构中采用。

2. 高强度螺栓连接

高强度螺栓的连接分为两种类型：一种是只依靠摩擦阻力传力，并以剪力不超过接触面摩擦力作为设计准则，称为摩擦型连接；另一种是允许接触面滑移，以连接达到破坏的极限承载力作为设计准则，称为承压型连接。

摩擦型连接的剪切变形小，弹性性能好，施工较简单，可拆卸，耐疲劳，特别适用于受动力荷载的结构。承压型连接的承载力高于摩擦型，连接紧凑，但剪切变形大，故不得用于承受动力荷载的结构中。

高强度螺栓一般采用45号钢、40B钢和20MnTiB钢加工而成，经热处理后，螺栓抗拉强度应分别不低于800 N/mm^2和1 000 N/mm^2，即前者的性能等级为8.8级，后者的性能等级为10.9级。摩擦型连接高强度螺栓的孔径比螺栓公称直径 d 大1.5～2.0mm，承压型连接高强度螺栓的孔径比螺栓的公称直径 d 大1.0～1.5 mm。

除上述常用连接外，在冷弯薄壁型钢结构中还经常采用射钉、自攻螺丝和钢拉铆钉等连接方式，主要用于压型钢板之间和压型钢板与冷弯型钢等支承之间的连接，具有施工简单、操作方便的特点。

5.2 焊接方法和焊缝连接形式

5.2.1 钢结构常用焊接方法

钢结构中常采用的焊接方法有电弧焊、气体保护焊和电阻焊等。

1. 电弧焊

电弧焊可分为手工电弧焊和埋弧焊。

(1)手工电弧焊

这是最常用的一种焊接方法,其工作原理如图 5-2 所示。它是由焊条、焊钳、焊件、电焊机和导线等组成电路。通电后,在涂有焊药的焊条与焊件间产生电弧,由电弧提供热源,使焊条溶化,滴落在焊件上被电弧所吹成的小凹槽熔池中。由焊条药皮形成的熔渣和气体覆盖着熔池,防止空气中的氧、氮等有害气体与熔化的液体金属接触,避免形成脆性易裂的化合物。焊缝金属冷却后就与焊件熔成一体。

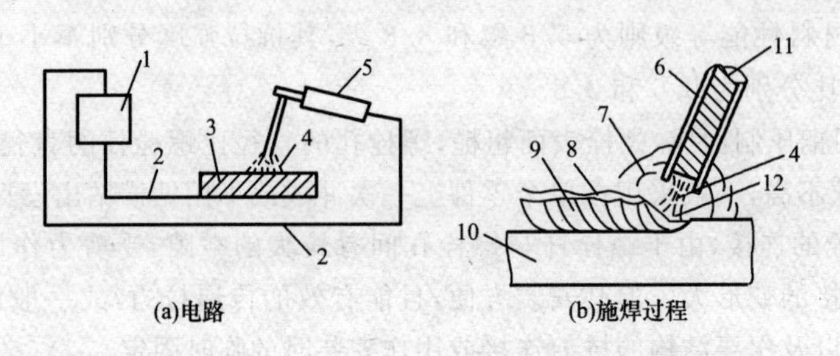

图 5-2 手工电弧焊

1—电焊机;2—导线;3—焊件;4—电弧;5—焊钳;6—药皮;7—起保护作用的气体;
8—熔渣;9—焊缝金属;10—主体金属;11—焊丝;12—熔池

手工电弧焊的设备简单,操作灵活方便,适于任意空间位置的焊接,特别适于焊接短焊缝。但生产效率低,劳动强度大,焊接质量在一定程度上取决于焊工的技术水平。

手工电弧焊所用焊条应与焊件金属强度相适应,对 Q235 钢焊件采用 E43 系列型焊条,对 Q345 钢焊件采用 E50 系列型焊条,对 Q390 和 Q420 钢焊件采用 E55 系列型焊条。对不同钢种的钢材相焊接时,宜用与低强度钢材相适应的焊条。

(2)埋弧焊(自动或半自动焊)

埋弧焊是电弧在焊剂层下燃烧的一种电弧焊方法。焊丝送进和电弧按焊接方向的移动由专门机构控制完成的称为埋弧自动电弧焊,如图 5-3 所示;焊丝送进有专门机构控制,而电弧按焊接方向的移动靠人手工操作完成的称为埋弧半自动电弧焊。埋弧焊的焊丝不涂药皮,但施焊端靠由焊剂漏斗自动流下的颗粒状焊剂所覆盖,电弧完全被埋在焊剂之内,埋弧焊电弧热量集中,熔深大,适于厚板的焊接,具有很高的生产率。由于采用了自动或半自动化操作,焊接时的工艺条件稳定,焊缝的化学成分均匀,故焊成的焊缝质量好,焊件变形小。同时,高的焊速也减小了热影响区的范围,但埋弧焊对焊件边缘的装配精度(如间隙)要求比手工焊高。

埋弧焊所用的焊丝和焊剂应与主体金属强度相适应,即要求焊缝与主体金属等强度。

2. 气体保护焊

气体保护焊是利用二氧化碳气体或其他惰性气体作为保护介质的一种电弧熔焊的方法。它直接依靠保护气体在电弧周围形成局部的保护层,以防止有害气体的侵入并保证了焊接过程中的稳定性。

气体保护焊的焊缝熔化区没有熔渣,焊工能够清晰地看到焊缝成型的过程;由于保护气体是喷射的,有助于熔滴的过渡;又由于电弧加热集中,熔化深度大,焊接速度快,故所形成的焊缝强度比手工电弧焊高,塑性和抗腐蚀性好,适用于全位置的焊接。气体保护焊在操作时应采取避风措施,否则容易出现焊坑、气孔等缺陷。

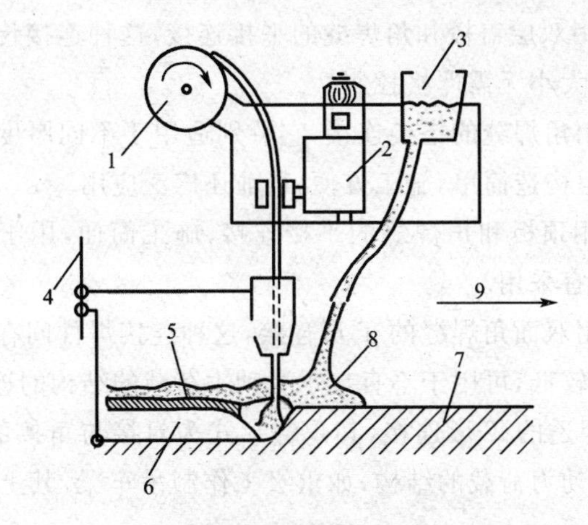

图 5-3　埋弧自动电弧焊

1—焊丝转盘；2—转动焊丝的电动机；3—焊剂漏斗；4—电源；
5—熔化的焊剂；6—焊缝金属；7—焊件；8—焊剂；9—移动方向

3. 电阻焊

电阻焊是利用电流通过焊件接触点表面的电阻所产生的热量来熔化金属，再通过压力使其焊合，在一般钢结构中电阻焊只适用于板叠厚度不大于 12 mm 的焊件。对冷弯薄壁型钢构件，电阻焊可用来缀合壁厚不超过 3.5 mm 的构件，如将两个冷弯槽钢或 C 型钢组合成工字形截面构件等。

5.2.2　焊缝连接形式及焊缝形式

1. 焊缝连接形式

焊缝连接形式按被连接构件间的相对位置可分为平接、搭接、T 形连接和角部连接四种，如图 5-4 所示。这些连接所采用的焊缝形式主要有对接焊缝和角焊缝。

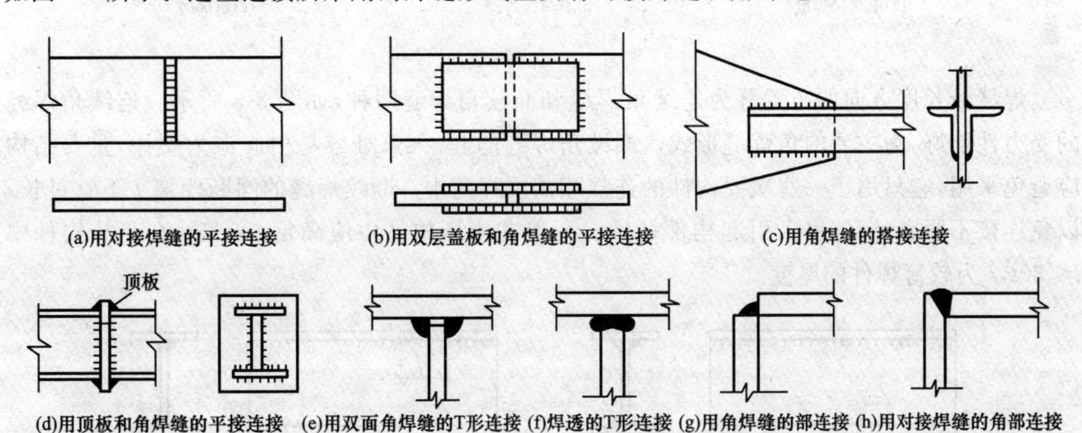

图 5-4 焊缝连接形式

如图 5-4(a)所示为用对接焊缝的平接连接，由于相互连接的两构件在同一平面内，因而传力比较均匀平缓，没有明显的应力集中，承受动力荷载的性能较好，且用料经济，当符合一、二级焊缝质量检验标准时，焊缝和被焊构件的强度相等。但是焊件边缘需要加工，对被连接两板的间隙和坡口尺寸有严格的要求。

如图 5-4(b)所示为用双层盖板和角焊缝的平接连接，这种连接传力不均匀、费料，但施工简便，所连接两板的间隙大小无需严格控制。

如图 5-4(c)所示为用角焊缝的搭接连接，它特别适用于不同厚度构件的连接。这种连接传力不均匀，材料较费，但构造简单，施工方便，目前还广泛应用。

如图 5-4(d)所示为用顶板和角焊缝的平接连接，施工简便，用于受压构件较好。受拉构件为了避免层间撕裂，不宜采用。

如图 5-4(e)所示为用双面角焊缝的 T 形连接，这种连接焊件间存在缝隙，截面突变，应力集中现象严重，疲劳强度较低，可用于不直接承受动力荷载的结构的连接中。

如图 5-4(f)所示为焊透的 T 形连接，其焊缝形式为对接与角接的组合，它可以减小应力集中现象，对于直接承受动力荷载的结构，如重级工作制吊车梁，其上翼缘与腹板的连接应采用这种形式。

如图 5-4(g)和 5-4(h)所示分别为用角焊缝和对接焊缝的角部连接，主要用于制作箱形截面。

2. 焊缝形式

对接焊缝按所受力的方向分为正对接焊缝[图 5-5(a)]和斜对接焊缝[图 5-5(b)]。角焊缝[图 5-5(c)]可分为正面角焊缝(焊缝长度方向垂直于力作用方向)和侧面角焊缝(焊缝长度方向平行于力作用方向)。

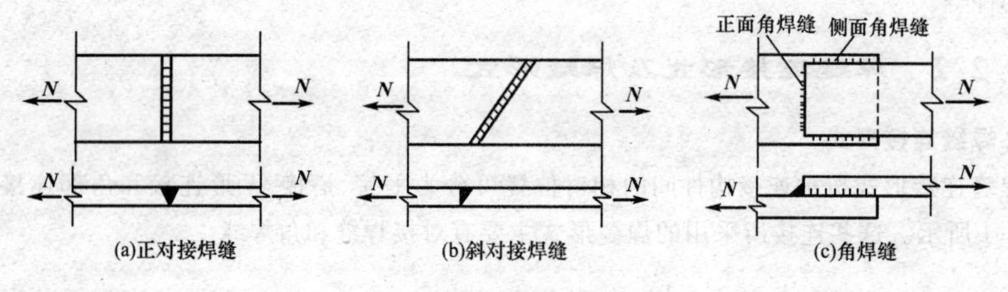

图 5-5 焊缝形式

焊缝沿长度方向的布置分为连续角焊缝和断续角焊缝两种，如图 5-6 所示。连续角焊缝的受力性能好，为主要的角焊缝形式。断续角焊缝的起、灭弧处容易引起应力集中，重要结构应避免采用，它只用于一些次要构件的连接或次要焊缝中。断续焊缝的间断距离 l 不宜过长，以免连接不紧密，潮气侵入引起构件锈蚀。一般在受压构件中应满足 $l\leqslant 15t$，在受拉构件中 $l\leqslant 30t$，t 为较薄焊件的厚度。

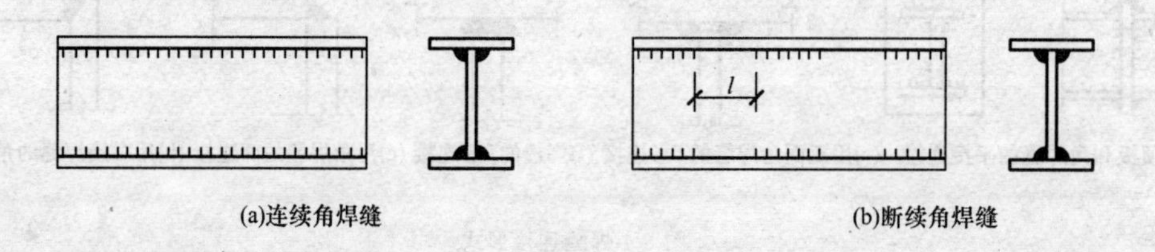

图 5-6 连续角焊缝和断续角焊缝

焊接按施焊位置可分为平焊、横焊、立焊及仰焊，如图 5-7 所示。平焊(又称俯焊)施焊方便，质量最好。立焊和横焊的质量及生产效率比平焊差一些。仰焊的操作条件最差，焊缝质量不易保证，因此应尽量避免采用仰焊。

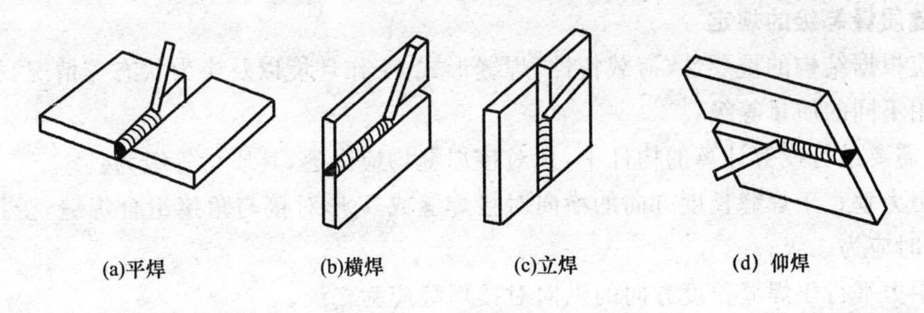

图 5-7　焊缝施焊位置

5.2.3　焊缝缺陷及焊缝质量检验

1. 焊缝缺陷

焊缝缺陷是指焊接过程中产生于焊缝金属或附近热影响区钢材表面或内部的缺陷。常见的缺陷有裂纹、焊瘤、烧穿、弧坑、气孔、夹渣、咬边、未熔合、未焊透等，如图 5-8 所示，以及焊缝尺寸不符合要求、焊缝成形不良等。裂纹是焊缝连接中最危险的缺陷。产生裂纹的原因很多，如钢材的化学成分不当，焊接工艺条件（如电流、电压、焊速、施焊次序等）选择不合适，焊接表面油污未清除干净等。

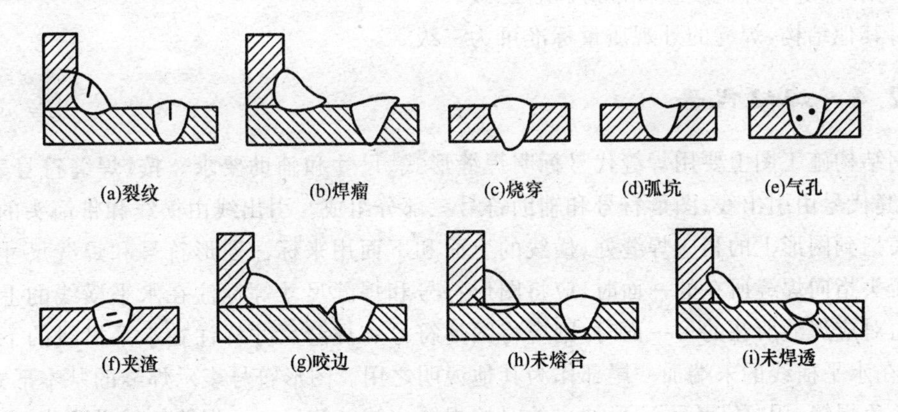

图 5-8　焊缝缺陷

2. 焊缝质量检验

焊缝的缺陷将削弱焊缝的受力面积，而且在缺陷处引起应力集中，易形成裂纹，并易于扩展引起断裂，故对连接的强度、冲击韧性及冷弯性能等均有不利影响。因此，焊缝质量检验极为重要。

焊缝质量检验一般可用外观检查及内部无损检验，前者检查外观缺陷和几何尺寸，后者检查内部缺陷。内部无损检验目前广泛采用超声波检验。

《钢结构工程施工质量验收规范》(GB 50205－2001)规定焊缝按其检验方法和质量要求分为一级、二级和三级。三级焊缝只要求对全部焊缝作外观检查且符合三级质量标准，即检查焊缝实际尺寸是否符合设计要求，有无用肉眼看得见的裂纹、咬边或未焊满的凹槽等缺陷。对于重要结构或要求焊缝金属强度等于被焊金属强度的对接焊缝，必须进行一级或二级质量检验，即在外观检查的基础上再作无损检验。其中二级要求用超声波检验每条焊缝的 20%长度，一级要求用超声波检验每条焊缝的全部长度。对承受动载的重要构件焊缝，还可增加射线探伤。

3. 焊缝质量等级的规定

焊缝应根据结构的重要性、荷载特性、焊缝形式、工作环境以及应力状态等情况，按下述原则分别选用不同的质量等级：

(1)在需要进行疲劳计算的构件中，凡对接焊缝均应焊透，其质量等级为：

①作用力垂直于焊缝长度方向的横向对接焊缝或 T 形对接与角接组合焊缝，受拉时应为一级，受压时应为二级；

②作用力平行于焊缝长度方向的纵向对接焊缝应为二级。

(2)不需要计算疲劳的构件中，凡要求与母材等强的对接焊缝应于焊透，其质量等级当受拉时应不低于二级，受压时宜为二级。

(3)重级工作制和起重量 $Q \geqslant 50$ t 的中级工作制吊车梁的腹板与上翼缘之间以及吊车桁架上弦杆与节点板之间的 T 形接头焊缝均要求焊透，焊缝形式一般为对接与角接的组合焊缝，其质量等级不应低于二级。

(4)不要求焊透的 T 形接头采用的角焊缝或部分焊透的对接与角接组合焊缝，以及搭接连接采用的角焊缝，其质量等级为：

①对直接承受动力荷载且需要验算疲劳的结构和吊车起重量等于或大于 50 t 的中级工作制吊车梁，焊缝的外观质量标准应符合二级；

②对其他结构，焊缝的外观质量标准可为三级。

5.2.4 焊缝代号

在钢结构施工图上要用焊缝代号标明焊缝形式、尺寸和辅助要求。按《焊缝符号表示法》规定：焊缝代号由引出线、图形符号和辅助符号三部分组成。引出线由横线和带箭头的斜线组成。箭头指到图形上的相应焊缝处，横线的上面和下面用来标注图形符号和焊缝尺寸。当引出线的箭头指向焊缝所在的一面时，应将图形符号和焊缝尺寸等标注在水平横线的上面。当箭头指向对应焊缝所在的另一面时，则应将图形符号和焊缝尺寸标注在水平横线的下面。必要时，可在水平横线的末端加一尾部作为其他说明之用。图形符号表示焊缝的基本形式，如用“⊿”表示角焊缝，用“V”表示 V 形坡口的对接焊缝。辅助符号表示焊缝的辅助要求，如用“▶”表示现场安装焊缝等。表 5-1 列出了一些常用焊缝代号，可供设计时参考。

表 5-1　焊缝代号

	角焊缝				对接焊缝	塞焊缝	三面围焊
	单面焊缝	双面焊缝	安装焊缝	相同焊缝			
形式					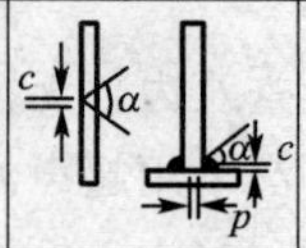 c　α　α　c　p		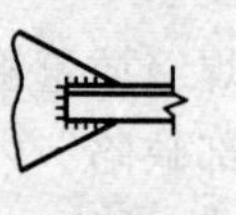
标注方法	 h_f	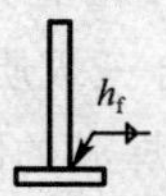 h_f	 h_f	 h_f	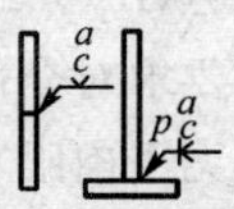 a c　p a c	 h_f	 h_f

当焊缝分布比较复杂或用上述标注不能表达清楚时，在标注焊缝代号的同时，可在图形上加粗线或栅线表示，如图 5-9 所示。

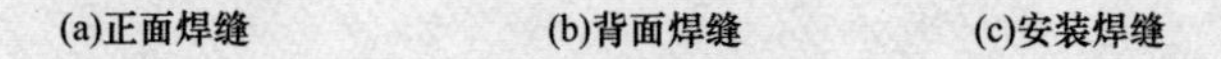

(a)正面焊缝　(b)背面焊缝　(c)安装焊缝

图 5-9　栅线表示

5.3　对接焊缝的构造与计算

对接焊缝按是否焊透分焊透的对接焊缝和部分焊透的对接焊缝两种。焊透的对接焊缝强度高，受力性能好。一般均采用焊透的对接焊缝。部分焊透的对接焊缝由于未焊透，应力集中和残余应力严重，《钢结构设计规范》(GB 50017－2003)规定在直接承受动力荷载的结构中，垂直于受力方向的焊缝不宜采用部分焊透的对接焊缝。因此，只有在板件较厚而内力较小或甚至不受力时，才采用部分焊透的对接焊缝，以省工省料、减小焊接变形。

下面仅对焊透的对接焊缝进行较详细的论述。

5.3.1　对接焊缝的构造

对接焊缝的焊件常将焊件边缘做成坡口，故又叫坡口焊缝。坡口形式与焊件厚度有关。当焊件厚度很小($t \leqslant 10$ mm)时，可采用不切坡口的工字形缝。对于一般厚度($t=10 \sim 20$mm)的焊件，可采用具有斜坡口的单边 V 形或 V 形焊缝。斜坡口和根部间隙 c 共同组成一个焊条能够运转的施焊空间，使焊缝易于焊透；钝边 p 有托住熔化金属的作用。对于较厚的焊件($t>20$ mm)，采用 U 形、K 形和 X 形坡口，如图 5-10 所示。对于 V 形缝和 U 形缝，需对焊缝根部进行补焊。关于坡口的形式与尺寸可参看行业标准《建筑钢结构焊接技术规程》。

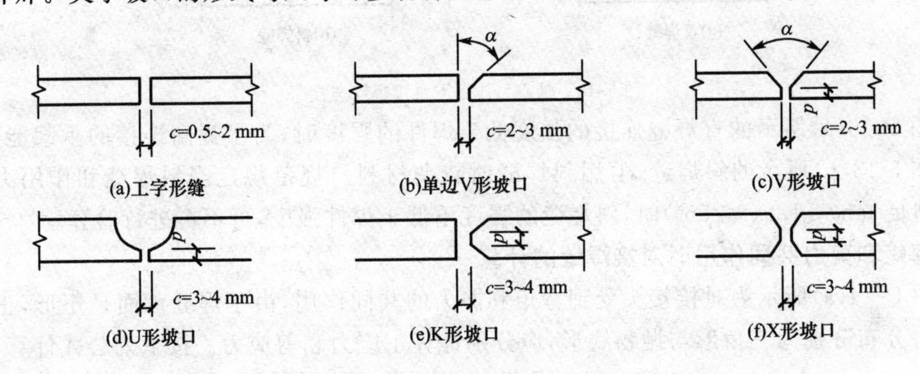

图 5-10　对接焊缝的坡口形式

在对接焊缝的拼接处，当焊件的宽度不同或厚度在一侧相差 4 mm 以上时，应分别在宽度方向和厚度方向从一侧或两侧做成坡度不大于 1∶2.5(承受静力荷载者)或 1∶4(需要计算疲劳者)的斜角，如图 5-11 所示，形成平缓过渡，使构件传力均匀，以减小应力集中。焊缝的计算厚度取较薄板的厚度。

在焊缝的起弧和灭弧处，常因不能熔透而出现弧坑等缺陷，形成类裂纹和应力集中。为消除焊口缺陷，焊接时可将焊缝的起点和终点延伸至引弧板上，如图 5-12 所示，焊后将引弧板切除，并用砂轮沿受力方向将表面磨平。当受条件限制无法采用引弧板时，允许不设置引弧板，此时，计算每条焊缝长度时取实际长度减 $2t$(t 为焊件的较小厚度)。

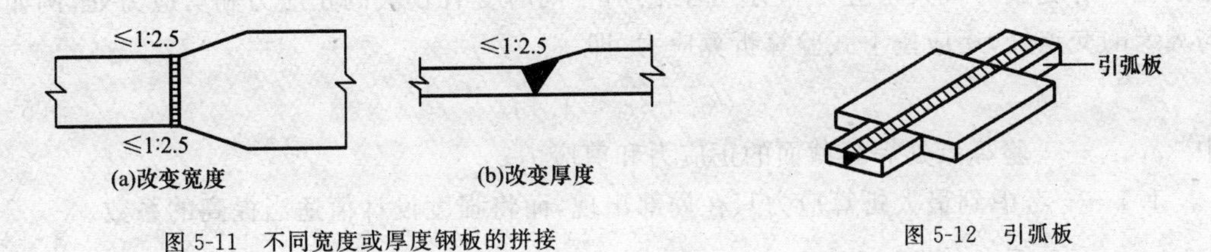

图 5-11　不同宽度或厚度钢板的拼接

图 5-12　引弧板

5.3.2 对接焊缝的计算

对接焊缝的应力分布情况基本上与焊件原来的情况相同,可用计算焊件的方法进行计算。对于重要的构件,按一、二级标准验收焊缝质量,焊缝与构件强度等强,不必另行验算。

1. 轴心受力对接焊缝的计算

轴心受力的对接焊缝如图 5-13 所示,应按下式计算,即

$$\sigma=\frac{N}{l_w t}\leqslant f_t^w \text{ 或 } f_c^w \tag{5-1}$$

式中 N——轴心拉力或压力的设计值。

l_w——焊缝的计算长度。当采用引弧板施焊时,取焊缝实际长度;当未采用引弧板时,每条焊缝取实际长度减去 $2t$。

t——在对接接头中为连接件的较小厚度,在 T 形接头中为腹板的厚度。

f_t^w、f_c^w——对接焊缝的抗拉、抗压强度设计值,按附表 2-4 采用。

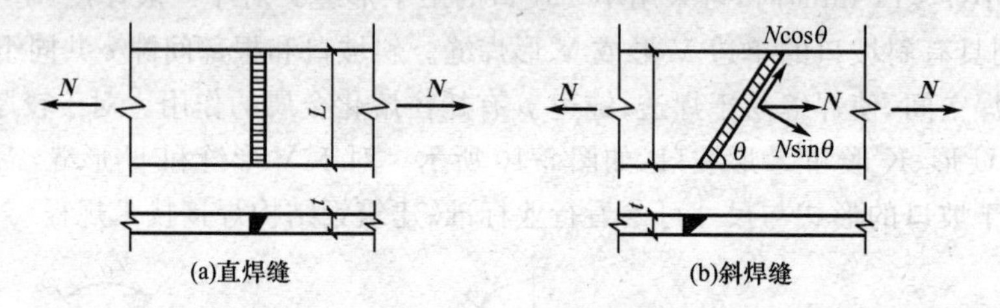

图 5-13 轴心力作用下对接焊缝连接

如图 5-13(a)所示的直焊缝连接的强度低于焊件的强度时,为了提高连接的承载能力,可改用如图 5-13(b)所示的斜焊缝,但用斜焊缝时较费材料。规范规定当斜焊缝和作用力间的夹角 θ 满足 $\tan\theta\leqslant1.5(\theta\leqslant56°)$时,斜焊缝的强度不低于焊件强度,可不再进行验算。

2. 弯矩和剪力共同作用时对接焊缝的计算

如图 5-14(a)所示为对接接头受到弯矩和剪力的共同作用,由于焊缝截面是矩形,正应力和剪应力分布分别为三角形与抛物线形,应分别计算正应力和剪应力。按下列公式计算,即

$$\sigma_{max}=\frac{M}{W_w}=\frac{6M}{l_w^2 t}\leqslant f_t^w \tag{5-2}$$

$$\tau_{max}=\frac{VS_w}{I_w t}=\frac{3}{2}\cdot\frac{V}{l_w t}\leqslant f_v^w \tag{5-3}$$

式中 W_w——焊缝截面的截面模量;

S_w——焊缝截面在计算剪应力处以上或以下部分截面对中和轴的面积矩;

I_w——焊缝截面对中和轴的惯性矩;

f_v^w——对接焊缝的抗剪强度设计值,按附表 2-4 采用。

如图 5-14(b)所示为在弯矩和剪力的共同作用下工字形截面梁的接头,采用对接焊缝,除应分别验算焊缝截面最大正应力和剪应力外,对于同时受有较大的正应力和剪应力处,例如腹板与翼缘的交点处,还应按下式验算折算应力,即

$$\sqrt{\sigma_1^2+3\tau_1^2}\leqslant1.1f_t^w \tag{5-4}$$

式中 σ_1、τ_1——验算点处焊缝截面的正应力和剪应力;

1.1——考虑到最大折算应力只在局部出现,而将强度设计值适当提高的系数。

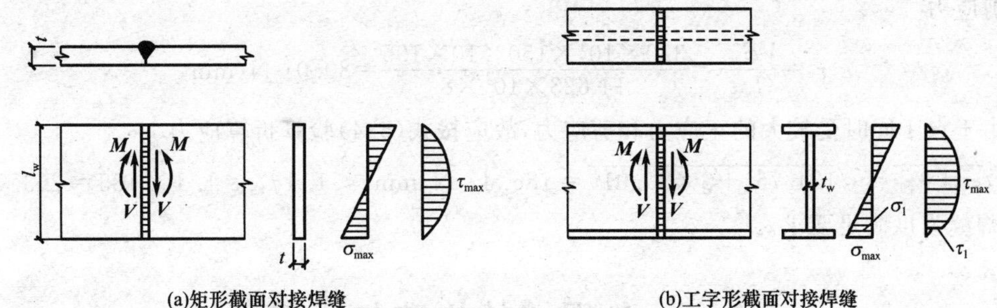

(a)矩形截面对接焊缝　　(b)工字形截面对接焊缝

图 5-14　对接焊缝受弯矩和剪力共同作用

3. 轴心力、弯矩和剪力共同作用时对接焊缝的计算

当轴心力、弯矩和剪力共同作用时，焊缝的最大正应力应为轴心力和弯矩引起的正应力之和，即按式(5-1)和式(5-2)叠加，剪应力按式(5-3)验算，折算应力仍按式(5-4)验算。

例 5-1　计算工字形截面牛腿与钢柱连接的对接焊缝，如图 5-15 所示。牛腿承受竖向力设计值 $F=320$ kN，偏心距 $e=300$ mm，钢材为 Q235，焊条 E43 系列，手工焊，施焊时无引弧板，焊缝质量标准为三级。

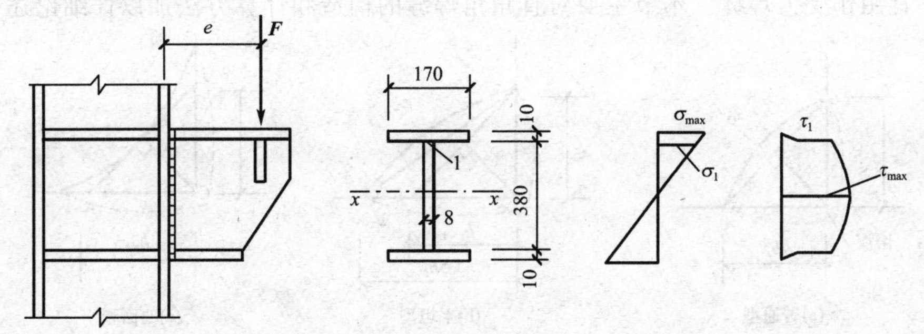

图 5-15　例 5-1 图

解　Ⅰ. 焊缝有效截面的几何特性

因施焊时无引弧板，故每条焊缝的计算长度为焊缝实际长度减去两倍板件的厚度。

$$I_w=\frac{1}{12}\times 0.8\times(38-1.6)^3+2\times 1\times(17-2)\times 19.5^2=14\ 623\ \text{cm}^4$$

$$W_w=\frac{14\ 623}{20}=731\ \text{cm}^3$$

Ⅱ. 焊缝强度计算

焊缝承受由力 $\boldsymbol{F}$ 向焊缝截面上简化后产生的弯矩 $M=Fe$ 和剪力 $V=F$。

最大正应力

$$\sigma_{max}=\frac{M}{W_w}=\frac{320\times 10^3\times 300}{731\times 10^3}=131.33\ \text{N/mm}^2<f_t^w=185\ \text{N/mm}^2$$

最大剪应力

$$\tau_{max}=\frac{VS_w}{I_w t}=\frac{320\times 10^3\times(150\times 10\times 195+182\times 8\times\frac{182}{2})}{14\ 623\times 10^4\times 8}=116.25\ \text{N/mm}^2<f_v^w=125\ \text{N/mm}^2$$

上翼缘和腹板交接处点 1 的正应力

$$\sigma_1=131.33\times\frac{190}{200}=124.76\ \text{N/mm}^2$$

剪应力

$$\tau_1=\frac{VS_{w1}}{I_w t}=\frac{320\times10^3\times150\times10\times195}{14\ 623\times10^4\times8}=80.01\ \text{N/mm}^2$$

由于点 1 同时受较大的正应力和剪应力，故应按式(5-4)验算折算应力

$\sqrt{\sigma_1^2+3\tau_1^2}=\sqrt{124.76^2+3\times80.01^2}=186.47\ \text{N/mm}^2<1.1f_t^w=1.1\times185=203.5\ \text{N/mm}^2$ 焊缝强度满足要求。

5.4 角焊缝的构造与计算

5.4.1 角焊缝的形式和构造

1. 角焊缝的形式

角焊缝按两焊脚边的夹角可分为直角角焊缝(图 5-16)和斜角角焊缝(图 5-17)两种。直角角焊缝的受力性能较好，应用广泛；斜角角焊缝当两焊脚边夹角 $\alpha>135°$ 或 $\alpha<60°$ 时，除钢管结构外，不宜用作受力焊缝。本节主要对直角角焊缝的构造和计算方法加以详细论述。

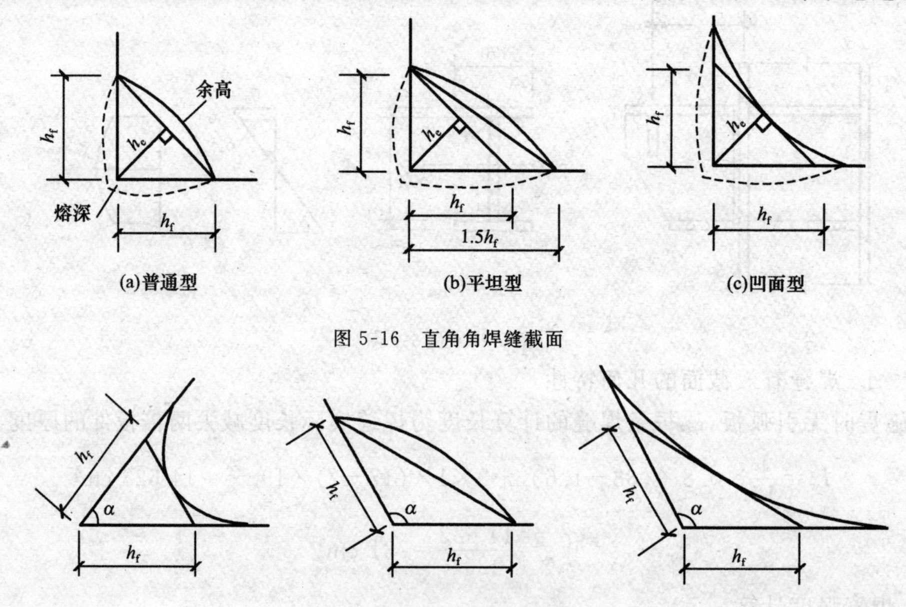

图 5-16　直角角焊缝截面

图 5-17　斜角角焊缝截面

角焊缝按其与外力作用方向的不同可分为平行于力作用方向的侧面角焊缝、垂直于力作用方向的正面角焊缝和与力作用方向呈斜交的斜向角焊缝，如图 5-18 所示。

角焊缝按其截面形式可分为普通型、平坦型和凹面型三种，如图 5-16 所示。一般采用普通型截面角焊缝，其两焊脚尺寸比例为 1∶1，近似于等腰直角三角形，但其力线弯折，应力集中严重。对直接承受动力荷载的结构，为使传力平缓，正面角焊缝宜采用两焊角尺寸比例为 1∶1.5 的平坦型(长焊角尺寸顺内力方向)，侧面角焊缝则宜采用比例为 1∶1 的凹面型。

普通型角焊缝截面的两个直角边长 h_f 称为焊脚尺寸。计算焊缝承载力时，按最小截面即 $\alpha/2$ 角处截面(直角角焊缝在 45°角处截面)计算，该截面又称为有效截面或计算截面。其截面厚度称为有效厚度 h_e，如图 5-16(a)所示。

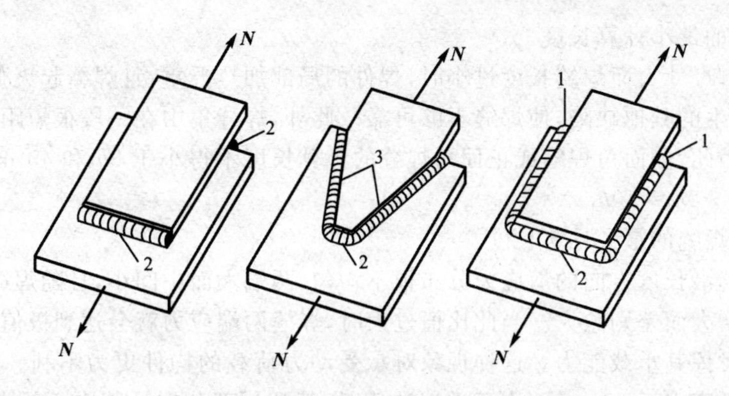

图 5-18 角焊缝的受力形式

1—侧面角焊缝；2—正面角焊缝；3—斜向角焊缝

直角角焊缝的有效厚度 $h_e=0.7h_f$，不计凸出部分的余高。平坦型和凹面型焊缝的 h_f 和 h_e 按图 5-16(b)和图 5-16(c)采用。

2. 角焊缝的构造要求

(1)最小焊脚尺寸

角焊缝的焊脚尺寸与焊件厚度有关，如果焊件较厚而焊脚尺寸过小时，则在焊缝金属中由于冷却速度快而产生淬硬组织，易使焊缝附近主体金属产生裂纹。《规范》规定：角焊缝的焊脚尺寸 h_f 不得小于 $1.5\sqrt{t}$（计算时小数点以后均进为 1 mm，t 为较厚焊件的厚度），如图 5-19(a)所示。自动焊因热量集中，熔深较大，最小焊脚尺寸可减少 1 mm；T 形连接的单面角焊缝可靠性较差，应增加 1 mm。当焊件厚度等于或小于 4 mm 时，则最小焊脚尺寸应与焊件厚度相同。

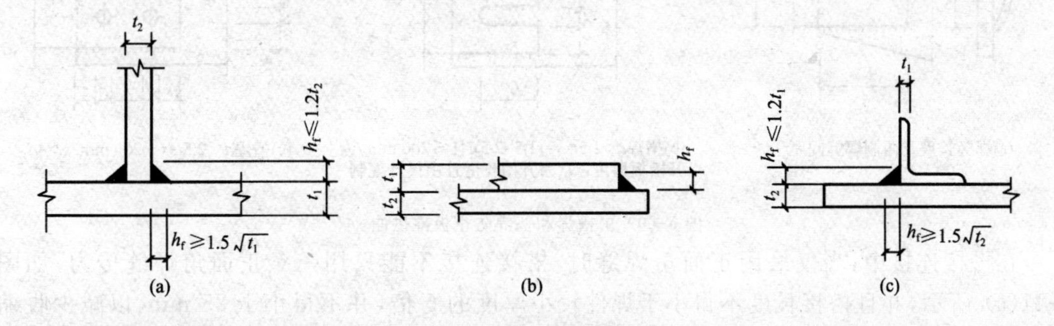

图 5-19 角焊缝的焊脚尺寸

(2)最大焊脚尺寸

角焊缝的焊脚尺寸过大，易使母材形成“过烧”现象，使构件产生翘曲、变形和较大的焊接残余应力。《规范》规定：角焊缝的焊脚尺寸不宜大于较薄焊件厚度的 1.2 倍（钢管结构除外），如图 5-19(a)所示。但板件（厚度为 t）边缘的角焊缝最大焊脚尺寸，尚应符合下列要求[图 5-19(b)]：

①当 $t_1\leqslant6$ mm 时，$h_f\leqslant t_1$；

②当 $t_1>6$ mm 时，$h_f\leqslant t_1-(1\sim2)$。

(3)不等焊脚尺寸

当两焊件厚度相差较大且用等焊脚尺寸不能满足最大、最小焊脚尺寸的要求时，可采用不等焊脚尺寸，按满足图 18-19(c)所示要求采用。

(4)角焊缝的最小计算长度

角焊缝焊脚尺寸大而焊缝长度过小时，焊件的局部加热严重，且焊缝起灭弧的弧坑相距太近，以及可能产生的其他缺陷，使焊缝不够可靠。此外，焊缝集中在一段很短距离，焊件的应力集中也较大。因此，侧面角焊缝或正面角焊缝的计算长度不得小于 $8h_f$ 和 40 mm，即其最小实际长度应为 $8h_f+2h_f=10h_f$。

(5)侧面角焊缝的最大计算长度

侧面角焊缝沿长度方向的剪应力分布很不均匀，两端大而中间小，且随焊缝长度与其焊脚尺寸之比值的增大而差别愈大。当此比值过大时，焊缝两端应力就会达到极值而破坏，而中部焊缝还未充分发挥其承载能力。这种现象对承受动力荷载的构件更为不利。因此，侧面角焊缝的计算长度不宜大于 $60h_f$。当大于上述数值时，其超过部分在计算中不予考虑。若内力沿侧面角焊缝全长分布时，其计算长度不受此限。例如工字形截面柱或梁的翼缘与腹板的连接焊缝等。

(6)角焊缝的其他构造要求

当板件端部仅有两条侧面角焊缝连接时，为了避免应力传递的过分弯折而使构件中应力过分不均匀，应使每条侧面角焊缝的长度不宜小于它们之间的距离，即 $l_w \geqslant b$。同时为了避免焊缝横向收缩时引起板件的拱曲过大，还宜使 $b \leqslant 16t$($t>12$ mm)或 190 mm($t \leqslant 12$ mm)，t 为较薄焊件的厚度，如图 5-20(a)所示。当宽度 b 不满足此规定时，应加正面角焊缝，或加槽焊[图 5-20(b)]或塞焊[图 5-20(c)]。

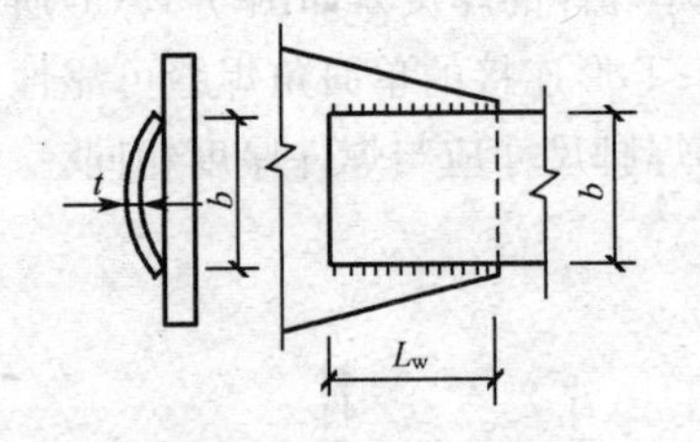

(a)焊缝长度及两侧焊缝间距

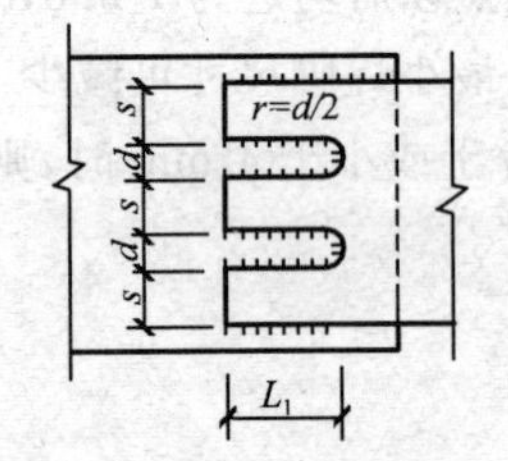

(b)槽焊 $d>1.5t$, $s=(1.5\sim2.5)t$ 且 $\leqslant 200$ mm, t 为开槽板厚度，L_1 为开槽长度且由设计控制

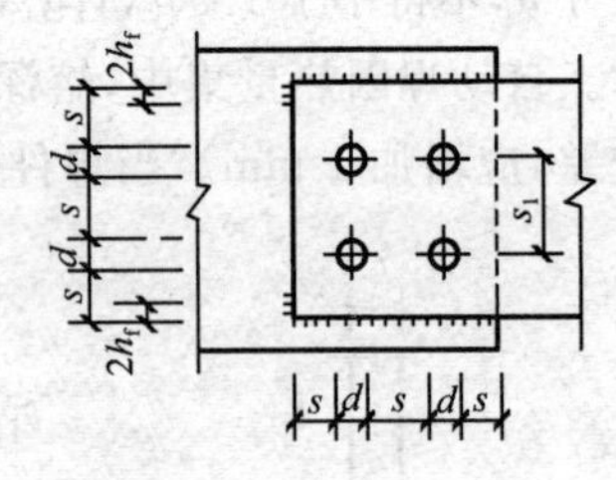

(c)槽焊 $d \leqslant 2.5t$, $s \leqslant 200$ mm, $s_1>4d$

图 5-20　由槽焊和塞焊防止板件拱曲

在搭接连接中，当仅采用正面角焊缝时，搭接连接不能只用一条正面角焊缝传力，如图 5-21(a) 所示，并且搭接长度不得小于焊件较小厚度的 5 倍，并不得小于 25 mm，以减少收缩应力以及因偏心在钢板与连接件中产生的次应力。

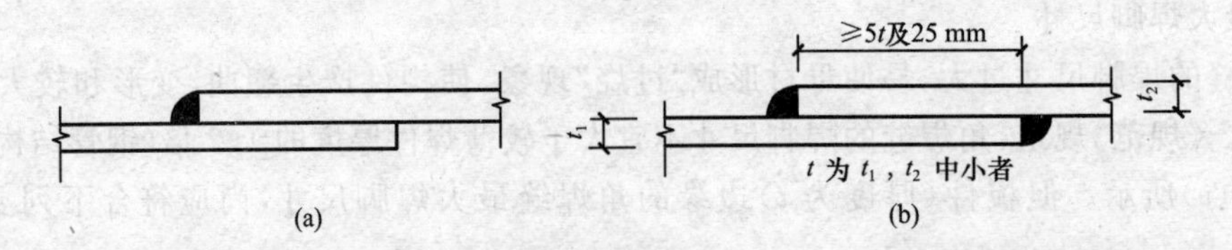

图 5-21　搭接连接

杆件端部搭接采用三面围焊时，在转角处截面突变，会产生应力集中，如在此处起灭弧，可能出现弧坑或咬肉等缺陷，从而加大应力集中的影响。故所有围焊的转角处必须连续施焊。对于非围焊情况，当角焊缝的端部在构件转角处时，可连续地作长度为 $2h_f$ 的绕角焊，如图 5-20(c) 所示。

杆件与节点板的连接焊缝宜采用两面侧焊，也可用三面围焊，对角钢杆件可采用 L 形围焊，所有围焊的转角处也必须连续施焊，如图 5-22 所示。

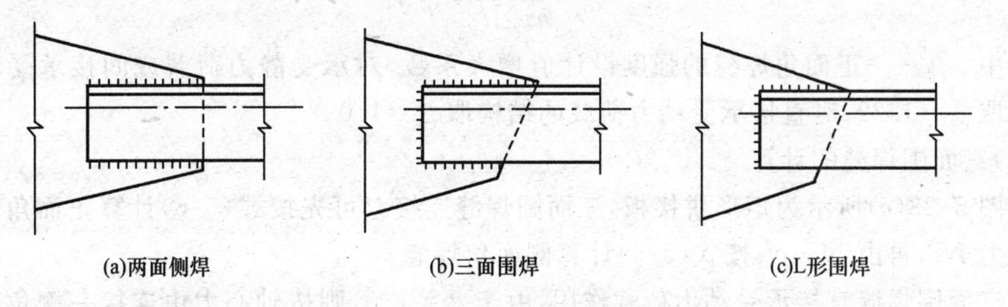

图 5-22　杆件与节点板的焊缝连接

5.4.2　角焊缝的计算

侧面角焊缝因其外力与焊缝长度方向平行，故主要受剪应力作用；正面角焊缝因外力垂直于焊缝方向，其应力状态比较复杂，且分布不均匀。正面角焊缝的强度比侧面角焊缝的强度要高，但塑性变形能力要差，常呈脆性破坏。由于要对角焊缝进行精确计算十分困难，实际计算采用简化的方法，即假定角焊缝的破坏截面均在最小截面，其面积为角焊缝的有效厚度 h_e 与焊缝计算长度 l_w 的乘积，此截面称为角焊缝的有效截面。又假定截面上的应力沿焊缝计算长度均匀分布。同时不论是正面焊缝还是侧面焊缝，均按破坏时计算截面上的平均应力来确定其强度，并采用统一的强度设计值进行计算。

1. 受轴心力作用时的角焊缝计算

当焊件受轴心力，且轴心力通过连接焊缝群形心时，焊缝有效截面上的应力可认为是均匀分布的，用拼接板将两焊件连成整体，需要计算拼接板和连接一侧（左侧或右侧）角焊缝强度。

(1)侧面角焊缝的计算

如图 5-23(a)所示为矩形拼接板，侧面角焊缝连接。此时，作用力 **N** 平行于焊缝长度方向，可按下式计算焊缝有效截面上的剪应力，即

$$\tau_f=\frac{N}{h_e\sum l_w}\leqslant f_f^w \tag{5-5}$$

式中　h_e——角焊缝的有效厚度；

$\sum l_w$——连接一侧所有角焊缝的计算长度之和，对每条焊缝取其实际长度减去 $2h_f$；

f_f^w——角焊缝的强度设计值，按附表 2-4 采用。

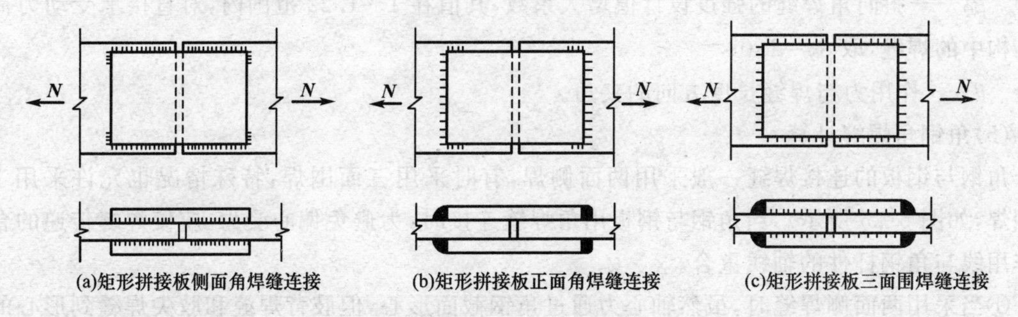

图 5-23　轴心力作用下角焊缝连接

(2)正面角焊缝的计算

如图 5-23(b)所示为矩形拼接板，正面角焊缝连接。此时，作用力 **N** 垂直于焊缝长度方向，按下式计算焊缝有效截面上的应力，即

$$\sigma_f=\frac{N}{h_e\sum l_w}\leqslant\beta_f f_f^w \tag{5-6}$$

式中　β_f——正面角焊缝的强度设计值增大系数，对承受静力荷载或间接承受动力荷载的结构取 $\beta_f=1.22$，对直接承受动力荷载的结构取 $\beta_f=1.0$。

(3)三面围焊缝的计算

如图 5-23(c)所示为矩形拼接板，三面围焊缝连接。可先按式(5-6)计算正面角焊缝所承担的内力 N_1，再由 $N-N_1$按式(5-5)计算侧面角焊缝。

如三面围焊缝直接承受动力荷载作用，由于 $\beta_f=1.0$，则按轴心力由连接一侧角焊缝有效截面面积平均承担计算，即

$$\frac{N}{h_e\sum l_w}\leqslant f_f^w \tag{5-7}$$

(4)承受斜向轴心力的角焊缝计算

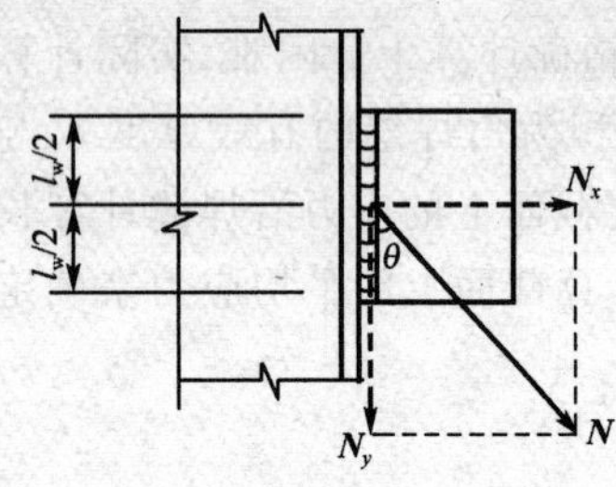

图 5-24　斜向轴心力作用

如图 5-24 所示作用力 $\boldsymbol{N}$ 与焊缝长度方向成 θ 角，可先将 $\boldsymbol{N}$ 分解为平行和垂直于焊缝长度方向的分力 $N_y=N\cos\theta$ 和 $N_x=N\sin\theta$，其分别产生的焊缝应力为

$$\tau_f=N_y/h_e\sum l_w,\sigma_f=N_x/h_e\sum l_w$$

然后将 σ_f 除以 β_f 后按下式作矢量叠加计算，即

$$\sqrt{\left(\frac{\sigma_f}{\beta_f}\right)^2+\tau_f^2}\leqslant f_f^w \tag{5-8}$$

$$\sqrt{\left(\frac{N\sin\theta}{\beta_f h_e\sum l_w}\right)^2+\left(\frac{N\cos\theta}{h_e\sum l_w}\right)^2}\leqslant f_f^w$$

取 $\beta_f=1.22$，代入上式并简化，可得

$$\frac{N}{\beta_{f\theta}h_e\sum l_w}\leqslant f_f^w \tag{5-9}$$

$$\beta_{f\theta}=\frac{1}{\sqrt{1-\frac{\sin^2\theta}{3}}} \tag{5-10}$$

式中　$\beta_{f\theta}$——斜向角焊缝的强度设计值增大系数，其值在 1～1.22 范围内，对直接承受动力荷载结构中的焊缝，取 $\beta_{f\theta}=1.0$；

θ——作用力与焊缝长度方向的夹角。

(5)角钢角焊缝计算

角钢与钢板的连接焊缝一般采用两面侧焊，有时采用三面围焊，特殊情况也允许采用 L 形围焊，如图 5-25 所示。当角钢与钢板用角焊缝连接时，为避免偏心受力，应使焊缝传递的合力作用线与角钢杆件的轴线重合。

①当采用两面侧焊缝时，虽然轴心力通过角钢截面形心，但肢背焊缝和肢尖焊缝到形心的距离 $e_1\neq e_2$，如图 5-25(a)所示，受力大小不等。设肢背焊缝受力为 N_1，肢尖焊缝受力为 N_2，由平衡条件 $\sum M=0$ 可得

$$N_1=\frac{e_2}{e_1+e_2}N=K_1N \tag{5-11}$$

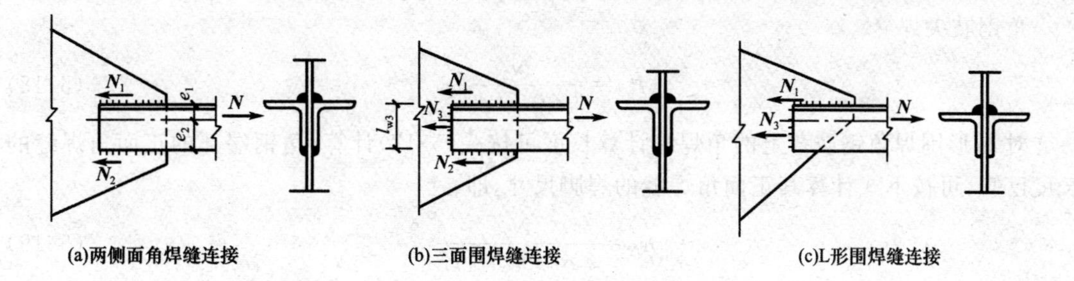

图 5-25　角钢与钢板的连接焊缝

$$N_2=\frac{e_1}{e_1+e_2}N=K_2N \tag{5-12}$$

式中　K_1、K_2——角钢肢背、肢尖焊缝内力分配系数，可按表 5-2 的值取用。

表 5-2　　角钢角焊缝内力分配系数

角钢类型	连接形式	分配系数	
		角钢肢背 K_1	角钢肢尖 K_2
等边		0.70	0.30
不等边（短肢相连）		0.75	0.25
不等边（长肢相连）		0.65	0.35

②当采用三面围焊时，如图 5-25(b)所示。可先选定正面角焊缝的焊脚尺寸 h_{f3}，求出正面角焊缝所承担的轴心力 N_3。当杆件为双角钢组成的 T 形截面时，有

$$N_3=2\times0.7h_{f3}l_{w3}\beta_f f_f^w$$

由平衡条件 $\sum M=0$ 可得

$$N_1=\frac{e_2}{e_1+e_2}N-\frac{N_3}{2}=K_1N-\frac{N_3}{2} \tag{5-13}$$

$$N_2=\frac{e_1}{e_1+e_2}N-\frac{N_3}{2}=K_2N-\frac{N_3}{2} \tag{5-14}$$

③当采用 L 形围焊时，如图 5-25(c)所示。由于只有正面角焊缝和角钢肢背上的侧面角焊缝，令式(5-14)中的 $N_2=0$，得

$$N_3=2K_2N \tag{5-15}$$

$$N_1=N-N_3 \tag{5-16}$$

求出各条角焊缝承担的内力后，按构造要求假定角钢肢背和肢尖焊缝的焊脚尺寸 h_{f1} 和 h_{f2}，即可分别求出焊缝的计算长度。例如对双角钢截面：

角钢肢背焊缝

$$l_{w1}=\frac{N_1}{2\times0.7h_{f1}f_f^w} \tag{5-17}$$

角钢肢尖焊缝

$$l_{w2}=\frac{N_2}{2\times0.7h_{f2}f_f^w} \tag{5-18}$$

对L形围焊角钢肢背上的角焊缝计算长度可按式(5-17)计算，角钢端部的正面角焊缝的长度已知，可按下式计算其正面角焊缝的焊脚尺寸，即

$$h_{f3}=\frac{N_3}{2\times0.7l_{w3}\beta_f f_f^w} \tag{5-19}$$

采用的每条焊缝实际长度应取其计算长度加 $2h_f$。

例 5-2 试设计如图5-26所示一双拼接盖板的对接连接。已知钢板宽 $B=310$ mm，厚度 $t_1=16$ mm，拼接盖板厚度 $t_2=10$ mm，该连接承受轴心力设计值 $N=1\ 000$ kN(静力荷载)，钢材为Q235，手工焊，焊条为E43型。

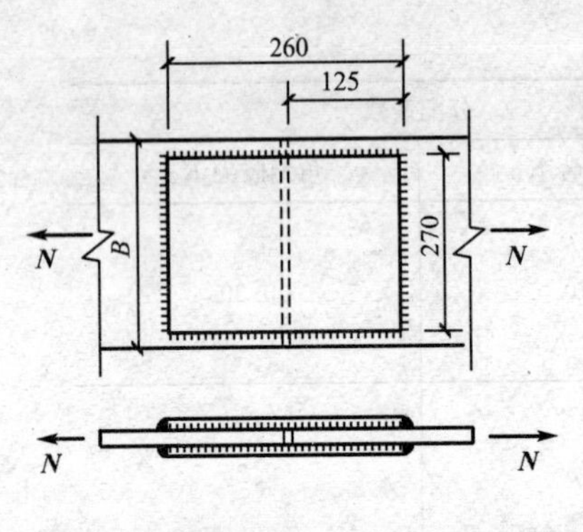

图5-26 例5-2图

解 设计拼接盖板的对接连接有两种方法：一种方法是假定焊脚尺寸求焊缝长度，再由焊缝长度确定盖板的尺寸；另一种方法是先假定焊脚尺寸和拼接盖板的尺寸，然后验算焊缝的承载力。如果假定的焊缝尺寸不能满足承载力要求时，则应调整焊脚尺寸，再行验算，直到满足承载力的要求为止。

首先确定角焊缝的焊脚尺寸。由于此处的焊缝在板件边缘施焊，且拼接盖板厚度 $t_2=10$ mm>6 mm，$t_2<t_1$，则

$$h_{fmax}=t-(1\sim2)=10-(1\sim2)=9\sim8\ \text{mm}$$

$$h_{fmin}=1.5\sqrt{t}=1.5\sqrt{16}=6\ \text{mm}$$

取 $h_f=8$ mm，查附表2-4得角焊缝强度设计值 $f_f^w=160$ N/mm²。

确定连接方式。拼接盖板的宽度 b 就是两条侧面角焊缝之间的距离，应根据强度条件和构造要求确定。根据强度条件，在钢材种类相同的情况下，拼接盖板的截面积 A' 应等于或大于被连接钢板的截面积。

选定拼接盖板宽度 $b=270$ mm，则

$$A'=270\times2\times10=5\ 400\ \text{mm}^2>A=310\times16=4\ 960\ \text{mm}^2$$

满足强度要求。

根据构造要求，应满足 $b<16t=16\times10=160$ mm，但实际取 $b=270$ mm>160 mm。为防止因仅用侧面角焊缝引起板件拱曲过大，应采用三面围焊。

已知正面角焊缝的长度 $l_{w1}=b=270$ mm，则正面角焊缝所能承受的内力为

$$N_1=2h_e l_{w1}b\beta_f f_f^w=2\times0.7\times8\times270\times1.22\times160=590\ 285\ \text{N}$$

连接一侧侧面角焊缝的总长度为

$$\sum l_w=\frac{N-N_1}{h_e f_f^w}=\frac{1\ 000\ 000-590\ 285}{0.7\times8\times160}=457\ \text{mm}$$

连接一侧共有4条侧面角焊缝，则一条侧面角焊缝的长度为

$$l_w=\frac{\sum l_w}{4}+8=\frac{457}{4}+8=122\ \text{mm}$$

拼接盖板的总长度为

$$L=2l_w+10=2\times122+10=254\ \text{mm，取}\ 260\ \text{mm}$$

例 5-3　如图 5-27 所示角钢与节点板的连接角焊缝。已知轴心力设计值 $N=510$ kN(静力荷载)，角钢为 2∟100×80×8(长肢相连)，连接板厚度 $t=10$ mm，钢材 Q235，手工焊，焊条 E43 系列。试确定所需焊脚尺寸和焊缝长度。

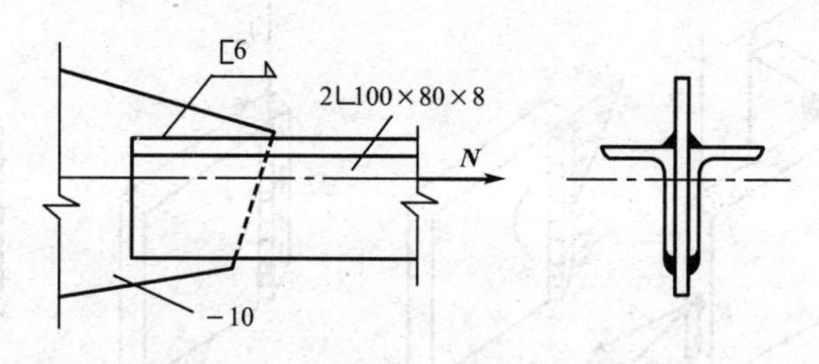

图 5-27　例 5-3 图

解　采用三面围焊，设角钢肢背、肢尖及端部焊脚尺寸相同，取

$$h_f=6\ \text{mm}\leqslant h_{fmax}=t-(1\sim2)=8-(1\sim2)=7\sim6\ \text{mm}\ (\text{角钢肢尖})$$

$$h_{fmax}=1.2t_{min}=1.2\times8=9.6\ \text{mm}\ (\text{角钢肢背})$$

$$>h_{fmin}=1.5\sqrt{t_{max}}=1.5\sqrt{10}=4.7\ \text{mm}$$

正面角焊缝能能承受的内力为

$$N_3=2\times0.7h_f b\beta_f f_f^w=2\times0.7\times6\times100\times1.22\times160=164\times10^3\ \text{N}=164\ \text{kN}$$

肢背和肢尖焊缝分担的内力分别为

$$N_1=K_1N-\frac{N_3}{2}=0.65\times510-\frac{164}{2}=249.5\ \text{kN}$$

$$N_2=K_2N-\frac{N_3}{2}=0.35\times510-\frac{164}{2}=96.5\ \text{kN}$$

肢背和肢尖焊缝所需要的实际长度为

$$l_{w1}=\frac{N_1}{2\times0.7h_f\times f_f^w}+6=\frac{249.5\times10^3}{2\times0.7\times6\times160}+6=192\ \text{mm，取 }195\ \text{mm}$$

$$l_{w2}=\frac{N_2}{2\times0.7h_f\times f_f^w}+6=\frac{96.5\times10^3}{2\times0.7\times6\times160}+6=78\ \text{mm，取 }80\ \text{mm}$$

2. T 形接头的角焊缝计算

(1)弯矩作用下 T 形接头的角焊缝计算

当力矩作用平面与焊缝群所在平面垂直时，焊缝受弯，如图 5-28 所示。弯矩在焊缝有效截面上产生和焊缝长度方向垂直的应力 σ_f，此弯矩应力呈三角形分布，边缘应力最大，图 5-28(b)所示给出焊缝有效截面，计算公式为

$$\sigma_f=\frac{M}{W_f^w}\leqslant\beta_f f_f^w \tag{5-20}$$

式中　W_f^w——角焊缝有效面积的抵抗矩。

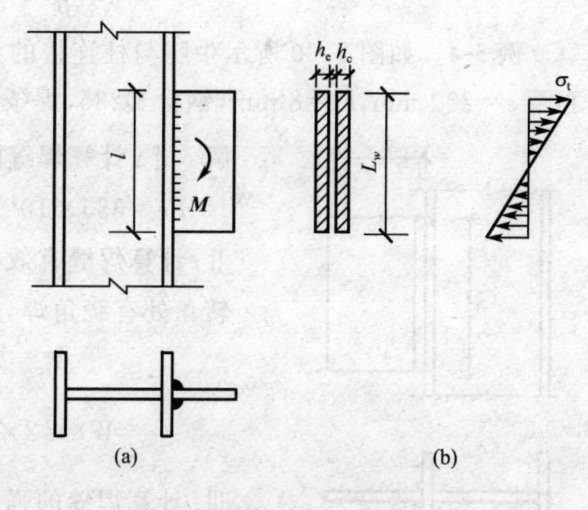

图 5-28　弯矩作用时角焊缝应力

(2)弯矩、剪力和轴心力共同作用时 T 形接头的角焊缝计算

如图 5-29(a)所示为双面角焊缝连接，承受偏心斜向拉力 $\boldsymbol{F}$ 作用的 T 形连接。可将 $\boldsymbol{F}$ 力分解并向角焊缝有效截面的形心简化，与图 5-29(b)所示的 $M=Ve$，$\boldsymbol{V}$ 和 $\boldsymbol{N}$ 单独作用等效。三

种应力状态叠加后，焊缝的 A 点为最危险点。

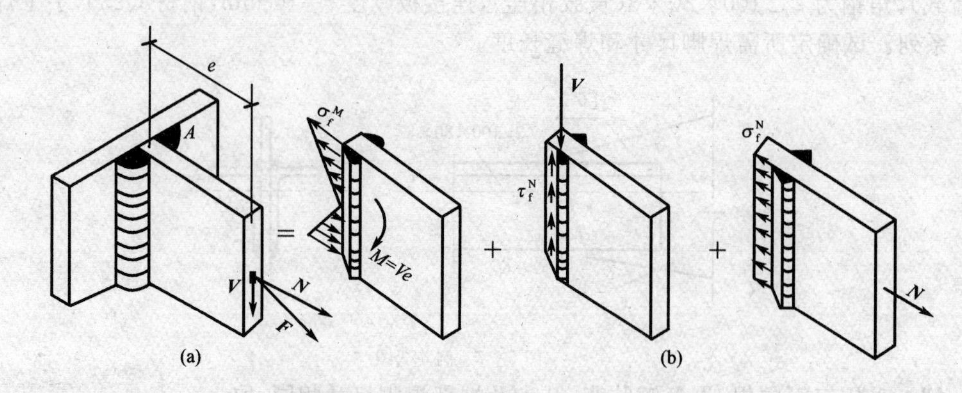

图 5-29　弯矩、剪力和轴心力共同作用时 T 形接头的角焊缝

A 点垂直于焊缝长度方向的应力由两部分组成，即由弯矩 $\boldsymbol{M}$ 产生的应力

$$\sigma_f^M=\frac{M}{W_f^w}=\frac{6M}{2\times0.7h_f l_w^2} \tag{5-21}$$

由轴心拉力 $\boldsymbol{N}$ 产生的应力

$$\sigma_f^N=\frac{N}{A_f^w}=\frac{N}{2\times0.7h_f l_w} \tag{5-22}$$

式中　A_f^w——角焊缝有效截面面积。

A 点平行于焊缝长度方向的应力由剪力 V 产生，即

$$\tau_f^V=\frac{V}{A_f^w}=\frac{V}{2\times0.7h_f l_w} \tag{5-23}$$

将垂直于焊缝长度方向的应力 σ_f^M 和 σ_f^N 相加，代入式(5-8)，A 点焊缝应满足

$$\sqrt{\left(\frac{\sigma_f^M+\sigma_f^N}{\beta_f}\right)^2+(\tau_f^V)^2}\leqslant f_f^w \tag{5-24}$$

当仅有弯矩和剪力共同作用，即上式中 $\sigma_f^N=0$ 时，可得

$$\sqrt{\left(\frac{\sigma_f^M}{\beta_f}\right)^2+(\tau_f^V)^2}\leqslant f_f^w \tag{5-25}$$

例 5-4　如图 5-30 所示牛腿与柱连接的角焊缝。荷载设计值 $F=335$ kN(静力荷载)，偏心距 $e=200$ mm，$h_f=8$ mm，钢材 Q235，焊条 E43 系列，手工焊。试验算该焊缝的强度。

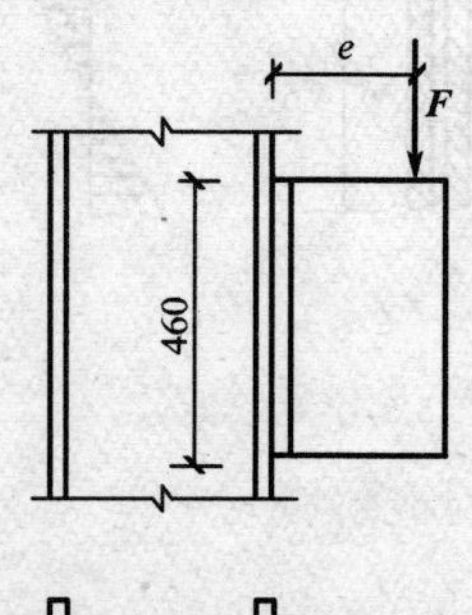

图 5-30　例 5-4 图

解　Ⅰ.计算焊缝的内力

$M=Fe=335\times10^3\times200=67\times10^6$ N·mm，$V=F=335\times10^3$ N

Ⅱ.计算焊缝有效截面的几何特性

转角处有绕角焊，故焊缝计算长度不考虑起灭弧影响。

$$A_f^w=2\times0.7\times0.8\times460=5\ 152\ \text{mm}^2$$

$$W_f^w=2\times\frac{1}{6}\times0.7\times8\times460^2=394\ 987\ \text{mm}^3$$

Ⅲ.计算焊缝的强度

$$\sigma_f^M=\frac{M}{W_f^w}=\frac{67\times10^6}{394\ 987}=169.63\ \text{N/mm}^2<\beta_f f_f^w=1.22\times160=195.2\ \text{N/mm}^2$$

$$\tau_f^V=\frac{V}{A_f^w}=\frac{335\times10^3}{5\ 152}=65.02\ \text{N/mm}^2$$

$$\sqrt{\left(\frac{\sigma_f^M}{\beta_f}\right)^2+(\tau_f^V)^2}=\sqrt{\left(\frac{169.63}{1.22}\right)^2+65.02^2}=153.5\ \text{N/mm}^2<f_f^w=160\ \text{N/mm}^2$$

焊缝强度满足要求。

3. 扭矩、剪力和轴心力共同作用时搭接连接的角焊缝计算

如图 5-31(a)所示为三面围焊缝受斜向拉力 $\boldsymbol{F}$ 作用的搭接连接。首先应确定三面围焊缝计算截面的形心位置 O，然后将力 $\boldsymbol{F}$ 分解并向形心 O 简化，可与图 5-31(b)所示的 $T=Ve$、$\boldsymbol{V}$ 和 $\boldsymbol{N}$ 单独作用等效。

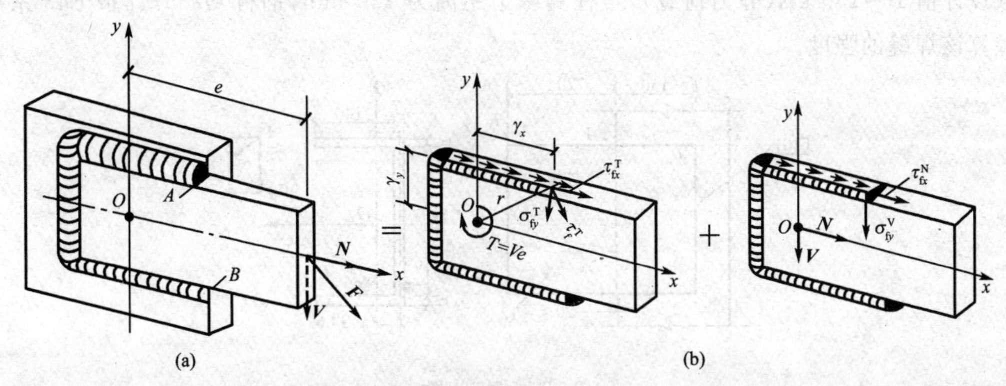

图 5-31　扭矩、剪力和轴心力共同作用时搭接连接的角焊缝

在扭矩 $\boldsymbol{T}$ 单独作用下，计算时采取下述假定：被连接件是绝对刚性体，而焊缝则是弹性工作；被连接件在扭矩作用下绕焊缝有效截面形心 O 旋转，焊缝群上任一点的应力方向垂直于该点与形心 O 的连线，且应力大小与此连线的距离 r 成正比，故最危险点在 r 最大处，即图中的 A 或 B 点。

在扭矩 $T=Ve$ 单独作用下 A 点的应力按下式计算，即

$$\tau_f^T=\frac{Tr}{I_p} \tag{5-26}$$

式中　$I_p=I_x+I_y$——角焊缝有效截面绕形心 O 的极惯性矩，I_x、I_y 分别为角焊缝有效截面绕 x 轴、y 轴的惯性矩。

r——距形心最远点到形心的距离；

T——扭矩设计值。

τ_A^T 可分解为垂直于水平焊缝长度方向的分应力 σ_{fy}^T 和平行于水平焊缝长度方向的分应力 τ_{fx}^T，有

$$\sigma_{fy}^T=\frac{Tr_x}{I_p},\tau_{fx}^T=\frac{Tr_y}{I_p} \tag{5-27}$$

式中　r_x、r_y——r 在 x 轴和 y 轴方向的投影长度。

由剪力 $\boldsymbol{V}$ 在焊缝群产生的应力按均匀分布，则在 A 点产生的垂直于焊缝长度方向的应力按下式计算，即

$$\sigma_{fy}^V=\frac{V}{h_e\sum l_w} \tag{5-28}$$

由轴心力 N 在焊缝群产生的应力按均匀分布，则在 A 点产生的平行于焊缝长度方向的应力按下式计算，即

$$\tau_{fx}^{N}=\frac{N}{h_e\sum l_w} \tag{5-29}$$

这样在 A 点的应力有 $\sigma_{fy}^{T},\sigma_{fy}^{V},\tau_{fx}^{T},\tau_{fx}^{N}$。代入式(5-8)，$A$ 点焊缝应满足

$$\sqrt{\left(\frac{\sigma_{fy}^{T}+\sigma_{fy}^{V}}{\beta_f}\right)^2+(\tau_{fx}^{T}+\tau_{fx}^{N})^2}\leqslant f_f^w \tag{5-30}$$

例 5-5 如图 5-32 所示厚度为 12 mm 的支托板和柱搭接连接，采用三面围焊的角焊缝。荷载设计值 $F=150$ kN(静力荷载)，至柱翼缘边距离为 220 mm，钢材 Q235，焊条 E43 系列。试验算该焊缝的强度。

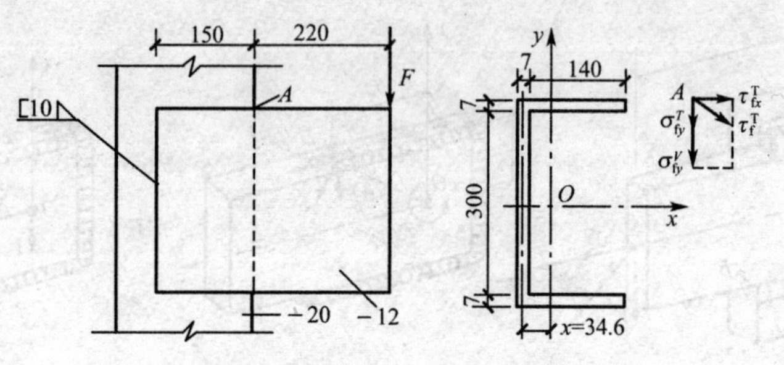

图 5-32 例 5-5 图

解 Ⅰ.确定焊脚尺寸

$$h_f=10\ \text{mm}<h_{fmax}=1.2t_{min}=1.2\times12=14.4\ \text{mm}$$

$$<h_{fmax}=t-(1\sim2)=12-(1\sim2)=10\sim11\ \text{mm}$$

$$>h_{fmin}=1.5\sqrt{t_{max}}=1.5\sqrt{20}=6.7\ \text{mm}$$

Ⅱ.计算焊缝有效截面的几何特征

$$x=\frac{2\times0.7\times1.0\times14\times\left(\frac{1}{2}\times14+0.35\right)}{0.7\times1.0\times(2\times14+31.4)}=3.46\ \text{cm}$$

$$I_x=\frac{1}{12}\times0.7\times1\times31.4^3+2\times0.7\times1\times14\times15.35^3=6\ 424\ \text{cm}^2$$

$$I_y=0.7\times1\times31.4\times3.46^2+2\times\left[\frac{1}{12}\times0.7\times1\times14^3+0.7\times1\times14\times\left(\frac{14}{2}+0.35-3.46\right)^2\right]$$

$$=880\ \text{cm}^4$$

$$I_p=6\ 424+880=7\ 304\ \text{cm}^4$$

Ⅲ.计算 A 点焊缝强度

$$T=150\times(22+15+0.35-3.46)=5\ 083.5\ \text{kN}\cdot\text{cm}$$

$$\sigma_{fy}^{T}=\frac{Tr_x}{I_p}=\frac{5\ 083.5\times10^4\times(140+3.5-34.6)}{7\ 304\times10^4}=75.79\ \text{N/mm}^2$$

$$\tau_{fx}^{T}=\frac{Tr_y}{I_p}=\frac{5\ 083.5\times10^4\times(150+7)}{7\ 304\times10^4}=109.27\ \text{N/mm}^2$$

$$\sigma_{fy}^{V}=\frac{V}{A_f^w}=\frac{150\times10^3}{0.7\times10\times(2\times140+314)}=36.08\ \text{N/mm}^2$$

$$\sqrt{\left(\frac{\sigma_{fy}^{T}+\sigma_{fy}^{V}}{\beta_f}\right)^2+(\tau_{fx}^{T})^2}=\sqrt{\left(\frac{75.79+36.08}{1.22}\right)^2+109.27^2}$$

$$=142.65\ \text{N/mm}^2<f_f^w=160\ \text{N/mm}^2$$

焊缝强度满足要求。

5.5　焊接残余应力和残余变形

在焊接过程中,焊件局部范围加热至熔化,而后又冷却凝固,结构经历了一个不均匀的升温和冷却过程,导致焊件各部分热胀冷缩不均匀,从而在结构内产生了焊接残余应力和残余变形。

5.5.1　焊接残余应力和焊接变形对钢结构的影响

1. 焊接残余应力的影响

对在常温下工作并具有较好塑性的钢材,在静荷载作用下,焊接残余应力不会影响结构的强度,但焊接残余应力增大了结构变形,降低了结构的刚度。刚度降低必定影响构件的稳定承载能力。另外,由于焊接构件结构中常有两向或三向焊接拉应力场,阻碍了塑性变形的发展,使钢材变脆,裂缝容易发生和发展,致使疲劳强度降低。如果在低温下工作,脆性倾向更大,焊接残余应力通常是导致焊接结构产生低温冷脆的主要原因。

2. 焊接残余变形的影响

在焊接过程中,由于各部分受热不均匀,在焊接区局部产生了热塑性压缩,使构件冷却后产生一些残余变形,如横向缩短、纵向缩短、角变形、弯曲变形和扭曲变形等,如图5-33所示。这些变形如果超过验收规范的规定,变形应进行校正,使其不致影响构件的使用和承载能力。

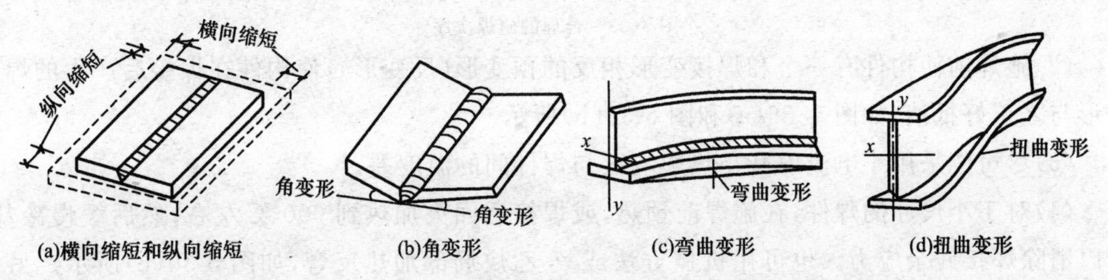

图5-33　焊接变形的基本形式

5.5.2　减少和限制焊接残余应力和残余变形的措施

1. 设计方面的措施

(1)焊缝尺寸要适当,在保证结构的承载能力的条件下,设计时可以采用较小的焊脚尺寸,并加大焊缝长度,以免因焊脚尺寸过大而引起过大的焊接残余应力。焊缝过厚还可能引起施焊时烧穿、过热等现象。

(2)焊缝的位置要合理,焊缝的布置应尽可能对称于截面中性轴,以减少焊接变形。

(3)焊缝不宜过分集中,如几块钢板交汇一处进行连接时,应采用如图5-34(b)所示的方式，避免采用如图 5-34(a)所示的方式，以免热量集中，引起过大的焊接变形和应力，恶化母材的组织构造。

(4)应尽量避免三条焊缝垂直交叉，为此可使次要焊缝中断，主要焊缝连续通过，如图 5-34(c) 所示。

(5)要考虑钢板的分层问题。如图 5-34(e)所示的构造措施是正确的，而如图 5-34(d)所示的构造常引起钢板的层状撕裂。

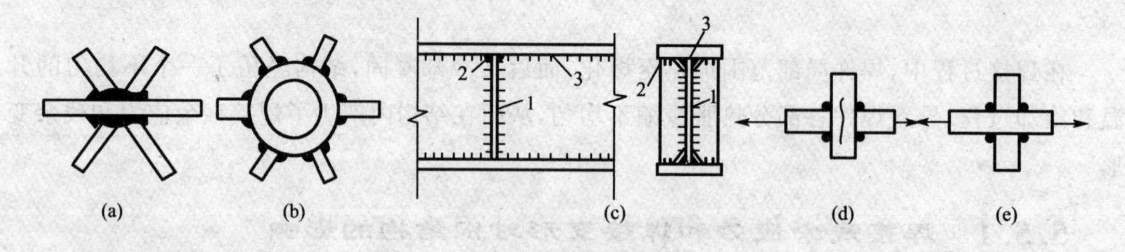

图 5-34　合理的焊缝设计

2. 工艺上的措施

(1)采用合理的施焊次序，例如钢板对接时采用分段退焊，厚焊缝采用分层焊，工字形截面采用对角跳焊等，如图 5-35 所示。

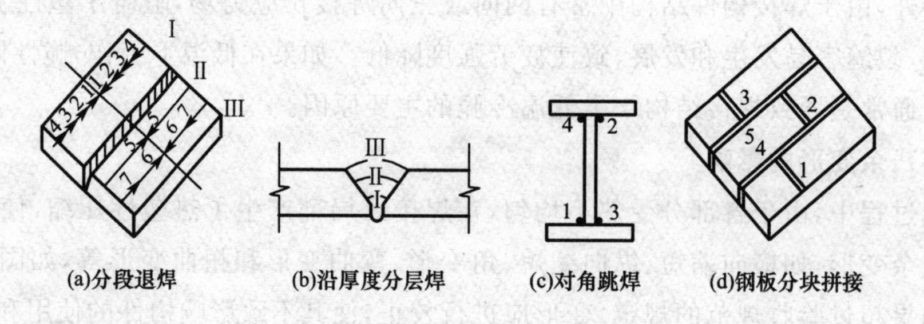

图 5-35　合理的施焊次序

(2)施焊前使构件有一个和焊接变形相反的预变形(反变形)，使构件在焊接后产生的焊接变形与之正好抵消，如图 5-36(a)和图 5-36(b)所示。

(3)尽可能采用小电流以减小热影响区与焊件间的温度差。

(4)对于小尺寸的焊件，在施焊前预热，或焊接后回火加热到 600 ℃左右，然后缓慢冷却，可以消除焊接残余应力。也可用机械方法或氧-乙炔局部加热反弯，如图 5-36(c)所示。另外可采用焊接后锤击，以减少焊接应力和焊接变形。

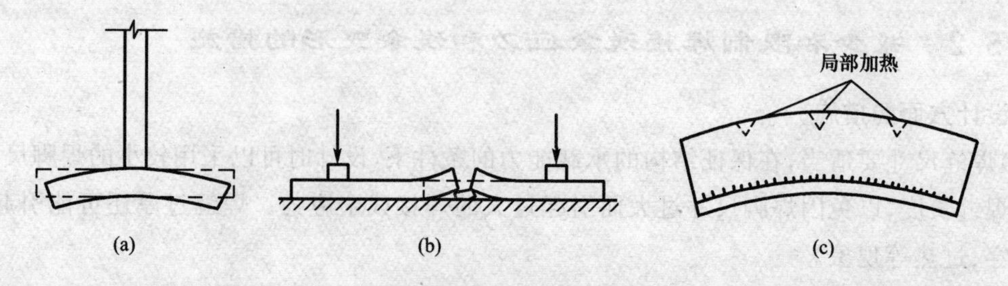

图 5-36　反变形及局部加热

5.6　普通螺栓连接的构造与计算

5.6.1　普通螺栓连接的构造

1. 螺栓的形式和规格

普通螺栓的形式为大六角头型，其代号用字母 M 与公称直径的毫米表示。螺栓直径 d 应根据整个结构及其主要连接的尺寸和受力情况选定，受力螺栓一般采用≥M16，工程中常用 M16、M20 和 M24 等。

在钢结构施工图上螺栓及栓孔的表示方法如表 5-3 所示。

表 5-3　　螺栓及栓孔图例

序　号	名　称	图　例	说　明
1	永久螺栓		1. 细“+”线表示定位线 2. 必须标注孔、螺栓直径
2	安装螺栓		
3	高强度螺栓		
4	螺栓圆孔		
5	长圆形螺栓孔		

2. 螺栓的排列

螺栓的排列应遵循简单紧凑、整齐划一和便于安装紧固的原则，通常分为并列和错列两种形式，如图 5-37 所示。并列比较简单整齐，所用连接板尺寸小，但由于螺栓孔的存在，对构件截面削弱较大。错列可减小螺栓孔对截面的削弱，但螺栓孔排列不如并列紧凑，连接板尺寸较大。

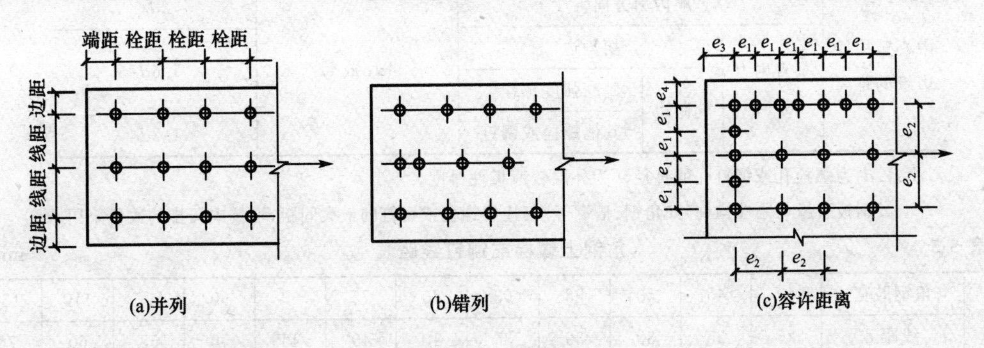

图 5-37　钢板上螺栓的排列

螺栓在构件上的排列应满足下列要求：

(1)受力要求

为避免钢板端部不被剪断或撕裂，螺栓的端距不应小于 $2d_0$，d_0 为螺栓孔径。对于受拉构件，各排螺栓的栓距和线距不应过小，以免使螺栓周围应力集中相互影响较大，且使钢板的截面削弱过多，从而降低其承载能力。当构件承受压力作用时，沿作用力方向的栓距不宜过大，否则螺栓间钢板会发生鼓曲和张口现象。

(2)构造要求

螺栓的栓距和线距过大时，被连接构件不能紧密贴合，潮气易于侵入缝隙使钢材锈蚀。

(3)施工要求

螺栓间应有足够空间以便于转动扳手拧紧螺帽。

根据上述要求，规范规定钢板上螺栓的最大和最小容许距离如图 5-37 及表 5-4 所示。在角钢、普通工字钢、槽钢截面上排列螺栓的线距应满足图 5-38 及表 5-5～表 5-7 的要求。在 H 型钢截面上排列螺栓的线距，腹板上的 c 值可参照普通工字钢，翼缘上的 e 值或 e_1、e_2 值可根据外伸宽度参照角钢。

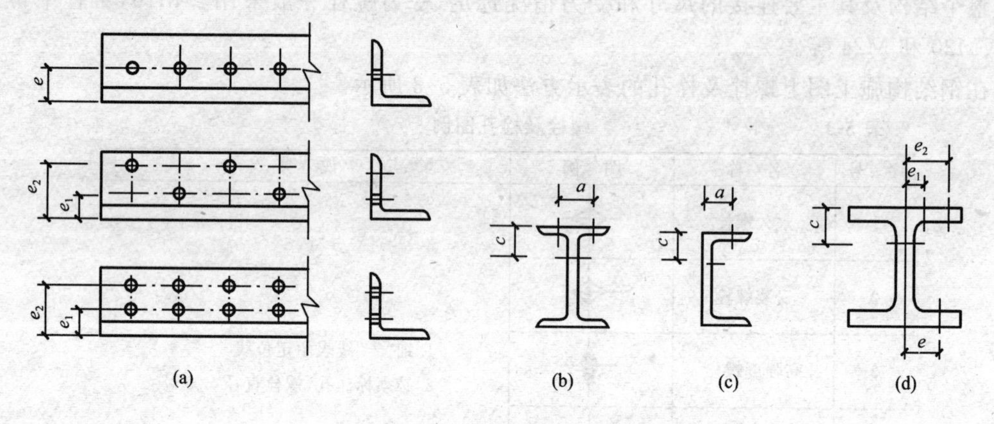

图 5-38　型钢的螺栓排列

表 5-4　螺栓和铆钉的最大、最小容许距离

名　称	位置和方向			最大容许距离（取两者的较小值）	最小容许距离
中心间距	任意方向	外　排		$8d_0$ 或 $12t$	$3d_0$
		中间排	构件受力	$12d_0$ 或 $18t$	
			构件受拉力	$16d_0$ 或 $24t$	
中心至构件边缘的距离	顺内力方向			$4d_0$ 或 $8t$	$2d_0$
	垂直内力方向	切割边			$1.5d_0$
		轧制边	高强度螺栓		
			其他螺栓或铆钉		$1.2d_0$

注：1. d_0 为螺栓孔或铆钉孔的直径，t 为外层较薄板件厚度。

2. 钢板边缘与刚性构件（如角钢、槽钢等）相连的螺栓或铆钉的最大间距，可按中间排的数值采用。

表 5-5　角钢上螺栓或铆钉线距表

mm

单行排列												
角钢肢宽	40	45	50	56	63	70	75	80	90	100	110	125
线距 e	25	25	30	30	35	40	40	45	50	55	60	70
钉孔最大直径	11.5	13.5	13.5	15.5	17.5	20	22	22	24	24	26	26

双行错排						双行并列			
角钢肢宽	125	140	160	180	200	角钢肢宽	160	180	200
e_1	55	60	70	70	80	e_1	60	70	80
e_2	90	100	120	140	160	e_2	130	140	160
钉孔最大直径	24	24	26	26	26	钉孔最大直径	24	24	26

表 5-6 工字钢和槽钢腹板上的螺栓线距表 mm

工字钢型号	12	14	16	18	20	22	25	28	32	36	40	45	50	56	63
线距 c_{min}	40	45	45	45	50	50	55	60	60	65	70	75	75	75	75
槽钢型号	12	14	16	18	20	22	25	28	32	36	40	—	—	—	—
线距 c_{min}	40	45	50	50	55	55	55	60	65	70	75	—	—	—	—

表 5-7 工字钢和槽钢翼缘上的螺栓线距表 mm

工字钢型号	12	14	16	18	20	22	25	28	32	36	40	45	50	56	63
线距 a_{min}	40	40	50	55	60	65	65	70	75	80	80	85	90	95	95
槽钢型号	12	14	16	18	20	22	25	28	32	36	40	—	—	—	—
线距 a_{min}	30	35	35	40	40	45	45	45	50	56	75	—	—	—	—

5.6.2 普通螺栓连接的计算

普通螺栓连接按受力情况可分为三类，螺栓只承受剪力；螺栓只承受拉力；螺栓承受拉力和剪力的共同作用。受剪螺栓连接是靠栓杆受剪和孔壁承压传力；受拉螺栓连接则是靠沿杆轴方向受拉传力，拉剪螺栓连接则是同时兼有上述两种传力方式。

1. 抗剪螺栓连接

抗剪螺栓连接在受力以后，首先由构件间的摩擦力抵抗外力。不过摩擦力很小，构件间不久就出现滑移，螺栓杆与螺栓孔壁发生接触，使螺栓杆受剪，同时螺栓杆和孔壁间互相接触挤压。

(1)破坏形式

抗剪螺栓连接达到极限承载力时，可能的破坏形式有：①当螺栓杆直径较小，板件较厚时，螺栓杆可能先被剪断，如图 5-39(a)所示。②当螺栓杆直径较大，板件相对较薄时，板件可能先被挤坏，如图 5-39(b)所示。由于螺栓杆和板件的挤压是相对的，故也可把这种破坏叫做螺栓承压破坏。③当螺栓孔对板件的削弱过于严重时，板件可能在削弱处被拉断，如图 5-39(c)所示。④当端距太小时，端距范围内的板件有可能受冲剪而破坏，如图 5-39(d)所示。⑤板叠厚度较大时，可能引起螺栓杆弯曲过大而影响承载能力，如图 5-39(e)所示。

上述第③种破坏属于构件的强度计算；第④种破坏形式由螺栓端距 $e_3 \geqslant 2d_0$ 来保证；第⑤种破坏可以通过限制板叠厚度不超过 $5d$ 来避免。因此，普通螺栓的抗剪连接计算只考虑第①、②两种破坏形式。

(2)单个普通螺栓的抗剪承载力

①假定螺栓受剪面上的剪应力为均匀分布，则单个螺栓的抗剪承载力设计值为

$$N_v^b = n_v \frac{\pi d^2}{4} f_v^b \tag{5-31}$$

式中 n_v——螺栓受剪面数(图 5-40)，单剪 $n_v=1$，双剪 $n_v=2$，四剪 $n_v=4$ 等；

d——螺栓杆直径；

f_v^b——螺栓的抗剪强度设计值，按附表 2-4 采用。

②螺栓孔壁的实际压应力分布很不均匀，为了简化计算，假定压应力沿螺栓直径的投影面

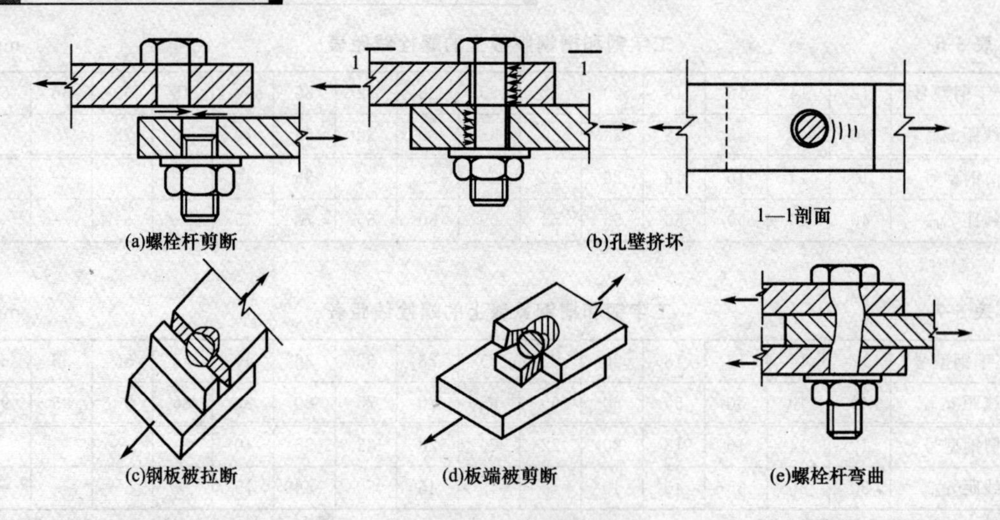

(a)螺栓杆剪断　(b)孔壁挤坏　(c)钢板被拉断　(d)板端被剪断　(e)螺栓杆弯曲

图 5-39　螺栓连接的破坏形式

均匀分布,则单个螺栓的承压承载力设计值为

$$N_c^b = d\sum tf_c^b \tag{5-32}$$

式中　$\sum t$——在同一受力方向承压的构件较小总厚度,在图 5-40(c)中,对于四剪面$\sum t$取$(t_1+t_3+t_5)$和(t_2+t_4)中的较小值;

f_c^b——螺栓的承压强度设计值,按附表 2-4 采用。

单个抗剪螺栓的承载力设计值应该取 N_v^b 和 N_c^b 的较小者 N_{min}^b。

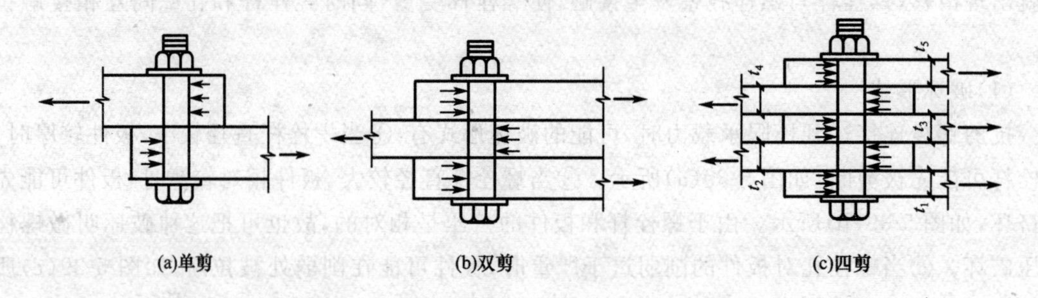

(a)单剪　(b)双剪　(c)四剪

图 5-40　抗剪螺栓连接

(3)螺栓群的抗剪承载力计算

按规定,每一杆件在节点上以及拼接接头的一端,永久螺栓数不宜少于两个,因此螺栓连接中的螺栓一般都是以螺栓群的形式出现。

当连接处于弹性阶段时,螺栓群中各螺栓受力不相等,两端大而中间小,如图 5-41(b)所示,超过弹性阶段出现塑性变形后,由于内力重分布,使各螺栓受力趋于均匀,如图 5-41(c)所示。但当构件的节点处或拼接接头的一侧螺栓很多,且沿受力方向的连接长度 l_1 过大时,端部的螺栓会因受力最大往往首先破坏,然后依次向内发展逐个破坏(即所谓解纽扣现象)。因此《规范》规定当 $l_1>15d_0$ 时,应将螺栓(包括高强度螺栓)的承载力设计值乘以下列折减系数给予降低,即

$$\beta=1.1-\frac{l_1}{150d_0}\geqslant 0.7 \tag{5-33}$$

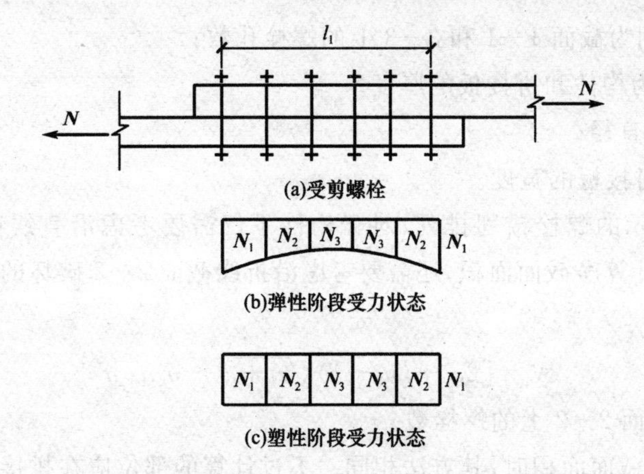

图 5-41　螺栓受剪力状态

①螺栓群受轴心力作用时的抗剪计算

当外力通过螺栓群形心时，在连接长度范围内，假定诸螺栓平均分担剪力，如图 5-42(a)中连接一侧所需要的螺栓数目为

$$n=\frac{N}{N_{\min}^{b}} \tag{5-34}$$

由于螺栓孔削弱了板件的截面，为防止构件或拼接板因螺孔削弱在净截面处被拉断，还应按下式验算净截面强度，即

$$\sigma=\frac{N}{A_n}\leqslant f \tag{5-35}$$

式中　A_n——构件或拼接板的净截面面积。

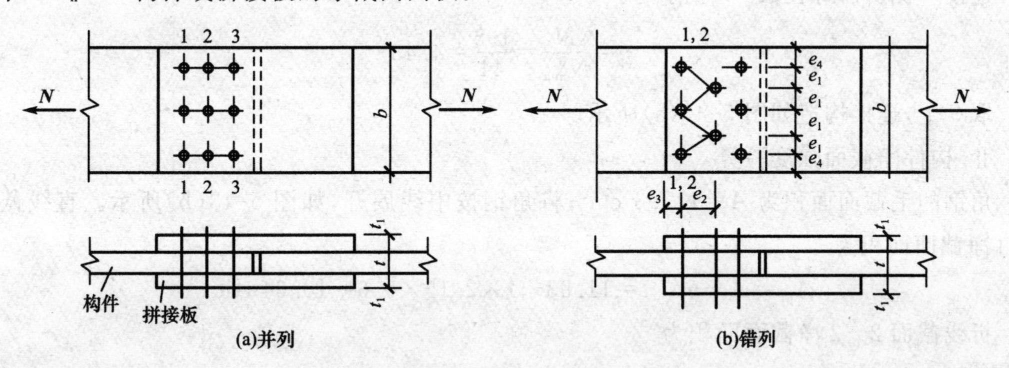

图 5-42　净截面面积计算

净截面强度验算应选择构件或拼接板的最不利截面，即内力最大或螺孔较多的截面。如图 5-42(a)所示的螺栓并列排列，以左半部分来看，截面 1—1、2—2、3—3 的净截面面积均相同。但对于构件来说，根据传力情况，截面 1—1 受力为 N，截面 2—2 受力为 $N-\frac{n_1}{n}N$，截面 3—3 受力为 $N-\frac{n_1+n_2}{n}N$，以截面 1—1 受力最大。其净截面面积为

$$A_n=(b-n_1 d_0)t \tag{5-36}$$

对拼接板各截面，因受力相反，截面 3—3 受力最大，其净截面面积为

$$A_n=2t_1(b-n_3 d_0) \tag{5-37}$$

式中　n_1、n_3——分别为截面 1—1 和 3—3 上的螺栓孔数；

t、t_1——分别为构件和拼接板的厚度；

d_0——螺栓孔直径；

b——构件和拼接板的宽度。

如图 5-42(b)所示的螺栓错列排列，对于构件不仅需要考虑沿直线截面 1—1 破坏的可能，此时按式(5-36)计算净截面面积，还需要考虑沿折线截面 2—2 破坏的可能，其净截面面积为

$$A_n=[2e_4+(n_2-1)\sqrt{e_1^2+e_2^2}-n_2d_0]t \tag{5-38}$$

式中　n_2——折线截面 2—2 上的螺栓数。

计算拼接板的净截面面积时，其方法相同。不过计算的部位应在拼接板受力最大处。

例 5-6　试计算两角钢用 C 级普通螺栓的拼接，已知角钢型号为∟100×6，所承受轴心拉力设计值为 $N=195$ kN，拼接角钢的型号与构件相同，钢材为 Q235 钢，螺栓选用 M20，孔径 $d_0=21.5$ mm。

解　Ⅰ.计算螺栓数

单个螺栓的抗剪承载力设计值

$$N_v^b=n_v\frac{\pi d^2}{4}f_v^b=1\times\frac{3.14\times20^2}{4}\times140=44\times10^3\ \text{N}=44\ \text{kN}$$

单个螺栓的承压承载力设计值

$$N_c^b=d\sum tf_c^b=20\times10\times305=61\times10^3\ \text{N}=61\ \text{kN}$$

连接一侧所需螺栓数

$$n=\frac{N}{N_{min}^b}=\frac{195}{44}=4.43$$

取 5 个，连接构造如图 5-43(a)所示。

Ⅱ.构件净截面强度验算

角钢的毛截面面积为 $A=11.93\ \text{cm}^2$；将角钢按中线展开，如图 5-43(b)所示。直线截面 1－1 净截面面积为

$$A_{n1}=A-n_1d_0t=11.93-1\times2.15\times0.6=10.64\ \text{cm}^2$$

折线截面 2－2 净截面面积为

$$A_{n2}=[2e_4+(n_2-1)\sqrt{e_1^2+e_2^2}-n_2d_0]t$$

$$=[2\times3.5+(2-1)\sqrt{4^2+12.4^2}-2\times2.15]\times0.6=9.44\ \text{cm}^2$$

$$\sigma=\frac{N}{A_{nmin}}=\frac{195\times10^3}{9.44\times10^2}=207\ \text{N/mm}^2<f=215\ \text{N/mm}^2$$

②螺栓群受偏心力作用时的抗剪计算

承受偏心力的螺栓连接，可先按构造要求布置螺栓，然后计算受力最大的螺栓所承受的剪力，并与单个抗剪螺栓的承载力设计值 N_{min}^b 进行比较。

如图 5-44(a)所示为一受偏心力 $\boldsymbol{F}$ 作用的螺栓搭接连接。将 $\boldsymbol{F}$ 力向螺栓群的形心 O 简化后，可与图 5-44(b)所示的 $T=Fe$，$V=F$ 单独作用等效，扭矩 $\boldsymbol{T}$ 和剪力 $\boldsymbol{V}$ 均使螺栓群受剪。

计算扭矩 $\boldsymbol{T}$ 作用下螺栓承受的剪力时采用如下假定：被连接构件是刚性的，而螺栓是弹

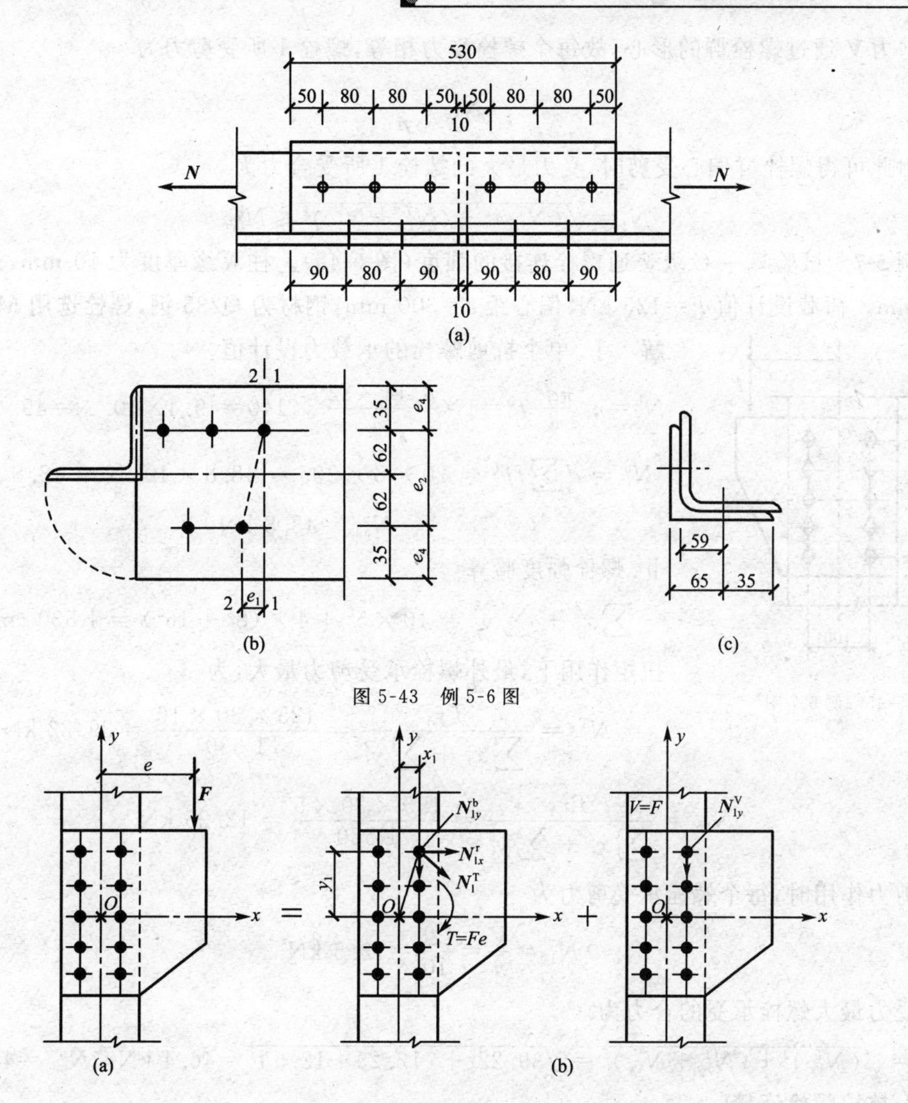

图 5-43 例 5-6 图

图 5-44 偏心力作用下抗剪螺栓计算

性的；各螺栓绕螺栓群形心 O 旋转，其受力大小与其至螺栓群形心的距离成正比，力的方向与其和螺栓群形心的连线相垂直。

因此，每个螺栓 i 所受的剪力 N_i^T 的方向垂直于该螺栓与 O 的连线，而其大小则与此连线的距离 r_i 成正比，螺栓 1 距离 O 最远，故其所受的剪力 N_1^T 最大，其值可按下式计算，即

$$N_1^{\mathrm{T}} = \frac{Tr_1}{\sum r_i^2} = \frac{Tr_1}{\sum x_i^2 + \sum y_i^2} \tag{5-39}$$

式中　$\sum x_i^2$、$\sum y_i^2$——螺栓群全部螺栓的横坐标和纵坐标的平方和。

为计算方便，将 N_1^T 分解为沿 x 轴和 y 轴的两个分量，即

$$N_{1x}^{\mathrm{T}} = N_1^{\mathrm{T}} \frac{y_1}{r_1} = \frac{Ty_1}{\sum x_i^2 + \sum y_i^2} \tag{5-40}$$

$$N_{1y}^{\mathrm{T}} = N_1^{\mathrm{T}} \frac{x_1}{r_1} = \frac{Tx_1}{\sum x_i^2 + \sum y_i^2} \tag{5-41}$$

剪力 **V** 通过螺栓群的形心，故每个螺栓受力相等，螺栓 1 所受剪力为

$$N_{1y}^{V}=\frac{V}{n} \tag{5-42}$$

由此可得螺栓群偏心受剪时，受力最大的螺栓 1 所受合力为

$$N_1=\sqrt{(N_{1x}^{T})^2+(N_{1y}^{T}+N_{1y}^{V})^2}\leqslant N_{\min}^{b} \tag{5-43}$$

例 5-7 试验算一 C 级普通螺栓连接的强度(图 5-45)。柱翼缘厚度为 10 mm，连接板厚度 8 mm。荷载设计值 $F=125$ kN，偏心距 $e=300$ mm，钢材为 Q235 钢，螺栓选用 M22。

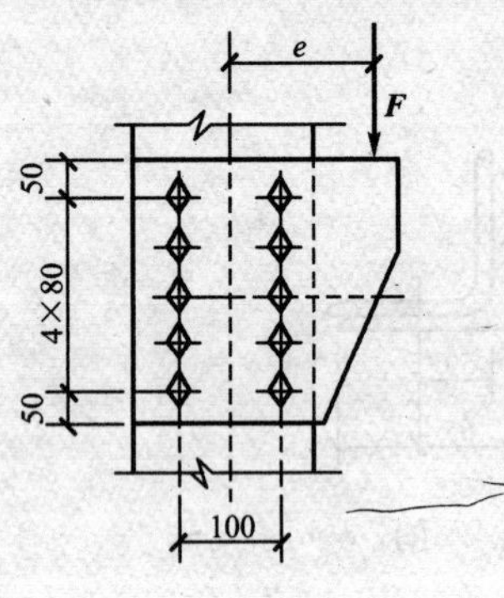

图 5-45 例 5-7 图

解 Ⅰ. 单个抗剪螺栓的承载力设计值

$$N_{v}^{b}=n_{v}\frac{\pi d^2}{4}f_{v}^{b}=1\times\frac{3.14\times22^2}{4}\times140=49.4\times10^3\text{ N}=49.4\text{ kN}$$

$$N_{c}^{b}=d\sum tf_{c}^{b}=20\times8\times305=48.8\times10^3\text{ N}=48.8\text{ kN}$$

$$N_{\min}^{b}=48.8\text{ kN}$$

Ⅱ. 螺栓强度验算

$$\sum x_i^2+\sum y_i^2=10\times5^2+4\times(8^2+16^2)=1\ 530\text{ cm}^2$$

扭矩作用下，最外螺栓承受剪力最大，为

$$N_{1x}^{T}=\frac{Ty_1}{\sum x_i^2+\sum y_i^2}=\frac{125\times30\times16}{1\ 530}=39.22\text{ kN}$$

$$N_{1y}^{T}=\frac{Tx_1}{\sum x_i^2+\sum y_i^2}=\frac{125\times30\times5}{1\ 530}=12.25\text{ kN}$$

剪力作用时，每个螺栓承受剪力为

$$N_{1y}^{V}=\frac{V}{n}=\frac{125}{10}=12.5\text{ kN}$$

受力最大螺栓承受的合力为

$$N_1=\sqrt{(N_{1x}^{T})^2+(N_{1y}^{T}+N_{1y}^{V})^2}=\sqrt{39.22^2+(12.25+12.5)^2}=46.4\text{ kN}<N_{\min}^{b}=48.8\text{ kN}$$

2. 抗拉螺栓连接

在抗拉螺栓连接中，外力趋向于将被连接构件拉开而使螺栓受拉，最后导致栓杆被拉断而破坏，其破坏部位多在被螺纹削弱的截面处。

(1)单个抗拉螺栓的承载力设计值

假定拉应力在螺栓螺纹处的截面上均匀分布，因此单个螺栓的抗拉承载力设计值为

$$N_{t}^{b}=A_{e}f_{t}^{b}=\frac{\pi d_{e}^2}{4}f_{t}^{b} \tag{5-44}$$

式中 A_e、d_e——螺栓螺纹处的有效截面面积和有效直径；

f_t^b——螺栓的抗拉强度设计值。

(2)螺栓群的抗拉螺栓计算

①螺栓群受轴心力作用时的抗拉计算

当外力 **N** 通过螺栓群形心时，假定每个螺栓所受的拉力相等，因此连接所需的螺栓数目为

$$n=\frac{N}{N_{t}^{b}} \tag{5-45}$$

②螺栓群受弯矩作用时的抗拉计算

如图 5-46(a)所示为一工字形截面柱翼缘与牛腿用螺栓的连接。在弯矩作用下,其上部螺栓受拉,因而有使连接上部牛腿与翼缘分离的趋势,使螺栓群形心下移。与螺栓群拉力相平衡的压力产生于下部的接触面上,精确确定中和轴的位置比较复杂,为便于计算,通常假定中和轴在弯矩指向一侧最外排螺栓处,如图 5-46(b)所示。连接变形为绕最外排螺栓处的水平轴转动,各排螺栓所受拉力大小与该排螺栓距中和轴的距离成正比。因此,弯矩作用下螺栓所受的最大拉力为

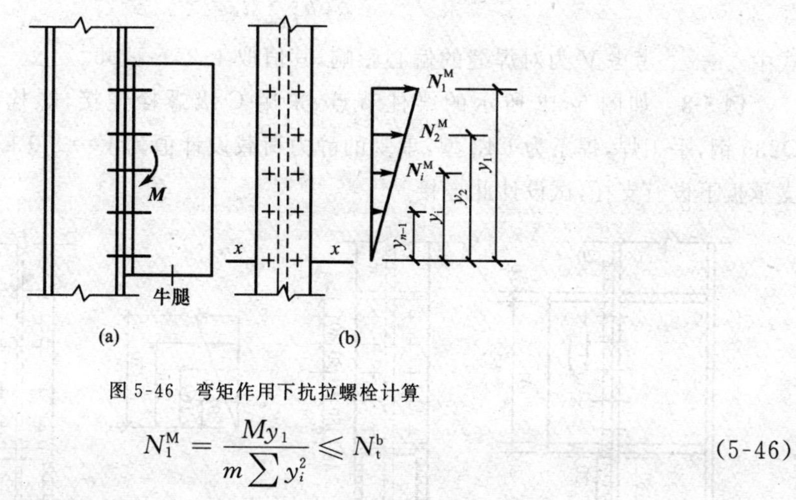

图 5-46　弯矩作用下抗拉螺栓计算

$$N_1^{\mathrm{M}}=\frac{My_1}{m\sum y_i^2}\leqslant N_{\mathrm{t}}^{\mathrm{b}} \tag{5-46}$$

式中　m——螺栓排列的纵向列数;

y_1、y_i——最外排螺栓和第 i 排螺栓到中和轴的距离。

3. 螺栓群同时承受剪力和拉力的计算

如图 5-47 所示连接,螺栓群承受剪力和拉力作用,这种连接可以有两种算法。

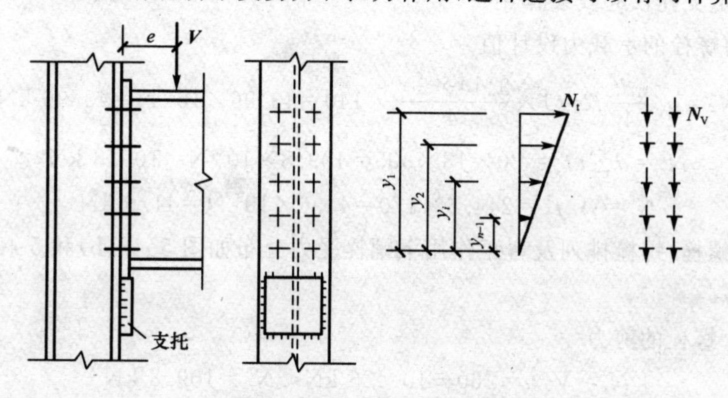

图 5-47　螺栓群同时承受剪力和拉力

(1)当不设置支托或支托仅起安装作用时,剪力 **V** 不通过支托传递。此时螺栓群受拉力和剪力共同作用,应满足相关方程,即

$$\sqrt{\left(\frac{N_{\mathrm{v}}}{N_{\mathrm{v}}^{\mathrm{b}}}\right)^2+\left(\frac{N_{\mathrm{t}}}{N_{\mathrm{t}}^{\mathrm{b}}}\right)^2}\leqslant 1 \tag{5-47}$$

满足式(5-47)说明螺栓不会因受拉和受剪破坏,但当板较薄时,可能承压破坏,故还要满足下式

$$N_v=\frac{V}{n}\leqslant N_c^b \tag{5-48}$$

式中 N_v、N_t——单个螺栓所承受的剪力和拉力；

N_v^b、N_t^b、N_c^b——单个螺栓的抗剪、抗拉和承压承载力设计值。

(2)支托承受剪力，弯矩由螺栓承受，按式(5-46)计算。支托和柱翼缘用角焊缝连接，按下式计算

$$\tau_f=\frac{\alpha V}{h_e\sum l_w}\leqslant f_f^w \tag{5-49}$$

式中 α——考虑 V 力对焊缝的偏心影响，其值取 1.25～1.35。

例 5-8 如图 5-48 所示的梁柱节点，采用 C 级螺栓连接，螺栓直径为 20 mm，钢材为 Q235 钢，手工焊，焊条为 E43 型，承受的静力荷载设计值为 $V=260$ kN，$M=35$ kN·m，梁端支承板下设有支托，试设计此连接。

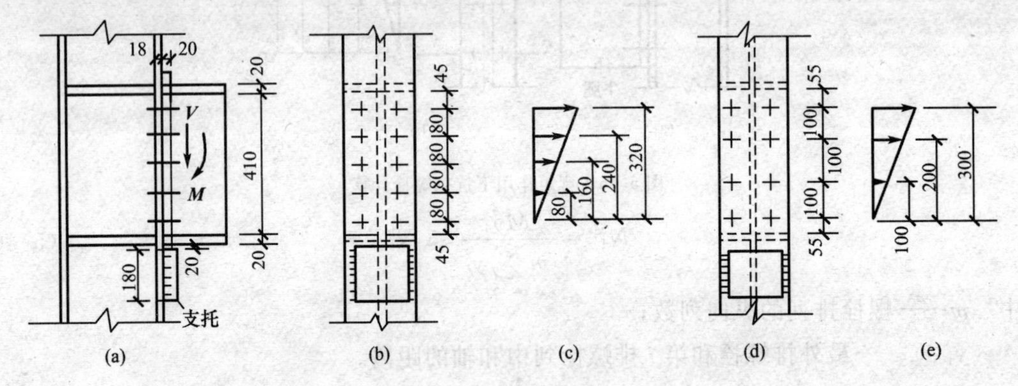

图 5-48 例 5-8 图

解 Ⅰ.假定支托仅起安装作用

①单个抗剪螺栓的承载力设计值

$$N_v^b=n_v\frac{\pi d^2}{4}f_v^b=1\times\frac{3.14\times20^2}{4}\times140=43.96\times10^3\ \text{N}=43.96\ \text{kN}$$

$$N_c^b=d\sum tf_c^b=20\times18\times305=109.8\times10^3\ \text{N}=109.8\ \text{kN}$$

$$N_t^b=A_ef_t^b=244.8\times170=41.6\times10^3\ \text{N}=41.6\ \text{kN}$$

初选 10 个螺栓，螺栓排列及弯矩作用下螺栓受力分布如图 5-48(b)和 5-48(c)所示。

②连接验算

作用于单个螺栓的剪力

$$N_v=V/n=260\div10=26\ \text{kN}<N_c^b=109.8\ \text{kN}$$

作用于单个螺栓的最大拉力

$$N_t=\frac{My_1}{m\sum y_i^2}=\frac{35\times32\times10^2}{2\times(8^2+16^2+24^2+32^2)}=29.17\ \text{kN}$$

剪力和拉力共同作用下

$$\sqrt{\left(\frac{N_v}{N_v^b}\right)^2+\left(\frac{N_t}{N_t^b}\right)^2}=\sqrt{\left(\frac{26}{43.96}\right)^2+\left(\frac{29.17}{41.6}\right)^2}=0.922<1$$

Ⅱ.假定支托为永久性的

支托承受剪力，螺栓只承受拉力，故螺栓数可减少一些，初选8个螺栓，其排列及螺栓受力分布如图5-48(d)和图5-48(e)所示。

①螺栓验算

作用于单个螺栓的最大拉力

$$N_t=\frac{My_1}{m\sum y_i^2}=\frac{35\times 30\times 10^2}{2\times(10^2+20^2+30^2)}=37.5\ \text{kN}<N_t^b=41.6\ \text{kN}$$

②支托和柱翼缘的连接焊缝计算

采用侧面角焊缝，取焊脚尺寸h_f为10 mm。

$$\tau_f=\frac{\alpha V}{h_e\sum l_w}=\frac{1.35\times 260\times 10^3}{2\times 0.7\times 10\times(180-20)}$$

$$=156.7\times 10^3\ \text{N/mm}^2=156.7\ \text{kN/mm}^2<f_f^w=160\ \text{kN/mm}^2$$

故该梁柱连接安全。

5.7 高强度螺栓连接的计算

如前所述，高强度螺栓连接分为摩擦型和承压型两种类型。摩擦型高强度螺栓连接单纯依靠被连接件间的摩擦阻力传递剪力，以剪力等于摩擦力为承载能力的极限状态。高强度螺栓承压型连接的传力特征是剪力超过摩擦力时，构件间发生相互滑移，螺栓杆身与孔壁接触，开始受剪并与孔壁承压。但是，另一方面，摩擦力随外力继续增大而逐渐减弱，到连接接近破坏时，剪力全由杆身承担。高强度螺栓承压型连接以螺栓或钢板破坏为承载能力的极限状态，可能的破坏形式和普通螺栓相同。栓杆预拉力(即板件间的法向挤压力)、连接表面的抗滑移系数和钢材种类都直接影响到高强螺栓连接的承载力。

5.7.1 高强度螺栓的预拉力

高强度螺栓的预拉力是通过拧紧螺帽实现的。一般采用扭矩法、转角法和扭剪法。

1. 扭矩法

采用可直接显示扭矩的特制扳手，根据事先测定的扭矩和螺栓拉力之间的关系施加扭矩，使之达到预定的预拉力。

2. 转角法

分初拧和终拧两步。初拧是先用普通扳手使被连接构件相互紧密贴合，终拧就是以初拧的贴紧位置为起点，根据按螺栓直径和板叠厚度所确定的终拧角度，用强有力的扳手旋转螺母，拧到预定角度值时，螺栓的拉力即达到了所需要的预拉力数值。

3. 扭剪法

扭掉螺栓尾部梅花头。先对螺栓初拧，然后用特制电动扳手的两个套筒分别套住螺母和螺栓尾部梅花头，如图5-49所示。操作时，大套筒正转施加紧固扭矩，小套筒则施加紧固反扭矩。待螺栓紧固后，进而沿尾部槽口将梅花头拧掉。由于槽口深度是按终拧扭矩和预拉力之间的关系确定的，故当梅花头被拧掉螺栓即达到规定的预拉力数值。

《钢结构设计规范》规定的高强度螺栓预拉力设计值见表5-8。

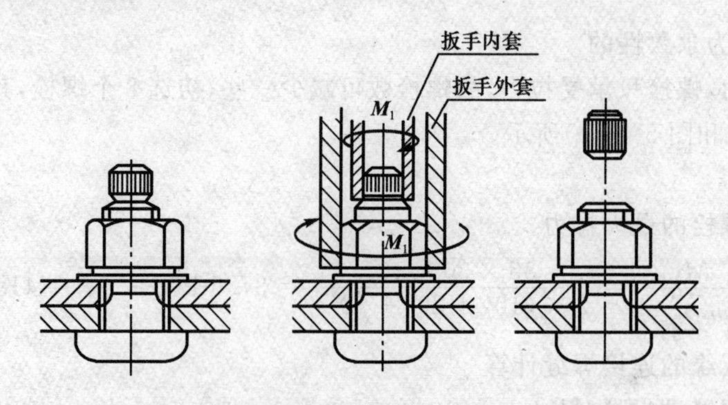

图 5-49 扭剪型高强度螺栓连接副的安装过程

表 5-8 一个高强度螺栓的预拉力 P kN

螺栓的性能等级	螺栓公称直径/mm					
	M16	M20	M22	M24	M27	M30
8.8 级	80	125	150	175	230	280
10.9 级	100	155	190	225	290	355

5.7.2 高强度螺栓连接摩擦面的抗滑移系数

高强度螺栓摩擦型连接完全依靠被连接构件间的摩擦阻力传力，而摩擦阻力的大小不仅和螺栓的预拉力有关，还与被连接构件材料及其接触面的表面处理有关。《钢结构设计规范》规定的高强度螺栓连接摩擦面的抗滑移系数 μ 值见表 5-9。承压型连接的构件接触面只要求清除油污及浮锈。

表 5-9 摩擦面的抗滑移系数 μ

在连接处构件接触面的处理方法	构件的钢号		
	Q235 钢	Q345 钢、Q390 钢	Q420 钢
喷砂（丸）	0.45	0.50	0.50
喷砂（丸）后涂无机富锌漆	0.35	0.40	0.40
喷砂（丸）后生赤锈	0.45	0.50	0.50
钢丝刷清除浮锈或未经处理的干净轧制表面	0.30	0.35	0.40

试验证明，构件摩擦面涂红丹后 $\mu<0.15$，即使经处理后仍然较低，故严禁在摩擦面上涂刷红丹。另外连接在潮湿或淋雨状态下进行拼装，也会降低 μ 值，故应采取防潮措施并避免雨天施工，以保证连接处干燥。

5.7.3 高强度螺栓摩擦型连接计算

和普通螺栓连接一样，高强度螺栓连接按传力方式亦可分为抗剪螺栓连接、抗拉螺栓连接和拉剪螺栓连接三种。

1. 高强度螺栓摩擦型抗剪连接计算

（1）单个高强度螺栓的抗剪承载力设计值

高强度螺栓摩擦型连接承受剪力时的设计准则是外力不得超过摩擦阻力。单个高强度螺栓的抗剪承载力设计值为

$$N_v^b = 0.9 n_f \mu P \tag{5-50}$$

式中 0.9——抗力分项系数 γ_R 的倒数，即 $1/\gamma_R=1/1.111=0.9$；

n_f——单个螺栓的传力摩擦面数；

μ——摩擦面的抗滑移系数，按表5-9采用；

P——单个高强度螺栓的预拉力，按表5-8采用。

(2)高强度螺栓群的抗剪连接计算

①轴心力 **N** 作用时，螺栓群计算应包括螺栓数目的确定和连接构件的强度验算。

螺栓数目：高强度螺栓连接所需螺栓数目，仍按式(5-34)计算，其中 N_{min}^b 对摩擦型按式(5-50)算得的 N_v^b 值。

构件的净截面强度验算：高强度螺栓摩擦型连接，要考虑由于摩擦阻力作用，一部分剪力已由孔前接触面传递，如图5-50所示。规范规定孔前传力占该列螺栓传力的50%。这样截面1—1净截面传力为

$$N'=N\left(1-\frac{0.5n_1}{n}\right) \tag{5-51}$$

式中 n_1——计算截面上的螺栓数；

n——连接一侧的螺栓总数。

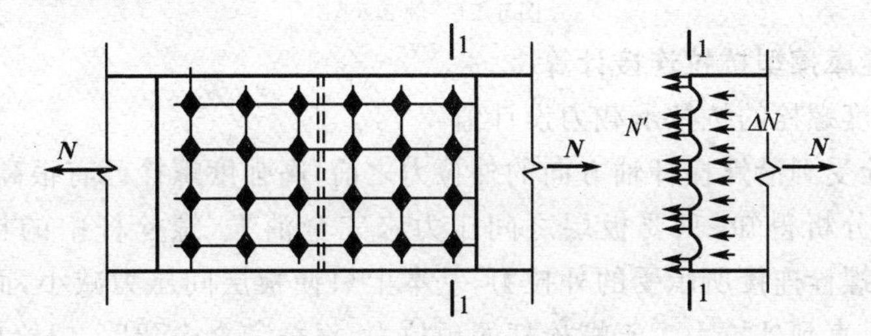

图5-50 摩擦型高强度螺栓孔前传力

连接构件的净截面强度应满足下式要求

$$\sigma=\frac{N'}{A_n}\leqslant f \tag{5-52}$$

②扭矩 **T** 作用时，及扭矩 **T**、剪力 **V** 和轴心力 **N** 共同作用时，高强度螺栓连接的抗剪计算与普通螺栓相同，只是用高强度摩擦型连接的承载力设计值。

例5-8 设计高强度螺栓摩擦型连接的双拼接板连接。承受的轴心拉力为 $N=1\,150$ kN，钢板截面为340 mm×12 mm，拼接板采用两块截面为340 mm×8 mm，钢材为Q345钢，采用8.8级的M22高强度螺栓，孔径 $d_0=24$ mm，连接构件的接触面用喷砂处理。

解 Ⅰ.确定螺栓数

由表5-8查得预拉力 $P=150$ kN，由表5-9查得 $\mu=0.5$。

单个螺栓的抗剪承载力设计值

$$N_v^b=0.9n_f\mu P=0.9\times2\times0.5\times150=135\text{ kN}$$

所需螺栓数为

$$n=n=\frac{N}{N_v^b}=\frac{1\,150}{135}=8.52$$

每侧用9个，螺栓排列如图5-51所示。

Ⅱ.构件净截面强度验算

$$N'=N\left(1-\frac{0.5n_1}{n}\right)=1\,150\left(1-\frac{0.5\times3}{9}\right)=958.33\text{ kN}$$

$$A_n = t(b - n_1 d_0) = 12 \times (340 - 3 \times 24) = 3\ 216\ \text{mm}^2$$

$$\sigma = \frac{N'}{A_n} = \frac{958\ 330}{3\ 216} = 298\ \text{N/mm}^2 < f = 310\ \text{N/mm}^2$$

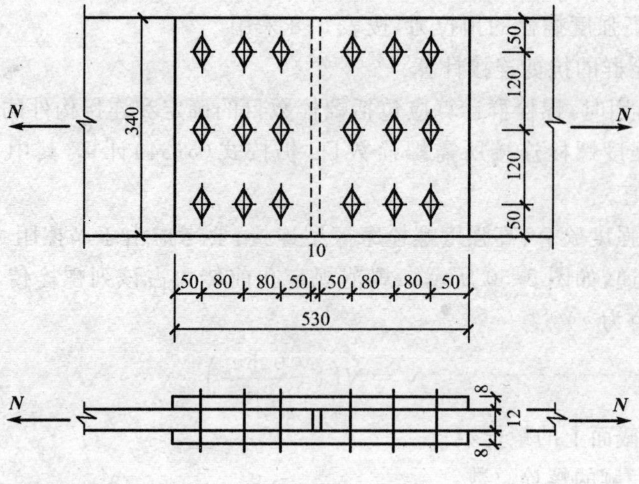

图 5-51 例 5-8 图

2. 高强度螺栓摩擦型抗拉连接计算

(1)单个高强度螺栓的抗拉承载力设计值

在高强度螺栓受到沿螺栓杆轴方向的外拉力之前，高强度螺栓已有很高的预拉力，当施加外拉力时，由实验分析得知，只要板层之间压力未完全消失，螺栓杆中的拉力只增加 5%～10%，所以高强度螺栓连接所承受的外拉力，基本上只使板层间压力减小，而对螺栓杆的预拉力没有大的影响。直到外拉力大于螺栓杆的预拉力，板叠完全松开后，螺栓杆受力才与外力相等。因此，为了使板件间保留一定的压紧力，规范规定单个高强度螺栓的抗拉承载力设计值为

$$N_t^b = 0.8P \tag{5-53}$$

(2)高强度螺栓群的抗拉连接计算

①轴心拉力作用时，高强度螺栓群轴心受拉连接，其受力分析方法和普通螺栓一样，故亦可用式(5-45)确定连接所需螺栓数目，其中 $N_t^b = 0.8P$。

②受弯矩作用时，在弯矩作用下，当受力最大的高强度螺栓的拉力没有达到预拉力时，被连接构件的接触面将始终保持紧密贴合。中和轴像梁一样位置在截面高度中央，可以认为就在螺栓群的形心轴上，如图 5-52 所示，最外排螺栓受力最大，其值可按下式计算，即

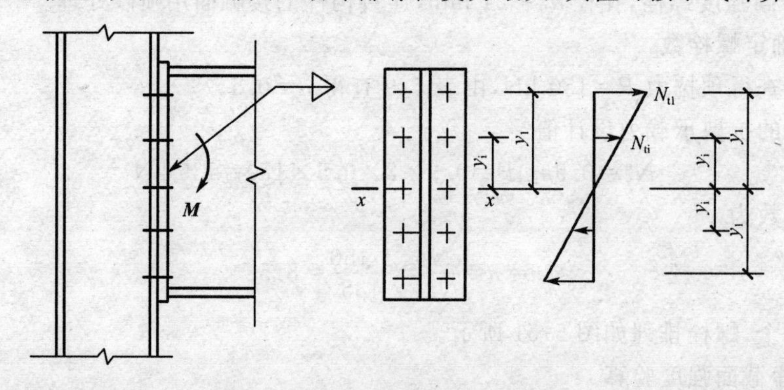

图 5-52 承受弯矩的高强度螺栓连接

$$N_{t1}=\frac{My_1}{m\sum y_i^2}\leqslant N_t^b=0.8P \tag{5-54}$$

3. 高强度螺栓摩擦型拉剪连接计算

当高强度螺栓承受沿杆轴方向的外拉力作用时，构件间的挤压力将降低。每个螺栓的抗剪承载力也随之减小。另外，由试验知，抗滑移系数也随板件间挤压力的减小而降低。《规范》规定每个螺栓的承载力按下式计算，抗滑移系数仍用原值

$$\frac{N_v}{N_v^b}+\frac{N_t}{N_t^b}\leqslant 1 \tag{5-55}$$

式中　N_v、N_t——单个高强度螺栓所承受的剪力和拉力设计值；

N_t^b、N_v^b——单个高强度螺栓的受剪、受拉承载力设计值。

5.7.4　高强度螺栓承压型连接计算

高强度螺栓承压型连接以栓杆受剪破坏或孔壁承压破坏为承载能力的极限状态，可能的破坏形式和普通螺栓相同。

1. 高强度螺栓承压型抗剪连接计算

高强度螺栓承压型连接的计算方法和普通螺栓连接的相同，即单个高强度螺栓承压型连接的承载力设计值 N_{min}^b 取按式(5-31)和式(5-32)算得的较小值，计算时取用承压型连接高强螺栓的 f_v^b、f_c^b。

2. 高强度螺栓承压型抗拉连接计算

在杆轴方向受拉的连接中，高强度螺栓承压型连接的抗拉承载力设计值的计算方法与普通螺栓相同，按式(5-44)进行计算，计算时取用承压型连接高强螺栓的 f_t^b。

3. 高强度螺栓承压型拉剪连接计算

对同时承受剪力和拉力的高强度螺栓承压型连接，即应满足式(5-56)和式(5-57)，即

$$\sqrt{\left(\frac{N_v}{N_v^b}\right)^2+\left(\frac{N_t}{N_t^b}\right)^2}\leqslant 1 \tag{5-56}$$

$$N_v\leqslant\frac{N_c^b}{1.2} \tag{5-57}$$

式(5-57)中的1.2为承压强度设计值降低系数。

例 5-9　试设计牛腿与柱的连接。采用10.9级高强度螺栓，螺栓直径M20，钢材为Q345钢，构件接触面采用喷砂处理，作用力设计值如图5-53所示，支托起安装作用。

解　Ⅰ.按接触面不被拉开计算(摩擦型连接)

螺栓布置如图5-53(a)所示。

①计算连接中受力最大螺栓承受的拉力及剪力

$$N_t=N_1^M=\frac{My_1}{m\sum y_i^2}=\frac{270\times 20\times 16}{2\times(2\times 8^2+2\times 16^2)}=67.5\ \text{kN}$$

$$N_v=\frac{N}{n}=\frac{270}{10}=27\ \text{kN}$$

②计算单个高强度螺栓受剪、受拉承载力设计值

$$N_v^b=0.9n_f uP=0.9\times 1\times 0.5\times 155=69.75\ \text{kN}$$

$$N_t^b=0.8P=0.8\times 155=124\ \text{kN}$$

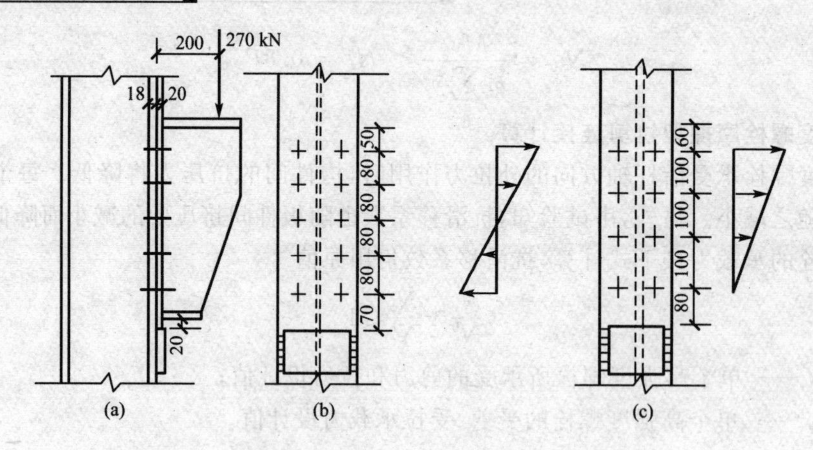

图 5-53 例 5-9 图

③拉剪共同作用下受力最大螺栓的承载力验算

$$\frac{N_v}{N_v^b}+\frac{N_t}{N_t^b}=\frac{27}{69.75}+\frac{67.5}{124}=0.931<1$$

满足要求。

Ⅱ.按接触面上端允许拉开计算（承压型连接）

减少螺栓数量，改为如图 5-53(c)所示的布置方案。

①计算连接处受力最大螺栓所承受的拉力

$$N_t = N_1^M = \frac{My_1}{m\sum y_i^2} = \frac{270\times 20\times 30}{2\times(10^2+20^2+30^2)} = 57.86\ \text{kN}$$

②计算螺栓承受的剪力

$$N_v=\frac{N}{n}=\frac{270}{8}=33.75\ \text{kN}$$

③计算一个螺栓的抗剪、承压和抗拉承载力

$$N_v^b=n_v\frac{\pi d^2}{4}f_v^b=1\times\frac{3.14\times 20^2}{4}\times 310=97.39\times 10^3\ \text{N}=97.39\ \text{kN}$$

$$N_c^b = d\sum tf_c^b = 20\times 18\times 590 == 212.4\times 10^3\ \text{N} = 212.4\ \text{kN}$$

$$N_t^b=A_e f_t^b=244.8\times 500=122.4\times 10^3\ \text{N}=122.4\ \text{kN}$$

④受力最大的螺栓在剪力和拉力共同作用下的验算

$$\sqrt{\left(\frac{N_v}{N_v^b}\right)^2+\left(\frac{N_t}{N_t^b}\right)^2}=\sqrt{\left(\frac{33.75}{97.39}\right)^2+\left(\frac{57.86}{122.4}\right)^2}=0.59<1$$

⑤剪力验算

$$N_v=33.75\ \text{kN}<\frac{212.4}{1.2}=177\ \text{kN}$$

富余较多，可考虑改用 8.8 级螺栓。

思考题

5-1 钢结构常用的连接方法有哪几种？各有什么特点？

5-2 按被连接构件的相互位置焊缝连接形式分为几种？其特点如何？

5-3 焊缝的质量分几个等级？与钢材等强的受拉和受弯对接焊缝需采用几级？

5-4 为何要规定角焊缝焊脚尺寸的最大和最小限值？

5-5 焊接残余应力和残余变形对结构有何影响？如何减少和限制焊接残余应力和残余变形？

5-6 普通螺栓受剪连接破坏的五种形式是什么？哪些是通过强度计算解决的？哪些是通过构造措施解决的？

5-7 为何要规定螺栓排列的最大和最小间距要求？

习题

5-1 计算如图5-54所示的两块钢板的对接连接焊缝。已知截面尺寸 $B=400$ mm，$t=12$ mm，承受轴心拉力设计值 $N=820$ kN（静力荷载），钢材为Q235钢，焊条E43系列，手工焊，焊缝质量等级三级，施焊时没有引弧板。

5-2 如图5-55所示角钢与节点板的连接角焊缝。已知轴心力设计值 $N=450$ kN（静力荷载），角钢为2∟100×80×6（长肢相连），连接板厚度 $t=10$ mm，钢材Q235，手工焊，焊条E43系列。试确定所需焊脚尺寸和焊缝长度。试按下列情况分别计算其焊缝：①采用两面侧焊缝；②采用三面围焊缝。

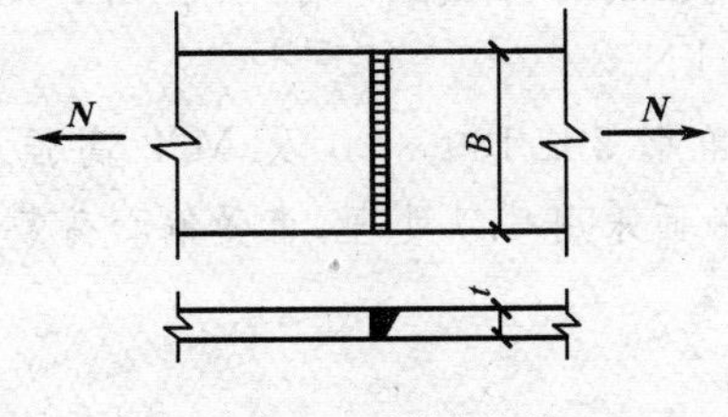

图5-54 习题5-1图

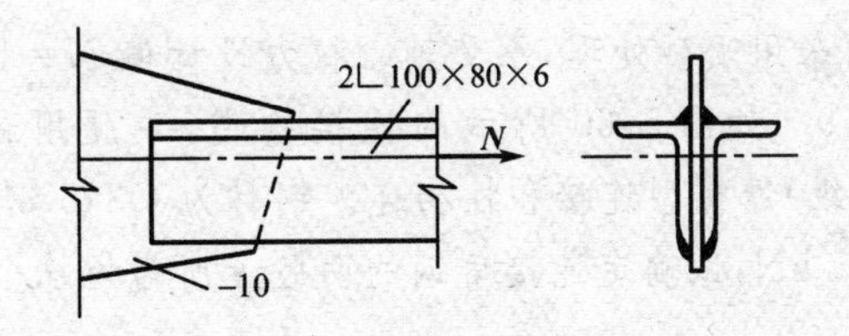

图5-55 习题5-2图

5-3 试设计如图5-56所示一双拼接盖板的对接连接。已知钢板宽 $B=360$ mm，厚度 $t_1=14$ mm，拼接盖板厚度 $t_2=8$ mm，该连接承受轴心力设计值 $N=1\ 000$ kN（静力荷载），钢材为Q235，手工焊，焊条为E43型。

5-4 如图5-57所示一支托角钢，两边用角焊缝与柱翼缘相连，钢材为Q345钢，焊条E50系列，手工焊，外力设计值 $N=400$ kN（静力荷载），试确定焊缝厚度。

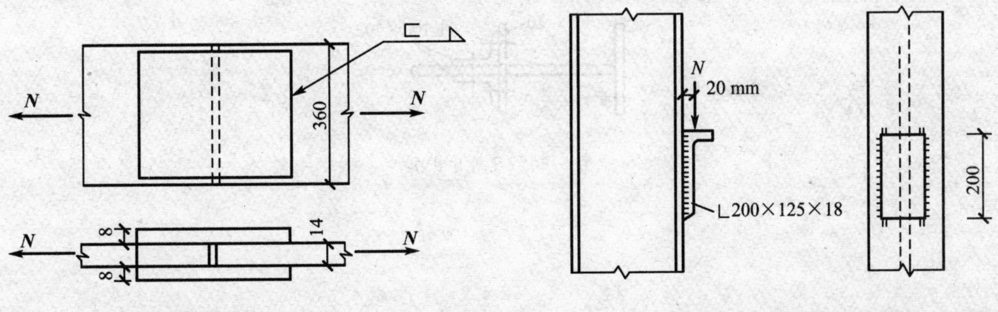

图5-56 习题5-3图　　图5-57 习题5-4图

5-5 试验算如图5-58所示连接角焊缝的强度。荷载设计值 $F=47$ kN（静力荷载）。钢材Q235，焊条E43系列，手工焊。

5-6 将习题5-3中的钢板改用C级普通螺栓连接，承受轴心力设计值 $F=720$ kN，螺栓采用 M20，孔径 $d_0=21.5$ mm。

5-7　如图 5-59 所示 C 级螺栓连，钢材为 Q235 钢，螺栓采用 M20，$d_e=17.65$ mm，孔径 $d_0=21.5$ mm 承受荷载设计值 $F=150$ kN。①假定支托承力，试验算此连接是否安全；②假定支托不承力，试验算此连接是否安全。

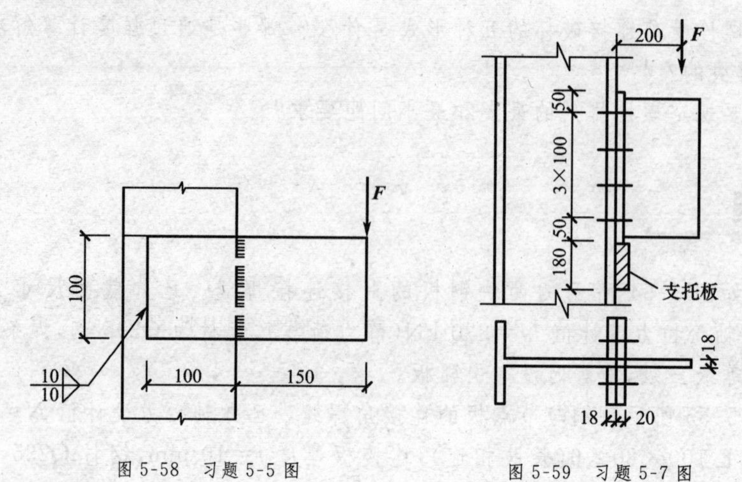

图 5-58　习题 5-5 图　　图 5-59　习题 5-7 图

5-8　试设计用高强度螺栓摩擦型连接的钢板拼接连接。采用双盖板，钢板截面为 340 mm×20 mm，盖板截面为 340 mm×10 mm 的钢板，钢材为 Q345 钢，螺栓 8.8 级，M22，接触面采用喷砂处理，承受轴心拉力设计值 $N=1\ 600$ kN。

5-9　如图 5-60 所示的连接构造，牛腿用连接角钢 2∟100×20 及 M22 高强度螺栓（10.9 级）摩擦型连接和柱相连。钢材为 Q345 钢，接触面采用喷砂处理，承受偏心荷载设计值 $F=175$ kN，试确定连接角钢的两肢上所需螺栓个数。

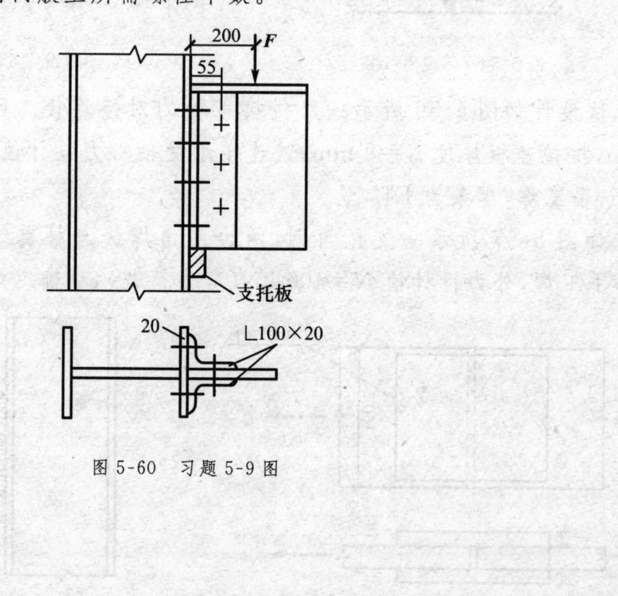

图 5-60　习题 5-9 图

第6章 钢结构构件设计

6.1 受弯构件(梁)

受弯构件是指主要承受横向荷载作用的构件。钢结构中最常用的受弯构件就是钢梁,它是组成钢结构的基本构件之一,在房屋建筑和桥梁工程中得到广泛应用。例如,楼盖梁、屋盖梁、工作平台梁、墙梁、吊车梁、檩条以及梁式桥、大跨斜拉桥、悬索桥中的桥面梁等。

6.1.1 受弯构件(梁)的类型

钢梁按制作方法的不同可分为型钢梁和组合梁两类,如图 6-1 所示。型钢梁又可分为热轧型钢梁和冷弯薄壁型钢梁两种。热轧型钢梁常用普通工字钢、槽钢或 H 型钢做成,分别如图 6-1(a)～6-1(c)所示,制造简单方便,成本低,故应用最为广泛。对受荷较小,跨度不大的梁用带有卷边的冷弯薄壁槽钢[图 6-1(d)、6-1(f)]或 Z 型钢[图 6-1(e)]制作,可以有效地节约钢材。由于型钢梁具有加工制造方便和成本较低的优点,在结构设计中应优先选用。

当荷载和跨度较大时,型钢梁由于受尺寸和规格的限制,往往不能满足承载力或刚度的要求,这时需要采用组合梁。组合梁按其连接方法和使用材料的不同,可分为焊接组合梁、高强度螺栓连接组合梁、钢与混凝土组合梁等。

最常用的组合梁是由两块钢板和一块腹板焊接而成的工字形截面组合梁,如图 6-1(g)所示;当所需翼缘板较厚时可采用双层翼缘板组成的截面,如图 6-1(i)所示。若荷载或跨度较大,而截面高度又受限制或对抗扭刚度要求较高时,可采用箱形截面,如图 6-1(k)所示。当梁承受动力荷载时,由于对疲劳性能要求较高,需要采用高强度螺栓连接的工字形组合梁,如图 6-1(j)所示。还有制成如图 6-1(l)所示的钢与混凝土的组合梁,这可以充分发挥两种材料的优势,经济效果较明显。组合梁的截面组成灵活,材料在截面上的分布合理,故用钢量省。

钢梁按支撑情况可分为简支梁、连续梁和伸臂梁等。简支梁制造和安装均较方便,而且不受支座沉陷和温度变化的影响,故应用最广。

钢梁按荷载作用情况,可分为只在一个主平面内受弯的单向弯曲梁和在两个主平面内受弯的双向弯曲梁(如墙梁、檩条、吊车梁等)。

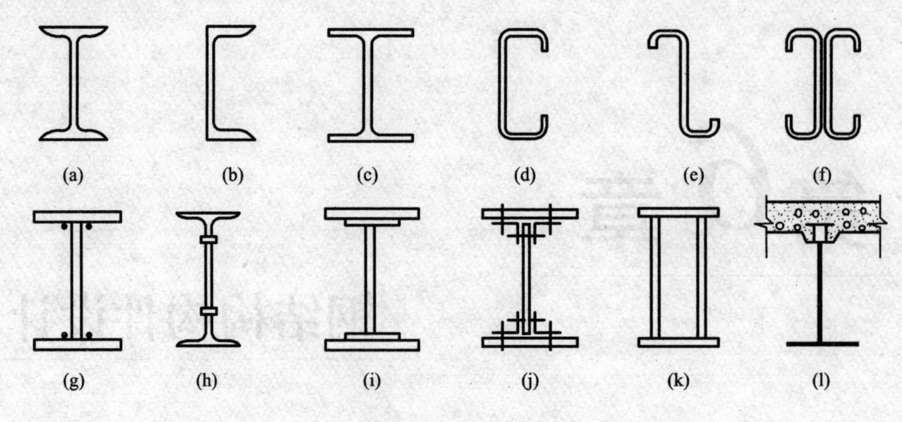

图 6-1　钢梁的类型

6.1.2　梁的强度和刚度

为了确保安全适用、经济合理，梁在设计时必须同时满足承载能力极限状态和正常使用极限状态的要求，承载能力极限状态中须对梁作强度、整体稳定和局部稳定的计算；正常使用极限状态须对梁的刚度进行计算。

1.梁的强度

梁在承受弯矩作用的同时，一般还伴随有剪力作用，有时还有局部压力作用，故应分别计算其抗弯、抗剪和局部承压强度；对于梁内有正应力、剪应力及局部压应力共同作用处，还应验算其折算应力。

(1)抗弯强度

梁在弯矩作用下，截面上弯曲应力的发展可分为三个工作阶段。如图 6-2 所示为一双轴对称工字形截面梁的弹性、弹塑性和塑性工作阶段的应力分布情况。

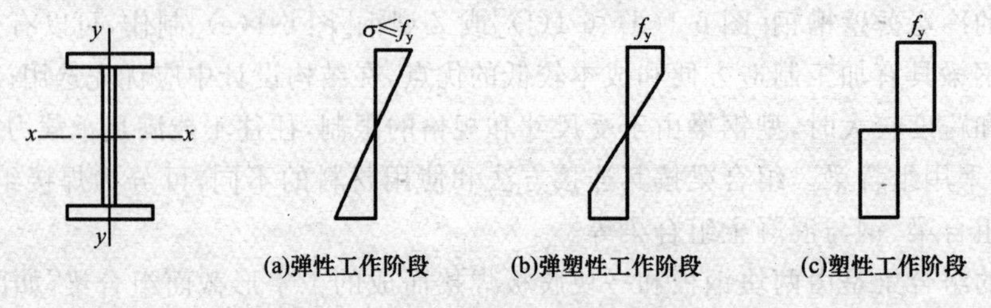

图 6-2　梁的正应力分布

①弹性工作阶段

当作用于梁上的弯矩较小时，截面上的弯曲应力呈三角形直线分布，截面最外边缘纤维应力不超过屈服点，属于弹性工作阶段，如图 6-2(a)所示。弹性工作阶段的最大弯矩为

$$M_e = W_n f_y \tag{6-1}$$

式中　f_y——钢材屈服强度；

W_n——梁净截面模量。

②弹塑性工作阶段

弯矩继续增加，梁的两块翼缘板逐渐屈服，随后腹板上下侧也部分屈服，中央部分仍保持弹性。这时截面弯曲应力不再保持三角形直线分布，而是呈折线分布，如图 6-2(b)所示。随着弯矩增加，塑性区逐渐向截面中央扩展，中央弹性区相应逐渐减小。

③塑性工作阶段

在弹塑性工作阶段，如果弯矩不断增加，直到弹性区消失，截面全部进入塑性状态，形成塑性铰，就达到塑性工作阶段。这时梁截面应力呈上下两个矩形分布，如图 6-2(c)所示。弯矩达到最大弯矩，称为塑性铰弯矩，其值为

$$M_{p}=W_{pn}f_{y} \tag{6-2}$$

式中 W_{pn}——梁塑性净截面模量。

$$W_{pn}=S_{1n}+S_{2n} \tag{6-3}$$

式中 S_{1n}——中和轴以上净截面面积对中和轴的面积矩；

S_{2n}——中和轴以下净截面面积对中和轴的面积矩。

中和轴是和弯曲主轴平行的截面面积平分线，中和轴两边的面积相等，对于双轴对称截面即为形心轴。

由式(6-1)和式(6-2)可见，梁的塑性铰弯矩 M_p 与弹性阶段最大弯矩 M_e 的比值仅与截面几何性质有关，而与材料的强度无关。一般将毛截面的模量比值 W_p/W_e 称为截面的形状系数 F。对于矩形截面，$F=1.5$；圆形截面，$F=1.7$；圆管截面，$F=1.27$；工字形截面，对 x 轴 $F=1.10\sim1.17$，对 y 轴 $F=1.5$。

实际设计中为了避免产生过大的非弹性变形，将梁的极限弯矩取在式(6-1)和式(6-2)之间。钢结构设计规范对不需要计算疲劳的受弯构件，允许考虑截面有一定程度的塑性发展，所取截面的塑性发展系数分别为 γ_x 和 γ_y。例如图 6-3 所示的双轴对称工字形截面取 $\gamma_x=1.05$，$\gamma_y=1.2$；箱形截面取 $\gamma_x=\gamma_y=1.05$，均较截面的形状系数 F 为小。

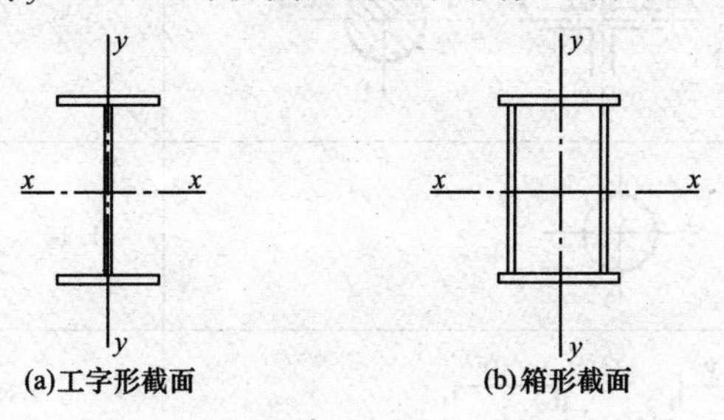

图 6-3 截面图

《规范》规定梁的正应力计算公式为：

单向弯曲时

$$\frac{M_x}{\gamma_x W_{nx}}\leqslant f \tag{6-4}$$

双向弯曲时

$$\frac{M_x}{\gamma_x W_{nx}}+\frac{M_y}{\gamma_y W_{ny}}\leqslant f \tag{6-5}$$

式中 M_x、M_y——梁在最大刚度平面内(绕 x 轴)和最小刚度平面内(绕 y 轴)的弯矩设计值；

W_{nx}、W_{ny}——对 x 轴和 y 轴的净截面模量；

γ_x、γ_y——截面塑性发展系数，按表 6-1 采用；

f——钢材的抗弯强度设计值。

表 6-1　　　　截面塑性发展系数 γ_x 和 γ_y 值

项次	截面形式	γ_x	γ_y
1	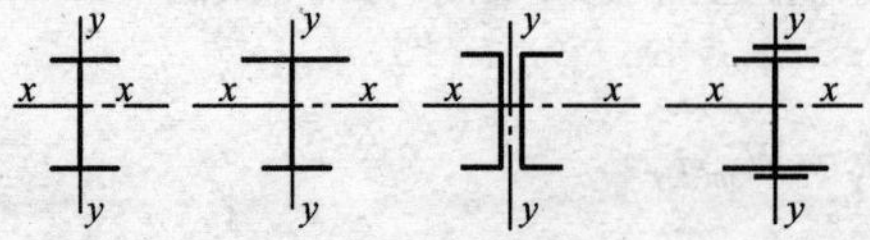	1.05	1.2
2	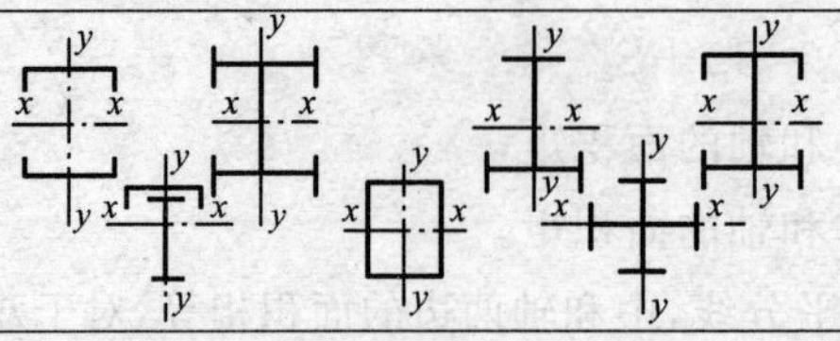		1.05
3	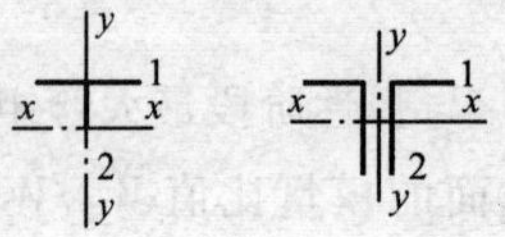	$\gamma_{x1}=1.05$ $\gamma_{x2}=1.2$	1.2
4	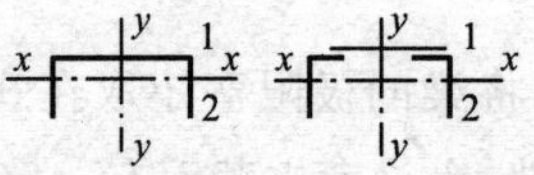		1.05
5	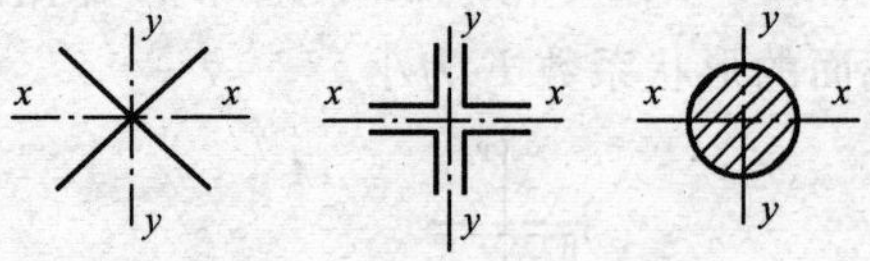	1.2	1.2
6	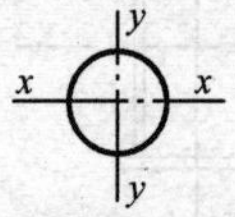	1.15	1.15
7	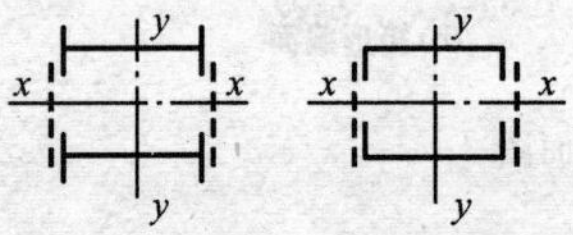	1.0	1.05
8	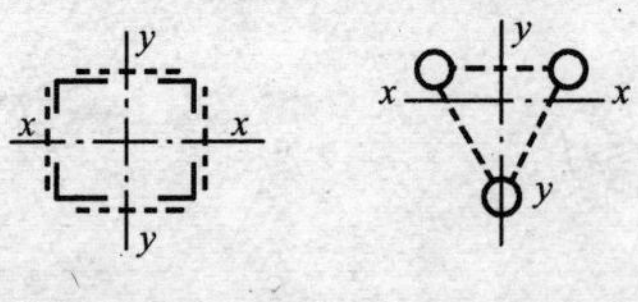		1.0

注：当压弯构件受压翼缘板的自由外伸宽度与其厚度之比大于 $13\sqrt{235/f_y}$，应取 $\gamma_x=1.0$。

对截面塑性发展系数有两条规定：

a. 当梁受压翼缘板的自由外伸宽度与其厚度之比大于 $13\sqrt{235/f_y}$ 而不超过 $15\sqrt{235/f_y}$ 时，应取 $\gamma_x=1.0$，以免翼缘因全塑性而出现局部屈曲。f_y 为钢材屈服点，对 Q235 钢取 $f_y=235\ \text{N/mm}^2$，对 Q390 钢取 $f_y=390\ \text{N/mm}^2$。

b. 对需要计算疲劳的梁，不考虑截面塑性发展，即取 $\gamma_x=\gamma_y=1.0$。

(2)抗剪强度

在横向荷载作用下,梁在受弯的同时又承受剪力。对工字形截面和槽形截面,其最大剪应力在腹板上,剪应力的分布如图6-4所示,其截面上任一点的剪应力应按下式计算,即

$$\tau=\frac{VS}{It_w}\leqslant f_v \tag{6-6}$$

式中 V——计算截面沿腹板平面作用的剪力;

I——毛截面惯性矩;

S——计算剪应力处以上毛截面对中和轴的面积矩;

t_w——腹板厚度;

f_v——钢材的抗剪强度设计值。

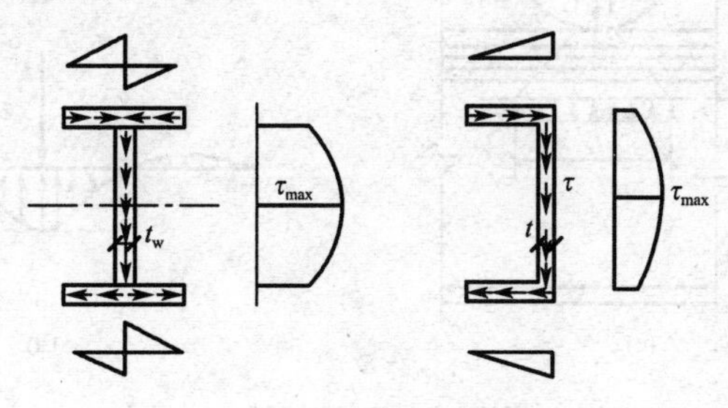

图6-4 梁的弯曲剪应力分布

(3)局部承压强度

当梁上翼缘受有沿腹板平面作用的固定集中荷载(包括支座反力),且该荷载处又未设置支承加劲肋时[图6-5(a)和图6-5(b)],或受有移动集中荷载(如吊车轮压)作用时[图6-5(c)],荷载通过翼缘传至腹板,使之受压。腹板边缘在压力 $\boldsymbol{F}$ 作用点处所产生的压应力最大,向两侧边则逐渐减小,其压应力的实际分布并不均匀,如图6-5(d)所示。在计算中假定压力 $\boldsymbol{F}$ 均匀分布在一段较短范围 l_z 之内。规范规定分布长度 l_z 取为

用于图6-5(a)、(c)

$$l_z=a+5h_y+2h_R \tag{6-7}$$

用于图6-5(b)

$$l_z=a+2.5h_y \tag{6-8}$$

式中 a——集中荷载沿梁跨方向的支撑长度,对钢轨上的轮压可取为50 mm;

h_y——自梁顶面(或底面)至腹板计算高度上边缘的距离;

h_R——轨道的高度,对梁顶无轨道的梁 $h_R=0$。

腹板的计算高度为:

①对型钢梁,为腹板与上、下翼缘相接处两内弧起点间的距离;

②对焊接组合梁,为腹板高度;

③对铆接或高强度螺栓连接的组合梁,取为上、下翼缘与腹板连接的栓钉线间最近距离。

按下式计算腹板计算高度边缘处的局部压应力,即

$$\sigma_c=\frac{\psi F}{t_w l_z}\leqslant f \tag{6-9}$$

式中 F——集中荷载设计值,对动力荷载应考虑动力系数;

ψ——集中荷载增大系数,对重级工作制吊车梁 $\psi=1.35$,对其他梁 $\psi=1.0$;

f——钢材抗压强度设计值。

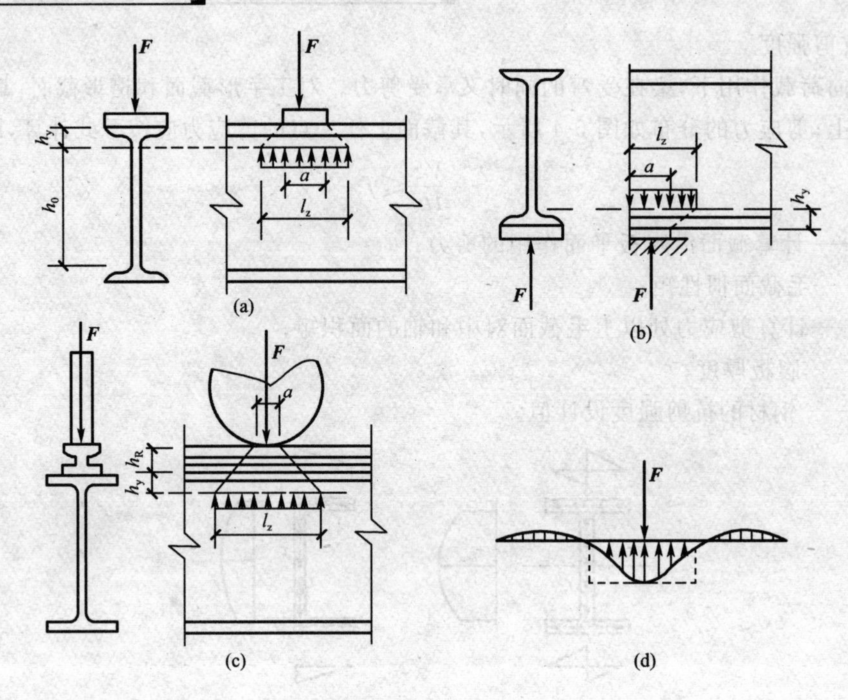

图 6-5　局部压应力

当局部承压强度不满足式(6-9)的要求时，对于固定集中荷载可设置支承加劲肋，对于移动集中荷载则需要增加腹板厚度。

对于翼缘上承受均布荷载的梁，因腹板上边缘局部压力不大，不需进行局部压应力的验算。

(4)折算应力

梁在受弯的同时经常会受剪。当一个截面上弯矩和剪力都较大时，需要考虑它们的组合效应。如图 6-6(a)所示承受两个对称集中荷载梁的 1—1 截面即如此。

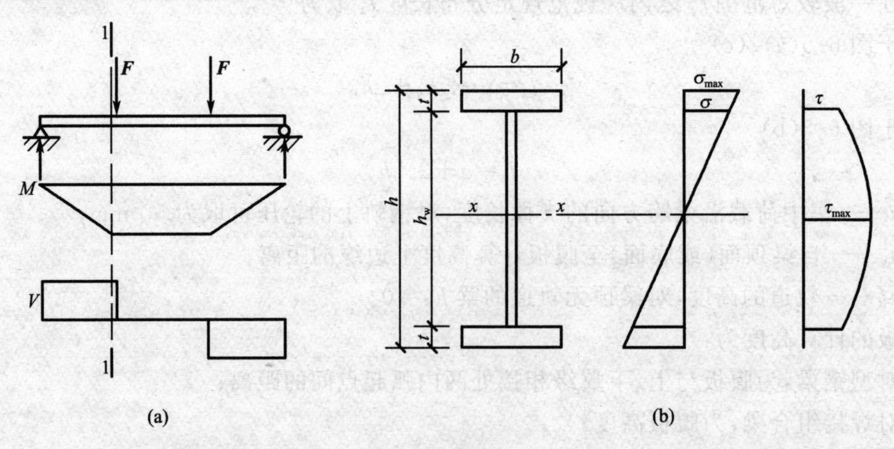

图 6-6　梁的弯剪应力组合

工字形截面梁的 σ 和 τ 在截面上都是变化的，它们的最不利组合出现在腹板边缘，如图 6-6(b)所示。该处达到屈服时，相邻材料都还处于弹性阶段，不致妨碍梁继续承受更大的荷载，因而折算应力公式为

$$\sqrt{\sigma^2+3\tau^2}\leqslant 1.1f \tag{6-10}$$

式中　1.1——强度设计值提高系数；

σ、τ——腹板计算高度边缘同一点上同时产生的弯曲应力和剪应力，τ 按式(6-6)计算，σ按下式计算，即

$$\sigma=\frac{My_1}{I_n} \tag{6-11}$$

其中 I_n——梁净截面惯性矩；

y_1——所计算点至中和轴的距离。

在组合梁的腹板计算高度边缘处，若同时还受有局部压应力 σ_c 时，应按复杂应力状态用下式计算其折算应力，即

$$\sqrt{\sigma^2+\sigma_c^2-\sigma\sigma_c+3\tau^2}\leqslant\beta_1 f \tag{6-12}$$

式中 σ_c——腹板计算高度边缘同一点上产生的局部压应力，σ_c 按式(6-9)计算；

β_1——计算折算应力的强度设计值提高系数，当 σ 与 σ_c 异号时取 $\beta_1=1.2$，当 σ 与 σ_c 同号时或 $\sigma_c=0$ 时取 $\beta_1=1.1$。

β_1 是考虑最大折算应力只产生于梁的局部区域，且几种应力都以最大值在同一截面出现的几率较小，故用其对强度设计值予以提高。另外，当 σ 与 σ_c 异号时易进入塑性状态，故 β_1 取值较大。

2. 梁的刚度

梁的刚度用变形来衡量，梁的刚度不足时将出现挠度过大，使用者会感觉不舒适和不安全，同时还可能引起过大的振动，使某些附着物如顶棚抹灰脱落。吊车梁挠度过大，还可能影响吊车的正常运行。梁的刚度一般是在经强度计算截面确定以后进行验算，但对细长的梁则可能由刚度条件控制。

对梁的最大挠度 v_{max}或最大相对挠度 v_{max}/l 加以限制，应符合下列要求

$$v_{max}\leqslant[v] \tag{6-13}$$

或

$$\frac{v_{max}}{l}\leqslant\left[\frac{v}{l}\right] \tag{6-14}$$

式中 $[v]$——梁的容许挠度，按表 6-2 采用。

表 6-2　　受弯构件挠度容许值

项　次	构件类别	挠度容许值	
		$[v_T]$	$[v_Q]$
1	吊车梁和吊车桁架(按自重和起重量最大的一台吊车计算挠度) (1)手动吊车和单梁吊车(含悬挂吊车) (2)轻级工作制桥式吊车 (3)中级工作制桥式吊车 (4)重级工作制桥式吊车	 $l/500$ $l/800$ $l/1\,000$ $l/1\,200$	—
2	手动或电动葫芦的轨道梁	$l/400$	—
3	有重轨(重量等于或大于 38 kg/m)轨道的工作平台梁 有轻轨(重量等于或小于 24 kg/m)轨道的工作平台梁	$l/600$ $l/400$	—

(续表)

项　次	构件类别	挠度容许值	
		$[v_T]$	$[v_Q]$
4	楼(屋)盖梁或桁架、工作平台梁(第3项除外)和平台板		
	(1)主梁或桁架(包括设有悬挂起重设备的梁和桁架)	$l/400$	$l/500$
	(2)抹灰顶棚的次梁	$l/250$	$l/350$
	(3)除(1)、(2)款外的其他梁(包括楼梯梁)	$l/250$	$l/300$
	(4)屋盖檩条		
	支撑无积灰的瓦楞铁和石棉瓦屋面者	$l/150$	—
	支撑压型金属板、有积灰的瓦楞铁和石棉瓦等屋面者	$l/200$	—
	支撑其他屋面材料者	$l/200$	—
	(5)平台板	$l/150$	—
5	墙架构件(风荷载不考虑阵风系数)		
	(1)支柱	—	$l/400$
	(2)抗风桁架(作为连续支柱的支撑时)	—	$l/1\,000$
	(3)砌体墙的横梁(水平方向)	—	$l/300$
	(4)支撑压型金属板、瓦楞铁和石棉瓦墙面的横梁(水平方向)	—	$l/200$
	(5)带有玻璃窗的横梁(竖直和水平方向)	$l/200$	$l/200$

注:1. l 为受弯构件的跨度(对悬臂梁和伸臂梁为悬伸长度的2倍)。

2. $[v_T]$为永久和可变荷载标准值产生的挠度(如有起拱应减去拱度)的容许值;$[v_Q]$为可变荷载标准值产生的挠度的容许值。

对等截面简支梁,可按下式计算,即

$$\frac{v}{l}=\frac{5}{384}\times\frac{q_k l^3}{EI_x}=\frac{5}{48}\times\frac{M_x l}{EI_x}\approx\frac{M_x l}{10EI_x}\leqslant\frac{[v]}{l} \tag{6-15}$$

式中　I_x——跨中毛截面惯性矩;

M_x——荷载标准值作用下梁的最大弯矩。

梁的刚度属于正常使用极限状态,故计算时应采用荷载标准值(不计荷载分项系数),且可不考虑螺栓孔引起的截面削弱。对动力荷载标准值不乘动力系数。

6.1.3　梁的整体稳定性

1. 梁的整体稳定的概念

为了有效地发挥材料的作用,梁截面常设计成窄而高且壁厚较薄的开口截面,以提高梁的承载能力和刚度。梁在最大刚度平面内受荷载作用而弯曲时,如果梁的剪心轴在最大刚度平面内,则梁处于平面弯曲状态。当梁在最大刚度平面内受弯时,若弯矩较小,梁仅在弯矩作用平面内弯曲,但当弯矩逐渐增加,达到某一数值时,梁将突然发生侧向弯曲和扭转,并丧失继续承载的能力,这种现象称为梁的弯曲扭转屈曲(弯扭屈曲)或梁丧失整体稳定,如图6-7所示。失稳的起因是上翼缘在压力作用下类似一根轴心压杆,在达到临界状态时出现侧向弯曲。整体失稳是在强度破坏之前突然发生的,往往事先无明显征兆,因而比强度破坏更为危险,故设计、施工时必须特别予以注意。

横向荷载的临界值和它沿梁高的作用位置有关。荷载作用在上翼缘时,如图6-8(a)所示,在梁产生微小侧向位移和扭转的情况下,荷载 **F** 将产生绕剪力中心的附加扭矩 Fe,并对梁侧向弯曲和扭转起促进作用,使梁加速丧失整体稳定。反之,当荷载 **F** 作用在梁的下翼缘时,

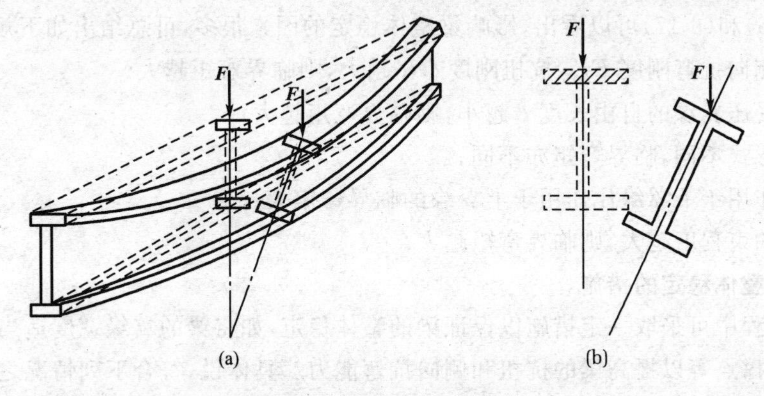

图 6-7　梁丧失整体稳定现象

如图 6-8(b)所示，它将产生反方向的附加扭矩 Fe，有利于阻止梁的侧向弯曲扭转，延缓梁丧失整体稳定。显然，后者的临界荷载（或临界弯矩）将高于前者。

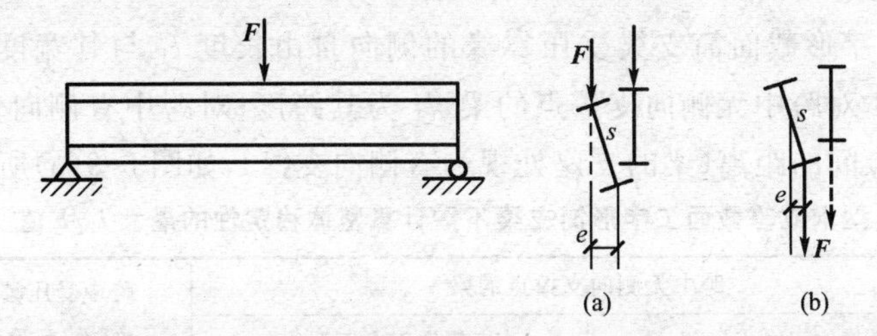

图 6-8　荷载位置对整体稳定的影响

梁的失稳是从稳定的平衡状态转变为不稳定平衡状态，并产生侧向弯扭屈曲，两种平衡状态过渡时梁所能承受的最大弯矩和截面的最大弯矩和应力分别称为临界弯矩 M_{cr} 和临界应力 σ_{cr}。整体稳定的计算就是要保证梁在荷载作用下产生的最大正应力不超过丧失稳定时的临界应力。

根据弹性稳定理论，双轴对称工字形截面简支梁[图 6-7(a)]的临界弯矩 M_{cr} 和相应的临界应力 σ_{cr} 可用下式计算，即

$$M_{cr}=k\frac{\sqrt{EI_yGI_t}}{l_1} \tag{6-16}$$

$$\sigma_{cr}=\frac{M_{cr}}{W_x}=k\frac{\sqrt{EI_yGI_t}}{W_xl_1} \tag{6-17}$$

式中　l_1——梁受压翼缘的侧向自由长度；

I_y——梁对弱轴（y 轴）的毛截面惯性矩；

I_t——梁的毛截面抗扭惯性矩；

E、G——钢材的弹性模量和剪变模量；

k——梁的屈曲系数，按表 6-3 采用。

表 6-3　梁的整体稳定屈曲系数

荷载种类	k
纯弯曲	$\pi\sqrt{1+\pi^2\psi}$
均布荷载	$3.54(\sqrt{1+11.9\psi}\mp1.44\sqrt{\psi})$
跨中央一个集中荷载	$4.23(\sqrt{1+12.9\psi}\mp1.74\sqrt{\psi})$

注：1. $\psi=\left(\frac{h}{2l_1}\right)^2\frac{EI_y}{GI_t}$。

2. 表中的“∓”号含义为：“－”号用于荷载作用在梁的上翼缘时，“＋”号用于荷载作用在梁的下翼缘时。

由式(6-16)和(6-17)可以看出,影响梁整体稳定的因素很多,可总结出如下规律:

(1)梁的侧向抗弯刚度 EI_y、抗扭刚度 GI_t 越大,则临界弯矩越大;

(2)梁的受压翼缘的自由长度 l_1 越小,则临界弯矩越大;

(3)荷载形式不同,临界弯矩亦不同;

(4)荷载作用于下翼缘比作用于上翼缘的临界弯矩大;

(5)梁端约束程度越大,则临界弯矩越大。

2. 保证梁整体稳定的措施

在实际工程中可采取一定措施以保证梁的整体稳定,如将梁的翼缘宽度适当加大,或在梁的侧向增设支撑点等以提高梁的抗扭和侧向抗弯能力。具体说,符合下列情况之一时,都不必计算梁的整体稳定性。

(1)有铺板(各种钢筋混凝土板和钢板)密铺在梁的受压翼缘上并与其牢固相连接,能阻止梁受压翼缘的侧向位移时。

(2)H 型钢或工字形截面简支梁受压翼缘的侧向自由长度 l_1 与其宽度 b 之比不超过表6-4所规定的数值时,对跨中无侧向支撑点的梁,l_1 为其跨度;对跨中有侧向支撑点的梁,l_1 为受压翼缘侧向支撑点间的距离(梁的支座处视为有侧向支撑),如图 6-9(a)所示。

表 6-4　H 型钢或等截面工字形简支梁不需计算整体稳定性的最大 l_1/b 值

钢　号	跨中无侧向支撑点的梁		跨中受压翼缘有侧向支撑点的梁,不论荷载作用于何处
	荷载作用在上翼缘	荷载作用在下翼缘	
Q235	13.0	20.0	16.0
Q345	10.5	16.5	13.0
Q390	10.0	15.5	12.5
Q420	9.5	15.0	12.0

注:其他钢号的梁不需计算整体稳定性的最大 l_1/b 值,应取 Q235 钢的数值乘以 $\sqrt{235/f_y}$。

(3)箱形截面简支梁,如图 6-10 所示,其截面尺寸满足 $h/b_0 \leqslant 6$,且 l_1/b_0 不超过 $95(235/f_y)$ 时,不必计算梁的整体稳定性。

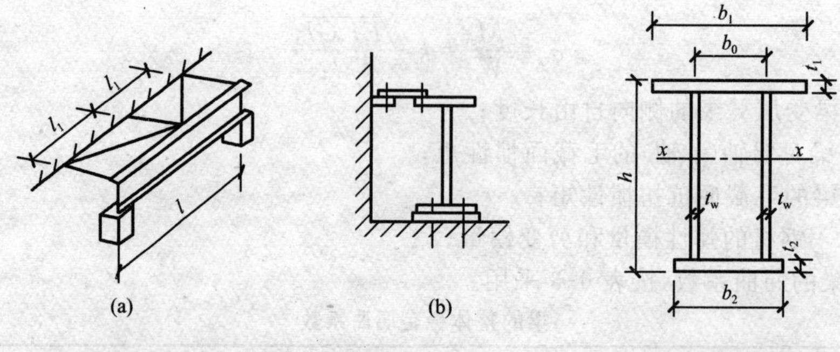

图 6-9　侧向有支撑点的梁　　图 6-10　箱形截面梁

3. 梁整体稳定的计算

为保证梁整体稳定,要求梁在荷载设计值作用下最大应力 σ 应满足下式要求,即

$$\sigma=\frac{M_x}{W_x}\leqslant\frac{\sigma_{cr}}{\gamma_R}=\frac{\sigma_{cr}}{f_y}\times\frac{f_y}{\gamma_R}=\varphi_b f \tag{6-18}$$

上式也可以写作

$$\frac{M_x}{\varphi_b W_x} \leqslant f \tag{6-19}$$

式中　M_x——荷载设计值在梁内产生的绕强轴(x轴)作用的最大弯矩；

W_x——按受压翼缘确定的梁毛截面模量；

γ_R——钢材抗力系数；

φ_b——梁的整体稳定系数。

对于上式中的φ_b值,《规范》根据理论分析结果,列出梁各种情况的φ_b值。下面介绍其中常用的两种。

(1)对等截面焊接工字形和轧制H型钢简支梁

$$\varphi_b = \beta_b \frac{4320}{\lambda_y^2} \cdot \frac{Ah}{W_x}\left[\sqrt{1+\left(\frac{\lambda_y t_1}{4.4h}\right)^2} + \eta_b\right]\frac{235}{f_y} \tag{6-20}$$

式中　h——梁截面高度。

λ_y——梁截面对弱轴(y轴)的长细比,$\lambda_y = l_1/i_y$,i_y为梁毛截面对y轴的回转半径,l_1为梁受压翼缘的自由长度。

t_1——受压翼缘厚度。

A——梁的毛截面积。

β_b——梁整体稳定的等效临界弯矩系数,见附表2-6。

η_b——截面不对称影响系数。对双轴对称截面,如图6-11(a)和6-11(d)所示:$\eta_b=0$;对单轴对称工字形截面,如图6-11(b)和6-11(c)所示:加强受压翼缘,$\eta_b=0.8(2\alpha_b-1)$,加强受拉翼缘,$\eta_b=2\alpha_b-1$($\alpha_b=\frac{I_1}{I_1+I_2}$,式中$I_1$和$I_2$分别为受压翼缘和受拉翼缘对$y$轴的惯性矩)。

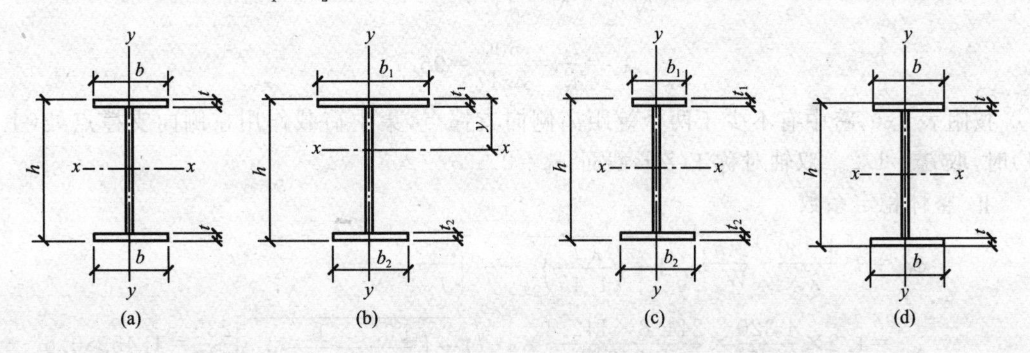

图6-11　焊接工字形和轧制H型钢截面

上述整体稳定性系数φ_b是按照弹性工作阶段导出的。对于钢梁,当考虑残余应力时,可取比例极限$f_p=0.6f_y$。因此,当$\sigma_{cr}>0.6f_y$,即当算得的稳定系数$\varphi_b>0.6$时,梁已进入了弹塑性工作,其临界弯矩有明显的降低。应按下式对稳定系数进行修正

$$\varphi_b' = 1.07 - \frac{0.282}{\varphi_b} \leqslant 1.0 \tag{6-21}$$

进而用修正所得系数φ_b'代替式(6-19)中的φ_b值作整体稳定计算。

(2)轧制普通工字钢简支梁

由于轧制普通工字钢简支梁的截面尺寸有一定规格,《规范》按式(6-20)将其φ_b计算结果编制成表格,见附表2-6,因此它的φ_b值可按荷载情况、工字钢型号和受压翼缘的自由长度l_1直接由表查得。当所得的φ_b值大于0.6时,应按式(6-21)算得相应的φ_b'代替φ_b值。

例 6-1 一焊接工字形等截面简支梁如图 6-12 所示，跨度 15 m，自重 1.9 kN/m（标准值）。承受次梁传来的两个集中荷载 $F=360$ kN（设计值），分别作用于跨度的三分点处，钢材为 Q345 钢。试验算次梁的整体稳定。

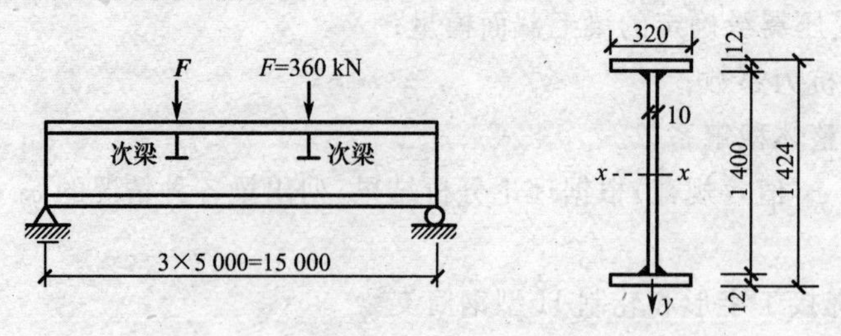

图 6-12 例 6-1 图

解 梁受压翼缘的自由长度 l_1 与其宽度 b 的比值 $l_1/b=5\,000/320=15.6>13.0$，超过表 6-4 规定的数值，故应进行梁整体稳定性验算。

Ⅰ. 梁截面的几何特征

$$I_x=\frac{1}{12}\times1.2\times140^3+2\times32\times1.2\times70.6^2=657\,198.8\ \text{cm}^4$$

$$I_y=2\times\frac{1}{12}\times1.2\times32^3=6\,553.6\ \text{cm}^4$$

$$A=140\times1.2+2\times32\times1.2=244.8\ \text{cm}^2$$

$$W_x=\frac{657\,198.8}{71.2}=9\,230.3\ \text{cm}^3$$

$$i_y=\sqrt{\frac{I_y}{A}}=\sqrt{\frac{6\,553.6}{244.8}}=5.17\ \text{cm}$$

$$\lambda_y=\frac{l_1}{i_y}=\frac{500}{5.17}=96.7$$

按附表 2-6，跨中有不少于两个等距离侧向支撑点，集中荷载作用在侧向支撑点处（上翼缘）时，取 $\beta_b=1.2$。双轴对称工字形截面，$\eta_b=0$。

Ⅱ. 整体稳定系数

$$\varphi_b=\beta_b\frac{4\,320}{\lambda_y^2}\cdot\frac{Ah}{W_x}\left[\sqrt{1+\left(\frac{\lambda_y t}{4.4h}\right)^2}+\eta_b\right]\frac{235}{f_y}$$

$$=1.2\times\frac{4\,320}{96.7^2}\times\frac{244.8\times142.4}{9\,230.3}\times\left[\sqrt{1+\left(\frac{96.7\times1.2}{4.4\times142.4}\right)^2}\right]\frac{235}{345}=1.45>0.6$$

$$\varphi_b'=1.07-\frac{0.282}{\varphi_b}=1.07-\frac{0.282}{1.45}=0.876$$

最大弯矩设计值

$$M_{\max}=1.2\times\frac{1}{8}\times1.9\times15^2+360\times5=1\,864\ \text{kN}\cdot\text{m}$$

$$\frac{M_{\max}}{\varphi_b' W_x}=\frac{1\,864\times10^6}{0.876\times9\,230.3\times10^3}=231\ \text{N/mm}^2<f=300\ \text{N/mm}^2$$

6.1.4 梁的局部稳定

为提高组合梁的抗弯强度、刚度和整体稳定性，组合梁常常采用宽而薄的翼缘板和高而薄的腹板。但是当它们的宽厚比（或高厚比）过大时，有可能在弯曲压应力、剪应力和局部压应力作用下，板件出现偏离其平面位置的波状屈曲(图 6-13)，这种现象称为梁局部失稳。

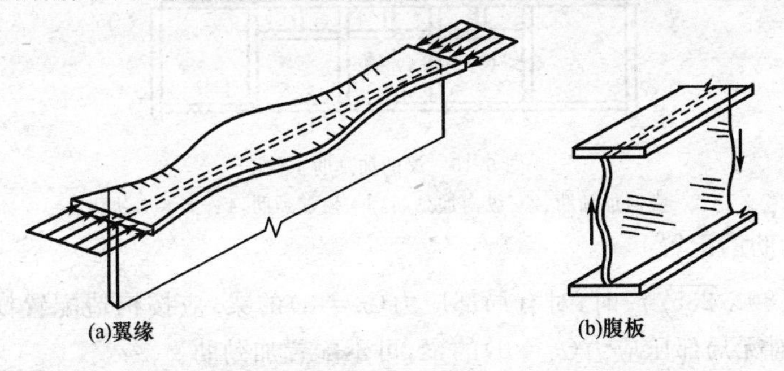

图 6-13　梁局部失稳

组合梁的翼缘和腹板出现局部失稳，虽然不会使梁立即失去承载能力，但会使梁的工作性能恶化。板件局部屈曲部位退出工作后，截面变得不对称，将使梁的刚度减小，强度和整体稳定性降低。梁的局部稳定问题的实质是组成梁的矩形薄板在各种应力如弯曲压应力、剪应力和局部压应力作用下的屈曲问题。

为了避免梁的局部失稳，可采取两种措施：一种是限制板件的宽厚比或高厚比，另一种是垂直于钢板的平面方向设置具有一定刚度的加劲肋。

1. 受压翼缘板的宽厚比

梁的翼缘板远离截面的形心，强度一般能够得到比较充分的利用。同时，翼缘板发生局部屈曲，会很快导致梁丧失继续承载的能力。因此常采用限制翼缘宽厚比的办法，亦即保证必要的厚度的办法，来防止其局部失稳。

组合梁受压翼缘的外伸部分可按三边简支、一边自由的纵向均匀受压板计算。《规范》规定：梁受压翼缘自由外伸宽度 b_1 与其厚度 t 之比(图 6-14)，即宽厚比应满足下式

$$\frac{b_1}{t} \leqslant 15\sqrt{\frac{235}{f_y}} \tag{6-22}$$

式中 b_1 的取值为：对焊接梁，取腹板边至翼缘板边缘的距离；对型钢梁，取内圆弧起点至翼缘板边缘的距离。

图 6-14　翼缘宽厚比

如考虑截面部分发展塑性时，为保证局部稳定，翼缘宽度比限值应加严，即须满足

$$\frac{b_1}{t} \leqslant 13\sqrt{\frac{235}{f_y}} \tag{6-23}$$

2. 腹板加劲肋

对承受静力荷载或间接承受动力荷载的组合梁，《规范》允许考虑腹板屈曲后的强度，即此时允许腹板发生局部屈曲失稳，并按腹板屈曲后强度计算承载力。有关腹板屈曲后强度的概念及设计方法可参见规范。对直接承受动力荷载的吊车梁及类似构件或其他不考虑腹板屈曲后强度的组合梁，则通常采用设置加劲肋，并通过计算来保证局部稳定要求。加劲肋的布置方法有三种(图 6-15)：与梁跨度方向垂直的为横向加劲肋，其作用是防止因剪切使腹板产生的屈曲；在配置横向加劲肋的同时在腹板的受压区，顺梁跨度方向设置的为纵向加劲肋，其作用是防止因弯曲使腹板产生的屈曲；还可以在配置横向加劲肋、纵向加劲肋的同时，在受压区配置短向加劲肋，其作用是防止因局部压应力使腹板产生的屈曲。

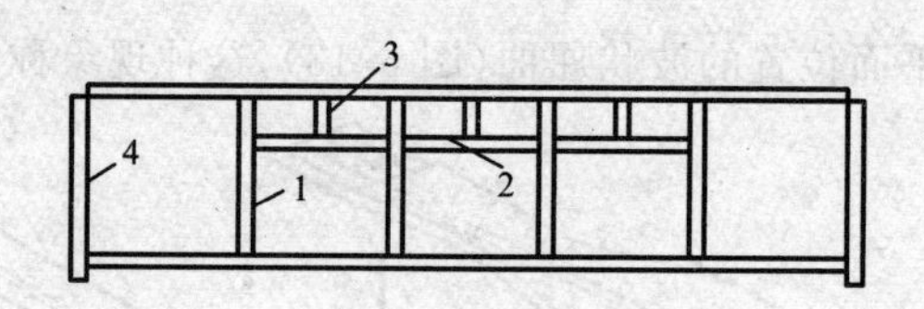

图 6-15　梁的加劲肋示例

1—横向加劲肋，2—纵向加劲肋，3—短加劲肋，4—支承加劲肋

（1）腹板加劲肋的配置

①当 $h_0/t_w \leqslant 80\sqrt{235/f_y}$ 时，对有局部应力（$\sigma_c \neq 0$）的梁，应按构造配置横向加劲肋，如图 6-16（a）所示；但对无局部压应力（$\sigma_c = 0$）的梁，可不配置加劲肋。

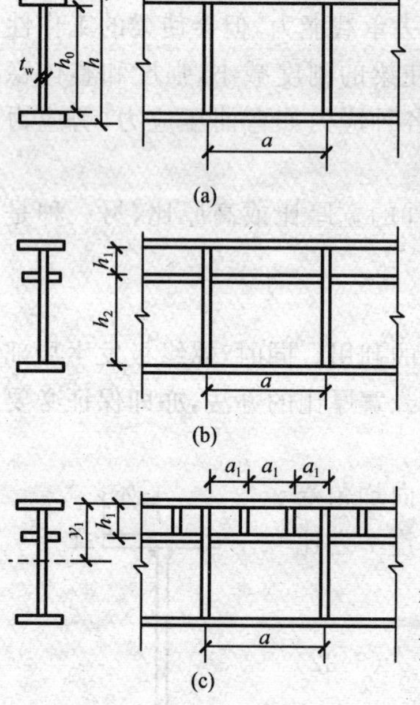

图 6-16　腹板加劲肋布置

②当 $h_0/t_w > 80\sqrt{235/f_y}$ 时，应配置横向加劲肋。其中，当 $h_0/t_w > 170\sqrt{235/f_y}$（受压翼缘扭转受到约束，如连有刚性铺板、制动板或焊有钢轨时）或 $h_0/t_w > 150\sqrt{235/f_y}$（受压翼缘扭转未受到约束时），或按计算需要时，应在弯曲应力较大区格的受压区增加配置纵向加劲肋，如图 6-16（b）所示。局部压应力很大的梁，必要时尚宜在受压区配置短向加劲肋，如图 6-16（c）所示。

任何情况下，h_0/t_w 均不应超过 250。

③梁的支座处和上翼缘受有较大固定集中荷载处，宜设置支承加劲肋。

（2）腹板加劲肋配置的计算

配置腹板加劲肋时，一般需先进行加劲肋的布置，然后进行验算，不满足要求再做必要的调整。局部稳定的验算以相关方程来表达。

①仅配置有横向加劲肋的腹板，如图 6-16（a）所示，其各区格应满足下列条件

$$\left(\frac{\sigma}{\sigma_{cr}}\right)^2 + \left(\frac{\tau}{\tau_{cr}}\right)^2 + \frac{\sigma_c}{\sigma_{c,cr}} \leqslant 1.0 \tag{6-24}$$

式中，σ——所计算腹板区格内，由平均弯矩产生的腹板计算高度边缘的弯曲压应力，$\sigma = Mh_c/I$，其中 h_c 为腹板弯曲受压区高度，对双轴对称截面，$h_c = h_0/2$；

τ——所计算腹板区格内，由平均剪力产生的腹板平均剪应力，$\tau = V/(h_w t_w)$；

σ_c——所计算腹板区格内，腹板边缘的局部压应力，$\sigma_c = F/(t_w l_z)$；

σ_{cr}、τ_{cr} 和 $\sigma_{c,cr}$——相应应力单独作用下的临界应力，按《钢结构设计规范》的有关规定计算。

②同时配置有横向加劲肋和纵向加劲肋的腹板，如图 6-16（b）和图 6-16（c）所示，其各区格的局部稳定应满足：

a. 受压翼缘与纵向加劲肋之间的区格

$$\frac{\sigma}{\sigma_{cr1}} + \left(\frac{\sigma_c}{\sigma_{c,cr1}}\right)^2 + \left(\frac{\tau}{\tau_{cr1}}\right)^2 \leqslant 1.0 \tag{6-25}$$

式中　σ_{cr1}、τ_{cr1} 和 $\sigma_{c,cr1}$ 分别按《钢结构设计规范》的有关规定计算。

b.受拉翼缘与纵向加劲肋之间的区格

$$\left(\frac{\sigma_2}{\sigma_{cr2}}\right)^2+\frac{\sigma_{c2}}{\sigma_{c,cr2}}+\left(\frac{\tau}{\tau_{cr2}}\right)^2\leqslant 1.0 \tag{6-26}$$

式中　σ_2——所计算区格内由平均弯矩产生的腹板在纵向加劲肋处的弯曲压应力；

σ_{c2}——腹板在纵向加劲肋处的横向压应力，取为$0.3\sigma_c$。

(3)加劲肋的截面选择和构造要求

加劲肋宜在腹板两侧成对配置[图6-17(a)]，也可单侧配置[图6-17(b)]，但支承加劲肋、重级工作制吊车梁的加劲肋不应单侧配置。加劲肋可以用钢板或型钢做成，焊接梁一般常用钢板。

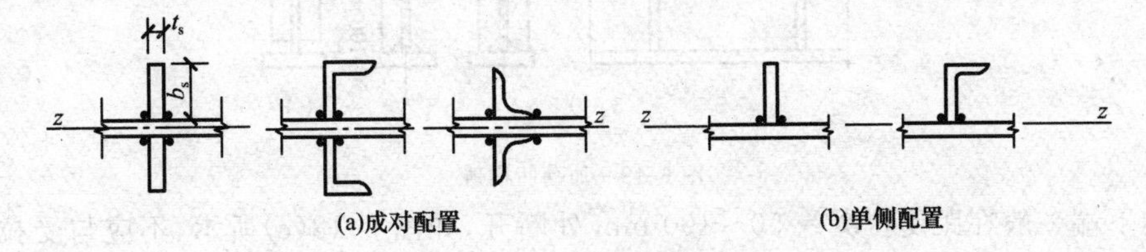

图6-17　加劲肋形式

横向加劲肋的最小间距应为$0.5h_0$，最大间距应为$2h_0$(对无局部压应力的梁，当$h_0/t_w\leqslant 100$时，可采用$2.5h_0$)。纵向加劲肋至腹板计算高度受压边缘的距离在$h_c/2.5\sim h_c/2$范围内。

为了保证梁腹板的局部稳定，加劲肋应具有一定的刚度，为此要求：

①在腹板两侧成对配置的钢板横向加劲肋，其截面尺寸应符合下列公式要求

外伥宽度
$$b_s\geqslant\frac{h_0}{30}+40 \tag{6-27}$$

厚度
$$t_s\geqslant\frac{b_s}{15} \tag{6-28}$$

②仅在腹板一侧配置的钢板横向加劲肋，其外伸宽度应大于按式(6-27)计算结果的1.2倍，厚度不应小于其外伸宽度的1/15。

③在同时用横向加劲肋和纵向加劲肋加强的腹板中，应在其相交处将纵向加劲肋断开，横向加劲肋保持连续(图6-18)。此时横向加劲肋的截面尺寸除应符合上述规定外，其对腹板水平z轴(图6-17)的截面惯性矩I_z尚应满足下式要求，即

$$I_z\geqslant 3h_0t_w^3 \tag{6-29}$$

纵向加劲肋对腹板竖直y轴的截面惯性矩I_y应满足下列公式要求

当$a/h_0\leqslant 0.85$时
$$I_y\geqslant 1.5h_0t_w^3 \tag{6-30}$$

当$a/h_0>0.85$时
$$I_y\geqslant\left(2.5-0.45\frac{a}{h_0}\right)\left(\frac{a}{h_0}\right)^2h_0t_w^3 \tag{6-31}$$

④当配置有短向加劲肋时，短向加劲肋的最小间距为$0.75h_1$。短向加劲肋外伸宽度应取横向加劲肋外伸宽度的0.7～1.0倍，厚度不应小于短向加劲肋外伸宽度的1/15。

为了避免焊缝交叉，减少焊接应力，横向加劲肋的端部应切去宽约$b_s/3$(但不大于40 mm)，高约$b_s/2$(但不大于60 mm)的斜角(图6-18)，以使梁的翼缘焊缝连续通过。在纵向加劲肋与横向加劲肋相交处，应将纵向加劲肋两端切去相应的斜角，使横向加劲肋与腹板连接的焊缝连续通过。

吊车梁横向加劲肋的上端应与上翼缘刨平顶紧，当为焊接吊车梁时，尚宜焊接。中间横向

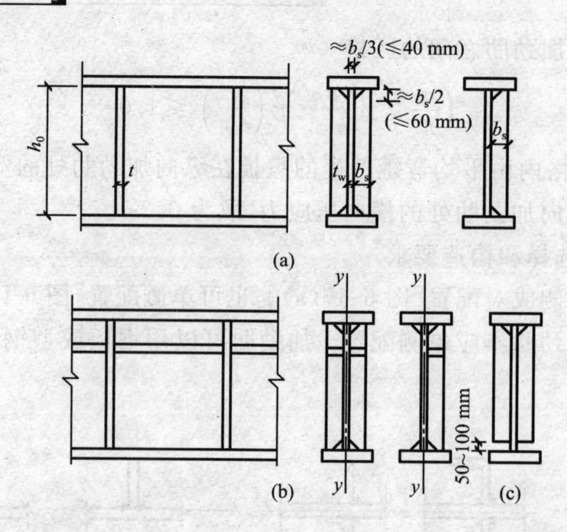

图 6-18 加劲肋构造

加劲肋的下端一般在距受拉翼缘 50～100 mm 处断开,如图 6-18(c)所示,不应与受拉翼缘焊接,以改善梁的抗疲劳性能。

(3)支承加劲肋的计算

支承加劲肋是指承受支座反力或固定集中荷载的横向加劲肋,支承加劲肋应在腹板两侧成对配置,如图 6-19 所示,其截面通常比一般中间横向加劲肋的截面大,应对其进行稳定、端面承压和焊缝连接计算。

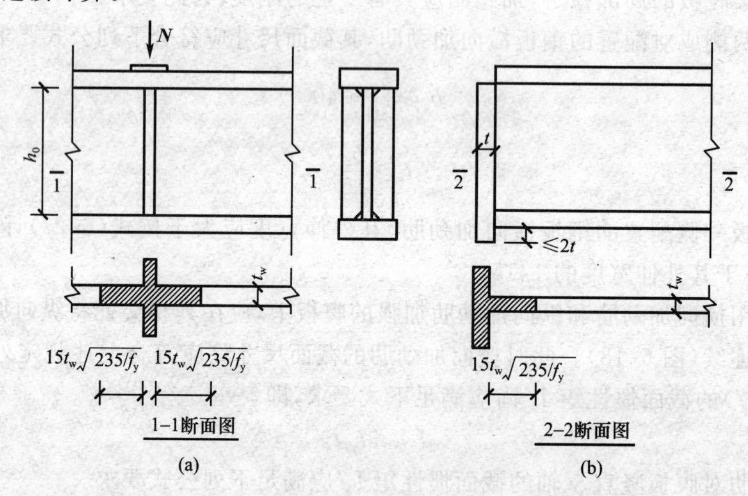

图 6-19 支承加劲肋

①支承加劲肋的稳定性计算

支承加劲肋按承受固定集中荷载或梁支座反力的轴心受压构件,计算其在腹板平面外的稳定性。此受压构件的截面面积 A 包括加劲肋和加劲肋每侧 $15t_w\sqrt{235/f_y}$ 范围内的腹板面积,如图 6-19 所示阴影部分面积,计算长度取腹板高度 h_0。

②端面承压强度

梁支承加劲肋的端部应按所承受的支座反力或固定集中荷载计算,当加劲肋的端部刨平顶紧时,按下式计算其端面承压应力,即

$$\sigma=\frac{N}{A_{ce}}\leqslant f_{ce} \tag{6-32}$$

式中　A_{ce}——端面承压面积，即支承加劲肋与翼缘或与柱顶相接触的面积；

f_{ce}——钢材端面承压强度设计值，按附表6-4采用。

对于突缘式支座，支承加劲肋的伸出长度不得大于其厚度的2倍，如图6-19(b)所示。

③支承加劲肋与腹板的连接焊缝

支承加劲肋与腹板的连接焊缝应按承受的支座反力或集中荷载进行计算，并假定应力沿焊缝全长均匀分布。

6.1.5　型钢梁的设计

型钢梁的设计应满足强度、刚度和整体稳定的要求。因型钢梁受轧制条件限制，其板件宽厚比都比较小，都能满足局部稳定要求，不需要计算。

单向弯曲型钢梁设计步骤：

(1)根据梁的跨度、支撑情况和荷载计算梁的最大内力；

(2)根据梁的抗弯强度要求，计算型钢所需的净截面模量：

$$W_{nx} \geqslant \frac{M_{max}}{\gamma_x f} \tag{6-33}$$

或

$$W_x \geqslant \frac{M_x}{\varphi_b f} \tag{6-34}$$

塑性发展系数 γ_x 对普通工字钢和H型钢都取1.05。算得截面模量 W_{nx} 后可以直接由型钢规格表中选出合适的截面。

(3)计算钢梁的自重荷载及其弯矩，然后按计入自重的总荷载和弯矩，分别验算梁的强度、刚度及整体稳定。

例6-2　某一工作平台梁格布置如图6-20所示。梁上密铺预制钢筋混凝土平台板，其恒荷载标准值为3.0 kN/m²，活荷载标准值为13.7 kN/m²(静力荷载)，钢材Q345钢。试按下列两种情况选择次梁截面：(1)平台板与次梁焊接；(2)平台板与次梁不焊接。

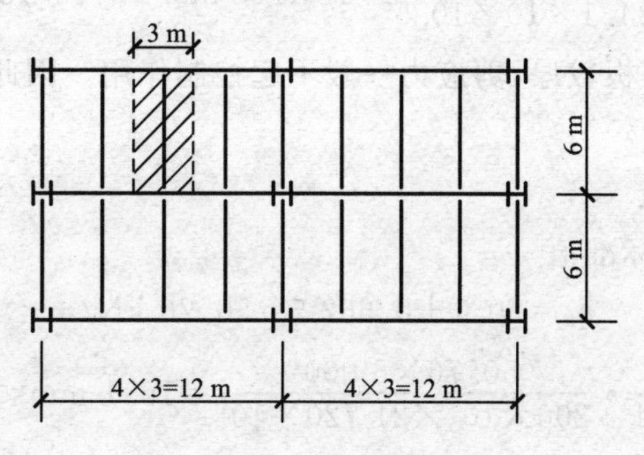

图6-20　例6-2图

解　Ⅰ.平台板与次梁焊接

此种情况可保证梁的整体稳定，故只需按强度和刚度选择截面。

①内力计算

次梁上承受的线荷载标准值为

$$q_k = 3.0 \times 3 + 13.7 \times 3 = 50.1\ \text{kN/m}$$

次梁上承受的线荷载设计值为

$$q = 3.0 \times 3 \times 1.2 + 13.7 \times 3 \times 1.4 = 68.34\ \text{kN/m}$$

跨中最大弯矩为

$$M_{\max}=\frac{1}{8}ql^2=\frac{1}{8}\times 68.34\times 6^2=307.53\ \text{kN}\cdot\text{m}$$

支座处最大剪力为

$$V_{\max}=\frac{1}{2}\times 68.34\times 6=205.02\ \text{kN}$$

②选择次梁截面

次梁需要的净截面抵抗矩为

$$W_{nx}=\frac{M_{\max}}{r_x f}=\frac{307.53\times 10^6}{1.05\times 310}=944.8\times 10^3\ \text{mm}^3=944.8\ \text{cm}^3$$

查附表 2-1-1,选用I40a,单位长度的质量为 67.6 kg/m,梁的自重为 67.6×9.8=662.5 N/m,$I_x=21\ 720\ \text{cm}^4$,$W_x=1\ 090\ \text{cm}^3$,$I_x/s=34.1\ \text{cm}$,$t_w=10.5\ \text{mm}$,$r=12.5\ \text{mm}$,$t=16.5\ \text{mm}$。

③验算截面

梁自重产生的弯矩设计值为

$$M_g=\frac{1}{8}\times 662.5\times 1.2\times 6^2=3.58\times 10^3\ \text{N}\cdot\text{m}=3.58\ \text{kN}\cdot\text{m}$$

总弯矩设计值为

$$M_x=307.53+3.58=311.11\ \text{kN}\cdot\text{m}$$

弯曲正应力为

$$\sigma=\frac{M_{\max}}{r_x W_{nx}}=\frac{311.11\times 10^6}{1.05\times 1\ 090\times 10^3}=271.8\ \text{N/mm}^2<f=295\ \text{N/mm}^2\text{(翼缘厚度}>16\ \text{mm)}$$

支座处最大剪力为

$$V=205.02+0.662\ 5\times 1.2\times 3=207.26\ \text{kN}$$

支座处最大剪应力为

$$\tau=\frac{VS}{It_w}=\frac{207.26\times 10^3}{34.1\times 10\times 10.5}=57.9\ \text{N/mm}^2<f_v=180\ \text{N/mm}^2$$

可见,型钢梁由于其腹板较厚,剪应力一般不起控制作用。因此,只在截面有较大削弱时,才必须验算剪应力。

④刚度

加上自重后的线荷载标准值

$$q_k=50.1+0.662\ 5=50.76\ \text{kN/m}$$

$$v_{\max}=\frac{5}{384}\cdot\frac{q_k l^4}{EI_x}=\frac{5}{384}\cdot\frac{50.76\times 6\ 000^4}{206\times 10^3\times 21\ 720\times 10^4}=19.1\ \text{mm}<\frac{l}{250}=\frac{6\ 000}{250}=24\ \text{mm}$$

⑤局部承压强度

若次梁叠接在主梁上,则应验算支座处即腹板下边缘的局部承压强度。

支座反力

$$R=207.26\ \text{kN}$$

设支承长度 $a=80$ mm。查附表 2-1-1,得

$$h_y=r+t=12.5+16.5=29\ \text{mm}$$

$$\sigma_c=\frac{\psi R}{t_w l_z}=\frac{1\times 207.26\times 10^3}{10.5\times(80+2.5\times 29)}=129.4\ \text{N/mm}^2<f=310\ \text{N/mm}^2\text{(腹板厚度}<16\ \text{mm)}$$

由计算结果可知，若截面无太大削弱，σ_c 一般可不计算。

Ⅱ.平台板与次梁不焊接

此种情况对次梁的整体稳定无可靠保证，故需按整体稳定选择截面。

查附表 2-6-2(按跨中无侧向支撑点的梁，均布荷载作用于上翼缘，$l_1=6$ m，工字钢型号 45～63)得 $\varphi_b=0.59$。型钢需要的截面抵抗矩

$$W_x=\frac{M_{max}}{\varphi_b f}=\frac{307.53\times10^6}{0.59\times310}=1\ 681\times10^3\ \text{mm}^3=1\ 681\ \text{cm}^3$$

查附表 2-1-1，选用I50a，单位长度的质量为 93.6 kg/m，梁的自重为 93.6×9.8=917 N/m，$W_x=1\ 860\ \text{cm}^3$。

加上自重后的最大弯矩设计值

$$M_{max}=307.53+\frac{1}{8}\times1.2\times0.917\times6^2=312.48\ \text{kN}\cdot\text{m}$$

梁的整体稳定性计算

$$\frac{M_{max}}{\varphi_b W_x}=\frac{312.48\times10^6}{0.59\times1\ 860\times10^3}=284.7\ \text{N/mm}^2<f=295\ \text{N/mm}^2$$

比较两种情况所选截面可见，后者用钢量较大，故设计时应尽量采取能保证梁整体稳定性的措施，以节约钢材。

6.1.6　梁的拼接和连接

1.梁的拼接

梁的拼接依施工条件的不同分为工厂拼接和工地拼接。

(1)工厂拼接

工厂拼接为受到钢材规格或现有钢材尺寸限制而做的拼接，翼缘和腹板的工厂拼接位置最好错开，并应与加劲肋和连接次梁的位置错开，以避免焊缝集中，如图 6-21 所示。在工厂制造时，常先将梁的翼缘板和腹板分别接长，然后再拼装成整体，可以减少梁的焊接应力。

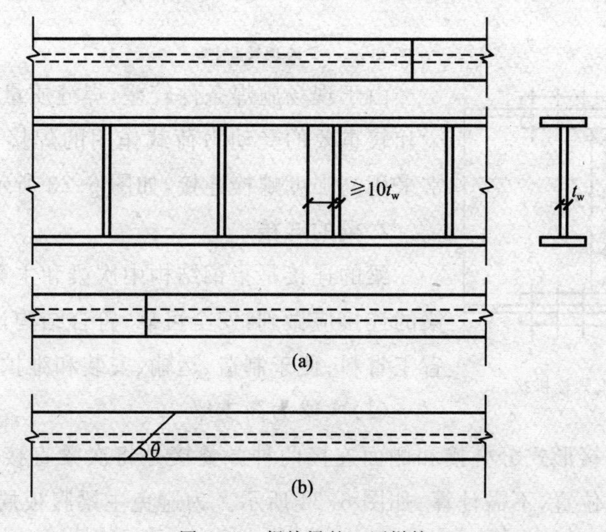

图 6-21　焊接梁的工厂拼接

翼缘和腹板的拼接焊缝一般都采用正面对接焊缝，在施焊时采用引弧板，因此对于满足《钢结构工程施工质量验收规范》中一、二级焊缝质量的焊缝都不需要进行验算。只有对仅进行外观检查的三级焊缝，因其焊缝的抗拉强度设计值小于钢材的抗拉强度设计值，需要分别验算受拉翼缘和腹板上的最大拉应力是否小于焊缝的抗拉强度设计值。当焊缝的强度不足时，可以采用斜焊缝，如图 6-21(b)所示。如斜焊缝与受力方向的夹角 θ 满足 $\tan\theta \leqslant 1.5$ 时，可不必验算。但斜焊缝连接比较费料费工，特别是对于宽的腹板最好不用。必要时，可以考虑将拼接的截面位置调整到弯曲正应力较小处来解决。

(2)工地拼接

工地拼接是受到运输或安装条件限制而做的拼接。此时需将梁在工厂分成几段制作，然后再运往工地。对于仅受到运输条件限制的梁段，可以在工地地面上拼装，焊接成整体，然后吊装；而对于受到吊装能力限制而分成的梁段，则必须分段吊装，在高空进行拼接和焊接。

工地拼接一般应使翼缘和腹板在同一截面或接近于同一截面处断开，以便于分段运输。如图 6-22(a)所示为断在同一截面的方式，梁段比较整齐，运输方便。为了便于焊接，将上下翼缘板均切割成向上的 V 形坡口。为了使翼缘板在焊接过程中有一定范围的伸缩余地，以减少焊接残余应力，可将翼缘板在靠近拼接截面处的焊缝预先留出约 500 mm 的长度在工厂不焊，按照如图 6-22(a)中所示序号最后焊接。

如图 6-22(b)所示为将梁的上下翼缘板和腹板的拼接位置适当错开的方式，可以避免焊缝集中在同一截面。这种梁段有悬出的翼缘板，运输过程中必须注意防止碰撞损坏。

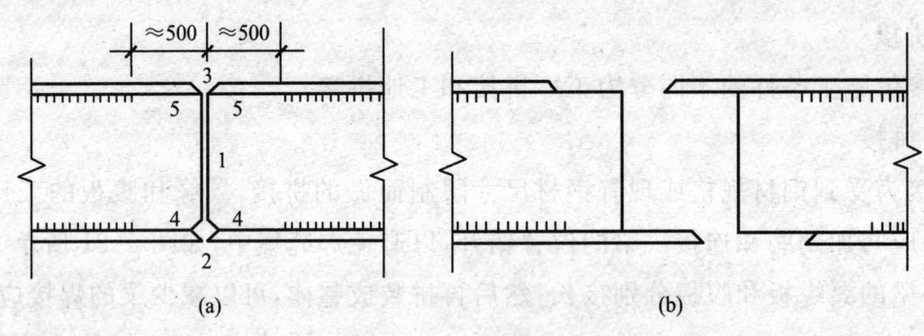

图 6-22　工地焊缝拼接

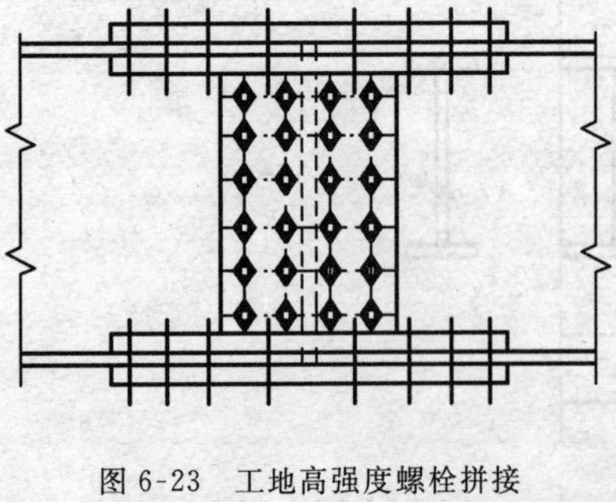

由于现场施焊条件较差，焊缝质量难于保证，对于铆接梁和较重要的受动力荷载作用的焊接大型梁，其工地拼接常采用高强度螺栓连接，如图 6-23 所示。

图 6-23　工地高强度螺栓拼接

2. 梁的连接

梁的连接是指钢结构中次梁和主梁的连接。次梁与主梁的连接应做到：安全可靠，符合结构计算假定；经济合理，省工省料；便于制造、运输、安装和维护。

(1)次梁为简支梁

次梁与主梁的连接形式分叠接和侧面连接两种。叠接是将次梁直接搁置在主梁上，用螺栓或焊缝固定其相互位置，不需计算，如图 6-24 所示。为避免主梁腹板局部压力过大，在主梁相应位置应设置支承加劲肋。叠接构造简单、安装方便。缺点是主次梁所占净空大，现在很少采用。

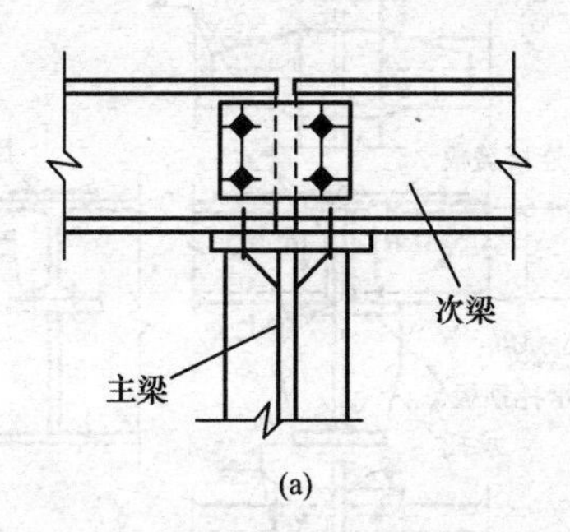

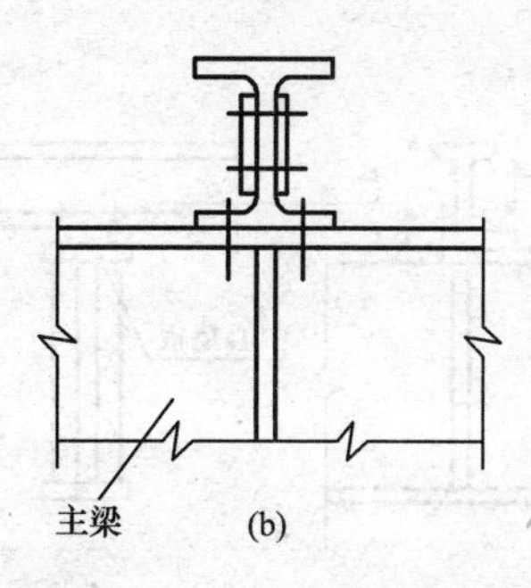

图 6-24　次梁与主梁的叠接

侧面连接是将次梁端部上翼缘切去，端部下翼缘则切去一边，然后将次梁端部与主梁加劲肋用螺栓相连，如图 6-25 所示。如果次梁反力较大，螺栓承载力不够时，可用围焊缝(角焊缝)将次梁端部腹板与加劲肋连接牢固传递反力，这时螺栓只作安装定位用。实际设计时，考虑连接偏心，通常将反力增大 20%～30%来计算焊缝或螺栓。

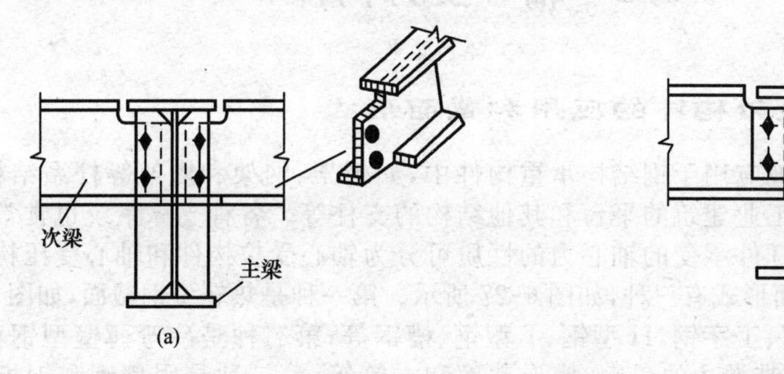

图 6-25　次梁与主梁的侧面连接

(2)次梁为连续梁

次梁与主梁的连接形式也分叠接和侧面连接两种。叠接时，次梁连续通过，不在主梁上断开，主梁和次梁之间可用螺栓或焊缝固定它们之间的相互位置，如图 6-26(a)所示。当次梁荷载较大或主梁上翼缘较宽时，可在主梁支承次梁处设置焊于主梁的中心垫板，以保证次梁支座反力中心地传给主梁。

侧面连接时，次梁在主梁处要断开，分别连于主梁两侧。除支座反力传给主梁外，连续次梁在主梁支座处的左右弯矩也要通过主梁传递，因此构造稍复杂一些。一般采用如图 6-26(b)所示的构造，次梁的支座反力传给焊于主梁侧面的承托；次梁的支座负弯矩则可用上翼缘拉力和下翼缘压力组成的力偶 $N=M/h_1$ 来代替，因而在次梁上翼缘之上设置连接盖板传递拉力，在次梁下翼缘之下由承托的水平顶板传递压力。为了避免仰焊，连接盖板在焊接处的宽度应比次梁上翼缘稍窄，承托顶板的宽度则应比次梁下翼缘稍宽。连接盖板及其次梁的连接焊缝应按承受次梁上翼缘的拉力 N 设计，连接盖板与主梁的连接焊缝按构造设置。承托顶板及其次梁的翼缘或主梁腹板的连接焊缝应按承受下翼缘的压力 N 设计。当次梁端弯矩较大时，可将左右承托顶板穿过主梁腹板的预切槽口做成直通合一，这时承托顶板与主梁腹板的连接焊缝按构造设置。

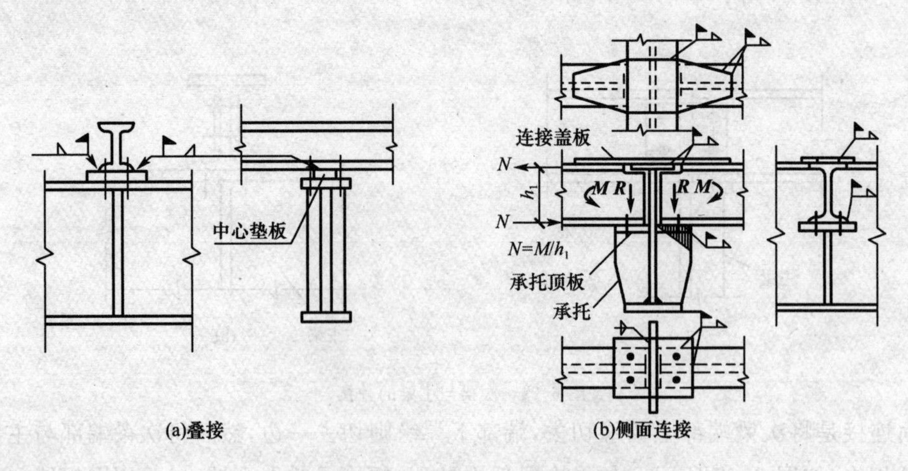

图 6-26 连续次梁与主梁的连接

6.2 轴心受力构件

6.2.1 轴心受力构件的应用和截面形式

轴心受力构件广泛地应用于钢结构承重构件中,如桁架、网架和塔架等杆系结构的杆件。轴心受压构件还常用于工业建筑的平台和其他结构的支柱等。各种支撑系统也常常由许多轴心受力构件组成。根据杆件承受的轴心力的性质可分为轴心受拉构件和轴心受压构件。

轴心受力构件的截面形式有三种,如图 6-27 所示。第一种是热轧型钢截面,如图 6-27(a)中的圆钢、圆管、方管、角钢、工字钢、H 型钢、T 型钢、槽钢等;第二种是冷弯薄壁型钢截面,如图 6-27(b)中的带卷边或不带卷边的角钢、槽形截面和方管等;第三种是用型钢和钢板连接而成的组合截面,图 6-27(c)所示都是实腹式组合截面,图 6-27(d)所示则是格构式组合截面。

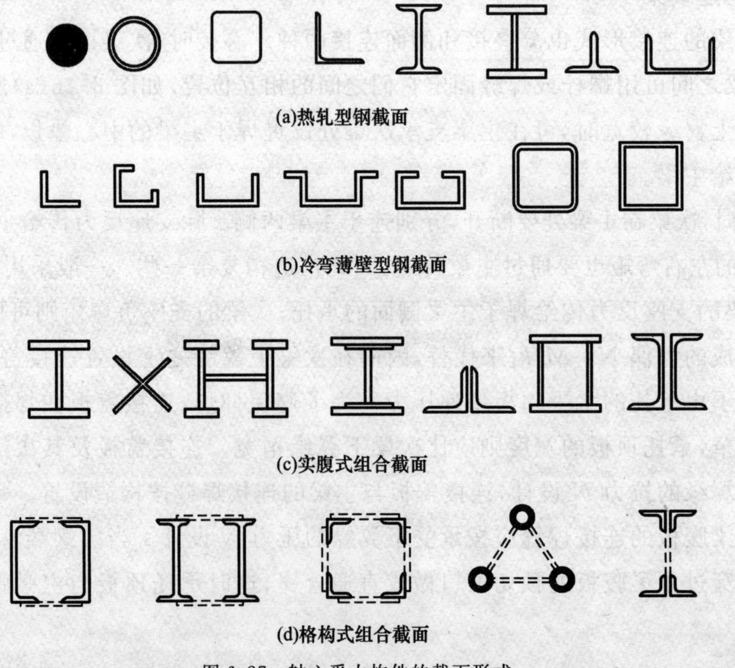

图 6-27 轴心受力构件的截面形式

格构式截面一般有两个或多个型钢肢件组成，肢件间采用缀条或缀板连接。格构式截面容易使压杆实现两主轴方向的等稳定性，截面刚度大，抗扭性能好，用料较省，但制作费工。

对轴心受力杆件截面形式的要求：

(1)能提供承载力所需要的截面积；

(2)制作比较简单；

(3)便于和相邻的构件连接；

(4)截面开展而壁厚较薄，以满足刚度要求。

6.2.2 轴心受力构件的强度和刚度

轴心受力构件的计算和受弯构件一样，亦要满足两种极限状态的要求。对承载能力极限状态，轴心受拉构件只有强度问题，而轴心受压构件则同时有强度和稳定问题；正常使用极限状态，每类构件都有刚度方面的要求。

1. 轴心受拉构件和轴心受压构件的强度

《规范》对轴心受力构件的强度计算，规定净截面的平均应力不应超过钢材的强度设计值。因此轴心受拉构件和轴心受压构件的强度按下式计算，即

$$\sigma=\frac{N}{A_n}\leqslant f \tag{6-35}$$

式中 N——轴心拉力设计值或轴心压力设计值；

A_n——构件的净截面面积；

f——钢材的抗拉强度设计值或抗压强度设计值。

2. 轴心受拉构件和轴心受压构件的刚度

为满足正常使用要求，钢结构的轴心受拉和轴心受压构件都不应过分柔弱而应该具有必要的刚度，保证构件不产生过大的变形。这种变形可能因其重力而产生，也可能在运输或安装过程中产生。刚度通过限制构件的长细比 λ 来实现，应满足下式要求，即

$$\lambda_{max}=\left(\frac{l_0}{i}\right)_{max}\leqslant[\lambda] \tag{6-36}$$

式中 λ——构件的最大长细比；

l_0——构件的计算长度；

i——截面的回转半径；

$[\lambda]$——构件的容许长细比，按表6-5和表6-6采用。

表6-5 受压构件的容许长细比

项 次	构件名称	容许长细比
1	柱、桁架和天窗中的杆件 柱的缀条、吊车梁或吊车桁架以下的柱间支撑	150
2	支撑(吊车梁或吊车桁架以下的柱间支撑除外) 用以减小受压构件长细比的杆件	200

注：1. 桁架(包括空间桁架)的受压腹杆，当其内力等于或小于承载能力的50%时容许长细比值可取200。

2. 计算单角钢受压构件的长细比时，应采用角钢的最小回转半径，但计算在交叉点相互连接的交叉杆件平面外的长细比时，可采用与角钢肢边平行轴的回转半径。

3. 跨度等于或大于60 m的桁架，其受压弦杆和端压杆的容许长细比值宜取100，其他受压腹杆可取150(承受静力荷载或间接承受动力荷载)或120(直接承受动力荷载)。

4. 由容许长细比控制截面的杆件，在计算其长细比时，可不考虑扭转效应。

表 6-6　　受拉构件的容许长细比

<table>
<tr><th rowspan="2">项次</th><th rowspan="2">构件名称</th><th colspan="2">承受静力荷载或间接承受动力荷载的结构</th><th rowspan="2">直接承受动力荷载的结构</th></tr>
<tr><th>一般建筑结构</th><th>有重级工作制吊车的厂房</th></tr>
<tr><td>1</td><td>桁架的杆件</td><td>350</td><td>250</td><td>250</td></tr>
<tr><td>2</td><td>吊车梁或吊车桁架以下的柱间支撑</td><td>300</td><td>200</td><td>—</td></tr>
<tr><td>3</td><td>其他拉杆、支撑、系杆等(张紧的圆钢除外)</td><td>400</td><td>350</td><td>—</td></tr>
</table>

注:1.承受静力荷载的结构中,可仅计算受拉构件在竖向平面内的长细比。
2.在直接或间接承受动力荷载的结构中,单角钢受拉构件长细比的计算方法与表 6-5 注 2 相同。
3.中、重级工作制吊车桁架下弦杆的长细比不宜超过 200。
4.在设有夹钳或刚性料耙等硬钩吊车的厂房中,支撑(表中第 2 项除外)的长细比不宜超过 300。
5.受拉构件在永久荷载和风荷载组合作用下受压时,其长细比不宜超过 250。
6.跨度等于或大于 60 m 的桁架,其受拉弦杆和腹杆的长细比不宜超过 300(承受静力荷载或间接动力荷载)或 250(直接承受动力荷载)。

3.轴心受压构件的整体稳定

轴心受压构件除了较为粗短或截面有较大削弱时,可能因其净截面的平均应力达到屈服强度而丧失承载能力破坏外,一般情况下,轴心受压构件的承载能力是由稳定条件决定的。

(1)理想轴心压杆的整体稳定

理想轴心压杆是指杆件本身绝对挺直,材料是匀质、各向同性,荷载沿杆件形心轴作用,杆件在受荷之前内部没有初始应力,也没有初弯曲和初偏心等缺陷。此种杆件失稳,屈曲形式可分为三种。

①弯曲屈曲:只发生弯曲变形,构件的截面只绕一个主轴弯曲,构件的轴心线由直线变为曲线,是双轴对称截面最常见的屈曲形式,如图 6-28(a)所示。

②扭转屈曲:失稳时杆件除支承端外的各个截面均绕轴线扭转,某些双轴对称截面压杆可能发生这种屈曲形式(如十字形截面),如图 6-28(b)所示。

③弯扭屈曲:单轴对称截面绕对称轴屈曲时,杆件在发生弯曲变形的同时必然伴随着扭转(如 T 形截面),如图 6-28(c)所示。

这三种屈曲形式中弯曲屈曲是最基本、最简单的屈曲形式。

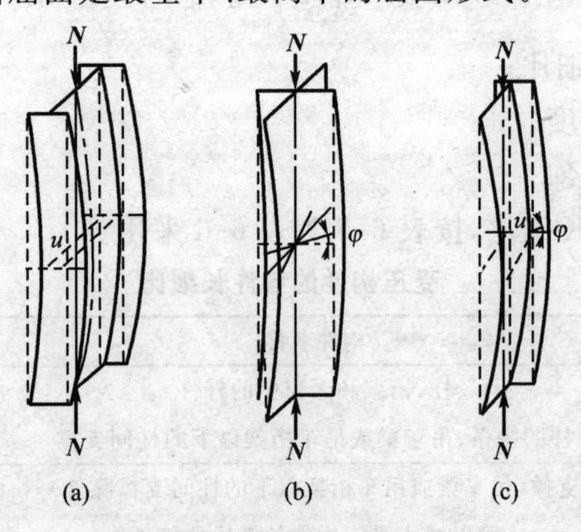

图 6-28　轴心受压构件的屈曲形式

由材料力学的欧拉公式可知,两端铰接的轴心受压杆件的临界力为

$$N_{cr}=\frac{\pi^2 EI}{l_0^2} \tag{6-37}$$

式中　E——材料的弹性模量;

I——构件毛截面惯性矩;

l_0——构件的计算长度。

由式(6-37)可求得构件的临界应力为

$$\sigma_{cr}=\frac{\pi^2 E}{\lambda^2} \tag{6-38}$$

当荷载达到临界力 N_{cr}，即杆件应力达到临界应力 σ_{cr} 时，轴心压杆只要受到任意微小的干扰，或荷载稍有增加，就会产生巨大的变形而破坏，所以临界应力 σ_{cr} 就是稳定计算的极限应力。

欧拉公式的推导是以构件的材料为弹性体并服从虎克定律为基础的，即式(6-38)只当 $\sigma_{cr}\leqslant f_y$ 时才正确。而当 $\sigma_{cr}>f_y$ 时，构件进入弹塑性工作状态，采用切线模量更接近实验结果，这时杆件的临界应力按下式计算，即

$$\sigma_{cr}=\frac{\pi^2 E_t}{\lambda^2} \tag{6-39}$$

式中　E_t——材料的切线模量。

(2)杆端约束对轴心受压构件整体稳定性的影响

在实际结构中两端铰接的压杆很少。轴心压杆当与其他构件相连接而端部受到约束时，可以根据杆端的约束条件用等效的计算长度 l_0 来代替杆的几何长度 l，即取 $l_0=\mu l$，从而把它简化为两端铰接的杆。相应的构件临界力为

$$N_{cr}=\frac{\pi^2 EI}{l_0^2}=\frac{\pi^2 EI}{(\mu l)^2} \tag{6-40}$$

式中　l——构件的几何长度；

μ——构件的计算长度系数，按表6-7采用

表6-7中 μ 的理论值是按理想的端部支撑条件求出的，考虑到实际端部支撑条件与理想支撑条件的差别。因此对理论值加以修正并给出建议值，供实际设计使用。

表6-7　　轴心受压构件计算长度系数 μ

图中虚线表示柱的屈曲形式						
μ 的理论值	0.50	0.70	1.0	1.0	2.0	2.0
μ 的建议值	0.65	0.80	1.0	1.2	2.1	2.0
端部条件符号	无转动，无侧移；无转动，自由侧移；自由转动，无侧移；自由移动，自由侧移					

(3)实际轴心压杆的极限承载力

实际轴心压杆和理想轴心压杆有很大差别，实际工程中真正的轴心受压构件是不存在的，在构件中常有各种影响稳定承载能力的因素，其中主要有：

①初始缺陷：初始缺陷包括初弯曲和初偏心。实际的轴心压杆在制造、运输和安装过程中不可避免地会存在微小的弯曲。由于构造和施工的原因及构件尺寸的变异，作用在杆端的轴压力实际上不可避免地会偏离截面的形心而形成初偏心。这样，在压力作用下，构件侧向挠度从加载起就会不断增加，所以构件除受有轴向力外，实际上还存在因构件挠曲而产生的弯矩，从而降低了构件的承载能力。

②残余应力：残余应力是指结构在受力前构件内部就已经存在的自相平衡的初始应力。例如焊接应力就是残余应力的一种，其他如钢材轧制、火焰切割、冷弯、变形校正等过程中产生的塑性变形，也都会在构件中产生残余应力。残余应力的存在将使构件部分截面提前进入塑性状态，降低了构件的刚度和稳定承载能力。

如前所述，钢结构中实际构件都具有一定初始缺陷和残余应力。为了能更真实地反映构件实际承载能力，《规范》根据现有理论研究成果，取具有初弯曲及残余应力的构件按压溃理论进行弹塑性分析来确定其稳定承载能力。实际计算中，可应用计算机采用有限元概念，根据内、外力平衡条件，用数值分析方法模拟计算出压溃荷载，即轴心受压构件的整体稳定极限承载力 N_u。轴心受压构件所受应力应不大于整体稳定的临界应力，考虑抗力分项系数 γ_R 后，即

$$\sigma=\frac{N}{A}\leqslant\frac{\sigma_{cr}}{\gamma_R}=\frac{\sigma_{cr}}{f_y}\cdot\frac{f_y}{\gamma_R}=\varphi f$$

《规范》规定的计算稳定性的公式为

$$\frac{N}{\varphi A}\leqslant f \tag{6-41}$$

式中 N——轴心压力设计值；

A——构件的毛截面面积；

f——钢材的抗压强度设计值；

φ——轴心受压构件的稳定系数，按附表 2-7 采用。

（4）多条柱子曲线和稳定系数 φ

在钢结构中轴心受压构件的类型很多，当构件的长细比相同时，其承载力往往有很大差别。可以根据设计中经常采用柱的不同截面形式和不同的加工条件，画出考虑初弯曲和残余应力影响的一系列柱的曲线。在图 6-29 中以两条虚线标示这一系列柱曲线变动范围的上限和下限，实际轴心受压柱的稳定系数基本上都在这两条虚线之间。因此，只用一条柱曲线来设计各种不同的钢柱不是经济合理的。《规范》在上述计算资料的基础上，经过数理统计分析认为，把诸多柱曲线划分为四类比较经济合理。图 6-29 中 a、b、c 和 d 四条柱曲线各自代表一组截面柱的 φ 值的平均值。钢结构设计规范的 a、b、c 和 d 四类截面的轴心受压构件的稳定系数见附表 2-7。《规范》中各种截面的分类见表 6-8(a)和表 6-8(b)。

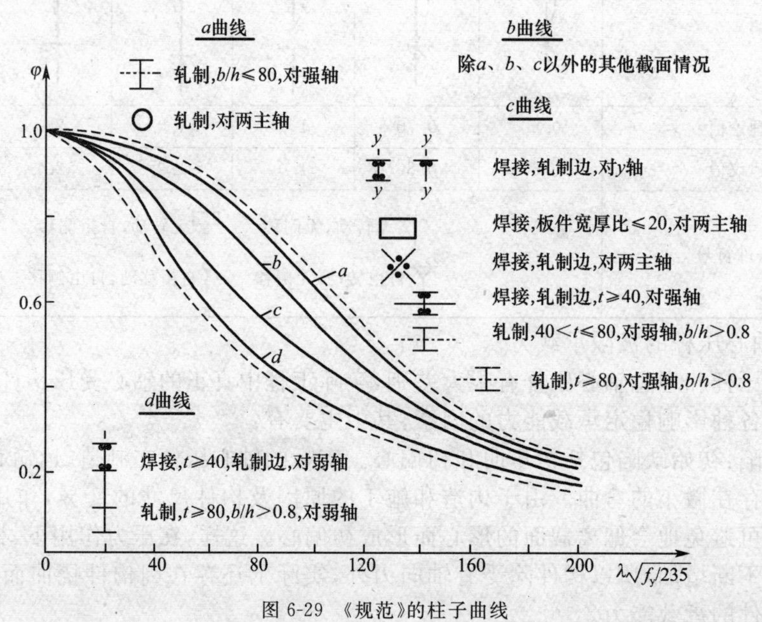

图 6-29 《规范》的柱子曲线

表 6-8(a)　　**轴心受压构件的截面分类(板厚 $t<40$ mm)**

截面形式	对 x 轴	对 y 轴
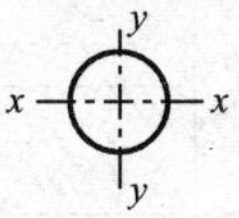 轧制	a类	a类
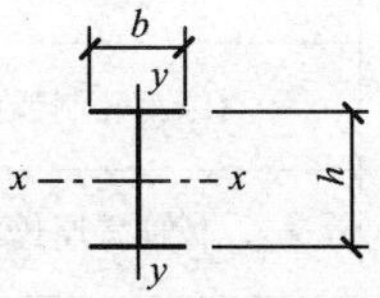 轧制,$b/h\leqslant0.8$	a类	b类
轧制,$b/h>0.8$ 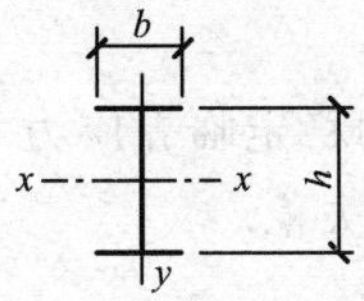 焊接,翼缘为焰切边 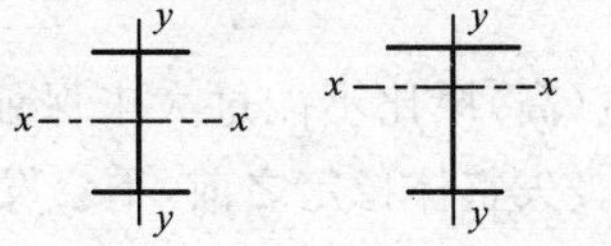 焊接 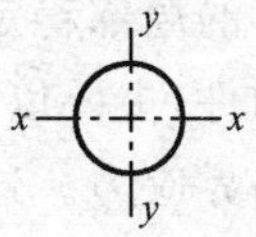 轧制 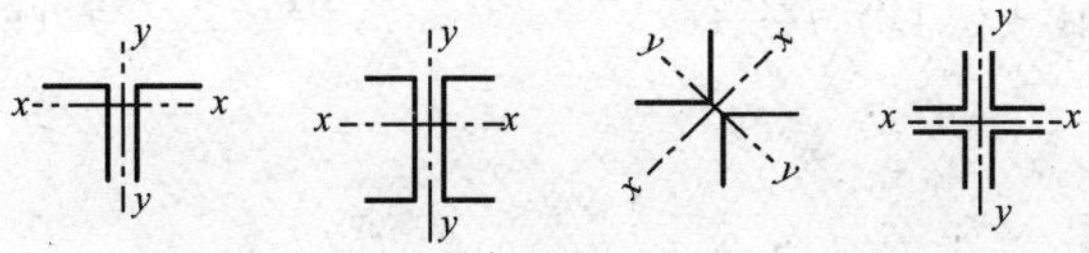 轧制,等边角钢 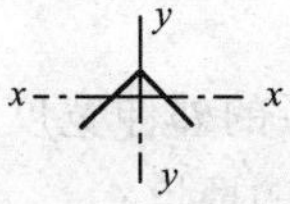 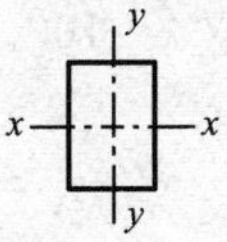 轧制,焊接(板件宽厚比大于 20) 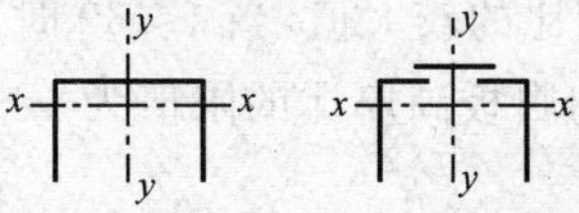 轧制或焊接 焊接 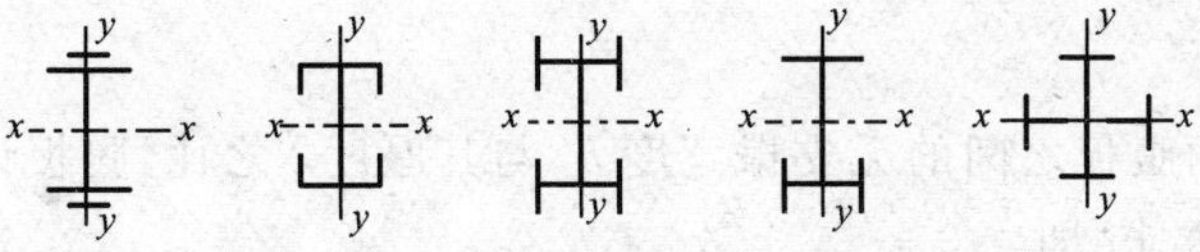 轧制截面和翼缘为焰切边的焊接截面 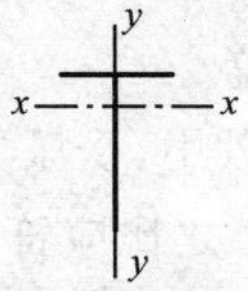 格构式 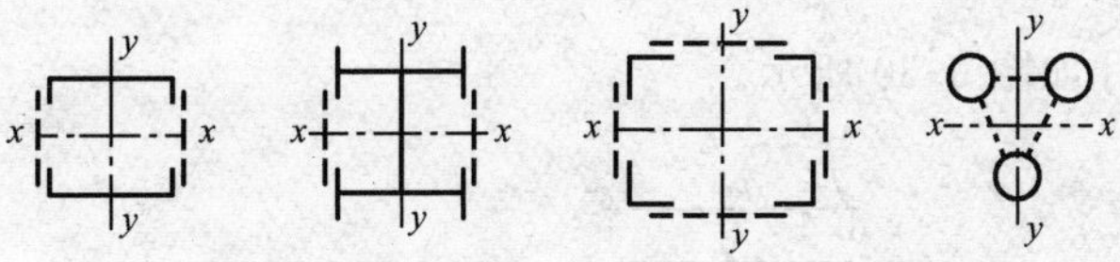 焊接,板件边缘焰切 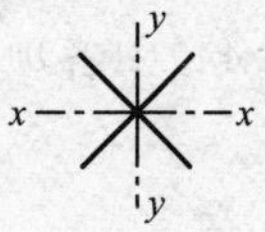	b类	b类
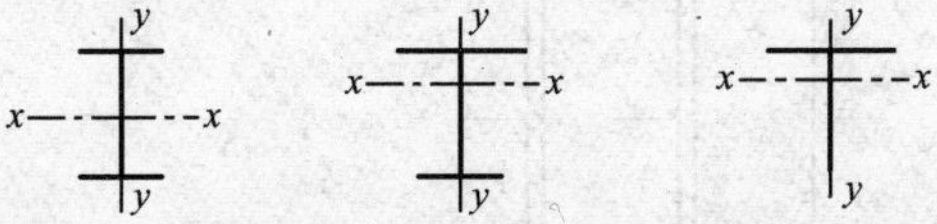 焊接,翼缘为轧制或剪切边	b类	c类
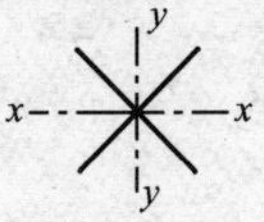 焊接,板件边缘轧制或剪切 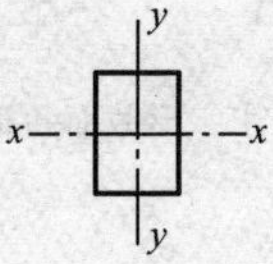 焊接,板件宽厚比$\leqslant$20	c类	c类

表 6-8(b)　　轴心受压构件的截面分类(板厚 $t \geqslant 40$ mm)

截面形式		对 x 轴	对 y 轴
轧制工字形或 H 形截面	$t<80$ mm	b类	c类
	$t \geqslant 80$ mm	c类	d类
焊接工字形截面	翼缘为焰切边	b类	b类
	翼缘为轧制或剪切边	c类	d类
焊接箱形截面	板件宽厚比>20	b类	b类
	板件宽厚比$\leqslant 20$	c类	c类

4. 轴心受压构件的局部稳定

对于轴心受压构件,主要以限制板件宽(高)厚比不能过大来保证板件的稳定临界应力不低于构件整体稳定临界应力。这样在构件丧失整体稳定之前,不会发生局部失稳。

对于工字形、H 形截面的翼缘板自由外伸部分宽厚比的限值为

$$\frac{b_1}{t} \leqslant (10+0.1\lambda)\sqrt{\frac{235}{f_y}} \tag{6-42}$$

式中　b_1——翼缘板的外伸宽度;

t——翼缘板的厚度;

λ——构件两方向长细比的较大值,当 $\lambda<30$ 时取 $\lambda=30$,当 $\lambda>100$ 时取 $\lambda=100$。

对于工字形、H 形截面的腹板高厚比的限值为

$$\frac{h_0}{t_w} \leqslant (25+0.5\lambda)\sqrt{\frac{235}{f_y}} \tag{6-43}$$

式中　h_0——腹板高度;

t_w——腹板厚度。

箱形截面受压构件中,受压翼缘在两腹板之间的无支撑宽度 b_0 与其厚度 t 之比、腹板计算高度 h_0 与其厚度 t_w 之比应符合下式要求,即

$$\frac{h_0}{t_w} \text{或} \frac{b_0}{t} \leqslant 40\sqrt{\frac{235}{f_y}} \tag{6-44}$$

式(6-42)~式(6-44)中各项截面尺寸如图 6-30 所示。

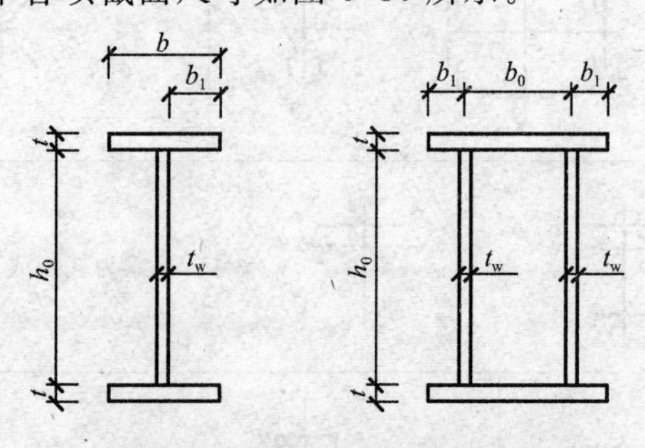

图 6-30　工字形截面和箱形截面尺寸

6.2.3　实腹式轴心受压构件的截面设计

1. 截面设计原则

为避免弯扭失稳，实腹式轴心受压构件一般采用双轴截面，其常用截面形式如图 6-20 所示。

为了获得经济与合理的设计效果，选择实腹式轴心受压构件的截面形式时，应考虑以下几个原则：

(1)宽肢薄壁

在满足板件宽(高)厚比限值的条件下，截面面积的分布应尽量开展，以增大截面的惯性矩和回转半径，提高构件的整体稳定承载力和刚度，达到用料合理。

(2)等稳定性

使构件两个主轴方向的稳定系数或长细比接近相等($\varphi_x \approx \varphi_y$ 或 $\lambda_x \approx \lambda_y$)，以使杆件在两个主轴方向的稳定承载力相同，使其充分发挥截面的承载能力。

(3)制造省工、连接简便

构件应便于与其他构件连接，尽可能构造简单、取材方便，能充分利用现代化的制造工具和减少制造工作量。

2. 设计步骤

(1)选择截面尺寸

首先根据截面设计原则和使用要求、材料供应、加工方法、轴心压力 N 的大小、两方向的计算长度 l_{0x} 和 l_{0y} 等条件确定截面形式和钢材钢号，然后按下述步骤试选型钢型号或组合截面尺寸：

①假定长细比 λ，根据以往的设计经验，对于荷载小于 1 500 kN，计算长度为 5～6 m 的压杆，可假定 λ=80～100；荷载为 3 000～3 500 kN 的压杆，可假定 λ=60～70。再根据截面形式和加工条件由表 6-8 确定截面分类，而后从附表 2-7 查出相应的稳定系数，并算出对应于假定长细比的回转半径 $i=l_0/\lambda$；按照整体稳定的要求算出所需要的截面积 $A=N/(\varphi f)$，同时利用附表 2-5 中截面回转半径和轮廓尺寸的近似关系，$i_x=\alpha_1 h$ 和 $i_y=\alpha_2 b$ 确定截面的高度 h 和宽度 b，并根据等稳条件，便于加工和板件稳定的要求确定截面各部分的尺寸。即

$$
\text{由}\lambda\begin{cases}\text{查表得 }\varphi_x\text{、}\varphi_y\rightarrow\text{选其中 }\varphi_{\min}\text{，求 }A=\dfrac{N}{\varphi_{\min}f}\\[2ex]\text{求对 }x\text{ 轴需要的回转半径 }i_x=\dfrac{l_{0x}}{\lambda}\rightarrow\text{由 }i_x\text{ 求 }h\approx\dfrac{i_x}{\alpha_1}\\[2ex]\text{求对 }y\text{ 轴需要的回转半径 }i_y=\dfrac{l_{0y}}{\lambda}\rightarrow\text{由 }i_y\text{ 求 }h\approx\dfrac{i_y}{\alpha_2}\end{cases}
$$

式中　α_1、α_2——系数，分别表示截面高度 h、宽度 b 与回转半径 i_x、i_y 间的近似数值关系，例如工字形截面 $\alpha_1=0.43$，$\alpha_2=0.24$，对其他形式截面见附表 2-5。

②确定型钢型号或组合截面各板件尺寸。对型钢，根据 A、i_x、i_y 查型钢(工字钢、H 型钢、钢管等)表中相近数值，即可选择合适的型钢型号。

对组合截面，根据 A、h、b，并考虑构造、制造、焊接工艺的需要以及宽肢薄壁、连接简便等原则，确定截面所有其余尺寸。如对焊接工字形截面，可取 $b\approx h$；为用料合理，宜取腹板厚度 $t_w=(0.4\sim0.7)t$，t 为翼缘板厚度，但不小于 6 mm；腹板高度 h_0 和翼缘宽度 b 宜取 10 mm 的

整倍数,t 和 t_w 宜取 2 mm 的整倍数。

(2)验算截面

对初选的截面须作如下几方面验算:

①强度——按式(6-35)计算。

②刚度——按式(6-36)计算。

③整体稳定——按式(6-41)计算。需同时考虑两主轴方向,但一般可取其中长细比的较大值进行计算。

④局部稳定——对热轧型钢截面一般能满足要求,可不验算。对于组合工字形截面按式(6-42)和式(6-43)计算。

如验算结果不满足要求,应调整截面尺寸后重新验算,直到满足要求为止。

3. 构造规定

当实腹式构件的腹板高厚比 $h_0/t_w > 80\sqrt{235/f_y}$ 时,为防止腹板在施工和运输过程中发生扭转变形,提高构件的抗扭刚度,应配置横向加劲肋,其间距不得大于 $3h_0$,在腹板两侧成对配置,截面尺寸应满足式(6-27)和式(6-28)的要求,如图 6-31 所示。

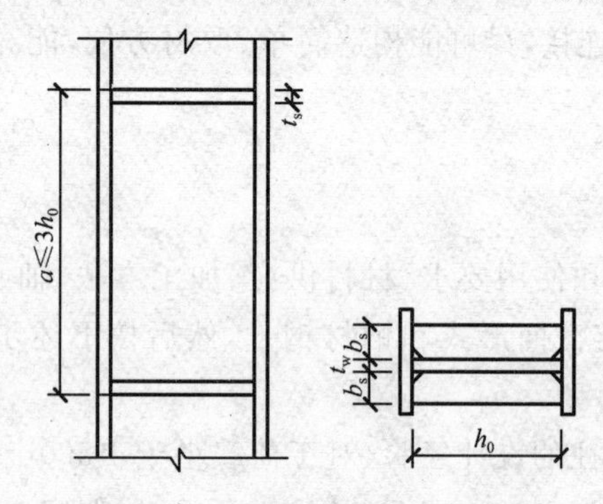

图 6-31 实腹式柱的横向加劲肋

为了保证构件的截面形状不变和增加构件的刚度,应该设置如图 6-32 所示的横隔,它们之间的中距不应大于构件截面较大宽度的 9 倍,也不应大于 8 m,且每个运送单元的端部应设置横隔。横隔可用钢板或角钢组成,分别如图 6-32(a)和图 6-32(b)所示。

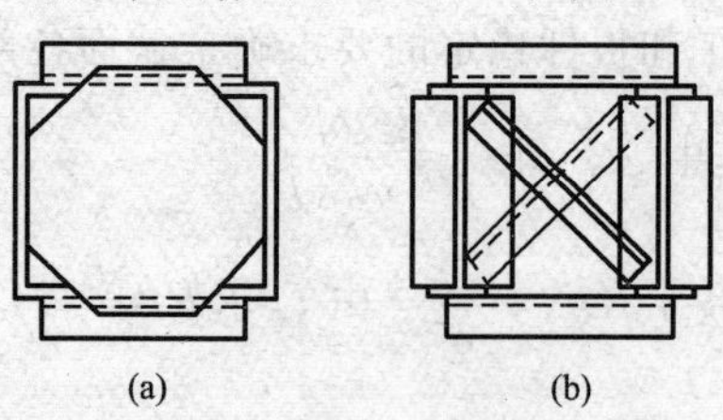

图 6-32 横隔构造

轴心受压实腹柱板件间的纵向连接焊缝只承受柱初弯曲或偶然横向力作用等产生的很小的剪力,因此不必计算,焊脚尺寸可按焊缝构造要求采用。

例 6-3 如图 6-33 所示为一管道支架柱,其支柱的压力设计值为 N=1 380 kN,柱两端铰接,钢材为 Q235,截面无孔眼削弱。试分别用:(1)普通轧制工字钢;(2)热轧 H 型钢;(3)焊接工字形截面,翼缘板为焰切边,设计此支柱的截面,并比较三种设计结果。

解 支柱在两个方向的计算长度不相等,故取如图 6-33(b)所示的截面朝向,将强轴顺 x 轴方向,弱轴顺 y 轴方向。这样,柱在两个方向的计算长度分别为

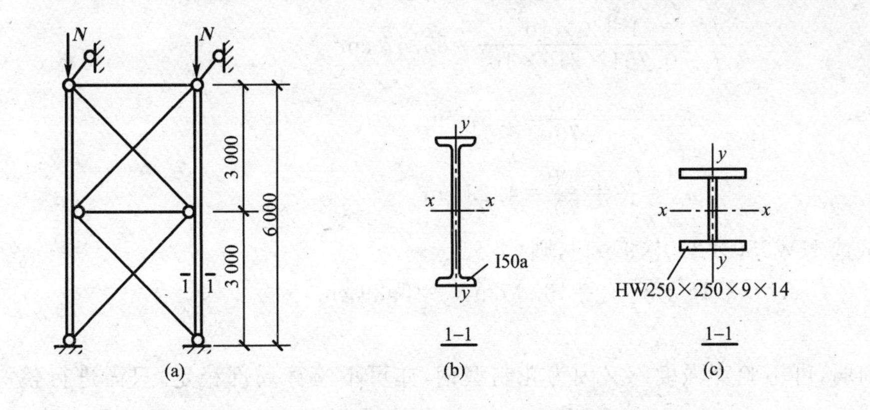

图 6-33　例 6-3 图

$$l_{ox}=600\ \text{cm}, l_{oy}=300\ \text{cm}$$

Ⅰ. 轧制工字钢

①试选截面

试选截面如图 6-33(b)所示。假定 $\lambda=100$，对于轧制工字钢，当绕 x 轴失稳时属于 a 类截面，由附表 2-7-1 查得 $\varphi_x=0.638$；绕 y 轴失稳时属于 b 类截面，由附表 2-7-2 查得 $\varphi_y=0.555$。需要的截面几何量为

$$A=\frac{N}{\varphi_{\min}f}=\frac{1\ 380\times10^3}{0.555\times215\times10^2}=115.65\ \text{cm}^2$$

$$i_x=\frac{l_{ox}}{\lambda}=\frac{600}{100}=6\ \text{cm}$$

$$i_y=\frac{l_{oy}}{\lambda}=\frac{300}{100}=3\ \text{cm}$$

由附表 4-1-1 中不可能选出同时满足 A、i_x 和 i_y 的型号，可适当照顾到 A，i_y 进行选择。现试选 I50a，$A=119\ \text{cm}^2$，$i_x=19.7\ \text{cm}$，$i_y=3.07\ \text{cm}$。

②截面验算

因截面无孔眼削弱，可不验算强度。又因轧制工字钢的翼缘和腹板均较厚，可不验算局部稳定，只需进行整体稳定和刚度验算。

长细比

$$\lambda_x=\frac{l_{ox}}{i_x}=\frac{600}{19.7}=30.5<[\lambda]=150$$

$$\lambda_y=\frac{l_{oy}}{i_y}=\frac{300}{3.07}=97.7<[\lambda]=150$$

λ_y 远大于 λ_x，故由 λ_y 查得 $\varphi=0.570$。

$$\frac{N}{\varphi A}=\frac{1\ 380\times10^3}{0.570\times119\times10^2}=203.45\ \text{N/mm}^2<f=205\text{N/mm}^2$$

Ⅱ. 热轧 H 型钢

①试选截面

试选截面如图 6-33(c)所示。由于热轧 H 型钢可以选用宽翼缘的形式，截面宽度较大，因此长细比的假设值可适当减小，假设 $\lambda=70$。对宽翼缘 H 型钢，因 $b/h>0.8$，所以不论对 x 轴或 y 轴都属于 b 类截面，当 $\lambda=70$ 时，由附表 2-7-2 查得 $\varphi=0.751$，所需截面几何量为

$$A=\frac{N}{\varphi f}=\frac{1\ 380\times10^{3}}{0.751\times215\times10^{2}}=85.47\ \text{cm}^{2}$$

$$i_{x}=\frac{l_{ox}}{\lambda}=\frac{600}{70}=8.57\ \text{cm}$$

$$i_{y}=\frac{l_{oy}}{\lambda}=\frac{300}{70}=4.29\ \text{cm}$$

由附表 4-1-5 试选 HW250×250×9×14,则

$$A=92.18\ \text{cm}^{2},i_{x}=10.8\ \text{cm},i_{y}=6.29\ \text{cm}$$

②截面验算

因截面无孔眼削弱,可不验算强度。又因为轧制型钢,亦可不验算局部稳定,只需进行整体稳定和刚度验算。

长细比

$$\lambda_{x}=\frac{l_{ox}}{i_{x}}=\frac{600}{10.8}=55.6<[\lambda]=150$$

$$\lambda_{y}=\frac{l_{oy}}{i_{y}}=\frac{300}{6.29}=47.7<[\lambda]=150$$

因对 x 轴或 y 轴均属于 b 类截面,故由长细比的较大值 $\lambda_{x}=55.6$ 查附表 4-7-2 得 $\varphi=0.83$。

$$\frac{N}{\varphi A}=\frac{1\ 380\times10^{3}}{0.83\times92.18\times10^{2}}=180.37\ \text{N/mm}^{2}<f=215\ \text{N/mm}^{2}$$

Ⅲ.焊接工字形截面

①试选截面

参照 H 型钢截面,选用截面如图 6-33(d)所示,翼缘 2－250×12,腹板 1－250×8,其截面面积

$$A=2\times25\times1.2+25\times0.8=80\ \text{cm}^{2}$$

$$I_{x}=\frac{1}{12}\times(25\times27.4^{3}-24.2\times25^{3})=11\ 345.5\ \text{cm}^{4}$$

$$I_{y}=2\times\frac{1}{12}\times1.2\times25^{3}=3\ 125\ \text{cm}^{4}$$

$$i_{x}=\sqrt{\frac{11\ 345.5}{80}}=11.9\ \text{cm}$$

$$i_{y}=\sqrt{\frac{3\ 125}{80}}=6.25\ \text{cm}$$

②整体稳定和长细比验算

长细比

$$\lambda_{x}=\frac{l_{ox}}{i_{x}}=\frac{600}{11.9}=50.4<[\lambda]=150$$

$$\lambda_{y}=\frac{l_{oy}}{i_{y}}=\frac{300}{6.25}=48<[\lambda]=150$$

因对 x 轴或 y 轴均属于 b 类截面,故由长细比的较大值 $\lambda_{x}=50.4$ 查附表 4-7-2 得 $\varphi=0.854$。

$$\frac{N}{\varphi A}=\frac{1\ 380\times10^{3}}{0.854\times80\times10^{2}}=202\ \text{N/mm}^{2}<f=215\ \text{N/mm}^{2}$$

③局部稳定验算

翼缘外伸部分

$$\frac{b_1}{t_w}=\frac{12.1}{1.2}=10.08<(10+0.1\lambda)\sqrt{\frac{235}{f_y}}=(10+0.1\times 50.4)\times\sqrt{\frac{235}{235}}=15.04$$

腹板的局部稳定

$$\frac{h_0}{t_w}=\frac{25}{0.8}=31.25<(25+0.5\lambda)\sqrt{\frac{235}{f_y}}=(25+0.5\times 50.4)\times\sqrt{\frac{235}{235}}=50.2$$

截面无孔眼削弱，可不验算强度。

④构造

因腹板高厚比小于80，故不必设置横向加劲肋。翼缘与腹板的连接焊缝最小焊角尺寸 $h_{min}=1.5\sqrt{t}=1.5\times\sqrt{12}=5.2$ mm，采用 $h_f=6$ mm。

以上采用三种不同截面的形式对柱进行了设计，由计算结果可知，轧制普通工字钢截面比热轧H型钢截面和焊接工字形截面大30%～50%，这是因为普通工字钢绕弱轴的回转半径太小。在本例情况中，尽管弱轴方向的计算长度仅为强轴方向计算长度的1/2，前者的长细比仍远大于后者，因而支柱的承载能力是由弱轴所控制的，对强轴则有较大的富裕，这显然是不经济的。若必须采用此种截面，也应再增加侧向支撑的数量。对于轧制H型钢和焊接工字形截面，由于其两个方向的长细比非常接近，基本上做到了等稳定性，用料最经济，但焊接工字形截面的焊接工作量大，在设计轴心受压实腹式柱时宜优先选用H型钢。

6.3　拉弯、压弯构件

6.3.1　拉弯、压弯构件的应用和截面形式

构件在轴心受拉或受压的同时还承受横向力产生的弯矩或端弯矩的作用，则称为拉弯、压弯构件，如图6-34(a)和图6-34(b)所示。偏心受拉或偏心受压构件也属于拉弯或压弯构件，如图6-34(c)所示。钢屋架的下弦杆一般属于轴心拉杆，但如果下弦杆的节点之间存在横向荷载就属于拉弯构件。厂房的框架柱，多、高层建筑的框架柱和海洋平台的立柱等都属于压弯构件。

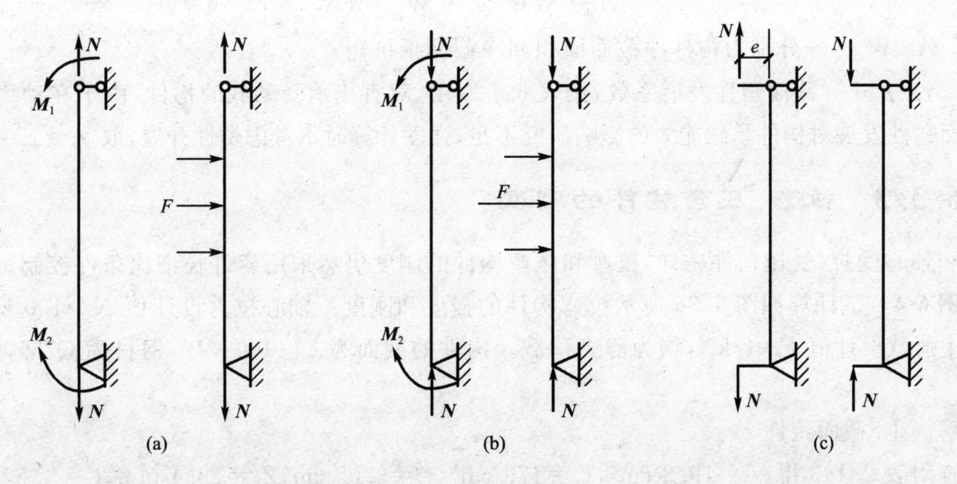

图6-34　拉弯、压弯构件

对于拉弯构件，如果所承受的弯矩不大，而主要承受轴拉力时，它的截面形式和一般轴心

拉杆一样。当拉弯构件要承受较大的弯矩时，应该采用在弯矩作用平面内有较大抗弯刚度的截面。

对于承受弯矩很小而轴压力很大的压弯构件，其截面形式和一般轴心受压构件相同，见图6-27所示。当构件承受的弯矩相对很大时，除了采用截面高度较大的双轴对称截面外，有时还采用如图6-35所示的单轴对称截面，以便获得较好的经济效果。如图6-35所示的单轴对称截面有实腹式和格构式两种，都是在受压较大一侧分布着更多的材料。

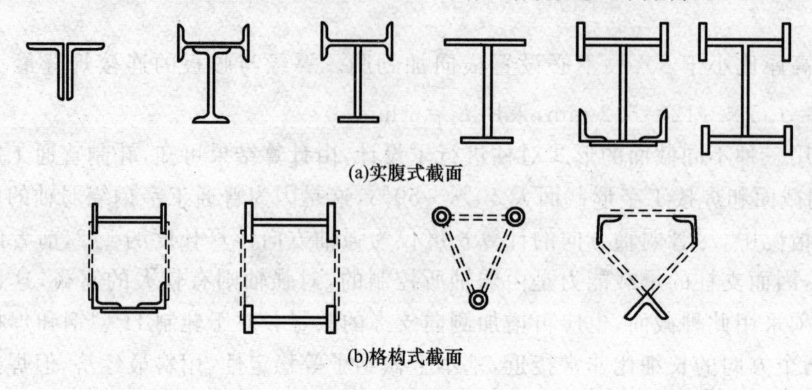

图 6-35 压弯构件的单轴对称截面

6.3.2 拉弯构件和压弯构件的强度

拉弯构件和不致整体失稳和局部失稳的压弯构件是以最大受力截面形成塑性铰为强度承载能力极限。采用全截面屈服设计准则必须对构件组成板件的宽厚比提出较为严格的要求，以免在失去强度之前失去局部稳定。同梁一样，考虑部分发展塑性。

单向压弯(拉弯)构件的强度计算公式为

$$\frac{N}{A_{\mathrm{n}}}\pm\frac{M_x}{\gamma_x W_{\mathrm{n}x}}\leqslant f \tag{6-45}$$

双向压弯(拉弯)构件的强度计算公式为

$$\frac{N}{A_{\mathrm{n}}}\pm\frac{M_x}{\gamma_x W_{\mathrm{n}x}}\pm\frac{M_y}{\gamma_y W_{\mathrm{n}y}}\leqslant f \tag{6-46}$$

式中 A_{n}、W_{n}——分别为构件净截面面积和净截面抵抗矩；

γ_x、γ_y——截面塑性发展系数，按表6-1取用，对直接承受动载的构件，由于在动力作用下截面塑性发展对构件承载能力的影响研究不足，强度计算时不考虑塑性开展，取 $\gamma_x=\gamma_y=1.0$。

6.3.3 拉弯、压弯构件的刚度

和轴心受拉、受压构件一样，拉弯和压弯构件的刚度仍然采用容许长细比条件控制。

例6-4 试计算如图6-36所示拉弯构件的强度和刚度。轴心拉力设计值 $N=100$ kN，横向集中荷载设计值 $F=8$ kN，均为静力荷载。构件的截面为2∟100×10，钢材为Q235，$[\lambda]=350$。

解 Ⅰ.截面特性

查附表2-1-3得，$A=19.3\ \mathrm{cm}^2$，$I_x=179\ \mathrm{cm}^4$，$i_x=3.05$ cm，$Z_0=28.4$ mm，$i_y=4.52$ cm。

Ⅱ.构件的最大弯矩

角钢单位长度的质量为 $g=15.1$ kg/m。

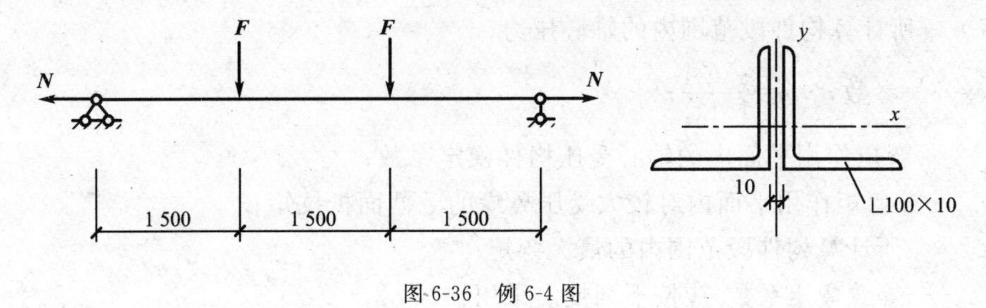

图 6-36 例 6-4 图

$$M_x=Fa+\frac{1}{8}ql^2=8\times1.5+\frac{1}{8}\times2\times1.2\times15.1\times9.8\times4.5^2\times10^{-3}=12.9\ \text{kN}\cdot\text{m}$$

Ⅲ. 截面抵抗矩

肢背处

$$W_{n1}=\frac{2\times179}{2.84}=126.06\ \text{cm}^3$$

肢尖处

$$W_{n1}=\frac{2\times179}{10-2.84}=50\ \text{cm}^3$$

Ⅳ. 截面强度

查表 6-1 得，$\gamma_{x1}=1.05$，$\gamma_{x2}=1.2$。

肢背处

$$\frac{N}{A_n}+\frac{M_x}{\gamma_{x1}W_{n1}}=\frac{100\times10^3}{2\times19.3\times10^2}+\frac{12.9\times10^6}{1.05\times126.06\times10^3}=123.4\ \text{N/mm}^2<f=215\ \text{N/mm}^2$$

肢尖处

$$\frac{N}{A_n}-\frac{M_x}{\gamma_{x2}W_{n1}}=\frac{100\times10^3}{2\times19.3\times10^2}-\frac{12.9\times10^6}{1.2\times50\times10^3}=-189.1\ \text{N/mm}^2<f=215\ \text{N/mm}^2$$

强度满足要求。

Ⅴ. 刚度

$$\lambda_x=\frac{l_x}{i_x}=\frac{450}{3.05}=147.5<[\lambda]=350$$

$$\lambda_y=\frac{l_y}{i_y}=\frac{450}{4.52}=99.6<[\lambda]=350$$

刚度满足要求。

6.3.4 实腹式压弯构件的整体稳定

压弯构件失去整体稳定有两种形式。通常压弯构件的弯矩作用在弱轴平面内，使构件截面绕强轴受弯，构件可能在弯矩作用平面内弯曲失稳；但由于构件在垂直于弯矩作用平面的刚度较小，也可能因侧向弯曲和扭转使构件产生弯扭失稳，称为弯矩作用平面外失稳。压弯构件须分别对其两方向的稳定性进行计算。

1. 实腹式压弯构件在弯矩作用平面内的稳定性

《规范》规定，弯矩作用在对称轴平面内（绕 x 轴）的实腹式压弯构件按下式计算平面内的稳定性

$$\frac{N}{\varphi_x A}+\frac{\beta_{mx}M_x}{\gamma_x W_{1x}\left(1-0.8\dfrac{N}{N_{Ex}'}\right)}\leqslant f \tag{6-47}$$

式中 N——所计算构件段范围内的轴心压力;

N'_{Ex}——参数,$N'_{Ex}=\frac{\pi^2 EA}{1.1\lambda_x^2}$;

φ_x——弯矩作用平面内的轴心受压构件稳定系数;

W_{1x}——弯矩作用平面内对较大受压翼缘的毛截面抵抗矩;

M_x——所计算构件段范围内的最大弯矩;

β_{mx}——等效弯矩系数,应按下列规定采用:

(1)框架柱和两端支承的构件:

①无横向荷载作用时,$\beta_{mx}=0.65+0.35M_2/M_1$。$M_1$ 和 M_2 为端弯矩,使构件产生同向曲率(无反弯点)时取同号;使构件产生反向曲率(有反弯点)时,取异号,$|M_1|\geqslant|M_2|$。

②有端弯矩和横向荷载同时作用时,使构件产生同向曲率时,$\beta_{mx}=1.0$;使构件产生反向曲率时,$\beta_{mx}=0.85$。

③无端弯矩但有横向荷载作用时,$\beta_{mx}=1.0$。

(2)悬臂构件和分析内力未考虑二阶效应的无支撑纯框架和弱支撑框架柱,$\beta_{mx}=1.0$。

对单轴对称截面压弯杆件,当弯矩作用在对称轴平面内且使翼缘受压时,构件破坏时截面的塑性区可能仅出现在受拉侧,由于受拉区的塑性发展而导致构件失稳。为了防止出现这种情况,除按式(6-47)计算外,尚应按下式计算,即

$$\left|\frac{N}{A}-\frac{\beta_{mx}M_x}{\gamma_x W_{2x}\left(1-1.25\frac{N}{N'_{Ex}}\right)}\right|\leqslant f \tag{6-48}$$

式中 W_{2x}——对无翼缘端的毛截面抵抗矩;

γ_x——对应于 W_{2x} 的截面塑性发展系数。

2. 实腹式压弯构件在弯矩作用平面外的稳定性

《规范》规定,弯矩作用在对称轴平面内(绕 x 轴)的实腹式压弯构件按下式计算平面外的稳定性

$$\frac{N}{\varphi_y A}+\eta\frac{\beta_{tx}M_x}{\varphi_b W_{1x}}\leqslant f \tag{6-49}$$

式中 φ_y——弯矩作用平面外的轴心受压构件稳定系数。

M_x——所计算构件段范围内(构件侧向支撑点间)的最大弯矩。

η——截面影响系数,闭口截面 $\eta=0.7$,其他截面 $\eta=1.0$。

β_{tx}——等效弯矩系数,应按下列规定采用:

①在弯矩作用平面外有支承的构件,应根据两相邻支撑点间构件段内的荷载和内力情况确定:

a. 所考虑构件段无横向荷载作用时,$\beta_{tx}=0.65+0.35M_2/M_1$,$M_1$ 和 M_2 为在弯矩作用平面内的端弯矩,使构件段产生同向曲率时取同号;产生反向曲率时取异号,$|M_1|\geqslant|M_2|$。

b. 所考虑构件段内有端弯矩和横向荷载同时作用时,使构件段产生同向曲率时,$\beta_{tx}=1.0$;使构件段产生反向曲率时,$\beta_{tx}=0.85$。

c. 所考虑构件段内无端弯矩但有横向荷载作用时,$\beta_{tx}=1.0$。

②弯矩作用平面外为悬臂的构件,$\beta_{tx}=1.0$。

φ_b——均匀弯曲的受弯构件整体稳定系数,对压弯构件可按下列近似公式计算(公式中的 φ_b 已经考虑了构件的弹塑性失稳问题,因此当算得的 φ_b 值大于 0.6 时不需要再换算成 φ'_b 值;

当算得的 φ_b 值大于 1.0 时，取 $\varphi_b=1.0$)：

①工字形截面(含 H 型钢)：

双轴对称时

$$\varphi_b=1.07-\frac{\lambda_y^2}{44\ 000}\cdot\frac{f_y}{235} \tag{6-50}$$

单轴对称时

$$\varphi_b=1.07-\frac{W_x}{(2a_b+0.1)Ah}\cdot\frac{\lambda_y^2}{14\ 000}\cdot\frac{f_y}{235} \tag{6-51}$$

其中，$a_b=\frac{I_1}{I_1+I_2}$，I_1 和 I_2 分别为受压翼缘和受拉翼缘对 y 轴的惯性矩。

②T 形截面(弯矩作用在对称轴平面，绕 x 轴)：

a. 弯矩使翼缘受压时，双角钢组成的 T 形截面

$$\varphi_b=1-0.001\ 7\lambda_y\sqrt{\frac{f_y}{235}} \tag{6-52}$$

部分 T 型钢和两板组合 T 形截面

$$\varphi_b=1-0.002\ 2\lambda_y\sqrt{\frac{f_y}{235}} \tag{6-53}$$

b. 弯矩使翼缘受拉且腹板宽厚比不大于 $18\sqrt{235/f_y}$ 时，有

$$\varphi_b=1-0.000\ 5\lambda_y\sqrt{\frac{f_y}{235}} \tag{6-54}$$

6.3.5　实腹式压弯构件的局部稳定

1. 受压翼缘板的局部稳定

工字形、T 形截面压弯构件，其受压翼缘的应力情况与受弯构件受压翼缘类似，当截面设计有强度控制时更加近似，故翼缘板的自由外伸宽厚比应满足式(6-22)或式(6-23)的要求。箱形截面翼缘板在两腹板之间的宽度与其厚度之比同式(6-44)。

2. 腹板的局部稳定

(1)工字形截面的腹板

在压弯构件中，其板受剪应力和非均匀压应力的联合作用，后者则介于弯曲应力和均匀压应力两极端情况之间，可用应力梯度 $\alpha_0=(\sigma_{max}-\sigma_{min})/\sigma_{max}$ 来表达其分布情况，如图 6-37 所示。当 $\alpha_0=2$ 时，即纯弯情况；$\alpha_0=0$ 时，即均匀受压情况。显然，α_0 愈小对腹板的局部稳定愈不利。另外，对腹板高厚比 h_0/t_w 的限值也采用和轴心受压构件类似方法，即随 λ 值增大而放大，故计算公式表达为：

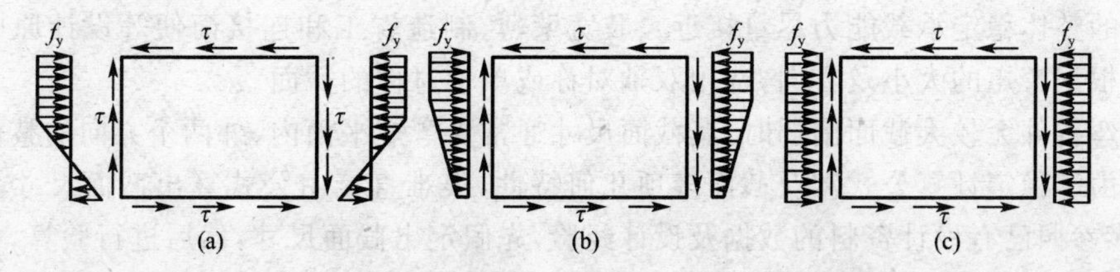

图 6-37　压弯构件腹板弹塑性状态的受力情况

当 $0 \leqslant \alpha_0 \leqslant 1.6$ 时

$$\frac{h_0}{t_w} \leqslant (16\alpha_0 + 0.5\lambda + 25)\sqrt{\frac{235}{f_y}} \tag{6-55}$$

当 $1.6 < \alpha_0 \leqslant 2.0$ 时

$$\frac{h_0}{t_w} \leqslant (48\alpha_0 + 0.5\lambda - 26.2)\sqrt{\frac{235}{f_y}} \tag{6-56}$$

式中 λ——构件在弯矩作用平面内的长细比。当 $\lambda < 30$ 时,取 $\lambda = 30$;当 $\lambda > 100$ 时,取 $\lambda = 100$。

(2)箱形截面的腹板

对于箱形截面压弯构件,弯矩作用在平行于腹板的主轴平面内,其腹板的临界应力计算方法与工字形截面的腹板相同。但箱形截面的腹板与翼缘的连接只能采用单面角焊缝,其嵌固条件不如工字形截面,且两块腹板的受力情况也可能不完全一致。为安全起见,《规范》规定,腹板高厚比限值取为工字形截面腹板高厚比限值的80%,当此值小于 $40\sqrt{235/f_y}$ 时,应采用 $40\sqrt{235/f_y}$。

(3)T形截面的腹板

对弯矩作用在对称轴平面内的T形截面压弯构件,其腹板的受力有两种情况:一种情况是最大压应力在腹板的自由边,另一种情况是最大压应力在腹板与翼缘相接处。前者情况较后者更为不利。因此,《规范》规定:

①弯矩使腹板自由边受拉的压弯构件

热轧部分T型钢

$$\frac{h_0}{t_w} \leqslant (15 + 0.2\lambda)\sqrt{\frac{235}{f_y}} \tag{6-57}$$

焊接T型钢

$$\frac{h_0}{t_w} \leqslant (13 + 0.17\lambda)\sqrt{\frac{235}{f_y}} \tag{6-58}$$

②弯矩使腹板自由边受压的压弯构件

当 $\alpha_0 \leqslant 1$ 时
$$\frac{h_0}{t_w} \leqslant 15\sqrt{\frac{235}{f_y}} \tag{6-59}$$

当 $\alpha_0 > 1$ 时
$$\frac{h_0}{t_w} \leqslant 18\sqrt{\frac{235}{f_y}} \tag{6-60}$$

6.3.6 实腹式压弯构件的截面设计

实腹式压弯构件与轴心受压构件一样,其截面设计也要遵循等稳定性(即弯矩作用平面内和平面外的整体稳定承载能力尽量接近)、肢宽壁薄、制造省工和连接简便等设计原则。其截面形式可根据弯矩的大小及方向,选用双轴对称或单轴对称的截面。

当压弯构件无较大截面削弱时,其截面尺寸通常受弯矩平面内、外两个方向的整体稳定计算控制。由于稳定计算公式涉及截面多项几何特性,很难直接由公式算出截面尺寸。实际设计时,大多参照已有设计资料的数据及设计经验,先假定出截面尺寸,然后进行验算,如果验算不满足要求,或有较大富裕,则对假定尺寸进行调整,再行验算。一般都要经过多次试算调整,才能设计出合理的截面。

实腹式压弯构件截面设计的步骤大致如下所述。

1. 截面选择

截面形式可根据弯矩的大小、方向选用双轴或单轴对称的截面。一般可根据设计经验先假定出截面尺寸进行试算。

2. 截面验算

(1)强度验算

$$\frac{N}{A_n} \pm \frac{M_x}{\gamma_x W_{nx}} \leqslant f$$

如截面无削弱,且弯矩取值与稳定计算中取值相同,可不作强度验算。

(2)刚度验算

$$\lambda_{max} = \left(\frac{l_0}{i}\right)_{max} \leqslant [\lambda]$$

(3)整体稳定验算

弯矩作用平面内的整体稳定

$$\frac{N}{\varphi_x A} + \frac{\beta_{mx} M_x}{\gamma_x W_{1x}(1-0.8\frac{N}{N'_{Ex}})} \leqslant f$$

对于单轴对称截面,还需进行补充计算

$$\left|\frac{N}{A} - \frac{\beta_{mx} M_x}{\gamma_x W_{2x}\left(1-1.25\frac{N}{N'_{Ex}}\right)}\right| \leqslant f$$

在弯矩平面作用外的整体稳定

$$\frac{N}{\varphi_y A} + \eta \frac{\beta_{tx} M_x}{\varphi_b W_{1x}} \leqslant f$$

(4)局部稳定验算

按构造控制翼缘板宽厚比和腹板高厚比即可满足要求。

实腹式压弯构件的纵向连接焊缝,以及必要时需设置的横向加劲肋、横隔等构造规定,均与实腹式轴心受压构件相同。

例 6-5　如图 6-38 所示为一双轴对称工字形截面压弯构件,跨中集中横向荷载设计值 F=150 kN,轴心压力设计值 N=1 100 kN。构件在弯矩作用平面内计算长度为 12 m,弯矩作用平面外方向有侧向支撑,其间距为 4 m。构件截面尺寸如图中所示,截面无削弱,翼缘板为火焰切割边,钢材为 Q235。构件容许长细比[λ]=150。试对该构件截面进行验算。

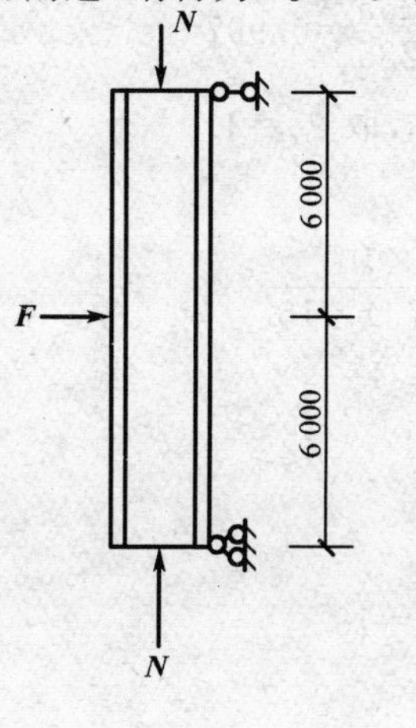

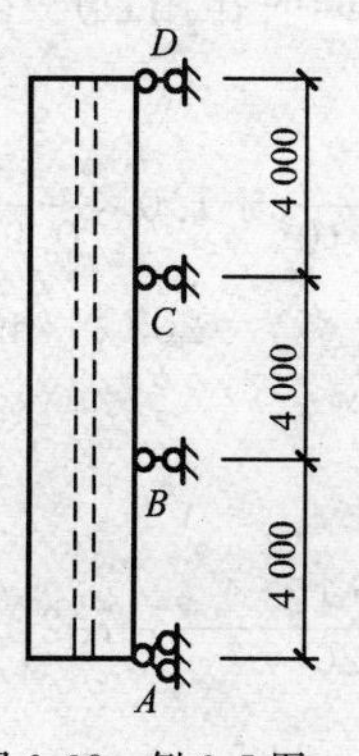

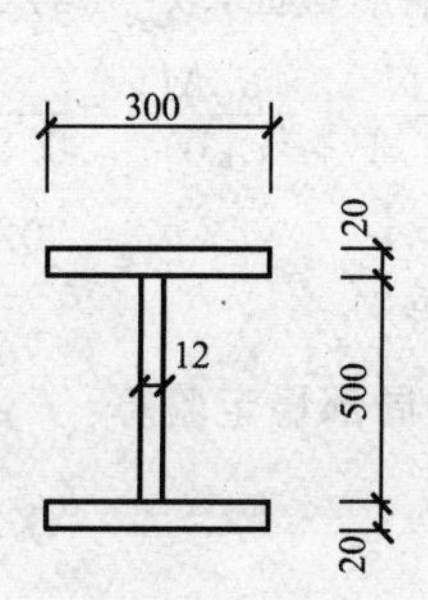

图 6-38　例 6-5 图

解 Ⅰ.截面几何特征计算

$$A=30\times 2\times 2+50\times 1.2=180\ \text{cm}^2$$

$$I_x=\frac{1}{12}\times 1.2\times 50^3+30\times 2\times \left(\frac{50+2}{2}\right)^2\times 2=93\ 620\ \text{cm}^4$$

$$I_y=2\times \frac{1}{12}\times 2\times 30^3=9\ 000\ \text{cm}^4$$

$$i_x=\sqrt{\frac{I_x}{A}}=\sqrt{\frac{93\ 620}{180}}=22.8\ \text{cm}$$

$$i_y=\sqrt{\frac{I_y}{A}}=\sqrt{\frac{9\ 000}{180}}=7.07\ \text{cm}$$

$$W_{1x}=W_{2x}=\frac{2I_x}{h}=\frac{2\times 93\ 620}{54}=3\ 467.4\ \text{cm}^3$$

$$\lambda_x=\frac{l_{ox}}{i_x}=\frac{1\ 200}{22.8}=52.6$$

$$\lambda_y=\frac{l_{oy}}{i_y}=\frac{400}{7.07}=56.6$$

由表 6-8(a)查得该截面属 b 类,再由附表 2-7-2 查得

$$\varphi_x=0.844,\varphi_y=0.825$$

Ⅱ.弯矩作用平面内整体稳定性验算

$$M_x=\frac{F}{4}l=\frac{150}{4}\times 12=450\ \text{kN}\cdot\text{m}$$

$$N'_{\text{Ex}}=\frac{\pi^2 EA}{1.1\lambda_x^2}=\frac{3.14^2\times 206\times 10^3\times 180\times 10^2}{1.1\times 52.6^2}=12\ 013\times 10^3\ \text{N}=12\ 013\ \text{kN}$$

无端弯矩但有横向荷载作用,等效弯矩系数 $\beta_{\text{m}x}=1.0$,则

$$\frac{N}{\varphi_x A}+\frac{\beta_{\text{m}x}M_x}{\gamma_x W_{1x}\left(1-0.8\dfrac{N}{N'_{\text{Ex}}}\right)}=\frac{1\ 100\times 10^3}{0.844\times 180\times 10^2}+\frac{1.0\times 450\times 10^6}{1.05\times 3\ 467.4\times 10^3\left(1-0.8\times \dfrac{1\ 100}{12\ 013}\right)}$$

$$=205.8\ \text{N/mm}^2\approx f=205\ \text{N/mm}^2\text{(翼缘厚度}>16\ \text{mm)}$$

满足要求。

Ⅲ.弯矩作用平面外整体稳定性验算(取跨中 BC 段验算)

$$\varphi_{\text{b}}=1.07-\frac{\lambda_y^2}{44\ 000}\cdot\frac{f_y}{235}=1.07-\frac{56.6^2}{44\ 000}\times\frac{235}{235}=0.997$$

验算区段内有端弯矩和横向荷载同时作用且产生同向曲率,取 $\beta_{\text{t}x}=1.0$。

工字形截面,取 $\eta=1.0$,则

$$\frac{N}{\varphi_y A}+\eta\frac{\beta_{\text{t}x}M_x}{\varphi_{\text{b}}W_{1x}}=\frac{1\ 100\times 10^3}{0.825\times 180\times 10^2}+1.0\times\frac{1.0\times 450\times 10^6}{0.997\times 3\ 467.4\times 10^3}$$

$$=202.2\ \text{N/mm}^2<f=205\ \text{N/mm}^2$$

满足要求。

Ⅳ.局部稳定验算

翼缘 $$\frac{b_1}{t}=\frac{(300-12)\div 2}{20}=7.2<13\sqrt{\frac{235}{f_y}}=13$$

满足要求。

腹板　$\sigma_{\max}=\dfrac{N}{A}+\dfrac{M_x y_1}{I_x}=\dfrac{1\ 100\times10^3}{180\times10^2}+\dfrac{450\times10^6\times250}{93\ 620\times10^4}=181.3\ \text{N/mm}^2$

$$\sigma_{\min}=\frac{N}{A}-\frac{M_x y_2}{I_x}=\frac{1\ 100\times10^3}{180\times10^2}-\frac{450\times10^6\times250}{93\ 620\times10^4}=-59.1\ \text{N/mm}^2$$

$$\alpha_0=\frac{\sigma_{\max}-\sigma_{\min}}{\sigma_{\max}}=\frac{181.3+59.1}{181.3}=1.33<1.6$$

$$(16\alpha_0+0.5\lambda+25)\sqrt{\frac{235}{f_y}}=(16\times1.33+0.5\times56.6+25)\times\sqrt{\frac{235}{235}}$$

$$=74.6>\frac{h_0}{t_w}=\frac{500}{12}=41.7$$

满足要求。

Ⅴ.刚度验算

$$\lambda_{\max}=\max(\lambda_x,\lambda_y)=56.6<[\lambda]=150$$

满足要求。

Ⅵ.强度验算

因构件截面无削弱，无需进行强度验算。

思考题

6-1　梁的计算包括哪几部分内容？简支梁须满足什么条件在抗弯强度计算时才能考虑部分截面发展塑性？

6-2　影响梁整体稳定的因素有哪些？$\varphi_b>0.6$ 时为什么要用 φ_b' 代替 φ_b？

6-3　符合哪些条件可不验算梁的整体稳定？

6-4　什么是梁的局部稳定？与梁整体稳定有何区别？

6-5　规范规定如何保证梁的局部稳定？梁腹板加劲肋的配置原则是什么？

6-6　简述横向加劲肋尺寸的构造要求。

6-7　受压构件和受拉构件满足承载能力极限状态的要求有何区别？

6-8　理想轴心压杆有哪三种屈曲形式？与什么因素有关？

6-9　试分析影响轴心受压构件稳定承载力的因素以及提高稳定承载力的措施。

6-10　写出实腹式轴心受压构件截面设计的步骤。

习　题

6-1　试选择如图6-39所示一般桁架的轴心拉杆双角钢截面。轴心拉力设计值为250 kN，计算长度为3 m，螺栓杆孔径为21.5 mm，钢材为Q235，计算时可忽略连接偏心和构件自重的影响。

图6-39　例6-1图

6-2 焊接简支工字梁如图 6-40 所示，跨度为 12 m，跨中 6 m 处梁上翼缘有简支侧向支撑，钢材为 Q235。集中荷载设计值为 $F=330$ kN，间接动力荷载。验算该梁的整体稳定是否满足要求。如果跨中不设侧向支撑，所能承受的集中荷载下降到多少？

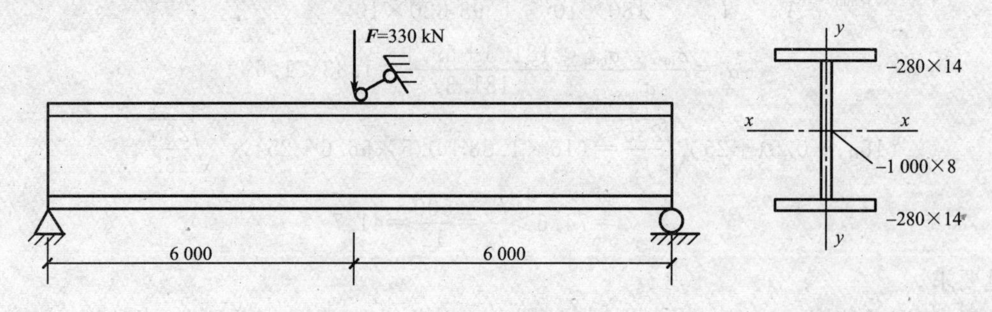

图 6-40 例 6-2 图

6-3 试计算如图 6-41 所示两种焊接工字形截面（截面面积相等）轴心受压柱所能承受的最大轴心压力设计值和局部稳定，并作比较说明。柱高 10 m，两端铰接，翼缘为火焰切割边，钢材为 Q235。

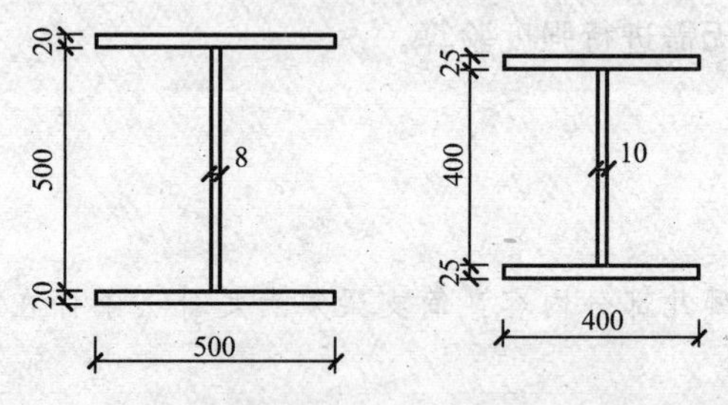

图 6-41 例 6-3 图

6-4 验算如图 6-42 所示焊接工字形截面轴心受压构件的稳定性。钢材采用 Q235 钢，翼缘为火焰切割边，沿两个主轴平面的支撑条件及截面尺寸如图所示。已知构件承受的轴心压力设计值 $N=1\ 600$ kN。

6-5 一两端铰接焊接工字形截面轴心受压柱，翼缘为火焰切割边，截面如图 6-43 所示，杆长为 12 m，承受的轴心压力设计值 $N=450$ kN。钢材采用 Q235 钢，试验算该柱的整体稳定及板件的局部稳定性是否满足。

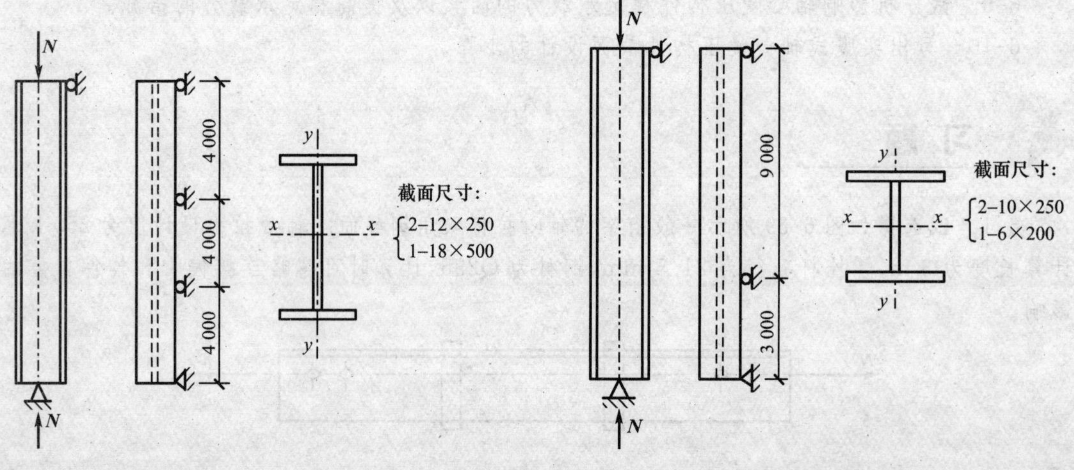

6-42 例 6-4

图 6-43 例 6-5 图

6-6　如图6-44所示双角钢T形截面压弯构件采用2∟90×56×7拼接而成，节点板厚12 mm，截面无削弱。承受荷载设计值为轴心压力N=60 kN，均布线荷载为3.2 kN/m，构件长3.3 m，两端铰接，并有侧向支撑，钢材为Q235。验算该构件是否满足要求。

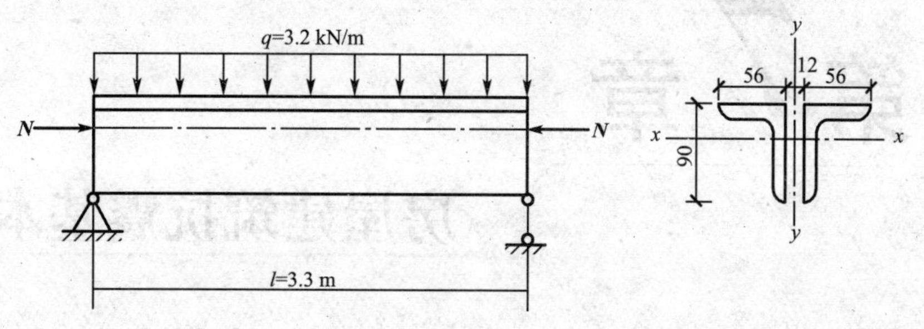

图6-44　习题6-6图

6-7　如图6-45所示压弯构件长12 m，承受轴心压力设计值N=1 800 kN，构件的中央作用横向荷载设计值F=540 kN，弯矩作用平面外有两个侧向支撑(在构件的三分点处)，钢材为Q235，翼缘为火焰切割边。验算该构件在弯矩作用平面内和平面外的整体稳定性。

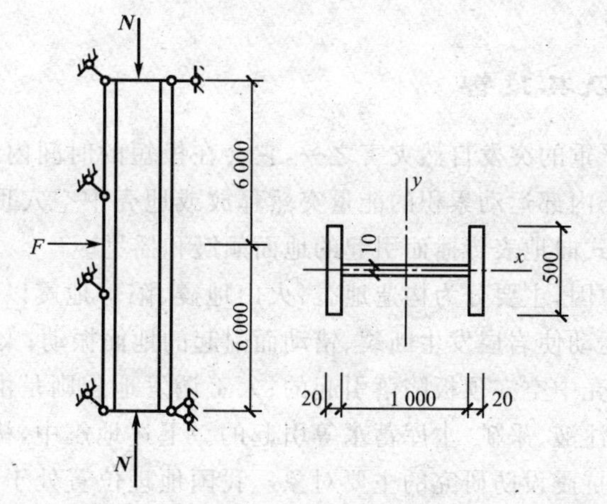

图6-45　习题6-7图

第7章 房屋建筑抗震基本知识

7.1 概 述

7.1.1 地震及其危害

地震是世界上最严重的突发自然灾害之一，它会在极短的时间内给人类社会造成巨大的损失。地震是地球由于内部运动累积的能量突然释放或地壳中空穴顶板塌陷等原因，使岩体剧烈振动，并以波的形式向地表传播而引起的地面颠簸和摇晃。

地震按其产生的原因，主要分为构造地震、火山地震、陷落地震以及人工诱发地震。构造地震是由于地壳构造运动使岩层发生断裂、错动而引起的地面振动；火山地震是由火山爆发引起的；陷落地震是由地壳中空穴顶板陷落引起的；人工诱发地震则是由于人类活动，如工业爆破、核爆破、地下抽液、注液、采矿、水库蓄水等引起的。上述地震中，构造地震破坏作用大，影响范围广，是房屋建筑抗震设防研究的主要对象。我国地理位置处于环太平洋地震带和欧亚地震带之间，是一个多地震的国家。1976 年 7 月 28 日发生的唐山大地震死亡达 24 万人，2008 年 5 月 12 日发生的汶川地震死亡将近 7 万人，并有大量人员失踪。

地震灾害分为原生灾害与次生灾害。原生灾害即由地震直接产生的灾害，它造成房屋、道路、桥梁破坏，人员伤亡；次生灾害即由原生灾害导致的灾害，它引发火灾、水灾、爆炸、溢毒、细菌蔓延和海啸等。

地震造成的房屋结构的破坏主要有：

1. 地基失效造成破坏

震害表明，地裂缝、砂土液化、滑坡以及震陷等将使地基承载力下降、不均匀沉降及开裂，从而导致上部构件裂损、房屋整体倾斜甚至倒塌。

2. 上部结构受振动破坏

强震时，地面运动引起房屋上部结构振动，产生惯性力，使结构内力及变形剧增，从而导致上部结构破坏。包括由于构件承载力不足或变形过大的破坏；由于房屋结构布置及构造不合理，各结构构件之间连接不牢靠、结构整体性差造成破坏。

《建筑抗震设计规范》(GB 50011－2010)规定：抗震设防烈度为 6 度及以上地区的建筑必须进行抗震设计。建筑经抗震设防后，减轻建筑的地震破坏，避免人员伤亡，减少经济损失。

7.1.2　抗震设计的基本概念

1.地震常用术语

如图7-1所示，地震发生时，在地球内部产生地震波的位置称为震源。震源到地面的垂直距离称为震源深度。震源在地表的垂直投影点称为震中。在地震影响范围内，地表某处至震中的距离称为震中距。在同一地震中，具有相同地震烈度地点连线称为等震线。等震线图上烈度最高的区域称为极震区。

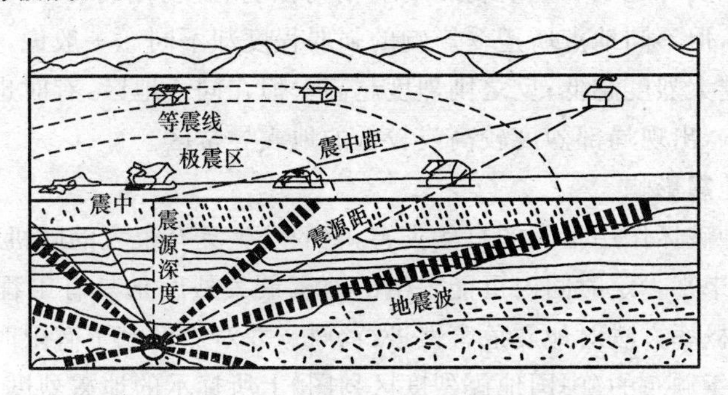

图7-1　几个常用地震术语示意图

地震按震源的深浅分为：震源深度在70 km以内的为浅源地震；震源深度在70～300 km范围内的为中源地震；震源深度超过300 km的为深源地震。我国发生的绝大部分地震都属于浅源地震。一般地讲，震源浅的地震破坏性大，震源深的地震破坏性小。

2.地震波、震级及地震烈度

(1)地震波

地震发生时震源发出的振动以弹性波的形式向各个方向传播，即所谓的地震波。它包括在地球内部传播的体波和在地表传播的面波。体波又分为纵波(P波)和横波(S波)。面波是体波经地层界面多次放射、折射形成的次声波，包括勒夫(Love)波和瑞利(Rayleigh)波及其他波。地震波在传播过程中，引起地面加速度。

当地震发生时，纵波首先到达，使房屋产生上下颠簸，接着横波到达，使房屋产生水平摇晃，一般是当面波和横波都到达时，房屋振动最为剧烈。

(2)震级

地震震级是衡量一次地震释放能量大小的尺度，目前国际上常用里氏震级表示，其定义为：在距离震中100 km处，用标准伍德-安德生地震仪(周期0.8 s，阻尼系数0.8，放大倍数2 800倍)所测定水平最大地震震动位移振幅A(以μm为单位)的常用对数值，即

$$M=\lg A \tag{7-1}$$

式中　M——地震震级，一般称为里氏震级；

A——标准地震仪记录的最大振幅，μm。

例如，在距震中100 km处，标准地震仪记录到的最大振幅$A=100$ mm$=10^5$ μm，则该次地震震级为里氏5级。

地震发生时，观测站一般不可能正好距离震中100 km，且使用的仪器也不尽相同，因此，对实测数据应进行修正。震级与地震释放的能量大小的关系如下

$$\lg E=1.5M+11.8 \tag{7-2}$$

式中　E——地震释放的能量，erg。

由式(7-1)和式(7-2)可知，地震震级相差一级，地面振幅相差约10倍，而地震能量相差约32倍。

一般认为，震级小于2的地震，人们感觉不到，称为微震；2～4级的地震，人有感觉，称为有感地震；5级以上的地震，建筑物有不同程度的破坏，统称为破坏性地震；7～8级的地震，称为强烈地震或大地震；8级以上地震，称为特大地震。

(3)地震烈度

地震烈度是指地震对地表和建筑物影响的平均强弱程度，用符号 I 表示。对于一次地震来说，只有一个震级，但不同地点所遭受影响的强弱程度却不同。一般说，震中距不同，地震烈度也不同。震中距越大烈度越低；反之则烈度越高。但在同一地区，有时也会因局部场地的地形和地质条件等影响，出现局部烈度较高或较低的地震异常区。

3. 地震区划与地震影响

强烈地震是一种破坏作用很大的自然灾害，它的发生具有很大的随机性。因此，采用概率方法，预测某地区在未来一定时间内可能发生的地震最大烈度是具有工程意义的。地震烈度区划图的编制，采用概率方法对地震危害性进行分析，并对烈度赋予有限时间区限和概率水平的含义。我国1990年颁布的《中国地震烈度区划图》上所标示的地震烈度，指在50年期限内，一般场地条件下可能遭遇的超越概率为10%的地震烈度值。该烈度也称为地震基本烈度或设防烈度。

建筑物所在地区遭受的地震影响，应采用相应于设防烈度的设计基本地震加速度和特征周期或设计地震动参数来标示。国家地震局于2001年1月颁布了《中国地震动参数区划图》，该图给出了全国各地的设计基本地震加速度值，供全国建筑规划和中小型工程设计应用。对于做过抗震防灾规划的城市，也可按照批准的抗震设防区划（抗震设防烈度或设计地震动参数）进行抗震设防。

设计基本地震加速度是指50年设计基准期超越概率为10%的地震加速度的设计取值，相应于设防烈度的设计基本地震加速度取值见表7-1。

表7-1　抗震设防烈度和设计基本地震加速度值的对应关系

抗震设防烈度	6度	7度	8度	9度
设计基本地震加速度值	$0.05g$	$0.10(0.15)g$	$0.20(0.30)g$	$0.40g$

注：g 为重力加速度。

4. 设计地震分组

理论分析和震害表明，不同的地震（震级或震中烈度不同）对某一地区不同动力特性的结构的破坏作用是不同的。一般来讲，震级较大、震中距较远的地震对自振周期较长的高柔结构的破坏比同样烈度的震级较小、震中距较近的破坏要重，对自振周期较短的刚性结构则有相反的趋势。为了区分同样烈度下不同震级和震中距的地震对不同动力特性的建筑物的破坏作用，《建筑抗震设计规范》以设计地震分组来体现震级和震中距的影响，将建筑工程的设计地震分为三组。《建筑抗震设计规范》列出了我国抗震设防区各县级及县级以上城镇抗震设防烈度、设计基本地震加速度和所属的设计地震分组，供设计时取用。

5. 建筑场地

建筑设计时要区分场地的类别，以作为表征地震反应场地条件的指标。场地即建筑物所在地，其范围大致上相当于厂区、居民点或自然村的区域。场地条件对建筑物所受到的地震作用的强烈程度有明显的影响，在一次地震下，即使两场地范围内的烈度相同，建筑物震害也不一定相同。

《建筑抗震设计规范》中建筑的场地类别，根据土层等效剪切波速和场地覆盖层厚度将场地划分为Ⅰ、Ⅱ、Ⅲ、Ⅳ四类，其中Ⅰ类分为$Ⅰ_0$和$Ⅰ_1$两个亚类。Ⅰ类场地对抗震最为有利，Ⅳ类最不利。

7.1.3 抗震设防目标和设计方法

抗震设防是指为达到抗震效果对建筑物进行抗震设计并采取抗震措施。《建筑抗震设计规范》规定，抗震设防烈度为6度及以上地区的建筑必须进行抗震设防。

1. 抗震设防分类和设防标准

在进行抗震设计时，根据使用功能的重要性把建筑物分为甲、乙、丙、丁四个抗震设防类别。甲类建筑属于重大建筑工程和地震时可能发生严重次生灾害的建筑，乙类建筑属于地震时使用功能不能中断或需尽快恢复的建筑；丙类建筑为除甲、乙、丁类以外的一般建筑；丁类建筑属于抗震次要的建筑，一般为储存物品价值低、人员活动少的单层仓库等建筑。

各抗震设防类别建筑的抗震设防标准应符合以下要求：

(1)甲类建筑，地震作用应高于本地区抗震设防烈度的要求，其值应按批准的地震安全性评价结果确定。抗震措施：当抗震设防烈度为6～8度时，应符合本地区抗震设防烈度提高一度的要求；当为9度时，应符合比9度抗震设防更高的要求。

(2)乙类建筑，地震作用应符合本地区抗震设防烈度的要求。抗震措施：一般情况下，当抗震设防烈度6～8度时，应符合本地区抗震设防烈度提高一度的要求；当为9度时，应符合比9度抗震设防更高的要求。地基基础的抗震措施应符合有关规定。

对于较小的乙类建筑，当其结构改用抗震性能较好的结构类型时，应允许仍按本地区抗震设防烈度的要求采取抗震措施。

(3)丙类建筑，地震作用和抗震措施均应符合本地区抗震设防烈度的要求。

(4)丁类建筑，一般情况下，地震作用仍应符合本地区抗震设防烈度的要求。抗震措施应允许比本地区设防烈度的要求适当降低，但抗震设防烈度为6度时不应降低。

(5)抗震设防烈度为6度时，除应符合规范有关具体规定外，对乙、丙、丁类建筑可不进行地震作用计算。

在抗震设计中，"抗震措施"是指除地震作用计算和抗力计算以外的抗震设计内容，包括建筑总体布置、结构选型、地基抗液化措施、考虑概念设计要求对地震作用效应的调整，以及各种构造措施；"抗震构造措施"是指根据抗震概念设计的原则，一般不需计算而对结构和非结构各部分所采取的细部构造。

2. 抗震设防目标

在50年的设计基准期内，建筑物遭受不同地震烈度的概率是不同的，它的分布符合极值Ⅲ型分布(图7-2)。出现频率最高的称为多遇地震烈度I_m，超越概率为63.2%，与此对应的地震称为小震；超越概率为10%的称为基本烈度I_0；超越概率为2%～3%的称为预估的罕遇地震烈度I_s，与此对应的地震称为大震。

建筑抗震设防目标要求建筑物在使用期间，对不同频率和强度的地震，应具有不同的抵抗能力。《建筑抗震设计规范》中将抗震设防目标与三种烈度相对应，分为"三水准"的设防目标，即：

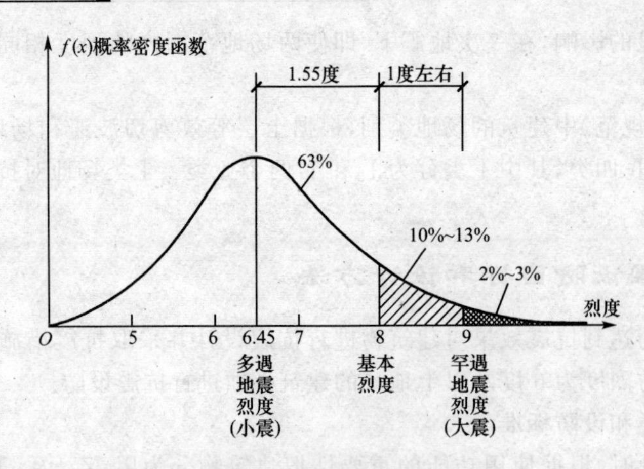

图 7-2　烈度概率密度函数

(1)当遭受低于本地区抗震设防烈度的多遇地震影响时，一般不受损坏或不需修理可继续使用。

(2)当遭受相当于本地区抗震设防烈度的地震影响时，可能损坏，经一般修理或不需修理仍可继续使用。

(3)当遭受高于本地区抗震设防烈度预估的罕遇地震影响时，不至倒塌或发生危及生命的严重破坏。

以上三点可概括为“小震不坏、中震可修、大震不倒”。

3. 建筑结构的抗震设计方法

《建筑抗震设计规范》采用两阶段设计实现上述“三水准”的设防目标。

第一阶段设计：按第一水准地震动参数计算结构地震作用效应与其他荷载效应的基本组合，进行结构构件的截面抗震承载力验算；对于钢和钢筋混凝土等柔性结构尚应进行弹性变形验算；同时采取相应的抗震措施。这样，既能满足第一水准的“不坏”设防要求，又可满足第二水准的“损坏可修”设计要求。

第二阶段设计：对于特殊的柔性结构除进行第一阶段设计外，尚应按第三水准地震动参数计算结构(尤其薄弱层)在大震作用下的弹塑性变形，使之满足规范要求，并应采取相应的提高变形能力的抗震措施，满足第三水准的防倒塌的要求。

7.1.4　结构抗震的概念设计

由于地震是随机的，具有不确定性和复杂性，同时结构体系本身也具有随机性，因此，要准确预测建筑物所遭受的地震反应尚有困难，单靠“计算设计”(Numerical Design)很难有效地控制结构的抗震性能。结构抗震性能的决定因素是良好的“概念设计”(Conceptual Design)。所谓的“概念设计”是指根据地震灾害和工程经验等所形成的基本设计原则和设计思想，进行建筑和结构总体布置，并确定细部构造的过程。

地震工程经验表明：只有在设计一开始就重视概念设计，从总体上把握好场地选择、地基处理、房屋体形、结构体形、刚度分布、构件延性等方面，从根本上消除建筑中的抗震薄弱环节，然后进行必要的抗震验算和构造措施，才能设计出安全可靠、经济适用的房屋建筑。

1. 场地选择和地基基础

地震引起的地基震陷、砂土液化，致使地基失效，通过工程措施可以进行防治，而地震引起的滑坡、地裂、断层等严重的地面变形，直接损害建筑物，单靠工程措施很难达到预防的目标，或者因代价昂贵而不具备可行性。因此，选择建筑场地时，应根据工程需要，掌握地震活动历史以及地质构造等相关资料，对有利、一般、不利和危险地段作出综合评价。

地段选择的原则是：尽量选择对建筑物抗震相对有利的地段，避开不利地段，当无法避开时应采取有效的工程措施，不应在危险地段建造甲、乙、丙类建筑。有利、一般、不利和危险地段的划分如表7-2。

表7-2 有利、一般、不利和危险地段的划分

地段类别	地质、地形、地貌
有利地段	稳定基岩，坚硬土，开阔、平坦、密实、均匀的中硬土等
一般地段	不属于有利、不利和危险的地段
不利地段	软弱土，液化土，条状突出的山嘴，高耸孤立的山丘，陡坡，陡坎，河岸和边坡的边缘，平面分布上成因、岩性、状态明显不均匀的土层（含故河道、疏松的断层破碎带、暗埋的塘浜沟谷和半填半挖地基），高含水量的可塑黄土，地表存在结构性裂缝等
危险地段	地震时可能发生滑坡、崩塌、地陷、地裂、泥石流等及发震断裂带上可能发生地表错位的部位

同一结构单元的基础不宜设置在性质不同的地基上，也不宜部分采用天然地基部分采用桩基；当地基为软弱黏性土、液化土、新近填土或严重不均匀土时，应考虑地震时地基不均匀沉降或其他不利影响，并采取相应措施。

液化指饱和松散的砂土和粉土，在强烈地震动作用下，孔隙水压力急剧升高，抵消了土颗粒间的有效接触压力，土颗粒悬浮于孔隙水中，从而丧失了承载力，在自重或较小压力下即产生较大沉陷，并伴随喷水冒砂。液化将导致地基不均匀下沉，使建筑物下沉或倾斜，地坪下沉或隆起等后果。当场地内存在可液化土层时，应采取工程措施，完全或部分消除土层液化的可能性，并应加强上部结构的整体性。

2. 建筑物的体型和平立面

建筑设计不应采用严重不规则的设计方案。规则的建筑结构体型（平面和立面的形状）简单，抗侧力体系的刚度和承载力上下变化连续、均匀，平、立面布置基本对称，即平面、立面或抗侧力体系没有明显的突变。结构在水平和竖向的刚度与质量分布上应力求对称，尽量减小质量中心与刚度中心的偏离，这种偏心引起的结构扭转振动将造成严重的震害。《建筑抗震设计规范》给出了平面和竖向不规则的类型明确定义，并提出对不规则结构的水平地震作用计算、内力调整和对薄弱部位采取有效措施的抗震构造措施等方面的要求。

3. 选择合理的抗震结构体系

结构体系应根据建筑的抗震设防类别、设防烈度、建筑高度、场地条件、地基、材料和施工等因素，经技术、经济和使用条件综合比较确定。

结构体系应符合下列各项要求：

(1)应具有明确的计算简图和合理的地震作用传递途径。

(2)应避免因部分结构或构件破坏而导致整个体系丧失抗震能力或对重力荷载的承载能力。

(3)应具备必要的抗震承载力、良好的变形能力和消耗地震能量的能力。

(4)对可能出现的薄弱部位，应采取措施提高抗震能力。

(5)宜具有多道抗震防线，宜具有合理的刚度和承载力分布；避免因局部削弱或突变形成薄弱部位，产生过大的应力集中或塑性变形集中；结构在两个主轴方向的动力特性宜相近。

4. 合理使用材料，保证结构具有较好的延性

对砌体材料的要求：

(1)普通砖和多孔砖的强度等级不应低于 MU10，其砌筑砂浆强度等级不应低于 M5。

(2)混凝土小型空心砌块的强度等级不应低于 MU7.5，其砌筑砌体的砂浆强度等级不应低于 Mb7.5。

对混凝土材料的要求：

(1)混凝土的强度等级，框支梁、框支柱及抗震等级为一级的框架梁、柱、节点核心区，不应低于 C30；构造柱、芯柱、圈梁及其他各类构件不应低于 C20。

(2)抗震等级为一、二、三级的框架和斜撑构件（含梯段），其纵向受力钢筋采用普通钢筋时，钢筋的抗拉强度实测值与屈服强度的实测值的比值不应小于 1.25；钢筋的屈服强度实测值与屈服强度标准值的比值不应大于 1.3，且钢筋在最大拉力下的总伸长率实测值不应小于 9%。

(3)混凝土结构的混凝土强度等级，抗震墙不宜超过 C60，其他构件，9 度时不宜超过 C60，8 度时不宜超过 C70。

(4)普通钢筋宜优先采用延性、韧性、焊接性较好的钢筋；普通钢筋的强度等级，纵向受力钢筋宜选用符合抗震性能指标的不低于 HRB400 级的热轧钢筋，也可采用符合抗震性能指标的 HRB335 级热轧钢筋；箍筋宜选用符合抗震性能指标的不低于 HRB335 级的热轧钢筋，也可选用 HPB300 级热轧钢筋。

在施工中，当需要以强度等级较高的钢筋替代原设计中的纵向受力钢筋时，应按照钢筋受拉承载相等的原则换算，并应满足最小配筋率要求。

5. 非结构构件设计

非结构构件包括建筑非结构构件、建筑附属机电设备和它们自身及其与结构主体的连接等。在地震作用下，这些部件会或多或少地参与工作，从而可能改变结构或某些构件的刚度、承载力和传力途径，产生出乎预料的抗震效果或造成未曾估计到的局部震害。因此，有必要根据震害经验，妥善处理非结构构件的抗震设计，以减轻震害。

建筑非结构构件一般有三类，即附属结构构件（如女儿墙、厂房的高低跨封墙、雨篷、挑檐等）、装饰物（如幕墙、贴面、顶棚、悬吊重物等）、填充墙（隔墙和维护墙等）。它们与主体结构应有可靠连接或锚固，避免地震时脱离伤人或砸坏设备。安装在建筑上的附属机械、电器设备系统的支座和连接，应符合地震时使用功能的要求，且不应导致相关部件的损坏。

要合理设置砌体填充墙及其与结构的连接，避免对结构抗震的性能产生不利影响。房屋内不到顶的砌体隔墙，也会使柱产生破坏。填充墙对结构的刚度有明显影响，将减小结构的自振周期。

7.2 地震作用计算

当地震发生时，地面振动引起房屋上部结构振动，房屋各部分质量因受到加速度而产生惯性力，这种由地震引起的对房屋结构的外加动态作用称为地震作用。地震作用包括竖向地震作用和水平地震作用。对一般的建筑结构，竖向地震作用的影响不明显，所以可仅计算水平地震作用。抗震设防烈度为 8、9 度时的大跨度和长悬臂结构以及 9 度时的高层建筑，则应计算竖向地震作用。

水平地震作用可能来自结构的任何方向，对大多数建筑来说，抗侧力体系沿两个主轴方向布置，所以一般应在两个主轴方向分别计算其水平地震作用，每个方向的水平地震作用由该方向的抗侧力体系承担。对大多数布置合理的结构，可以不考虑双向地震作用下结构的扭转效应。

7.2.1　地震作用的计算简图

地震作用是结构质量受地面输入的加速度激励产生的惯性作用，它的大小与结构质量有关。计算地震作用时，经常采用“集中质量法”的结构简图，把结构简化为一个有限数目质点的悬臂杆。假设各楼层的质量集中在楼盖标高处，墙体质量则按上下层各半也集中在该楼盖处，于是各楼层质量被抽象为若干个参与振动的质点。结构的计算简图是一单质点的弹性体系或多质点弹性体系，如图7-3所示。

计算质点的质量时不仅有结构的自重，还要包括地震发生时可能作用于结构上的竖向可变荷载(例如楼面活荷载等)，其计算值称为重力荷载代表值，取结构和构配件自重标准值和各可变荷载组合值之和。第 i 楼层的重力荷载代表值记为 G_i。

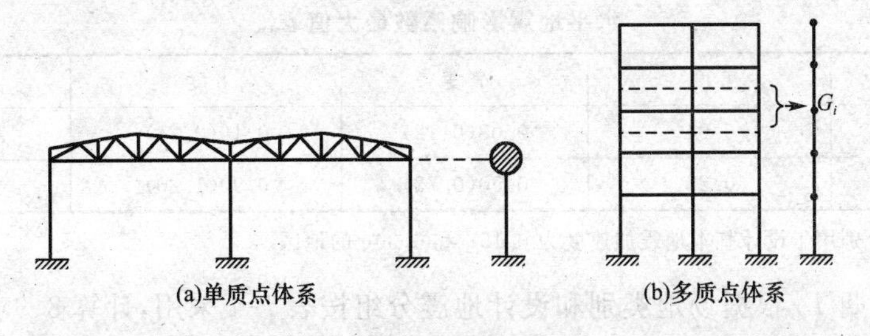

图7-3　结构计算简图

7.2.2　设计反应谱

计算地震作用的理论基础是地震反应谱。所谓地震反应谱，是指地震作用时结构上质点反应(加速度、速度、位移等)的最大值与结构自振周期之间的关系，也称反应谱曲线。

对每一次地震，都可以得到它的反应谱曲线。但是地震具有很大的随机性，即使是同一烈度、同一地点，先后两次地震的地面加速度记录也不同，更何况进行抗震设计时不可能预知当地未来地震的反应谱曲线，然而，在研究了许多地震的实测反应谱后发现，反应谱仍有一定的规律。设计反应谱就是在考虑了这些共同规律后，按主要影响因素处理后得到的平均反应谱曲线。通过设计反应谱，可以把动态的地震作用转化为作用在结构上的最大等效侧向静力荷载，以方便设计。

设计反应谱是根据单自由度弹性体系的地震反应得到的。《建筑抗震设计规范》采用的设计反应谱的具体表达形式是地震影响系数 α 曲线，由直线上升段、水平段、曲线下降段和直线下降段组成，如图7-4所示。图中结构自振周期小于0.1 s的区段为直线上升段；周期为0.1 s～T_g 的区段为水平段，即 $\alpha=\alpha_{max}$；周期为 T_g～$5T_g$ 的区段为曲线下降段；周期为 $5T_g$～6 s的区段为直线下降段。

影响地震作用大小的因素有：建筑物所在地的地震动参数(加速度)，烈度越高，地震作用越大；建筑物总重力荷载代表值，质点的质量越大，其惯性力越大；建筑物的动力特性，主要是指结构的自振周期 T 和阻尼比 ζ，一般来讲 T 值越小，建筑物质点最大加速度反应越大，阻尼比越小，地震作用也越大；建筑物场地类别越高(如 I_0 和 I_1 类场地)，地震作用越小。《建筑抗震设计规范》规定，除有专门规定外，建筑结构的阻尼比取0.05。设计反应谱曲线还考虑了设计地震分组。

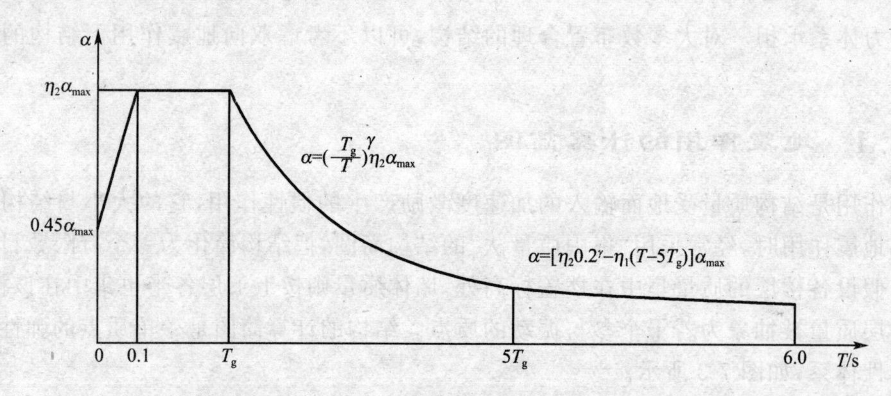

图 7-4　地震影响系数曲线

综上所述，地震影响系数 α 应根据烈度、场地类别、设计地震分组和结构自振周期、阻尼比由图 7-4 确定。地震影响系数应取最大值 α_{max} 时，按表 7-3 采用。

表 7-3　　水平地震影响系数最大值 α_{max}

地震影响	6 度	7 度	8 度	9 度
多遇地震	0.04	0.08(0.12)	0.16(0.24)	0.32
罕遇地震	0.28	0.50(0.72)	0.90(1.20)	1.40

注：括号中数值分别用于设计基本地震加速度为 0.15g 和 0.30g 的地区。

场地特征周期 T_g 根据场地类别和设计地震分组按表 7-4 采用，计算 8、9 度罕遇地震作用时，特征周期应增加 0.05 s。

表 7-4　　场地特征周期 T_g

设计地震分组	场地类别				
	$Ⅰ_0$	$Ⅰ_1$	Ⅱ	Ⅲ	Ⅳ
第一组	0.20	0.25	0.35	0.45	0.65
第二组	0.25	0.30	0.40	0.55	0.75
第三组	0.30	0.35	0.45	0.65	0.90

阻尼调整系数和形状系数（直线下降段的下降斜率调整系数 η_1、衰减系数 γ）的取值：

一般情况下，建筑结构的阻尼比取 0.05，此时阻尼比调整系数 $\eta_2=1.0$，$\gamma=0.9$，$\eta_1=0.02$；当建筑物的阻尼比不等于 0.05 时，地震影响系数曲线的阻尼调整系数和形状参数应符合下列规定：

（1）曲线下降段的衰减指数

$$\gamma=0.9+\frac{0.05-\zeta}{0.3+6\zeta} \tag{7-3}$$

式中　γ——曲线下降段的衰减指数；

ζ——阻尼比。

（2）直线下降段的下降斜率调整系数

$$\eta_1=0.02+\frac{0.05-\zeta}{4+32\zeta} \tag{7-4}$$

式中　η_1——曲线下降段的下降斜率调整系数，小于 0 时取 0。

(3)阻尼调整系数

$$\eta_2 = 1 + \frac{0.05 - \zeta}{0.08 + 1.6\zeta} \tag{7-5}$$

式中　η_2——阻尼调整系数，当小于0.55时，应取0.55。

7.2.3　底部剪力法计算地震作用

计算地震作用的方法有底部剪力法、振型分解反应谱法、时程分析法等。振型分解反应谱法将复杂振动按振型分解，并借用单自由度体系的反应谱理论来计算地震作用，计算量较大，是目前计算机辅助结构设计软件计算地震作用的常用方法。底部剪力法对振型分解反应谱法进行简化，计算量小，适合手算；时程分析法目前常用于重要或复杂结构的补充计算。

现介绍手算常用的底部剪力法。结构上所有质点上的地震作用力的总和即为结构底部的剪力，每个质点所受的地震作用力的大小按倒三角形规律分布，如图7-5所示。《建筑抗震设计规范》规定：当建筑物高度不超过40 m、以剪切变形为主且质量和刚度沿高度分布比较均匀的结构，以及近似于单质点体系的结构，可以采用底部剪力法计算结构的水平地震作用标准值。

结构底部的总水平地震作用标准值F_{EK}，按下列公式计算

$$F_{EK} = \alpha_1 G_{eq} \tag{7-6}$$

$$F_i = \frac{G_i H_i}{\sum_{j=1}^{n} G_j H_j} F_{EK}(1 - \delta_n)\ (i = 1, 2, \cdots, n) \tag{7-7}$$

$$\Delta F_n = \delta_n F_{EK} \tag{7-8}$$

式中　F_{EK}——结构总水平地震作用标准值；

α_1——相应于结构基本自振周期的水平地震影响系数，按地震影响系数曲线确定，多层砌体房屋、底部框架和多层内框架砌体，宜取水平地震影响系数最大值；

G_{eq}——结构的等效总重力荷载，单质点体系应取总重力荷载代表值，多质点体系可取总重力荷载代表值的85%；

F_i——质点i的水平地震作用标准值；

G_i、G_j——分别为集中于质点i和j的重力荷载代表值；

H_i、H_j——分别为质点i和j的计算高度；

δ_n——顶部附加地震作用系数，多层钢筋混凝土和钢结构房屋可按表7-5采用，其他房屋可采用0；

ΔF_n——顶部附加水平地震作用。

表7-5　顶部附加地震作用系数δ_n

场地特征周期 T_g/s	结构自振周期	
	$T_1 > 1.4T_g$	$T_1 \leq 1.4T_g$
$T_g \leq 0.35$	$0.08T_1 + 0.07$	0.0
$0.35 < T_g \leq 0.55$	$0.08T_1 + 0.01$	
$T_g > 0.55$	$0.08T_1 - 0.02$	

注：表中T_1为结构基本自振周期。

对某些自振周期较长的结构，当结构层数较多，用式(7-7)计算得出的结构上部质点的地

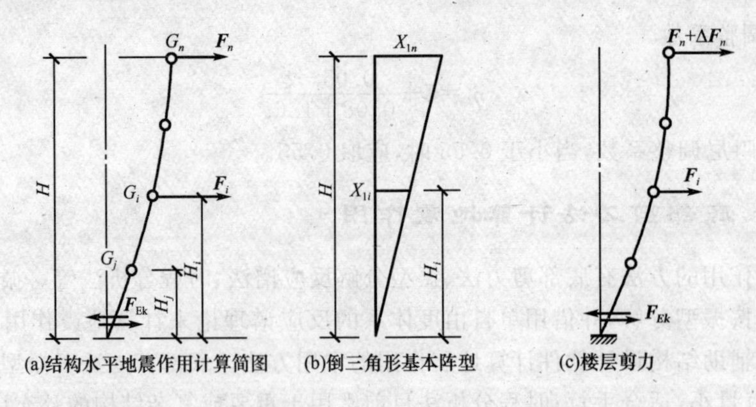

图 7-5　底部剪力法

震作用值与精确计算的结果相比，结果偏小，所以《建筑抗震设计规范》规定对基本周期 $T_1 > 1.4T_g$ 的结构，在其顶部应附加一水平地震作用 ΔF_n 予以修正，ΔF_n 按式(7-8)计算。

计算结构质点的重力荷载 G_i 时，应取结构的永久荷载的标准值和可变荷载的组合值之和。各可变荷载的组合值系数可按表 7-6 采用。

表 7-6　　可变荷载组合值系数

可变荷载种类		组合值系数
雪荷载		0.5
屋面积灰荷载		0.5
屋面活荷载		不计入
按实际情况考虑的楼面活荷载		1.0
按等效均布荷载计算的楼面活荷载	藏书库、档案库	0.8
	其他民用建筑	0.5
起重机悬吊物重力	硬钩吊车	0.3
	软钩吊车	不计入

由静力平衡条件可知，第 i 层对应于水平地震作用标准值的楼层剪力 V_{EKi} 等于第 i 层以上各层地震作用标准值之和，即

$$V_{EKi} = \sum_{i}^{n} F_i \tag{7-9}$$

出于对高柔结构安全的考虑，各楼层的水平地震剪力不能过小，应符合下式的要求

$$V_{EKi} > \lambda \sum_{j=i}^{n} G_j \tag{7-10}$$

式中　λ——剪力系数，抗震验算时，结构任一楼层的水平地震剪力系数不应小于表 7-7 规定的楼层最小地震剪力系数值；

G_j——第 j 层的重力荷载代表值。

求得楼层剪力标准值 V_{EKi} 后，就可以进行结构层间位移的计算。根据抗侧刚度把楼层剪力 V_i 分配到第 i 层上每一轴线的抗侧力结构上，进行结构在地震作用下的内力计算。具体方法详见 D 值法。

表 7-7　　楼层最小地震剪力系数值

类　别	6 度	7 度	8 度	9 度
扭转效应明显或基本周期小于3.5 s的结构	0.008	0.016(0.024)	0.032(0.048)	0.064
基本周期大于5.0 s的结构	0.006	0.012(0.018)	0.024(0.036)	0.048

注：基本周期在 3.5～5 s 范围内的结构，可插入取值；括号内数值分别用于设计基本地震加速度为 0.15s 和 0.30s 的地区。

例 7-1　试用底部剪力法求图 7-6 所示四层框架结构的水平地震作用。已知该钢筋混凝土框架建造于基本烈度为 8 度区，场地为 I_1类，设计地震分组为第三组，结构层高和层重力代表值如图 7-6 所示，取一榀典型框架进行分析，考虑填充墙的刚度影响，结构的基本周期为 0.58 s。求各层地震剪力的标准值。

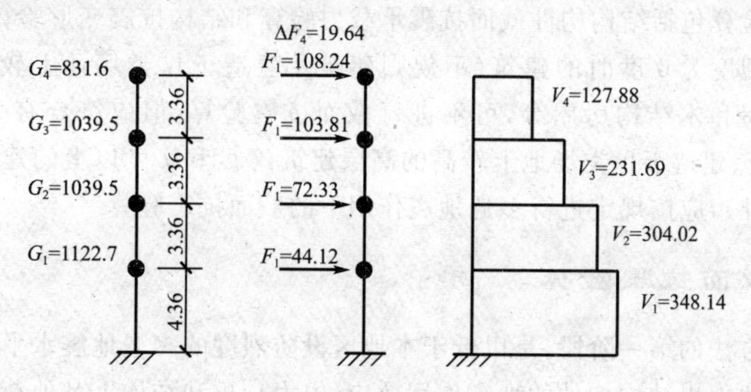

图 7-6　四层框架结构

解　Ⅰ. 结构等效总重力荷载代表值 G_{eq}

$$G_{eq} = 0.85\sum G_i = 0.85(831.6 + 1\,039.5\times 2 + 1\,122.7) = 3\,428.3 \text{ kN}$$

Ⅱ. 水平地震影响系数 α_1 的计算

根据抗震设防烈度和场地类别、设计地震分组，查表 7-3、表 7-4 得，$T_g = 0.35$ s，$\alpha_{max} = 0.16$。结构基本周期 $T_1 = 0.58$ s，则 $T_g < T_1 < 5T_g$，阻尼比 0.05，阻尼比调整系数 $\eta_2 = 1.0$，衰减系数 $\gamma = 0.9$，则

$$\alpha_1 = \left(\frac{T_g}{T_1}\right)^{\gamma}\eta_2\alpha_{max} = \left(\frac{0.35}{0.58}\right)^{0.9}\times 0.16 = 0.101\,55$$

Ⅲ. 总水平地震作用标准值 F_{EK}

$$F_{EK} = \alpha_1 G_{eq} = 0.101\,55\times 3\,428.3 = 348.14 \text{ kN}$$

Ⅳ. 各层水平地震作用标准值的计算

由于 $T_1 > 1.4\times 0.350$ s $= 0.49$ s，所以应考虑顶部附加水平地震作用，δ_n 和 ΔF_n 分别为

$$\delta_n = 0.08T_1 + 0.01 = 0.08\times 0.58 + 0.01 = 0.056\,4$$

$$\Delta F_n = \delta_n F_{EK} = 0.056\,4\times 348.14 = 19.64 \text{ kN}$$

各层水平地震作用 F_i 和各层地震剪力标准值 V_{ik} 分别用下式计算，计算结果列于表7-8中。

$$F_i = \frac{G_i H_i}{\sum_{j=1}^{n} G_i H_i} F_{EK}(1 - \delta_n)$$

$$V_{ik}=\sum_{i=1}^{n}F_i+\Delta F_n$$

表 7-8　　各层地震剪力标准值

层	G_i/kN	H_i/m	G_iH_i/kN·m	F_i/kN	ΔF_n/kN	V_{ik}/kN
4	831.6	14.44	12 008.3	108.24	19.64	127.88
3	1 039.5	11.08	11 517.7	103.81		231.69
2	1 039.5	7.72	8 024.9	72.33		304.02
1	1 122.7	4.36	4 895.0	44.12		348.14
$\sum$	4 033.3	—	36 445.9	328.5	19.64	328.5＋19.64＝348.14

7.3　结构抗震验算

结构的抗震验算包括结构构件截面抗震承载力验算和结构抗震变形验算。

对抗震设防烈度为6度时的建筑(不规则建筑及建造于Ⅳ类场地上较高的高层建筑除外),以及生土房屋和木结构房屋等,可不进行截面抗震验算,但应符合有关抗震措施要求;6度时不规则建筑、建造于Ⅳ类场地上较高的高层建筑,7度和7度以上的建筑结构(生土房屋和木结构房屋除外),应按规定进行多遇地震作用下的截面抗震验算。

7.3.1　截面抗震验算

二阶段设计方法的第一阶段,是以低于本地区设防烈度的多遇地震水平地震作用标准值,用弹性理论的方法求出结构构件的地震作用效应(内力),再和结构上其他荷载效应组合,得出结构构件截面内力的基本组合后进行截面承载力设计。

结构构件的地震作用效应和其他荷载效应的基本组合(一般不考虑竖向地震作用),应按下式计算

$$S=\gamma_G S_{GE}+\gamma_{Eh}S_{EhK}+\psi_W\gamma_W S_{WK} \tag{7-11}$$

式中　S——结构构件内力组合的设计值,包括组合的弯矩、轴向力和剪力设计值;

γ_G——重力荷载分项系数,一般情况取值1.2,当重力荷载效应对结构构件承载力有利时,不应大于1.0;

γ_{Eh}——水平地震作用分项系数,取1.3;

γ_W——风荷载分项系数,取1.4;

S_{GE}——重力荷载代表值的效应,有吊车时应包括悬吊物重力标准值的效应;

S_{EhK}——水平地震作用标准值的效应;

S_{WK}——风荷载标准值的效应;

ψ_W——风荷载的组合值系数,一般结构取 $\psi_W=0.0$,风荷载起控制作用的高层建筑取 $\psi_W=0.2$。

结构构件的截面抗震验算,应采用下列设计表达式

$$S\leqslant R/\gamma_{RE} \tag{7-12}$$

式中　γ_{RE}—承载力抗震调整系数,按表7-9取用;

R—结构构件承载力设计值。

表 7-9　　承载力抗震调整系数

材　料	结构构件	受力状态	γ_{RE}
钢	柱、梁、支撑、节点板件、螺栓、焊缝	强度	0.75
	柱，支撑	稳定	0.80
砌体	两端均有构造柱、芯柱的抗震墙	受剪	0.9
	其他抗震墙	受剪	1.0
混凝土	梁	受弯	0.75
	轴压比小于 0.15 的柱	偏压	0.75
	轴压比不小于 0.15 的柱	偏压	0.80
	抗震墙	偏压	0.85
	各类构件	受剪、偏拉	0.85

在工程实际中，常把式(7-12)改写成如下形式

$$\gamma_{RE}S \leqslant R \tag{7-13}$$

将地震效应组合(考虑抗震措施要求的内力调整)乘以抗震承载力调整系数后，可直接与其余各种效应组合对比，选取最不利组合进行截面设计。

7.3.2　结构抗震变形验算

结构在地震作用下的变形验算包括多遇地震作用下的弹性变形验算和罕遇地震作用下的弹塑性变形验算，是结构抗震设计的重要组成部分。

1. 多遇地震作用下结构的变形验算

多遇地震作用下的抗震变形验算的目的是为了限制结构弹性变形，避免建筑物的非结构构件在多遇地震下出现破坏。楼层内最大的层间弹性位移值应符合下式要求

$$\Delta u_e \leqslant [\theta_e]h \tag{7-14}$$

式中　Δu_e——多遇地震作用标准值产生的楼层内最大的弹性层间位移；

$[\theta_e]$——弹性层间位移角限制，按表 7-10 取用；

h——计算楼层层高。

表 7-10　　弹性层间位移角限制

结构类型	$[\theta_e]$
钢筋混凝土框架	1/550
钢筋混凝土框架-抗震墙、板柱-抗震墙、框架-核心筒	1/800
钢筋混凝土抗震墙、筒中筒	1/1000
钢筋混凝土框支层	1/1000
多、高层钢结构	1/250

2. 罕遇地震作用下结构的变形验算

结构抗震设计要求结构在罕遇地震作用下不发生倒塌。罕遇地震的计算地震动参数将是多遇地震的 4～6 倍，所以在多遇地震作用下处于弹性阶段的结构，在罕遇地震作用下势必进入弹塑性阶段。

结构在进入屈服阶段后已无承载力储备。为了抵御地震作用，要求通过结构的塑性变形来吸收和消耗地震输入的能量。若结构的变形能力不足，则势必发生倒塌。结构在罕遇地震

作用下变形验算的目的，是估计在强烈地震作用下结构薄弱楼层或部位的弹塑性最大位移，分析结构本身的变形能力，通过改善结构的均匀性和采取改善薄弱楼层变形能力的抗震措施等，把结构的层间弹塑性最大位移值控制在允许范围之内。详细验算方法见《建筑抗震设计规范》。

7.4 钢筋混凝土框架结构抗震设计与抗震构造

历次地震经验表明，钢筋混凝土框架结构房屋一般具有较好的抗震性能。在结构设计中只要经过合理的抗震设计并采取妥善的抗震构造措施，在一般烈度区建造多层和高层钢筋混凝土框架房屋是可以保证安全的，但设计不良或施工质量欠佳的钢筋混凝土框架房屋在地震中遭遇严重震害的情况亦屡见不鲜，主要震害集中于框架柱、梁和节点。未经抗震设计的框架震害主要反映在梁柱节点区。一般情况下柱的震害重于梁；柱顶震害重于柱底；角柱震害重于内柱；短柱震害重于一般柱。框架中嵌砌填充墙，容易发生墙面斜裂缝，并沿柱周边开裂。由于框架变形呈剪切曲线，下部层间位移大，填充墙震害呈“下重上轻”的趋势。

7.4.1 框架结构抗震设计的一般要求

1. 结构适用的最大高度和高宽比的限制

《建筑抗震设计规范》在综合考虑了地震烈度、场地类别、结构抗震性能、使用要求、经济效果、相应的抗震措施以及根据工程经验判断，对地震设防区按本规范设计的多、高层钢筋混凝土结构房屋适用的最大高度提出了规定，见表 7-11。房屋高度指室外地面到主要屋面板板顶的高度，不考虑局部突出屋顶部分。《建筑抗震设计规范》还规定：对平面和竖向均不规则的结构或Ⅵ类场地上的结构，适用的最大高度应适当降低。当房屋的最大高度超过规定时，则应改用其他结构形式，如框剪结构或剪力墙结构等。

表 7-11　钢筋混凝土框架房屋适用的最大高度

抗震设防烈度	6 度	7 度	8 度(0.2g)	8 度(0.3g)	9 度
适用最大高度/m	60	50	40	35	24

为了使房屋结构在地震中有足够的抗侧刚度和整体稳定性，多、高层钢筋混凝土框架结构房屋的最大高宽比不宜超过表 7-12 的限制。

表 7-12　现浇钢筋混凝土框架房屋高宽比限值

抗震设防烈度	非抗震设计	6、7 度	8 度	9 度
高宽比限值	4	4	3	2

框架结构房屋要选择合理的基础形式及埋置深度。我国《高层建筑混凝土技术规程》(JGJ 3－2002)规定，基础埋置深度，采用天然基础时，不宜小于房屋高度的 1/15；采用桩基础时，不宜小于房屋高度的 1/18(不计桩长)，以抗倾覆和滑移，确保建筑物在强烈地震作用下的安全。

2. 结构布置

结构布置应密切结合建筑设计进行，使建筑物具有良好的体型，使结构受力构件得到合理组合。

为抵抗不同方向的地震作用，承重框架宜双向布置。楼电梯间不宜设在结构单元的两端及拐角处，因为单元角部扭转应力大，受力复杂，容易造成破坏。

框架刚度沿高度不宜突变，以免形成薄弱层。同一结构单元宜将框架梁设置在同一标高处，避免出现错层和夹层，造成短柱破坏。出屋面小房间不应采用砖混结构，以免鞭梢效应造成破坏。

地震区的框架结构，应设计成延性框架，遵守“强柱弱梁”、“强剪弱弯”、“强节点、弱构件”的设计原则，以保证框架在强震下形成如图7-7(a)所示的预期破坏机制—整体破坏，避免如图7-7(b)所示的破坏机制—楼层机制，使框架在罕遇地震作用下有良好的抗震性能，不致严重倒塌破坏。

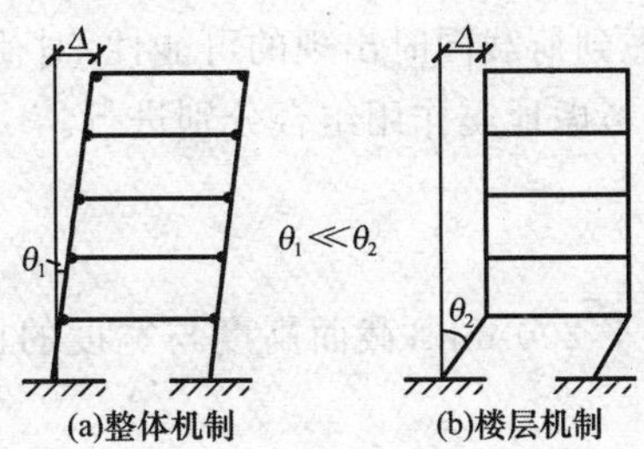

图7-7　框架结构的破坏机制

要求“强柱弱梁”的目的是在框架梁与柱之间形成承载力级差，使框架梁端先屈服，形成塑性铰，以保护框架柱。否则，柱端先于梁端屈服将产生抗震性能差的楼层破坏机制。

因剪切破坏属于脆性破坏，变形能力远小于延性的弯曲破坏，为保证梁柱塑性铰转动能力及结构的塑性变形能力，应防止构件在弯曲屈服前出现脆性的剪切破坏，这就要求构件的抗剪承载力大于其抗弯承载力。

节点与多根杆件相连且受力复杂，节点的失效意味着与之相连的梁柱同时失效。另外，梁端塑性铰形成的基本前提是保证梁纵筋在节点区有可靠的锚固，因此，节点的承载力不应低于其连接构件的承载力，且梁柱纵筋在节点区应有可靠的锚固。

框架结构中非承重墙体的材料应优先选用轻质墙体材料。非承重墙体的布置，在平面和竖向宜均匀对称，避免形成薄弱层或短柱，宜与梁柱轴线位于同一平面内，尽量减少对结构体系的不利影响。

3. 抗震等级

抗震等级是结构构件抗震设防的标准。混凝土结构构件的抗震设计，应根据设防类别、烈度、结构类型和房屋高度采用不同的抗震等级，并应符合相应的计算要求和抗震构造措施。抗震等级分为四级，体现了不同的抗震要求，其中一级抗震要求最高。丙类建筑的钢筋混凝土框架结构的抗震等级应按表7-13确定。

表7-13　现浇钢筋混凝土框架结构房屋的抗震等级

抗震设防烈度	6度		7度		8度		9度
高度/m	≤24	>24	≤24	>24	≤24	>24	≤24
框　架	四	三	三	二	二	一	一
大跨度框架	三		二		一		一

注：1. 建筑场地为Ⅰ类时，除6度设防烈度外，应允许按本地区设防烈度降低一度所对应的抗震等级采取抗震构造措施，但相应的计算要求不应降低。

2. 接近或等于高度分界时，应允许结合房屋不规则程度及场地、地基条件确定抗震等级。

7.4.2 框架结构构件抗震设计与构造要求

1. 控制截面与最不利内力组合

在进行构件截面设计时，须求得控制截面的最不利内力作为配筋的依据。对框架梁，一般选梁的两端截面（最大负弯矩）和跨内截面（最大正弯矩）为控制截面；对框架柱，则选柱的上下端截面为控制截面。

最不利内力就是在控制截面处对截面配筋起控制作用的内力。同一控制截面，可能有好几组最不利内力组合。内力组合的目的就是要求得控制截面上的最不利内力。为求得控制截面上的最不利内力组合，应考虑到荷载同时出现的可能性，对荷载效应进行组合。荷载效应组合应按考虑地震作用组合和不考虑地震作用组合分别进行。

2. 框架梁截面抗震设计

（1）截面尺寸

框架梁的截面宽度不宜小于 200 mm；截面高度与宽度的比值不宜大于 4；净跨与截面高度的比值不宜小于 4。

（2）正截面受弯承载力计算

在计算出梁控制截面处考虑地震作用的组合弯矩后，可按一般钢筋混凝土受弯构件进行正截面受弯承载力计算。为保证结构延性，计入纵向受压钢筋的梁端混凝土受压区高度应符合下列要求：一级抗震等级，$x \leqslant 0.25h_0$；二、三级抗震等级，$x \leqslant 0.35h_0$；且梁端纵向受拉钢筋的配筋率不宜大于 2.5%。

框架梁梁端截面的底部和顶部纵向受力钢筋截面面积的比值，除按计算确定外，一级抗震等级不应小于 0.5；二、三级抗震等级不应小于 0.3。

（3）梁端截面受剪承载力计算

梁端剪力设计值应根据强剪弱弯的原则，按《建筑抗震设计规范》的要求加以调整。

考虑地震作用组合的矩形、T 形和工字形截面框架梁，当跨高比 l_0/h 大于 2.5 时，其受剪截面应符合下列条件

$$V_b \leqslant \frac{1}{\gamma_{RE}}(0.20 f_c b h_0) \tag{7-15}$$

当跨高比 l_0/h 不大于 2.5 时，其受剪截面应符合下列条件

$$V_b \leqslant \frac{1}{\gamma_{RE}}(0.15 f_c b h_0) \tag{7-16}$$

在反复荷载作用下，混凝土的抗剪作用将有明显的削弱，其原因是梁的受压区混凝土不再完整，斜截面的反复张开与闭合，使骨料咬合作用下降，严重时混凝土剥落。《混凝土结构设计规范》规定，考虑地震作用组合的矩形、T 形和工字形截面的框架梁，其斜截面受剪承载力应符合下列规定

$$V_b = \frac{1}{\gamma_{RE}}\left[0.6\alpha f_t b h_0 + f_{yv}\frac{A_{sv}}{s}h_0\right] \tag{7-17}$$

α 是截面混凝土受剪承载力系数，对于一般受弯构件取 0.7；楼盖中有次梁搁置的主梁或有明确的集中荷载作用的梁（如吊车梁等），取 $\alpha = \frac{1.75}{\lambda + 1}$，$\lambda$ 为计算截面的剪跨比，可取 $\lambda = a/h_0$（a 为集中荷载作用点至支座截面或节点边缘的距离），当 $\lambda < 1.5$ 时 α 取 1.5，当 $\lambda > 3$ 时 α 取 3。

(4)梁端箍筋加密

在梁端预期塑性铰区段加密箍筋，可以起到约束混凝土，提高混凝土变形能力的作用，从而提高梁截面转动能力，增加延性。《建筑抗震设计规范》对梁端加密区的范围和构造要求详见表7-14。当梁端纵向受拉钢筋配筋率大于2%时，表7-14中箍筋最小直径应增大2 mm；梁箍筋加密区长度内的箍筋肢距：一级抗震等级，不宜大于200 mm和20倍箍筋直径中的较大值；二、三级抗震等级，不宜大于250 mm和20倍箍筋直径中的较大值；四级抗震等级不宜大于300 mm。

表7-14　　梁端箍筋加密区长度、箍筋的最大间距和最小直径

抗震等级	加密区长度(采用较大值)/mm	箍筋最大间距(采用较小值)/mm	最小直径/mm
一级	$2h_b$,500	$6d,h_b/4$,100	10
二级	$1.5h_b$,500 mm	$8d,h_b/4$,100	8
三级		$8d,h_b/4$,150	8
四级		$8d,h_b/4$,150	6

注：d为纵向钢筋直径；h_b为梁截面高度。一、二级抗震等级框架梁，当箍筋直径大于12 mm且肢数不少于4肢、肢距不大于150 mm时，箍筋加密区最大间距应允许适当放宽，但不应大于150 mm。

3. 框架柱截面抗震设计

(1)内力调整

进行截面设计前，应根据"强柱弱梁"、"强剪弱弯"的原则，按照《建筑抗震设计规范》的相应要求，进行内力调整。对柱端弯矩而言，要求复核柱端弯矩设计值之和应大于梁端弯矩值之和的η_c倍，η_c为柱端弯矩增大系数，对一、二、三、四级抗震等级分别取1.7、1.5、1.3和1.2。

此外，《建筑抗震设计规范》还规定，对一、二、三、四级抗震等级框架结构的底层柱底端截面的弯矩设计值，应分别乘以增大系数1.7、1.5、1.3和1.2。

(2)截面尺寸

柱的截面宽度和高度，四级或不超过2层时不宜小于300 mm，一、二、三级且超过2层时不宜小于400 mm；圆柱的截面直径，四级或不超过2层时不宜小于350 mm，一、二、三级且超过2层时不宜小于450 mm；柱的剪跨比宜大于2；柱截面长边与短边的边长比不宜大于3。

(3)正截面承载力计算

在计算出柱控制截面的设计内力组合后，按照压弯构件进行正截面承载力设计。

为了避免地震作用下柱过早进入屈服，必须满足柱纵筋的最小总配筋率要求，框架柱和框支柱中全部纵向受力钢筋的配筋百分率不应小于表7-15规定的数值，同时，每一侧的配筋百分率不应小于0.2%；对Ⅳ类场地上较高的高层建筑，最小配筋百分率应增加0.1%。总配筋率按柱截面中全部纵筋的面积与截面面积之比计算。柱纵筋宜对称配置，尺寸大于400 mm的柱，纵筋间距不宜大于200 mm。

表7-15　　柱纵筋最小总配筋率　　%

类别	抗震等级			
	一	二	三	四
中柱和边柱	0.9(1.0)	0.7(0.8)	0.6(0.7)	0.5(0.6)
角柱、框支柱	1.1	0.9	0.8	0.7

(4)柱的斜截面受剪承载力

为了防止柱截面尺寸过小,也应限制轴压比。轴压力的存在对柱受剪承载力影响较大,轴压比小于0.4时,轴力有利于骨料咬合,可以提高受剪承载力;轴压力过大时混凝土内部产生微裂缝,受剪承载力反而降低。在重复荷载作用下,构件受剪承载力要降低。《混凝土结构设计规范》规定,考虑地震作用组合的框架柱斜截面承载力应符合下式规定

$$V_c \leqslant \frac{1}{\gamma_{RE}}\left[\frac{1.05}{\lambda+1}f_t b h_0 + f_{yv}\frac{A_{sv}}{s}h_0 + 0.056N\right] \tag{7-18}$$

式中 λ——框架柱、框支柱的计算剪跨比,取$\lambda=M/Vh_0$。当$\lambda<1.0$时,取$\lambda=1.0$;当$\lambda>3.0$时,取$\lambda=3.0$。

N——考虑地震作用组合的框架柱、框支柱轴向压力设计值,当$N>0.3f_cA$时,取$0.3f_cA$。

当框架结构中的框架柱的反弯点在柱层高范围内时,可取$\lambda=H_n/2h_0$,此处,H_n为柱的净高。

当框架出现拉力时,其斜截面承载力按下式计算

$$V_c \leqslant \frac{1}{\gamma_{RE}}\left[\frac{1.05}{\lambda+1}f_t b h_0 + f_{yv}\frac{A_{sv}}{s}h_0 - 0.2N\right] \tag{7-19}$$

(5)控制轴压比

轴压比是指考虑地震作用组合的框架柱轴压力设计值与柱的全截面面积和混凝土轴心抗压强度设计值乘积之比值,以N/f_cA表示。轴压比是影响柱破坏形态和延性的主要因素之一。试验表明,柱的延性随轴压比的增大而急剧下降。柱的轴压比过大,柱将呈现脆性的小偏压破坏,因此,必须限制轴压比。柱轴压比限值见表7-16。

表7-16 框架柱轴压比限值

抗震等级	一	二	三	四
轴压比限值	0.65	0.75	0.85	0.90

(6)加强柱端约束

加密柱端箍筋可以有以下作用:承担柱剪力;约束柱端混凝土,提高柱端混凝土抗压强度及变形能力;为纵筋提供侧向支承,防止纵筋屈曲。

柱端箍筋的加密区范围,应按下列规定采用:

①框架柱的箍筋加密区长度,应取柱截面高度(或圆形截面直径)、柱净高的1/6和500 mm中的最大值。

②底层柱根箍筋加密区长度应取不小于该层柱净高的1/3。

③当有刚性地面时,除柱端箍筋加密区外尚应在刚性地面上、下各500 mm的高度范围内加密箍筋。

④剪跨比不大于2的柱,因设置填充墙等形成的柱净高与柱截面高度之比不大于4的柱,框支柱,一、二级框架的角柱应沿柱全高加密箍筋。

⑤一般情况下,柱箍筋的最大间距和最小直径应符合表7-17。

表 7-17　柱箍筋加密区的箍筋最大间距和最小直径　mm

抗震等级	箍筋最大间距(采用较小值)	箍筋最小直径
一	$6d$,100	10
二	$8d$,100	8
三	$8d$,150(柱根 100)	8
四	$8d$,150(柱根 100)	6(柱根 8)

⑥柱箍筋加密区内的箍筋肢距:一级抗震等级不宜大于 200 mm;二、三级抗震等级不宜大于 250 mm;四级抗震等级不宜大于 300 mm。至少每隔一根纵向钢筋宜在两个方向有箍筋或拉筋约束;当采用拉筋复合箍时,拉筋宜靠纵向钢筋并勾住箍筋。

4. 节点抗震设计

框架的节点是梁、柱的共有部分,节点的破坏也就意味着梁柱的失效,故在框架的抗震设计时,除要进行梁柱的强度、延性设计计算外,同时还应保证节点的强度。为保证"更强节点",一般框架节点核心区应进行抗剪承载力验算。为了保证节点核心区的抗剪承载力,使梁柱纵筋有可靠的锚固,必须对节点核心区混凝土进行有效约束。箍筋的最大间距和最小直径宜按表 7-17 采用。

封闭箍筋应有 135°弯钩,弯钩末端平直段长度不小于 10 倍箍筋直径并锚入核心混凝土内。箍筋的无支承长度不得大于 350mm。

为了保证梁纵筋在节点区的锚固效果,应限制梁贯通中柱的纵筋直径 d。贯穿中柱的每根纵向钢筋直径,对于 9 度设防烈度的各类框架和一级抗震等级的框架结构,当柱为矩形截面时,不宜大于柱在该方向截面尺寸的 1/25;当柱为圆形截面时,不宜大于纵向钢筋所在位置柱截面弦长的 1/25。对一、二、三级抗震等级,当柱为矩形截面时,不宜大于柱在该方向截面尺寸的 1/20;对圆形截面,不宜大于纵向钢筋所在位置柱截面弦长的 1/20。

纵向钢筋的最小锚固长度 l_{aE} 还应满足以下要求:一、二抗震等级,$l_{aE}=1.15l_a$;三级抗震等级,$l_{aE}=1.05l_a$;四级抗震等级,$l_{aE}=1.0l_a$。其中,l_a 为纵向钢筋的锚固长度,由《混凝土结构设计规范》确定。

框架的不同部位节点的梁柱纵向钢筋的锚固和搭接要求具体见《建筑结构(上册)》(大连理工大学出版社)第 13 章。

7.5　多层砌体房屋结构的抗震措施

7.5.1　砌体房屋结构的震害

砌体是一种脆性材料,其抗拉、抗剪、抗弯强度均较低,且自重大,因而砌体房屋的抗震性能相对较差。在国内外历次强烈地震中,砌体结构的破坏率相当高。砌体结构抗震就是增强房屋整体性,防止结构倒塌。实践证明,经过认真的抗震设计,通过合理的抗震设防、得当的构造措施、良好的施工质量保证,则即使在中、强地震区,砌体结构房屋也能够不同程度地抵御地震的破坏。

在砌体结构房屋中,墙体是主要的承重材料,它不仅承受垂直方向的荷载,也承受水平和垂直方向的地震作用,受力复杂,加之砌体本身的脆性性能,地震时墙体很容易发生裂缝。在地震反复作用下，裂缝会发展、增多和加宽，最后导致墙体崩塌，楼盖塌落，房屋破坏。其震害情况大致如下：

1. 房屋倒塌

当结构底部墙体不足以抵抗强震作用下的剪力时，则容易造成底层破坏，导致房屋倒塌。当房屋上部自重大、刚度差或砌体强度差时，则容易造成上部倒塌。当个别部位整体性差，连接不好，或平面、立面处理不当时，则容易造成局部倒塌。

2. 墙体的开裂

墙体裂缝形式主要是水平裂缝、斜裂缝、交叉裂缝和竖向裂缝。严重的裂缝可导致墙体破坏。斜裂缝主要是由于墙体在地震作用下，其主拉应力超过了砌体抗拉强度而产生的。当地震反复作用时，又可形成交叉裂缝。在房屋的横向，山墙上最容易出现这种裂缝，主要是因为山墙的刚度大，分配的地震作用大，而其上的压力又较小的缘故；在纵向的窗间墙上也容易出现这种交叉裂缝。水平裂缝大都发生在外纵墙窗口的上下截面，其产生原因主要是当楼盖刚度差、横墙间距大时，横向水平地震剪力不能通过楼盖传到横墙，引起纵墙在出平面外受弯、受剪而形成的；在墙体与楼板连接处有时也产生水平裂缝，这主要是因为楼盖和墙体锚固差。当纵横墙交接处连接不好时，则易产生竖向裂缝。

3. 墙体转角破坏

这种破坏形式在震害中较为常见，其产生的主要原因是墙角位于房屋尽端，房屋整体对其约束作用差；纵、横墙产生的裂缝往往在墙角处相遇；加之在地震作用下所产生的扭转效应使墙角处于较为复杂的应力状态，应力也较为集中；特别是当房屋尽端处布置空旷房间时，横墙少、约束更差，更易产生这种形式的破坏，甚至造成建筑物转角处局部倒塌。

4. 内外墙连接破坏

这种形式的震害也较为常见。一般是因为施工时纵横墙没有很好地咬槎，连接差，加之地震时两个方向的地震作用，使连接处受力复杂、应力集中，这种破坏可导致整片纵墙外闪甚至倒塌。

5. 楼梯间墙体破坏

楼梯间主要是墙体破坏。楼梯间的墙体在高度方向缺乏有效支撑，空间刚度差，特别是在顶层。若楼梯间设在房屋尽端，其破坏更为严重。

6. 预制楼盖的破坏

无论是整浇或装配式楼盖，在地震中很少因楼盖(或屋盖)本身承载力、刚度不足而造成破坏的。整浇楼盖往往由于墙体倒塌而破坏。装配式楼盖则可能因在墙体上的支撑长度过小，或由于板与板之间缺乏足够的拉结而倒塌。楼盖的梁端则可能因支撑长度过短而自墙体拔出，造成梁的塌落，或梁端无梁垫、或梁垫尺寸不足，在垂直方向地震作用下，梁下墙体出现垂直裂缝或将墙体压碎。

7. 突出屋面的楼梯间和其他构配件破坏

突出屋面的楼梯间、女儿墙等附属结构，由于地震“鞭梢效应”的影响，所以一般较下部主体结构破坏严重，几乎在6度区就有破坏，特别是较高的女儿墙、出屋面的烟囱，在7度区普遍破坏，在8～9度区几乎全部破坏或倒塌。另外，地震时建筑物的一些附属构件由于构件与主体结构连接较差等原因，地震时也易破坏，如：无筋砖过梁开裂、下坠；天棚板条抹灰开裂、剥落；隔墙的顶部和两端出现裂缝等。

7.5.2　多层砌体房屋的结构选型与结构布置

大量震害调查表明，多层砌体房屋的结构布置对建筑物的抗震性能关系密切，因而，在进行建筑平面、立面以及结构抗震体系的布置与选择时，应注意方案的合理性。

1. 建筑平面及结构布置

(1)建筑平面应优先采用横墙承重或纵横墙共同承重的结构体系。

(2)纵横墙的布置宜均匀对称，沿平面内宜对齐，沿竖向应上下连续；且纵横向墙体的数量不宜相差过大；同一轴线上的窗间墙宽度宜均匀。

(3)当房屋立面高差在 6 m 以上，房屋有错层且楼板高差大于层高的 1/4 及各部分结构刚度、质量截然不同时应设置防震缝，缝两侧均应设置墙体，缝宽应根据设防烈度和房屋高度确定，一般可采用 70～100 mm。

(4)不宜将楼梯间设置在房屋的尽端或转角处。

2. 多层砌体房屋的基本尺寸限值

(1)高度、层数限值

地震灾害调查表明，无筋砌体房屋的总高度越高、层数越多，地震引起的破坏就越严重。因此，限制房屋的高度及层数是主要的抗震措施，《建筑抗震设计规范》对不同类型的砌体房屋的总高度及层数的限值如表 7-18 的规定。

表 7-18　多层砌体房屋的层数和总高度限值　m

房屋类别		最小抗震墙厚度/mm	烈度和设计基本地震加速度											
			6		7				8				9	
			0.05g		0.10g		0.15g		0.20g		0.30g		0.40g	
			高度/m	层数	高度/m	层数	高度/m	层数	高度/m	层数	高度/m	层数	高度/m	层数
多层砌体房屋	普通砖	240	21	7	21	7	21	7	18	6	15	5	12	4
	多孔砖	240	21	7	21	7	18	6	18	6	15	5	9	3
	多孔砖	190	21	7	18	6	15	5	15	5	12	4	—	—
	小砌块	190	21	7	21	7	18	6	18	6	15	5	9	3

注：1. 房屋的总高度指室外地面到主要屋面板板顶或檐口的高度，半地下室可从地下室室内地面算起，全地下室和嵌固条件好的半地下室可从室外地面算起；带阁楼的坡屋面应算至山尖墙的 1/2 高度处。

2. 室内外高差大于 0.6 m 时，房屋总高度应允许比表中数据适当增加，但不应多于 1 m。

3. 表中小砌块砌体房屋不包括配筋混凝土小型空心砌块砌体房屋。

对医院、教学楼等及横墙较少的多层砌体房屋，总高度应比表 7-18 中规定降低 3 m，层数相应减少一层；各层横墙很少的多层砌体房屋，还应根据具体情况再适当降低总高度和减少层数。

(2)高宽比限值

震害调查表明，在 8 度地震区，五、六层的砖混结构房屋都发生较明显的整体弯曲破坏，底层外墙产生水平裂缝并向内延伸至倒塌。这是因为，当烈度高、房屋高宽比大时，地震作用所产生的倾覆力矩所引起的弯曲应力很容易超过砌体的弯曲抗拉强度而导致砖墙出现水平裂缝。所以《建筑抗震设计规范》对房屋高宽比进行了限制，见表 7-19。

表 7-19　　房屋最大高宽比

烈度	6度	7度	8度	9度
最大高宽比	2.5	2.5	2.0	1.5

注:单面走廊房屋的总高度不包括走廊宽度;建筑平面接近方形时,高宽比宜适当减少。

(3)抗震横墙的间距

房屋空间刚度对抗震性能影响很大。房屋空间刚度主要取决于楼(屋)盖与纵横墙的布置。横墙数量多、间距小,房间的空间刚度大,抗震性能就好。多层砖房所承受的横向水平地震力是通过楼(屋)盖传到横墙上的,因此,横墙必须具有足够的承受水平地震作用的能力,还必须使所取得的横墙间距能满足楼盖传递水平地震作用时所需的水平刚度的要求,即横墙间距必须根据楼盖水平刚度给予一定的限值。楼盖的水平刚度大,横墙间距可以加大;楼盖的水平刚度小,横墙间距则应减小。《建筑抗震设计规范》规定抗震横墙最大间距如表 7-20 所示。

表 7-20　　房屋抗震横墙最大间距　　m

房屋类型		烈度			
		6度	7度	8度	9度
多层砌体房屋	现浇或装配整体式钢筋混凝土楼、屋盖	15	15	11	7
	装配式钢筋混凝土楼、屋盖	11	11	9	4
	木屋盖	9	9	4	—

注:对多层砌体房屋的顶层,除木屋盖外,最大横墙间距允许适当放宽,但应采取相应的加强措施;多孔砖抗震横墙厚度为 190 mm 时,最大横墙间距应比表中数值减少 3 m。

(4)房屋的局部尺寸限值

在强烈地震作用下,房屋破坏往往是从薄弱部位开始的,如窗间墙、尽端墙段、女儿墙等部位。因此,对这些薄弱部位的尺寸应加以限制,见表 7-21。其目的:一是可以防止因为这些部位的局部破坏或失稳而造成整个房屋结构的破坏甚至倒塌;二是可以防止某些非结构构件(如女儿墙)掉落伤人。

表 7-21　　房屋的局部尺寸限值　　m

部位	烈度			
	6度	7度	8度	9度
承重窗间墙最小宽度	1.0	1.0	1.2	1.5
承重外墙尽端至门窗洞边的最小距离	1.0	1.0	1.2	1.5
非承重外墙尽端至门窗洞边的最小距离	1.0	1.0	1.0	1.0
内墙阳角至门窗洞边的最小距离	1.0	1.0	1.5	2.0
无锚固女儿墙(非出入口处)的最大距离	0.5	0.5	0.5	0.0

注:局部尺寸不足时应采取局部加强措施弥补;出入口处的女儿墙应有锚固。

7.5.3　多层砌体砖房的抗震构造措施

多层砌体房屋的抗倒塌,主要通过抗震构造措施提高房屋的整体性及变形能力来实现,包括构造柱的设置、圈梁的设置和加强构件间连接的构造措施等几个方面。

1. 构造柱设置

设置现浇钢筋混凝土构造柱且与圈梁连接共同工作,对砌体起约束作用,可以明显改善多层砌体结构房屋的抗震性能,增加其变形能力和延性。多层砌体结构房屋构造柱的设置要求见表7-22。

表7-22　　砖房构造柱设置要求

<table>
<tr><th colspan="4">房屋层数</th><th colspan="2" rowspan="2">设置部位</th></tr>
<tr><th>6度</th><th>7度</th><th>8度</th><th>9度</th></tr>
<tr><td>四、五</td><td>三、四</td><td>二、三</td><td></td><td rowspan="3">楼、电梯间四角,楼梯斜梯段上下端对应的墙体处
外墙四角和对应转角
错层部位横墙与外纵墙交接处
大房间内外墙交接处
较大洞口两侧</td><td>隔12 m或单元横墙与外纵墙交接处
楼梯间对应的另一侧内横墙与外墙交接处</td></tr>
<tr><td>六</td><td>五</td><td>四</td><td>二</td><td>隔开间横墙(轴线)与外墙交接处
山墙与内纵墙交接处</td></tr>
<tr><td>七</td><td>≥六</td><td>≥五</td><td>≥三</td><td>内墙(轴线)与外墙交接处
内墙的局部较小墙垛处
内纵墙与横墙(轴线)交接处</td></tr>
</table>

2. 圈梁设置

(1)圈梁的主要功能

圈梁对砌体房屋的抗震具有重要作用,它与构造柱共同工作,是提高多层砌体结构房屋抗震能力的一种经济有效的措施,其主要功能为:

①加强房屋的整体性。由于圈梁的约束作用,减小了预制板散开以及墙体出平面倒塌的危险性,使纵、横墙能保持为一个整体的箱形结构,充分发挥各片墙体的平面内抗剪强度,有效抵御来自各个方向的水平地震作用。

②与构造柱形成约束框架,能有效地限制墙体斜裂缝的开展和延伸,使墙体抗剪强度得以更好发挥,也提高了墙体的稳定性。

③减轻地震时地基不均匀沉陷和地表裂缝对房屋的影响。

(2)圈梁的设置

多层砖砌体房屋的现浇混凝土圈梁设置应符合下列要求:

①装配式钢筋混凝土楼、屋盖或木屋盖的砖房,横墙承重时应符合表7-23的要求设置圈梁;纵墙承重时每层均应设置圈梁,且抗震横墙上的圈梁间距应比表7-23的要求适当加密。

表7-23　　多层砖砌体房屋现浇钢筋混凝土圈梁设置要求

<table>
<tr><th rowspan="2">墙类型</th><th colspan="3">烈　度</th></tr>
<tr><th>6、7度</th><th>8度</th><th>9度</th></tr>
<tr><td>外墙和内纵墙</td><td>屋盖处及每层楼盖处</td><td>屋盖处及每层楼盖处</td><td>屋盖处及每层楼盖处</td></tr>
<tr><td>内横墙</td><td>屋盖处及每层楼盖处
屋盖处间距不应大于4.5 m
楼盖处间距不应大于7.2 m
构造柱对应部位</td><td>屋盖处及每层楼盖处
各层所有横墙,且间距不应大于4.5 m
构造柱对应部位</td><td>屋盖处及每层楼盖处
各层所有横墙</td></tr>
</table>

②现浇或装配整体式钢筋混凝土楼、屋盖与墙体有可靠连接的房屋可不另设圈梁,但楼板沿墙体周边应加强配筋并应与相应的构造柱钢筋可靠连接。

3. 加强构件间连接的构造措施

为增强楼(屋)盖的整体性和保证与墙体有足够支撑长度和可靠拉结,有效传递地震作用,楼(屋)盖在构造方面应当满足下列各项要求：

(1)楼(屋)盖结构及其连接

现浇钢筋混凝土楼板或屋面板伸进纵、横墙内的长度，不应小于 120 mm；装配式钢筋混凝土楼板或屋面板，当圈梁未设在板的统一标高时，板端伸进外墙的长度不应小于 120 mm，伸进内墙的长度不应小于 100 mm 或采用硬架支模连接，在梁上不应小于 80 mm 或采用硬架支模连接；当板的跨度大于 4.8 m 并与外墙平行时，靠外墙的预制板侧边应与墙或圈梁拉结。

(2)对楼梯间的要求

楼梯间是地震时的疏散通道，同时，历次地震震害表明，由于楼梯间墙体在高度方向比较空旷常常被破坏，当楼梯间设置在房屋尽端时破坏尤其严重。

①顶层楼梯间墙体应沿墙高每隔 500 mm 设 2ϕ6 通长钢筋和 ϕ4 分布短钢筋平面内点焊组成的拉结网片或 ϕ4 点焊网片；7～9 度时其他各层楼梯间墙体应在休息平台或楼层半高处设置 60 mm 厚、纵向钢筋不应少于 2ϕ10 的钢筋混凝土带或配筋砖带，配筋砖带不少于 3 皮，每皮的配筋不少于 2ϕ6，砂浆强度等级不应低于 M7.5 且不低于同层墙体的砂浆强度等级。

②楼梯间及门厅内墙阳角处的大梁支撑长度不应小于 500 mm，并应与圈梁连接。

③装配式楼梯段应与平台板的梁可靠连接，8、9 度时不应采用装配式楼梯段；不应采用墙中悬挑式踏步或踏步竖肋插入墙体的楼梯，不应采用无筋砖砌栏板。

④突出屋顶的楼梯间、电梯间，构造柱应伸到顶部，并与顶部圈梁连接，所有墙体应沿墙高每隔 500 mm 设 2ϕ6 通长钢筋和ϕ4 分布短钢筋平面内点焊组成的拉结网片或ϕ4 点焊网片。

思考题

7-1　解释震源、震中、震源深度、等震线和极震区的意义。

7-2　简述建筑物的抗震设防目标。

7-3　什么是概念设计？概念设计包括哪些方面的内容？

7-4　什么是地震反应谱？影响地震作用大小的因素有哪些？

7-5　什么是场地特征周期？对结构的地震反应有何影响？

7-6　简述底部剪力法的适用条件。

7-7　结构质点的等效重力荷载代表值如何计算？

7-8　结构抗震验算应包括哪些内容？

7-9　钢筋混凝土框架结构的抗震破坏机制主要有哪两种？如何实现有利的抗震破坏机制？

7-10　砖混结构的抗震构造措施主要有哪些？

7-11　简述圈梁和构造柱在抗震中的作用。

附录

附录1 砌体结构用表

附表 1-1　　影响系数 φ（砂浆强度等级≥M5）

β	$\frac{e}{h}$或$\frac{e}{h_T}$												
	0	0.025	0.05	0.075	0.10	0.125	0.15	0.175	0.20	0.225	0.25	0.275	0.30
≤3	1.0	0.99	0.97	0.94	0.89	0.84	0.79	0.73	0.68	0.62	0.57	0.52	0.48
4	0.98	0.95	0.90	0.85	0.80	0.74	0.69	0.64	0.58	0.53	0.49	0.45	0.41
6	0.95	0.91	0.86	0.81	0.75	0.69	0.64	0.59	0.54	0.49	0.45	0.42	0.38
8	0.91	0.86	0.81	0.76	0.70	0.64	0.59	0.54	0.50	0.46	0.42	0.39	0.36
10	0.87	0.82	0.76	0.71	0.65	0.60	0.55	0.50	0.46	0.42	0.39	0.36	0.33
12	0.82	0.77	0.71	0.66	0.60	0.55	0.51	0.47	0.43	0.39	0.36	0.33	0.31
14	0.77	0.72	0.66	0.61	0.56	0.51	0.47	0.43	0.40	0.36	0.34	0.31	0.29
16	0.72	0.67	0.61	0.56	0.52	0.47	0.44	0.40	0.37	0.34	0.31	0.29	0.27
18	0.67	0.62	0.57	0.52	0.48	0.44	0.40	0.37	0.34	0.31	0.29	0.27	0.25
20	0.62	0.57	0.53	0.48	0.44	0.40	0.37	0.34	0.32	0.29	0.27	0.25	0.23
22	0.58	0.53	0.49	0.45	0.41	0.38	0.35	0.32	0.30	0.27	0.25	0.24	0.22
24	0.54	0.49	0.45	0.41	0.38	0.35	0.32	0.30	0.28	0.26	0.24	0.22	0.21
26	0.50	0.46	0.42	0.38	0.35	0.33	0.30	0.28	0.26	0.24	0.22	0.21	0.19
28	0.46	0.42	0.39	0.36	0.33	0.30	0.28	0.26	0.24	0.22	0.21	0.19	0.18
30	0.42	0.39	0.36	0.33	0.31	0.28	0.26	0.24	0.22	0.21	0.20	0.18	0.17

附表 1-2　　影响系数 φ(砂浆强度等级 M2.5)

β	$\frac{e}{h}$或$\frac{e}{h_T}$												
	0	0.025	0.05	0.075	0.10	0.125	0.15	0.175	0.20	0.225	0.25	0.275	0.30
≤3	1.0	0.99	0.97	0.94	0.89	0.84	0.79	0.73	0.68	0.62	0.57	0.52	0.48
4	0.97	0.94	0.89	0.84	0.78	0.73	0.67	0.62	0.57	0.52	0.48	0.44	0.40
6	0.93	0.89	0.84	0.78	0.73	0.67	0.62	0.57	0.52	0.48	0.44	0.40	0.37
8	0.89	0.84	0.78	0.72	0.67	0.62	0.57	0.52	0.48	0.44	0.40	0.37	0.34
10	0.83	0.78	0.72	0.67	0.61	0.56	0.52	0.47	0.43	0.40	0.37	0.34	0.31
12	0.78	0.72	0.67	0.61	0.56	0.52	0.47	0.43	0.40	0.37	0.34	0.31	0.29
14	0.72	0.66	0.61	0.56	0.51	0.47	0.43	0.40	0.36	0.34	0.31	0.29	0.27
16	0.66	0.61	0.56	0.51	0.47	0.43	0.40	0.36	0.34	0.31	0.29	0.26	0.25
18	0.61	0.56	0.51	0.47	0.43	0.40	0.36	0.33	0.31	0.29	0.26	0.24	0.23
20	0.56	0.51	0.47	0.43	0.39	0.36	0.33	0.31	0.28	0.26	0.24	0.23	0.21
22	0.51	0.47	0.43	0.39	0.36	0.33	0.31	0.28	0.26	0.24	0.23	0.21	0.20
24	0.46	0.43	0.39	0.36	0.33	0.31	0.28	0.26	0.24	0.23	0.21	0.20	0.18
26	0.42	0.39	0.36	0.33	0.31	0.28	0.26	0.24	0.22	0.21	0.20	0.18	0.17
28	0.39	0.36	0.33	0.30	0.28	0.26	0.24	0.22	0.21	0.20	0.18	0.17	0.16
30	0.36	0.33	0.30	0.28	0.26	0.24	0.22	0.21	0.20	0.18	0.17	0.16	0.15

附表 1-3　　影响系数 φ(砂浆强度 0)

β	$\frac{e}{h}$或$\frac{e}{h_T}$												
	0	0.025	0.05	0.075	0.10	0.125	0.15	0.175	0.20	0.225	0.25	0.275	0.30
≤3	1.0	0.99	0.97	0.94	0.89	0.84	0.79	0.73	0.68	0.62	0.57	0.52	0.48
4	0.87	0.82	0.77	0.71	0.66	0.60	0.55	0.51	0.46	0.43	0.39	0.36	0.33
6	0.76	0.70	0.65	0.59	0.54	0.50	0.46	0.42	0.39	0.36	0.33	0.30	0.28
8	0.63	0.58	0.54	0.49	0.45	0.41	0.38	0.35	0.32	0.30	0.28	0.25	0.24
10	0.53	0.48	0.44	0.41	0.37	0.34	0.32	0.29	0.27	0.25	0.23	0.22	0.20
12	0.44	0.40	0.37	0.34	0.31	0.29	0.27	0.25	0.23	0.21	0.20	0.19	0.17
14	0.36	0.33	0.31	0.28	0.26	0.24	0.23	0.21	0.20	0.18	0.17	0.16	0.15
16	0.30	0.28	0.26	0.24	0.22	0.21	0.19	0.18	0.17	0.16	0.15	0.14	0.13
18	0.26	0.24	0.22	0.21	0.19	0.18	0.17	0.16	0.15	0.14	0.13	0.12	0.12
20	0.22	0.20	0.19	0.18	0.17	0.16	0.15	0.14	0.13	0.12	0.12	0.11	0.10
22	0.19	0.18	0.16	0.15	0.14	0.14	0.13	0.12	0.12	0.11	0.10	0.10	0.09
24	0.16	0.15	0.14	0.13	0.13	0.12	0.11	0.11	0.10	0.10	0.09	0.09	0.08
26	0.14	0.13	0.13	0.12	0.11	0.11	0.10	0.10	0.09	0.09	0.08	0.08	0.07
28	0.12	0.12	0.11	0.11	0.10	0.10	0.09	0.09	0.08	0.08	0.08	0.07	0.07
30	0.11	0.10	0.10	0.09	0.09	0.09	0.08	0.08	0.07	0.07	0.07	0.07	0.06

附表 1-4 影响系数 φ_n

ρ	β \ e/h	0	0.05	0.10	0.15	0.17
0.1	4	0.97	0.89	0.78	0.67	0.63
	6	0.93	0.84	0.73	0.62	0.58
	8	0.89	0.78	0.67	0.57	0.53
	10	0.84	0.72	0.62	0.52	0.48
	12	0.78	0.67	0.56	0.48	0.44
	14	0.72	0.61	0.52	0.44	0.41
	16	0.67	0.56	0.47	0.40	0.37
0.3	4	0.96	0.87	0.76	0.65	0.61
	6	0.91	0.80	0.69	0.59	0.55
	8	0.84	0.74	0.62	0.53	0.49
	10	0.78	0.67	0.56	0.47	0.44
	12	0.71	0.60	0.51	0.43	0.40
	14	0.64	0.54	0.46	0.38	0.36
	16	0.58	0.49	0.41	0.35	0.32
0.5	4	0.94	0.85	0.74	0.63	0.59
	6	0.88	0.77	0.66	0.56	0.52
	8	0.81	0.69	0.59	0.50	0.46
	10	0.73	0.62	0.52	0.44	0.41
	12	0.65	0.55	0.46	0.39	0.36
	14	0.58	0.49	0.41	0.35	0.32
	16	0.51	0.43	0.36	0.31	0.29
0.7	4	0.93	0.83	0.72	0.61	0.57
	6	0.86	0.75	0.63	0.53	0.50
	8	0.77	0.66	0.56	0.47	0.43
	10	0.68	0.58	0.49	0.41	0.38
	12	0.60	0.50	0.42	0.36	0.33
	14	0.52	0.44	0.37	0.31	0.30
	16	0.46	0.38	0.33	0.28	0.26
0.9	4	0.92	0.82	0.71	0.60	0.56
	6	0.83	0.72	0.61	0.52	0.48
	8	0.73	0.63	0.53	0.45	0.42
	10	0.64	0.54	0.46	0.38	0.36
	12	0.55	0.47	0.39	0.33	0.31
	14	0.48	0.40	0.34	0.29	0.27
	16	0.41	0.35	0.30	0.25	0.24
1.0	4	0.91	0.81	0.70	0.59	0.55
	6	0.82	0.71	0.60	0.51	0.47
	8	0.72	0.61	0.52	0.43	0.41
	10	0.62	0.53	0.44	0.37	0.35
	12	0.54	0.45	0.38	0.32	0.30
	14	0.46	0.39	0.33	0.28	0.26
	16	0.39	0.34	0.28	0.24	0.23

附表 1-5　　组合砖砌体构件的稳定系数 φ_{com}

高厚比 β	配筋率 ρ/%					
	0	0.2	0.4	0.6	0.8	≥1.0
8	0.91	0.93	0.95	0.97	0.99	1.00
10	0.87	0.90	0.92	0.94	0.96	0.98
12	0.82	0.85	0.88	0.91	0.93	0.95
14	0.77	0.80	0.83	0.86	0.89	0.92
16	0.72	0.75	0.78	0.81	0.84	0.87
18	0.67	0.70	0.73	0.76	0.79	0.81
20	0.62	0.65	0.68	0.71	0.73	0.75
22	0.58	0.61	0.64	0.66	0.68	0.70
24	0.54	0.57	0.59	0.61	0.63	0.65
26	0.50	0.52	0.54	0.56	0.58	0.60
28	0.46	0.48	0.50	0.52	0.54	0.56

注:组合砖砌体构件截面的配筋率 $\rho=A_s'/bh$。

附录 2　其他常用表

附表 2-1　　型钢规格表

附表 2-1-1　　普通工字钢

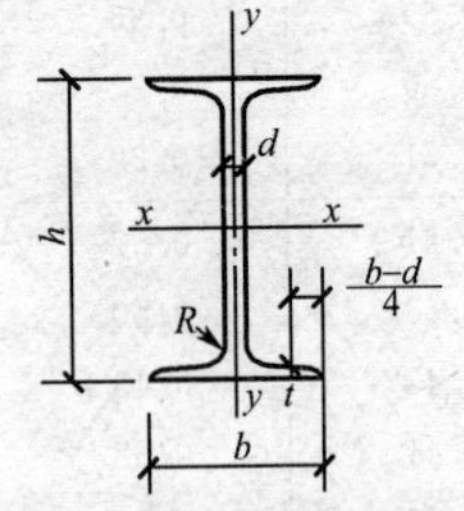

h——高度;
b——翼缘高度;
d——腹板厚;
t——翼缘平均厚度;
I——惯性矩;
W——截面抵抗矩;
i——回转半径;
S_x——半截面的面积矩。
长度:型号 10~18,长 5~19 m
　　型号 20~63,长 6~19 m

型号	尺寸/mm					截面积/cm²	质量/(kg·m⁻¹)	x—x 轴				y—y 轴		
	h	b	d	t	R			I_x/cm⁴	W_x/cm³	i_x/cm	I_x/S_x/cm	I_y/cm⁴	W_y/cm³	i_y/cm
10	100	68	4.5	7.6	6.5	14.3	11.2	245	49	4.14	8.59	33	9.7	1.52
12.6	126	74	5.0	8.4	7.0	18.1	14.2	488	77	5.19	16.8	47	12.7	1.61
14	140	80	5.5	9.1	7.5	21.5	16.9	712	102	5.79	12.0	64	16.1	1.73
16	160	88	6.0	9.9	8.0	26.1	20.5	1 130	141	6.58	13.8	93	21.2	1.89
18	180	94	6.5	10.7	8.5	30.6	24.1	1 660	185	7.36	15.4	122	26.0	2.00
20a	200	100	7.0	11.4	9.0	35.5	27.9	2 370	237	8.15	17.2	158	31.5	2.12
b	200	102	9.0	11.4	9.0	39.5	31.1	2 500	250	7.96	16.9	169	33.1	2.06
22a	220	110	7.5	12.3	9.5	42.0	33.0	3 400	309	8.99	18.9	225	40.9	2.31
b	220	112	9.5	12.3	9.5	46.4	36.4	3 570	325	8.78	18.7	239	42.7	2.27
25a	250	116	8.0	13.0	10.0	48.5	38.1	5 020	402	10.18	21.6	280	48.3	2.40
b	250	118	10.0	13.0	10.0	53.5	42.0	5 280	423	9.94	21.3	309	52.4	2.40
28a	280	122	8.5	13.7	10.5	65.4	43.4	7 110	508	11.3	24.6	345	56.6	2.49
b	280	124	10.0	13.7	10.5	61.0	47.9	7 480	534	11.1	24.2	379	61.2	2.49
a	320	130	9.5	15.0	11.5	67.0	52.7	11 080	692	12.8	27.5	460	70.8	2.62
32b	320	132	11.5	15.0	11.5	73.4	57.7	11 620	726	12.6	27.1	502	76.0	2.61
c	320	134	13.5	15.0	11.5	79.9	62.8	12 170	760	12.3	26.8	544	81.2	2.61

（续表）

型号	尺寸/mm					截面积/cm²	质量/(kg·m⁻¹)	x—x 轴				y—y 轴		
	h	b	d	t	R			I_x/cm⁴	W_x/cm³	i_x/cm	I_x/S_x/cm	I_y/cm⁴	W_y/cm³	i_y/cm
a	360	136	10.0	15.8	12.0	76.3	59.9	15 760	875	14.4	30.7	552	81.2	2.69
36b	360	138	12.0	15.8	12.0	83.5	65.6	16 530	919	14.1	30.3	582	84.3	2.64
c	360	140	14.0	15.8	12.0	90.7	71.2	17 310	962	13.8	29.9	612	87.4	2.60
a	400	142	10.5	16.5	12.5	86.1	67.6	21 720	1 090	15.9	34.1	660	93.2	2.77
40b	400	144	12.5	16.5	12.5	94.1	73.8	22 780	1 140	15.6	33.6	692	96.2	2.71
c	400	146	14.5	16.5	12.5	102	80.1	23 850	1 190	15.2	33.2	727	99.6	2.65
a	450	150	11.5	18.0	13.5	102	80.4	32 240	1 430	17.7	38.6	855	114	2.89
45b	450	152	13.5	18.0	13.5	111	87.4	33 760	1 500	17.4	38.0	894	118	2.84
c	450	154	15.5	18.0	13.5	120	94.5	35 280	1 570	17.1	37.6	938	122	2.79
a	500	158	12.0	20	14	119	93.6	46 470	1 860	19.7	42.8	1120	142	3.07
50b	500	160	14.0	20	14	129	101	48 560	1 940	19.4	42.4	1170	146	3.01
c	500	162	16.0	20	14	139	109	50 640	2 080	19.0	41.8	1220	151	2.96
a	560	166	12.5	21	14.5	135	106	65 590	2 342	22.0	47.7	1370	165	3.18
56b	560	168	14.5	21	14.5	146	115	68 510	2 447	21.6	47.2	1487	174	3.16
c	560	170	16.5	21	14.5	158	124	71 440	2 551	21.3	46.7	1558	183	3.16
a	630	176	13.0	22	15	155	122	93 920	2 981	24.6	54.2	1701	193	3.31
63b	630	178	15.0	22	15	167	131	98 080	3 164	24.2	53.5	1812	204	3.29
c	630	180	17.0	22	15	180	141	102 250	3 298	23.8	52.9	1925	214	3.27

附表 2-1-2　　普通槽钢

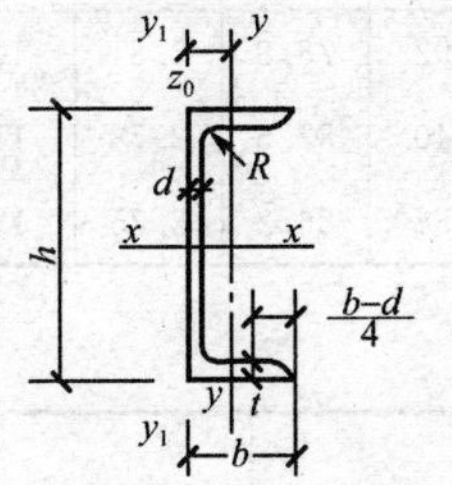

符号同普通工字钢

长度：型号 5～8，长 5～12 m

型号 10～18，长 5～19 m

型号 20～40，长 6～19 m

型号	尺寸/mm					截面面积/cm²	质量/(kg·m⁻¹)	x—x 轴			y—y 轴			$y_1—y_1$ 轴	z_0/cm
	h	b	d	t	R			I_x/cm⁴	W_x/cm³	i_x/cm	I_y/cm⁴	W_y/cm³	i_y/cm	I_{y1}/cm⁴	
5	50	37	4.5	7.0	7.0	6.9	5.4	26	10.4	1.94	8.30	3.55	1.10	20.9	1.35
6.3	63	40	4.8	7.5	7.5	8.4	6.6	51	16.1	2.45	11.9	4.50	1.18	28.4	1.36
8	80	43	5.0	8.0	8.0	10.2	8.0	101	25.3	3.15	16.6	5.79	1.27	37.4	1.43
10	100	48	5.3	8.5	8.5	12.7	10.0	198	39.7	3.95	25.6	7.8	1.41	55	1.52
12.6	126	53	5.5	9.0	9.0	15.7	12.4	391	62.1	4.95	38.0	10.2	1.57	77	1.59
14a	140	58	6.0	9.5	9.5	18.5	14.5	564	80.5	5.52	53.2	13.0	1.70	107	1.71
b	140	60	8.0	9.5	9.5	21.3	16.7	609	87.1	5.35	61.1	14.1	1.69	121	1.67
16a	160	63	6.5	10	10.0	21.9	17.2	866	108	6.28	73.3	16.3	1.83	144	1.80
b	160	65	8.5	10	10.0	25.1	19.7	934	117	6.10	83.4	17.5	1.82	161	1.75
18a	180	68	7.0	10.5	10.5	25.7	20.2	1273	141	7.04	98.6	20.0	1.96	190	1.88
b	180	70	9.0	10.5	10.5	29.3	23.0	1370	152	6.84	111	21.5	1.95	210	1.84

（续表）

型号	尺寸/mm					截面面积/cm^2	质量/(kg·m^{-1})	x—x 轴			y—y 轴			y_1-y_1 轴	z_0/cm
	h	b	d	t	R			I_x/cm^4	W_x/cm^3	i_x/cm	I_y/cm^4	W_y/cm^3	i_y/cm	I_{y1}/cm^4	
20a	200	73	7.0	11.0	11.0	28.8	22.6	1780	178	7.86	128	24.2	2.11	244	2.01
b	200	75	9.0	11.0	11.0	32.8	25.8	1914	191	7.64	144	25.9	2.09	268	1.95
22a	220	77	7.0	11.5	11.5	31.8	25.0	2394	218	8.67	158	28.2	2.23	298	2.10
b	220	79	9.0	11.5	11.5	36.2	28.4	2571	234	8.42	176	30.0	2.21	326	2.03
a	250	78	7.0	12.0	12.0	34.9	27.5	3370	270	9.82	175	30.5	2.24	322	2.07
25b	250	80	9.0	12.0	12.0	39.9	31.4	3530	282	9.40	196	32.7	2.22	353	1.98
c	250	82	11.0	12.0	12.0	44.9	35.3	3696	295	9.07	218	35.9	2.21	384	1.92
a	280	82	7.5	12.5	12.5	40.0	31.4	4765	340	10.9	218	35.7	2.33	388	2.10
28b	280	84	9.5	12.5	12.5	45.6	35.8	5130	366	10.6	242	37.9	2.30	428	2.02
c	280	86	11.5	12.5	12.5	51.2	40.2	5495	393	10.3	268	40.3	2.29	463	1.95
a	320	88	8.0	14.0	14.0	48.7	38.2	7598	475	12.5	305	46.5	2.50	552	2.24
32b	320	90	10.0	14.0	14.0	55.1	43.2	8144	509	12.1	336	49.2	2.47	593	2.16
c	320	92	12.0	14.0	14.0	61.5	48.3	8690	543	11.9	374	52.6	2.47	643	2.09
a	360	96	9.0	16.0	16.0	60.9	47.8	11870	660	14.0	455	63.5	2.73	818	2.44
36b	360	98	11.0	16.0	16.0	68.1	53.4	12650	703	13.6	497	66.8	2.70	880	2.37
c	360	100	13.0	16.0	16.0	75.3	59.1	13430	746	13.4	536	70.0	2.67	948	2.34
a	400	100	10.5	18.0	18.0	75.0	58.9	17580	879	15.3	592	78.8	2.81	1068	2.49
40b	400	102	12.5	18.0	18.0	83.0	65.2	18640	932	15.0	640	82.5	2.78	1136	2.44
c	400	104	14.5	18.0	18.0	91.0	71.5	19710	986	14.7	688	86.2	2.75	1221	2.42

附表 2-1-3　　等肢角钢

角钢型号		单角钢										双角钢			
		圆角 R	重心距 Z_0	截面积	质量	惯性矩 I_x	截面抵抗矩		回转半径			iy，当 a 为下列数值			
							W_x^{max}	W_x^{min}	i_x	i_{x0}	i_{y0}	6 mm	8 mm	10 mm	12 mm
		mm		cm^2	kg/m	cm^4	cm^3		cm			cm			
∟20×	3	3.5	6.0	1.13	0.89	0.4	0.67	0.29	0.59	0.75	0.39	1.08	1.16	1.25	1.34
	4	3.5	6.4	1.46	1.14	0.5	0.78	0.36	0.58	0.73	0.38	1.11	1.19	1.28	1.37
∟25×	3	3.5	7.3	1.43	1.12	0.81	1.12	0.46	0.76	0.95	0.49	1.28	1.36	1.44	1.53
	4	3.5	7.6	1.86	1.46	1.03	1.36	0.59	0.74	0.93	0.48	1.30	1.38	1.46	1.55
∟30×	3	4.5	8.5	1.75	1.37	1.46	1.72	0.68	0.91	1.15	0.59	1.47	1.55	1.63	1.71
	4	4.5	8.9	2.28	1.79	1.84	2.05	0.87	0.90	1.13	0.58	1.49	1.57	1.66	1.74
∟36×	3	4.5	10.0	2.11	1.65	2.58	2.58	0.99	1.11	1.39	0.71	1.71	1.75	1.86	1.95
	4	4.5	10.4	2.76	2.16	3.29	3.16	1.28	1.09	1.38	0.70	1.73	1.81	1.89	1.97
	5	4.5	10.7	3.38	2.65	3.95	3.70	1.56	1.08	1.36	0.70	1.74	1.82	1.91	1.99

（续表）

角钢型号		单角钢										双角钢			
		圆角 R	重心距 Z_0	截面积	质量	惯性矩 I_x	截面抵抗矩		回转半径			iy，当 a 为下列数值			
							W_x^{max}	W_x^{min}	i_x	i_{x0}	i_{y0}	6 mm	8 mm	10 mm	12 mm
		mm		cm²	kg/m	cm⁴	cm³		cm			cm			
∟40×	3	5	10.9	2.36	1.85	3.59	3.3	1.23	1.23	1.55	0.79	1.85	1.93	2.01	2.09
	4	5	11.3	3.09	2.42	4.60	4.07	1.60	1.22	1.54	0.79	1.88	1.96	2.04	2.12
	5	5	11.7	3.79	2.98	5.53	4.73	1.96	1.21	1.52	0.78	1.90	1.98	2.06	2.14
∟45×	3	5	12.2	2.66	2.09	5.17	4.24	1.58	1.40	1.76	0.90	2.06	2.14	2.21	2.29
	4	5	12.6	3.49	2.74	6.65	5.28	2.05	1.38	1.74	0.89	2.08	2.16	2.24	2.32
	5	5	13.0	4.29	3.37	8.04	6.19	2.51	1.37	1.72	0.88	2.11	2.18	2.26	2.34
	6	5	13.3	5.08	3.98	9.33	7.0	2.95	1.36	1.70	0.88	2.12	2.20	2.28	2.36
∟50×	3	5.5	13.4	2.27	2.33	7.18	5.36	1.96	1.55	1.96	1.00	2.26	2.33	2.41	2.49
	4	5.5	13.8	3.90	3.06	9.26	6.71	2.56	1.54	1.94	0.99	2.28	2.35	2.43	2.51
	5	5.5	14.2	4.80	3.77	11.21	7.89	3.13	1.53	1.92	0.98	2.30	2.38	2.45	2.53
	6	5.5	14.6	5.69	4.46	13.05	8.94	3.68	1.52	1.91	0.98	2.32	2.40	2.48	2.56
∟56×	3	6	14.8	3.34	2.62	10.2	6.89	2.48	1.75	2.20	1.13	2.49	2.57	2.64	2.71
	4	6	15.3	4.39	3.45	13.2	8.63	3.24	1.73	2.18	1.11	2.52	2.59	2.67	2.75
	5	6	15.7	5.41	4.25	16.0	10.2	3.97	1.72	2.17	1.10	2.54	2.62	2.69	2.77
	6	6	16.8	8.37	6.57	23.6	14.0	6.03	1.68	2.11	1.09	2.60	2.67	2.75	2.83
∟63×	4	7	17.0	4.98	3.91	19.0	11.2	4.13	1.96	2.46	1.26	2.80	2.87	2.94	3.02
	5	7	17.4	6.14	4.82	23.2	13.3	5.08	1.94	2.45	1.25	2.82	2.89	2.97	3.04
	6	7	17.8	7.29	5.72	27.1	15.2	6.0	1.93	2.43	1.24	2.84	2.91	2.99	3.06
	8	7	18.5	9.51	7.47	34.5	18.6	7.75	1.90	2.40	1.23	2.87	2.95	3.02	3.10
	10	7	19.3	11.66	9.15	41.1	21.3	9.39	1.88	2.36	1.22	2.91	2.99	3.07	3.15
∟70×	4	8	18.6	5.57	4.37	26.4	14.2	5.14	2.18	2.74	1.40	3.07	3.14	3.21	3.28
	5	8	19.1	6.87	5.40	32.2	16.8	6.32	2.16	2.73	1.39	3.09	3.17	3.24	3.31
	6	8	19.5	8.16	6.41	37.8	19.4	7.48	2.15	2.71	1.38	3.11	3.19	3.26	3.34
	7	8	19.9	9.42	7.40	43.1	21.6	8.59	2.14	2.69	1.38	3.13	3.21	3.28	3.36
	8	8	20.3	10.7	8.37	48.2	23.8	9.68	2.12	2.68	1.37	3.15	3.23	3.30	3.38
∟75×	5	9	20.4	7.38	5.82	40.0	19.6	7.32	2.33	2.92	1.50	3.30	3.37	3.45	3.52
	6	9	20.7	8.80	6.90	47.0	22.7	8.64	2.31	2.90	1.49	3.31	3.38	3.46	3.53
	7	9	21.1	10.2	7.98	53.0	25.4	9.93	2.30	2.89	1.48	3.33	3.40	3.48	3.55
	8	9	21.5	11.5	9.03	60.0	27.9	11.2	2.28	2.88	1.47	3.35	3.42	3.50	3.57
	10	9	22.2	14.1	11.1	72.0	32.4	13.6	2.26	2.84	1.46	3.38	3.46	3.53	3.61

（续表）

角钢型号		单角钢										双角钢			
		圆角 R	重心距 Z_0	截面积	质量	惯性矩 I_x	截面抵抗矩		回转半径			iy，当 a 为下列数值			
							W_x^{max}	W_x^{min}	i_x	i_{x0}	i_{y0}	6 mm	8 mm	10 mm	12 mm
		mm		cm^2	kg/m	cm^4	cm^3		cm			cm			
∟80×	5	9	21.5	7.91	6.21	48.8	22.7	8.34	2.48	3.13	1.60	3.49	3.56	3.63	3.71
	6	9	21.9	9.40	7.38	57.3	26.1	9.87	2.47	3.11	1.59	3.51	3.58	3.65	3.72
	7	9	22.3	10.9	8.52	65.6	29.4	11.4	2.46	3.10	1.58	3.53	3.60	3.67	3.75
	8	9	22.7	12.3	9.66	73.5	32.4	12.8	2.44	3.08	1.57	3.55	3.62	3.69	3.77
	10	9	23.5	15.1	11.9	88.4	37.6	15.6	2.42	3.04	1.56	3.59	3.66	3.74	3.81
∟90×	6	10	24.4	10.6	8.35	82.8	33.9	12.6	2.79	3.51	1.80	3.91	3.98	4.05	4.13
	7	10	24.8	12.3	9.66	94.8	38.2	14.5	2.78	3.50	1.78	3.93	4.00	4.07	4.15
	8	10	25.2	13.9	10.9	106	42.1	16.4	2.76	3.48	1.78	3.95	4.02	4.09	4.17
	10	10	25.9	17.2	13.5	129	49.7	20.1	2.74	3.45	1.76	3.98	4.05	4.13	4.20
	12	10	26.7	20.3	15.9	149	56.0	23.0	2.71	3.41	1.75	4.02	4.10	4.17	4.25
∟100×	6	12	26.7	11.9	9.37	115	43.1	15.7	3.10	3.90	2.00	4.30	4.37	4.44	4.51
	7	12	27.1	13.8	10.8	132	48.6	18.1	3.09	3.89	1.99	4.31	4.39	4.46	4.53
	8	12	27.6	15.6	12.3	148	53.7	20.5	3.08	3.88	1.98	4.34	4.41	4.48	4.56
	10	12	28.4	19.3	15.1	179	63.2	25.1	3.05	3.84	1.96	4.38	4.45	4.52	4.60
	12	12	29.1	22.8	17.9	209	71.9	29.5	3.03	3.81	1.95	4.41	4.49	4.56	4.63
	14	12	29.9	26.3	20.6	236	79.1	33.7	3.00	3.77	1.94	4.45	4.53	4.60	4.68
	16	12	30.6	29.6	23.3	262	89.6	37.8	2.98	3.74	1.94	4.49	4.56	4.64	4.72
∟110×	7	12	29.6	15.2	11.9	177	59.9	22.0	3.41	4.30	2.20	4.72	4.79	4.86	4.92
	8	12	30.1	17.2	13.5	199	64.7	25.0	3.40	4.28	2.19	4.75	4.82	4.89	4.96
	10	12	30.9	21.3	16.7	242	78.4	30.6	3.38	4.25	2.17	4.78	4.86	4.93	5.00
	12	12	31.4	25.2	19.8	283	89.4	36.0	3.35	4.22	2.15	4.81	4.89	4.96	5.03
	14	12	32.6	29.1	22.8	321	99.2	41.3	3.32	4.18	2.14	4.85	4.93	5.00	5.07
∟125×	8	14	33.7	19.7	15.5	297	88.1	32.5	3.88	4.88	2.50	5.34	5.41	5.48	5.55
	10	14	34.5	24.4	19.1	362	105	40.0	3.85	4.85	2.49	5.38	5.45	5.52	5.59
	12	14	35.3	28.9	22.7	423	120	47.2	3.83	4.82	2.46	5.41	5.48	5.56	5.63
	14	14	36.1	33.4	26.2	482	133	54.2	3.80	4.78	2.45	5.45	5.52	5.60	5.67
∟140×	10	14	38.2	27.4	21.5	515	135	50.6	4.34	5.46	2.78	5.98	6.05	6.12	6.19
	12	14	39.0	32.5	25.5	604	155	59.8	4.31	5.43	2.76	6.02	6.09	6.16	6.23
	14	14	39.8	37.6	29.5	689	173	68.7	4.28	5.40	2.75	6.05	6.12	6.20	6.27
	16	14	40.6	42.5	33.4	770	190	77.5	4.26	5.36	2.74	6.09	6.16	6.24	6.31

（续表）

角钢型号	圆角 R	重心距 Z_0	截面积	质量	惯性矩 I_x	截面抵抗矩 W_x^{max}	截面抵抗矩 W_x^{min}	回转半径 i_x	回转半径 i_{x0}	回转半径 i_{y0}	iy，当 a 为下列数值 6 mm	8 mm	10 mm	12 mm
	单角钢										双角钢			
	mm		cm²	kg/m	cm⁴	cm³		cm			cm			
∟160×10	16	43.1	31.5	24.7	779	180	66.7	4.98	6.27	3.20	6.78	6.85	6.92	6.99
12	16	43.9	37.4	29.4	917	208	79.0	4.95	6.24	3.18	6.82	6.89	6.96	7.02
14	16	44.7	43.3	34.0	1 048	234	90.9	4.92	6.20	3.16	6.85	6.92	6.99	7.07
16	16	45.5	49.1	38.5	1 175	258	103	4.89	6.17	3.14	6.89	6.96	7.03	7.10
∟180×12	16	48.9	42.2	33.2	1 321	271	101	5.59	7.05	3.58	7.63	7.70	7.77	7.84
14	16	49.7	48.9	38.4	1 514	305	116	5.56	7.02	3.56	7.66	7.73	7.81	7.87
16	16	50.5	55.5	43.5	1 701	338	131	5.54	6.98	3.55	7.70	7.77	7.84	7.91
18	16	51.3	62.0	48.6	1 875	365	146	5.50	6.94	3 .51	7.73	7.80	7.87	7.94
∟200×14	18	54.6	54.6	42.9	2 104	387	145	6.20	7.82	3.98	8.47	8.53	8.04	8.67
16	18	55.4	62.0	48.7	2 366	428	164	6.18	7.79	3.96	8.50	8.57	8.60	8.71
18	18	56.2	69.3	54.4	2 621	467	182	6.15	7.75	3.94	8.54	8.61	8.67	8.75
20	18	56.9	76.5	60.1	2 867	503	200	6.12	7.72	3.93	8.56	8.64	8.71	8.78
24	18	58.7	90.7	71.2	3 338	570	236	6.07	7.64	3.90	8.65	8.73	8.80	8.87

附表 2-1-4　　不等肢角钢

角钢型号	圆角 R	重心距 Z_x	重心距 Z_y	截面积	质量	惯性矩 I_x	惯性矩 I_y	回转半径 i_x	回转半径 i_y	回转半径 i_{y0}	i_{y1}，当 a 为下列数值 6 mm	8 mm	10 mm	12 mm	i_{y2}，当 a 为下列数值 6 mm	8 mm	10 mm	12 mm
	单角钢										双角钢				双角钢			
	mm			cm²	kg/m	cm⁴		cm			cm				cm			
∟25×16×3	3.5	4.2	8.6	1.16	0.91	0.22	0.70	0.44	0.78	0.34	0.84	0.93	1.02	1.11	1.40	1.48	1.57	1.65
4	3.5	4.6	9.0	1.50	1.18	0.27	0.88	0.43	0.77	0.34	0.87	0.96	1.05	1.14	1.42	1.51	1.60	1.68
∟32×20×3	3.5	4.9	10.8	1.49	1.17	0.46	1.53	0.55	1.01	0.43	0.97	1.05	1.14	1.22	1.71	1.79	1.88	1.96
4	3.5	5.3	11.2	1.94	1.52	0.57	1.93	0.54	1.00	0.42	0.99	1.08	1.16	1.25	1.74	1.82	1.90	1.99
∟40×25×3	4	5.9	13.2	1.89	1.48	0.93	3.03	0.70	1.28	0.54	1.13	1.21	1.30	1.38	2.06	2.14	2.22	2.31
4	4	6.3	13.7	1.47	1.94	1.18	3.93	0.69	1.26	0.54	1.16	1.24	1.32	1.41	2.09	2.17	2.26	2.34
∟45×28×3	5	6.4	14.7	2.15	1.69	1.34	4.45	0.79	1.44	0.61	1.23	1.31	1.39	1.47	2.28	2.36	2.44	2.52
4	5	6.8	15.1	2.81	2.20	1.70	4.69	0.78	1.42	0.6	1.25	1.33	1.41	1.50	2.30	2.38	2.49	2.55

（续表）

角钢型号		单角钢										双角钢				双角钢			
		圆角 R	重心距		截面积	质量	惯性矩		回转半径			i_{y1}，当 a 为下列数值				i_{y2}，当 a 为下列数值			
			Z_x	Z_y			I_x	I_y	i_x	i_y	i_{y0}	6 mm	8 mm	10 mm	12 mm	6 mm	8 mm	10 mm	12 mm
		mm			cm²	kg/m	cm⁴		cm			cm				cm			
∟50×32×	3	5.5	7.3	16.0	2.43	1.91	2.02	6.24	0.91	1.60	0.7	1.38	1.45	1.53	1.60	2.49	2.56	2.64	2.72
	4	5.5	7.7	16.5	3.18	2.49	2.58	8.02	0.90	1.59	0.69	1.40	1.48	1.56	1.64	2.52	2.59	2.67	2.75
∟56×36×	3	6	8.0	17.8	2.74	2.15	2.92	8.88	1.03	1.80	0.79	1.51	1.58	1.66	1.74	2.75	2.83	2.90	2.98
	4	6	8.5	18.2	3.59	2.82	3.76	11.4	1.02	1.79	0.79	1.54	1.62	1.69	1.77	2.77	2.85	2.93	3.01
	5	6	8.8	18.7	4.41	3.47	4.49	13.9	1.01	1.77	0.78	1.55	1.63	1.71	1.79	2.80	2.87	2.96	3.04
∟63×40×	4	7	9.2	20.4	4.06	3.18	5.23	16.5	1.14	2.02	0.88	1.67	1.74	1.82	1.90	3.09	3.16	3.24	3.32
	5	7	9.5	20.8	4.99	3.92	6.31	20.0	1.12	2.00	0.87	1.68	1.76	1.83	1.91	3.11	3.19	3.27	3.35
	6	7	9.9	21.2	5.91	4.64	7.29	23.4	1.11	1.98	0.86	1.70	1.78	1.86	1.94	3.13	3.21	3.29	3.37
	7	7	10.3	21.5	6.80	5.34	8.24	26.5	1.10	1.96	0.86	1.73	1.80	1.88	1.97	3.15	3.23	3.30	3.39
∟70×45×	4	7.5	10.2	22.4	4.55	3.57	7.55	23.2	1.29	2.26	0.98	1.84	1.92	1.99	2.07	3.40	3.48	3.56	3.62
	5	7.5	10.6	22.8	5.61	4.40	9.13	27.9	1.28	2.23	0.98	1.86	1.94	2.01	2.09	3.41	3.49	3.57	3.64
	6	7.5	10.9	23.2	6.65	5.22	10.6	32.5	1.26	2.21	0.98	1.88	1.95	2.03	2.11	3.43	3.51	3.58	3.66
	7	7.5	11.3	23.6	7.66	6.01	12.0	37.2	1.25	2.20	0.97	1.90	1.98	2.06	2.14	3.45	3.53	3.61	3.69
∟75×50×	5	8	11.7	24.0	6.12	4.81	12.6	34.9	1.44	2.39	1.10	2.05	2.13	2.20	2.28	3.60	3.68	3.76	3.83
	6	8	12.1	24.4	7.26	5.70	14.7	41.1	1.42	2.38	1.08	2.07	2.15	2.22	2.30	3.63	3.71	3.78	3.86
	8	8	12.9	25.2	9.47	7.43	18.5	52.4	1.40	2.35	1.07	2.12	2.19	2.27	2.35	3.67	3.75	3.83	3.91
	10	8	13.6	26.0	11.6	9.10	22.0	62.7	1.38	2.33	1.06	2.16	2.23	2.31	2.40	3.72	3.80	3.88	3.98
∟80×50×	5	8	11.4	26.0	6.37	5.00	12.8	42.0	1.42	2.56	1.10	2.02	2.09	2.17	2.24	3.87	3.95	4.02	4.10
	6	8	11.8	26.5	7.56	5.93	14.9	49.5	1.41	2.55	1.08	2.04	2.12	2.19	2.27	3.90	3.98	4.06	4.14
	7	8	12.1	26.9	8.72	6.86	17.0	56.2	1.39	2.54	1.08	2.06	2.13	2.21	2.28	3.92	4.00	4.08	4.15
	8	8	12.5	27.3	9.87	7.74	18.8	62.8	1.38	2.52	1.07	2.08	2.15	2.23	2.31	3.94	4.02	4.10	4.18
∟90×56×	5	9	12.5	29.1	7.21	5.66	18.3	60.4	1.59	2.90	1.23	2.22	2.29	2.37	2.44	4.32	4.40	4.47	4.55
	6	9	12.9	29.5	8.56	6.72	21.4	71.0	1.58	2.88	1.23	2.24	2.32	2.39	2.46	4.34	4.42	4.49	4.57
	7	9	13.3	30.0	9.83	7.76	24.4	81.0	1.57	2.86	1.22	2.26	2.34	2.41	2.49	4.37	4.45	4.52	4.60
	8	9	13.6	30.4	11.2	8.78	27.1	91.0	1.56	2.85	1.21	2.28	2.35	2.43	2.50	4.39	4.47	4.55	4.62
∟100×63×	6	10	14.3	32.4	9.62	7.55	30.9	99.1	1.79	3.21	1.38	2.49	2.56	2.63	2.71	4.78	4.85	4.93	5.00
	7	10	14.7	32.8	11.1	8.72	35.8	113	1.78	3.20	1.38	2.51	2.58	2.66	2.73	4.80	4.87	4.95	5.03
	8	10	15.0	33.2	12.6	9.88	39.4	127	1.77	3.18	1.37	2.52	2.60	2.67	2.75	4.82	4.89	4.97	5.05
	10	10	15.8	34.0	15.5	12.1	47.1	154	1.74	3.15	1.35	2.57	2.64	2.72	2.79	4.86	4.94	5.02	5.09

（续表）

角钢型号		单角钢										双角钢				双角钢			
		圆角 R	重心距		截面积	质量	惯性矩		回转半径			i_{y1}，当 a 为下列数值				i_{y2}，当 a 为下列数值			
			Z_x	Z_y			I_x	I_y	i_x	i_y	i_{y0}	6 mm	8 mm	10 mm	12 mm	6 mm	8 mm	10 mm	12 mm
		mm			cm^2	kg/m	cm^4		cm			cm				cm			
∟100×80×	6	10	19.7	29.5	10.6	8.35	61.2	107	2.40	3.17	1.72	3.30	3.37	3.44	3.52	4.54	4.61	4.69	4.76
	7	10	20.1	30.0	12.3	9.66	70.1	123	2.39	3.16	1.72	3.32	3.39	3.46	3.54	4.57	4.64	4.71	4.79
	8	10	20.5	30.4	13.9	10.9	78.6	138	2.37	3.14	1.71	3.34	3.41	3.48	3.56	4.59	4.66	4.74	4.81
	10	10	21.3	31.2	17.2	13.5	94.6	167	2.35	3.12	1.69	3.38	3.45	3.53	3.60	4.63	4.70	4.78	4.85
∟110×70×	6	10	15.7	35.3	10.6	8.35	42.9	133	2.01	3.54	1.54	2.74	2.81	2.88	2.97	5.22	5.29	5.36	5.44
	7	10	16.1	35.7	12.3	9.66	49.0	153	2.00	3.53	1.53	2.76	2.83	2.90	2.98	5.24	5.31	5.39	5.46
	8	10	16.5	36.2	13.9	10.9	54.9	172	1.98	3.51	1.53	2.78	2.85	2.93	3.00	5.26	5.34	5.41	5.49
	10	10	17.2	37.0	17.2	13.5	65.9	208	1.9	3.48	1.51	2.81	2.89	2.96	3.04	5.3	5.38	5.46	5.53
∟125×80×	7	11	18.0	40.1	14.1	11.1	74.4	228	2.30	4.02	1.76	3.11	3.18	3.26	3.32	5.89	5.97	6.04	6.12
	8	11	18.4	40.6	16.0	12.6	83.5	257	2.28	4.01	1.75	3.13	3.2	3.27	3.34	5.92	6.00	6.07	6.15
	10	11	19.2	41.4	19.7	15.5	101	312	2.26	3.98	1.74	3.17	3.24	3.31	3.38	5.96	6.04	6.11	6.19
	12	11	20.0	42.2	23.4	18.3	117	364	2.24	3.95	1.72	3.21	3.28	3.35	3.43	6	6.08	6.15	6.23
∟140×90×	8	12	20.4	45.0	18.0	14.2	121	366	2.59	4.50	1.98	3.49	3.56	3.63	3.70	6.58	6.65	6.72	6.79
	10	12	21.2	45.8	22.3	17.5	146	445	2.56	4.47	1.96	3.52	3.59	3.66	3.74	6.62	6.69	6.77	6.84
	12	12	21.9	46.6	26.4	20.7	170	522	2.54	4.44	1.95	3.55	3.62	3.70	3.77	6.66	6.74	6.81	6.89
	14	12	22.7	47.4	30.5	23.9	192	594	2.51	4.42	1.94	3.59	3.67	3.74	3.81	6.70	6.78	6.85	9.93
∟160×100×	10	13	22.8	52.4	25.3	19.9	205	669	2.85	5.14	2.19	3.84	3.91	3.98	4.05	7.56	7.63	7.70	7.78
	12	13	23.6	53.2	30.1	23.6	239	785	2.82	5.11	2.17	3.88	3.95	4.02	4.09	7.60	7.67	7.75	7.82
	14	13	24.3	54.0	34.7	27.2	271	896	2.80	5.08	2.16	3.91	3.98	4.05	4.12	7.64	7.71	7.79	7.86
	16	13	25.1	54.8	39.3	30.8	302	1003	2.77	5.05	2.16	3.95	4.02	4.09	4.17	7.68	7.75	7.83	7.91
∟180×110×	10	14	24.4	58.9	28.4	22.3	278	956	3.13	5.80	2.42	4.16	4.23	4.29	4.36	8.47	8.56	8.63	8.71
	12	14	25.2	59.8	33.7	26.5	325	1125	3.10	5.78	2.40	4.19	4.26	4.33	4.40	8.53	8.61	8.68	8.76
	14	14	25.9	60.6	39.0	30.6	370	1287	3.08	5.75	2.39	4.22	4.29	4.36	4.43	8.57	8.65	8.72	8.80
	16	14	26.7	61.4	44.1	34.6	412	1443	3.06	5.72	2.38	4.26	4.33	4.40	4.47	8.61	8.69	8.76	8.84
∟200×125×	12	14	28.3	65.4	37.9	29.8	483	1571	3.57	6.44	2.74	4.75	4.81	4.88	4.95	9.39	9.47	9.54	9.61
	14	14	29.1	66.2	43.9	34.4	551	1801	3.54	6.41	2.73	4.78	4.85	4.92	4.99	9.43	9.50	9.58	9.65
	16	14	29.9	67.0	49.7	39.0	615	2023	3.52	6.38	2.71	4.82	4.89	4.96	5.03	9.47	9.54	9.62	9.69
	18	14	30.6	67.8	55.5	43.6	677	2238	3.49	6.35	2.7	4.85	4.92	4.99	5.07	9.51	9.58	9.66	9.74

附表 2-1-5 宽、中、窄翼缘 H 型钢

类别	型号(高度×宽度)	截面尺寸/mm				截面面积/cm^2	理论重量/(kg·m^{-1})	截面特性参数					
								惯性矩/cm^4		惯性半径/cm		截面模数/cm^3	
		$H\times B$	t_1	t_2	r			I_x	I_y	i_x	i_y	W_x	W_y
HW	100×100	100×100	6	8	10	21.90	17.2	383	134	4.18	2.47	76.5	26.7
	125×125	125×125	6.5	9	10	30.31	23.8	847	294	5.29	3.11	136	47.0
	150×150	150×150	7	10	13	40.55	31.9	1 660	564	6.39	3.73	221	75.1
	175×175	175×175	7.5	11	13	51.43	40.3	2 900	984	7.50	4.37	331	112
	200×200	200×200	8	12	16	64.28	50.5	4 770	1 600	8.61	4.99	477	160
		#200×204	12	12	16	72.28	56.7	5 030	1 700	8.35	4.85	503	167
	250×250	250×250	9	14	16	92.18	72.4	10 800	3 650	10.8	6.29	867	292
		#250×255	14	14	16	104.7	82.2	11 500	3 880	10.5	6.09	919	304
	300×300	#294×302	12	12	20	108.3	85.0	17 000	5 520	12.5	7.14	1 160	365
		300×300	10	15	20	120.4	94.5	20 500	6 760	13.1	7.49	1 370	450
		300×305	15	15	20	135.4	106	21 600	7 100	12.6	7.24	1 440	466
	350×350	#344×348	10	16	20	146.0	115	33 300	11 200	15.1	8.78	1 940	646
		350×350	12	19	20	173.9	137	40 300	13 600	15.2	8.84	2 300	776
	400×400	#388×402	15	15	24	179.2	141	49 200	16 300	16.6	9.52	2 540	809
		#394×398	11	18	24	187.6	147	56 400	18 900	17.3	10.0	2 860	951
		400×400	13	21	24	219.5	172	66 900	22 400	17.5	10.1	3 340	1 120
		#400×408	21	21	24	251.5	197	71 100	23 800	16.8	9.73	3 560	1 170
		#414×405	18	28	24	296.2	233	93 000	31 000	17.7	10.2	4 490	1 530
		#428×407	20	35	24	361.4	284	119 000	39 400	18.2	10.4	5 580	1 930
		*458×417	30	50	24	529.3	415	187 000	60 500	18.8	10.7	8 180	2 900
		*498×432	45	70	24	770.8	605	298 000	94 400	19.7	11.1	12 000	4 370
HM	150×100	148×100	6	9	13	27.25	21.4	1 040	151	6.17	2.35	140	30.2
	200×150	194×150	6	9	16	39.76	31.2	2 740	508	8.30	3.57	283	67.7
	250×175	244×175	7	11	16	56.24	44.1	6 120	985	10.4	4.18	502	113
	300×200	294×200	8	12	20	73.03	57.3	11 400	1 600	12.5	4.69	779	160
	350×250	340×250	9	14	20	101.5	79.7	21 700	3 650	14.6	6.00	1 280	292
	400×300	390×300	10	16	24	136.7	107	38 900	7 210	16.9	7.26	2 000	481
	450×300	440×300	11	18	24	157.4	124	56 100	8 110	18.9	7.18	2 550	541
	500×300	482×300	11	15	28	146.4	115	60 800	6 770	20.4	6.80	2 520	451
		488×300	11	18	28	164.4	129	71 400	8 120	20.8	7.03	2 930	541
	600×300	582×300	12	17	28	174.5	137	103 000	7 670	24.3	6.63	3 530	511
		588×300	12	20	28	192.5	151	118 000	9 020	24.8	6.85	4 020	601
		#594×302	14	23	28	222.4	175	137 000	10 600	24.9	6.90	4 620	701

（续表）

类别	型号（高度×宽度）	截面尺寸/mm				截面面积/cm^2	理论重量/$(kg \cdot m^{-1})$	截面特性参数					
								惯性矩/cm^4		惯性半径/cm		截面模数/cm^3	
		$H \times B$	t_1	t_2	r			I_x	I_y	i_x	i_y	W_x	W_y
HN	100×50	100×50	5	7	10	12.16	9.54	192	14.9	3.98	1.11	38.5	5.96
	126×60	126×60	6	8	10	17.01	13.3	417	29.3	4.95	1.31	66.8	9.75
	150×75	150×75	5	7	10	18.16	14.3	679	49.6	6.12	1.65	90.6	13.2
	175×90	175×90	5	8	10	23.21	18.2	1 220	97.6	7.26	2.05	140	21.7
	200×100	198×99	4.5	7	13	23.59	18.5	1 610	114	8.27	2.20	163	23.0
		200×100	5.5	8	13	27.57	21.7	1 880	134	8.25	2.21	188	26.8
	250×125	248×124	5	8	13	32.89	25.8	3 560	255	10.4	2.78	287	41.1
		250×125	6	9	13	37.87	29.7	4 080	294	10.4	2.79	326	47.0
	300×150	298×149	5.5	8	16	41.55	32.6	6 460	443	12.4	3.26	433	59.4
		300×150	6.5	9	16	47.53	37.3	7 350	508	12.4	3.27	490	67.7
	350×175	346×174	6	9	16	53.19	41.8	11 200	792	14.5	3.86	649	91.0
		350×175	7	11	16	63.66	50.0	13 700	985	14.7	3.93	782	113
	#400×150	#400×150	8	13	16	71.12	55.8	18 800	734	16.3	3.21	942	97.9
	400×200	396×199	7	11	16	72.16	56.7	20 000	1 450	16.7	4.48	1 010	145
		400×200	8	13	16	84.12	66.0	23 700	1 740	16.8	4.54	1 190	174
	#450×150	#450×150	9	14	20	83.41	65.5	27 100	793	18.0	3.08	1 200	106
	450×200	446×199	8	12	20	84.95	66.7	29 000	1 580	18.5	4.31	1 300	159
		450×200	9	14	20	97.41	76.5	33 700	1 870	18.6	4.38	1 500	187
	#500×150	#500×150	10	16	20	98.23	77.1	38 500	907	19.8	3.04	1 540	121
	500×200	496×199	9	14	20	101.3	79.5	41 900	1 840	20.3	4.27	1 690	185
		500×200	10	16	20	114.2	89.6	47 800	2 140	20.5	4.33	1 910	214
		#506×201	11	19	20	131.3	103	56 500	2 580	20.8	4.43	2 230	257
	600×200	596×199	10	15	24	121.2	95.1	69 300	1 980	23.9	4.04	2 330	199
		600×200	11	17	24	135.2	106	78 200	2 280	24.1	4.11	2 610	228
		#606×201	12	20	24	153.3	120	91 000	2 720	24.4	4.21	3 000	271
	700×300	#692×300	13	20	28	211.5	166	172 000	9 020	28.6	6.53	4 980	602
		700×300	13	24	28	235.5	185	201 000	10 800	29.3	6.78	5 760	722
	*800×300	*729×300	14	22	28	243.4	191	254 000	9 930	32.3	6.39	6 400	662
		*800×300	14	26	28	267.4	210	292 000	11 700	33.0	6.62	7 290	782
	*900×300	*890×299	15	23	28	270.9	213	345 000	10 300	35.7	6.16	7 760	688
		*900×300	16	28	28	309.8	243	411 000	12 600	36.4	6.39	9 140	843
		*912×302	18	34	28	364.0	286	498 000	15 700	37.0	6.56	10 900	1 040

注：1.“#”表示的规格为非常用规格。

2.“*”表示的规格，目前国内尚未生产。

3.型号属同一范围的产品，其内侧尺寸高度是一致的。

4.截面面积计算公式为 $t_1(H-2t_2)+2Bt_2+0.858r^2$。

附表 2-1-6 **部分 T 型钢**

类别	型号（高度×宽度）	截面尺寸/mm					截面面积/cm²	理论重量/(kg·m⁻¹)	截面特性参数							对应 H 型钢系列型号
									惯性矩/cm⁴		惯性半径/cm		截面模数/cm³		重心/cm	
		h	B	t_1	t_2	r			I_x	I_y	i_x	i_y	W_x	W_y	C_x	
TW	50×100	50	100	6	8	10	10.95	8.56	16.1	66.9	1.21	2.47	4.03	13.4	1.00	100×100
	62.5×125	62.5	125	6.5	9	10	15.16	11.9	35.0	147	1.52	3.11	6.91	23.5	1.19	125×125
	75×150	75	150	7	10	13	20.28	15.9	66.4	282	1.81	3.73	10.8	37.6	1.37	150×150
	87.5×175	87.5	175	7.5	11	13	25.71	20.2	115	492	2.11	4.37	15.9	56.2	1.55	175×175
	100×200	100	200	8	12	16	32.14	25.2	185	801	2.40	4.99	22.3	80.1	1.73	200×200
		#100	204	12	12	16	36.14	28.3	256	851	2.66	4.85	32.4	83.5	2.09	
	125×250	125	250	9	14	16	46.09	36.2	412	1 820	2.99	6.29	39.5	146	2.08	250×250
		#125	255	14	14	16	52.34	41.1	589	1 940	3.36	6.09	59.4	152	2.58	
	150×300	#147	302	12	12	20	54.16	42.5	858	2 760	3.98	7.14	72.3	183	2.83	300×300
		150	300	10	15	20	60.22	47.3	798	3 380	3.64	7.49	63.7	225	2.47	
		150	305	15	15	20	67.72	53.1	1 110	3 550	4.05	7.24	92.5	233	3.02	
	175×350	#172	348	10	16	20	73.00	57.3	1 230	5 620	4.11	8.78	84.7	323	2.67	350×350
		175	350	12	19	20	86.94	68.2	1 520	6 790	4.18	8.84	104	388	2.86	
	200×400	#194	402	15	15	24	89.62	70.3	2 480	8 130	5.26	9.52	158	405	3.69	400×400
		#197	398	11	18	24	93.80	73.6	2 050	9 460	4.67	10.0	123	476	3.01	
		200	400	13	21	24	109.7	86.1	2 480	11 200	4.75	10.1	147	560	3.21	
		#200	408	21	21	24	125.7	98.7	3 650	11 900	5.39	9.73	229	584	4.07	
		#207	405	18	28	24	148.1	116	3 620	15 500	4.95	10.2	213	766	3.68	
		#214	407	20	35	24	180.7	142	4 380	19 700	4.92	10.4	250	967	3.90	
TM	74×100	74	100	6	9	13	13.63	10.7	51.7	75.4	1.95	2.35	8.80	15.1	1.55	150×100
	97×150	97	150	6	9	16	19.88	15.6	125	254	2.50	3.57	15.8	33.9	1.78	200×150
	122×175	122	175	7	11	16	28.12	22.1	289	492	3.20	4.18	29.1	56.3	2.27	250×175
	147×200	147	200	8	12	20	36.52	28.7	572	802	3.96	4.69	48.2	80.2	2.82	300×200
	170×250	170	250	9	14	20	50.76	39.9	1 020	1 830	4.48	6.00	73.1	146	3.09	350×250
	200×300	195	300	10	16	24	68.37	53.7	1 730	3 600	5.03	7.26	108	240	3.40	400×300
	220×300	220	300	11	18	24	78.69	61.8	2 680	4 060	5.84	7.18	150	270	4.05	450×300
	250×300	241	300	11	15	28	73.23	57.5	3 420	3 380	6.83	6.80	178	226	4.90	500×300
		244	300	11	18	28	82.23	64.5	3 620	4 060	6.64	7.03	184	271	4.65	
	300×300	291	300	12	17	28	87.25	68.5	6 360	3 830	8.54	6.63	280	256	6.39	600×300
		294	300	12	20	28	96.25	75.5	6 710	4 510	8.35	6.85	288	301	6.08	
		#297	302	14	23	28	111.2	87.3	7 920	5 290	8.44	6.90	339	351	6.33	

（续表）

类别	型号（高度×宽度）	截面尺寸/mm					截面面积/cm²	理论重量/(kg·m⁻¹)	截面特性参数							对应H型钢系列型号
									惯性矩/cm⁴		惯性半径/cm		截面模数/cm³		重心/cm	
		h	B	t_1	t_2	r			I_x	I_y	i_x	i_y	W_x	W_y	C_x	
TN	50×50	50	50	5	7	10	6.079	4.79	11.9	7.45	1.40	1.11	3.18	2.98	1.27	100×50
	62.5×60	62.5	60	6	8	10	8.499	6.67	27.5	14.6	1.80	1.31	5.96	4.88	1.63	125×60
	75×75	75	75	5	7	10	9.079	7.11	42.7	24.8	2.17	1.65	7.46	6.61	1.78	150×75
	87.5×90	87.5	90	5	8	10	11.60	9.11	70.7	48.8	2.47	2.05	10.4	10.8	1.92	175×90
	100×100	99	99	4.5	7	13	11.80	9.26	94.0	56.9	2.82	2.20	12.1	11.5	2.13	200×100
		100	100	5.5	8	13	13.79	10.8	115	67.1	2.88	2.21	14.8	13.4	2.27	
	125×125	124	124	5	8	13	16.45	12.9	208	128	3.56	2.78	21.3	20.6	2.62	250×125
		125	125	6	9	13	18.94	14.8	249	147	3.62	2.79	25.6	23.5	2.78	
	150×150	149	149	5.5	8	16	20.77	16.3	395	221	4.36	3.26	33.8	29.7	3.22	300×150
		150	150	6.5	9	16	23.76	18.7	465	254	4.42	3.27	40.0	33.9	3.38	
	175×175	173	174	6	9	16	26.60	20.9	681	396	5.06	3.86	50.0	45.5	3.68	350×175
		175	175	7	11	16	31.83	25.0	816	492	5.06	3.93	59.3	56.3	3.74	
	200×200	198	199	7	11	16	36.08	28.3	1190	724	5.76	4.48	76.4	72.7	4.17	400×200
		200	200	8	13	16	42.06	33.0	1400	868	5.76	4.54	88.6	86.8	4.23	
	225×200	223	199	8	12	20	42.54	33.4	1880	790	6.65	4.31	109	79.4	5.07	450×200
		225	200	9	14	20	48.71	38.2	2160	936	6.66	4.38	124	93.6	5.13	
	250×200	248	199	9	14	20	50.64	39.7	2840	922	7.49	4.27	150	92.7	5.90	500×200
		250	200	10	16	20	57.12	44.8	3210	1 070	7.50	4.33	169	107	5.96	
		#253	201	11	19	20	65.65	51.5	3670	1 290	7.48	4.43	190	128	5.95	
	300×200	298	199	10	15	24	60.62	47.6	5200	991	9.27	4.04	236	100	7.76	600×200
		300	200	11	17	24	67.60	53.1	5820	1 140	9.28	4.11	262	114	7.81	
		#303	201	12	20	24	76.63	60.1	6580	1 360	9.26	4.21	292	135	7.76	

注："#"表示的规格为非常用规格。

附表 2-2　　螺栓和锚栓规格

附表 2-2-1　　普通螺栓规格

螺栓直径 d/mm	螺距 p/mm	螺栓有效直径 d_e/mm	螺栓有效面积 A_e/mm²	注
16	2	14.12	156.7	螺栓有效面积 A_e 按下式算得 $A_e=\frac{\pi}{4}(d-0.9382p)^2$
18	2.5	15.65	192.5	
20	2.5	17.65	244.8	
22	2.5	19.65	303.4	
24	3	21.19	352.5	
27	3	24.19	459.4	
30	3.5	26.72	560.6	
33	3.5	29.72	693.6	
36	4	32.25	816.7	
39	4	35.25	975.8	
42	4.5	37.78	1121.0	
45	4.5	40.78	1306.0	
48	5	43.31	1473.0	
52	5	47.31	1758.0	
56	5.5	50.84	2030.0	
60	5.5	54.84	2362.0	

附表 2-2-2　　锚栓规格

		Ⅰ				Ⅱ			Ⅲ			
型式		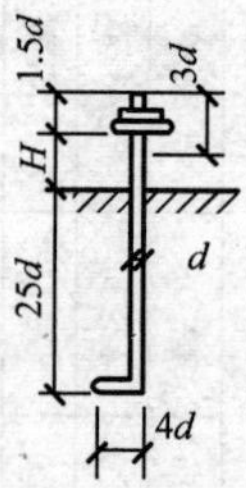 1.5d, 3d, H, 25d, d, 4d				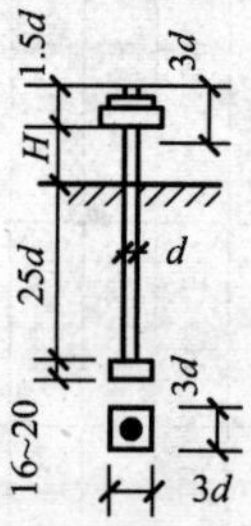 1.5d, 3d, H, 25d, d, 3d, 16~20, 3d			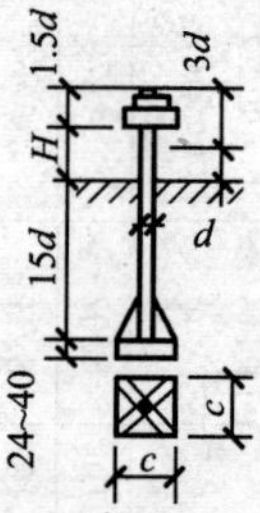 1.5d, 3d, H, 15d, d, 24~40, c, c			
锚栓直径 d/mm 计算净面积/cm²		20 2.45	24 3.53	30 5.61	36 8.17	42 11.20	48 14.70	56 20.30	64 26.80	72 34.60	80 44.44	90 55.91
Ⅲ型锚栓	锚板宽度 c/mm 锚板厚度 δ/mm	—	—	—	—	140 20	200 20	200 20	240 25	280 30	350 40	400 40

附表 2-3　　钢材的化学成分和力学性能

附表 2-3-1　　钢材的化学成分

牌号	质量等级	化学成分/%										
		C	Mn	Si ≤	P ≤	S ≤	V	Nb	Ti	Al ≥	Cr ≤	Ni ≤
Q235	A	0.14～0.22	0.30～0.65	0.30	0.045	0.050	—	—	—	—	—	—
	B	0.12～0.20	0.30～0.70	0.30	0.045	0.045						
	C	≤0.18	0.35～0.80	0.30	0.040	0.040						
	D	≤0.17	0.35～0.80	0.30	0.035	0.035						
Q345	A	≤0.20	1.00～1.60	0.55	0.045	0.045	0.02～0.15	0.015～0.060	0.02～0.20	—	—	—
	B	≤0.20	1.00～1.60	0.55	0.040	0.040	0.02～0.15	0.015～0.060	0.02～0.20	—		
	C	≤0.20	1.00～1.60	0.55	0.035	0.035	0.02～0.15	0.015～0.060	0.02～0.20	0.015		
	D	≤0.18	1.00～1.60	0.55	0.030	0.030	0.02～0.15	0.015～0.060	0.02～0.20	0.015		
	E	≤0.18	1.00～1.60	0.55	0.025	0.025	0.02～0.15	0.015～0.060	0.02～0.20	0.015		
Q390	A	≤0.20	1.00～1.60	0.55	0.045	0.045	0.02～0.20	0.015～0.060	0.02～0.20	—	0.30	0.70
	B	≤0.20	1.00～1.60	0.55	0.040	0.040	0.02～0.20	0.015～0.060	0.02～0.20	—	0.30	0.70
	C	≤0.20	1.00～1.60	0.55	0.035	0.035	0.02～0.20	0.015～0.060	0.02～0.20	0.015	0.30	0.70
	D	≤0.20	1.00～1.60	0.55	0.030	0.030	0.02～0.20	0.015～0.060	0.02～0.20	0.015	0.30	0.70
	E	≤0.20	1.00～1.60	0.55	0.025	0.025	0.02～0.20	0.015～0.060	0.02～0.20	0.015	0.30	0.70
Q420	A	≤0.20	1.00～1.70	0.55	0.045	0.045	0.02～0.20	0.015～0.060	0.02～0.20	—	0.40	0.70
	B	≤0.20	1.00～1.70	0.55	0.040	0.040	0.02～0.20	0.015～0.060	0.02～0.20	—	0.40	0.70
	C	≤0.20	1.00～1.70	0.55	0.035	0.035	0.02～0.20	0.015～0.060	0.02～0.20	0.015	0.40	0.70
	D	≤0.20	1.00～1.70	0.55	0.030	0.030	0.02～0.20	0.015～0.060	0.02～0.20	0.015	0.40	0.70
	E	≤0.20	1.00～1.70	0.55	0.025	0.025	0.02～0.20	0.015～0.060	0.02～0.20	0.015	0.40	0.70

附表 2-3-2　　钢材力学性能

牌号	拉伸试验					冷弯实验 d=弯心直径 a=试样厚度	冲击试验	
	钢材厚度/mm	抗拉强度/（$N\cdot mm^{-2}$）	屈服点/（$N\cdot mm^{-2}$）	伸长率 δ_5/%			钢材等级及温度/℃	V形冲击功（纵向）（不小于）/J
			不小于					
Q235	≤16	375～460	235		26	纵向试样 $d=a$		
	＞16～40		225		25	横向试样 $d=1.5a$	A	—
	＞40～60		215		24	纵向试样 $d=2a$	B(20 ℃)	27
	＞60～100		205		23	横向试样 $d=2.5a$	C(0 ℃)	27
	＞100～150		195		22	纵向 $d=2.5a$	D(－20 ℃)	27
	＞150		185		21	横向 $d=3a$		
Q345	≤16	470～630	345	质量等级 A	21	$d=2a$	A	—
	＞16～35		325	B	21	$d=3a$	B(20 ℃)	34
	＞35～50		295	C	22	$d=3a$	C(0 ℃)	34
	＞50～100		275	D	22	$d=3a$	D(－20 ℃)	34
				E	22	$d=3a$	E(－40 ℃)	27
Q390	≤16	490～650	390	质量等级 A	19	$d=2a$	A	—
	＞16～35		370	B	19	$d=3a$	B(20 ℃)	34
	＞35～50		350	C	20	$d=3a$	C(0 ℃)	34
	＞50～100		330	D	20	$d=3a$	D(－20 ℃)	34
				E	20	$d=3a$	E(－40 ℃)	27
Q420	≤16	520～680	420	质量等级 A	18	$d=2a$	A	—
	＞16～35		400	B	18	$d=3a$	B(20 ℃)	34
	＞35～50		380	C	19	$d=3a$	C(0 ℃)	34
	＞50～100		360	D	19	$d=3a$	D(－20 ℃)	34
				E	19	$d=3a$	E(－40 ℃)	27

附表 2-4　钢材、焊缝和螺栓连接的强度设计值

附表 2-4-1　　钢材的强度设计值

钢材		抗拉、抗压和抗弯 f/（$N\cdot mm^{-2}$）	抗剪 f_v/（$N\cdot mm^{-2}$）	端面承压（刨平顶紧）（$f_{ce}/N\cdot mm^{-2}$）
牌号	厚度或直径/mm			
Q235 钢	≤16	215	125	325
	＞16～40	205	120	
	＞40～60	200	115	
	＞60～100	190	110	
Q345 钢	≤16	310	180	400
	＞16～35	295	170	
	＞35～50	265	155	
	＞50～100	250	145	
Q390 钢	≤16	350	205	415
	＞16～35	335	190	
	＞35～50	315	180	
	＞50～100	295	170	
Q420 钢	≤16	380	220	440
	＞16～35	360	210	
	＞35～50	340	195	
	＞50～100	325	185	

注：表中厚度系指计算点的厚度，对轴心受力构件系指截面中较厚板件的厚度。

附表 2-4-2 **焊缝的强度设计值** N/mm²

焊接方法和焊条型号	构件钢材		对接焊缝				角焊缝
	牌号	厚度或直径/mm	抗压 f_c^w	焊缝质量为下列等级时，抗拉 f_t^w		抗剪 f_v^w	抗拉、抗压和抗剪 f_f^w
				一级、二级	三级		
自动焊、半自动焊和E43型焊条的手工焊	Q235 钢	≤16	215	215	185	125	160
		>16～40	205	205	175	120	
		>40～60	200	200	170	115	
		>60～100	190	190	160	110	
自动焊、半自动焊和E50型焊条的手工焊	Q345 钢	≤16	310	310	265	180	200
		>16～35	295	295	250	170	
		>35～50	265	265	225	155	
		>50～100	250	250	210	145	
自动焊、半自动焊和E55型焊条的手工焊	Q390 钢	≤16	350	350	300	205	220
		>16～35	335	335	285	190	
		>35～50	315	315	270	180	
		>50～100	295	295	250	170	
自动焊、半自动焊和E55型焊条的手工焊	Q420 钢	≤16	380	380	320	220	220
		>16～35	360	360	305	210	
		>35～50	340	340	390	195	
		>50～100	325	325	275	185	

注：1. 自动焊和半自动焊采用的焊丝和焊剂，应保证其熔敷金属的力学性能不低于埋弧焊用焊剂国家标准中的有关规定；

2. 焊缝质量等级应符合现行国家标准《钢结构工程质量验收规范》(GB 50205)的要求；

3. 对接焊缝抗弯受压区强度设计值取 f_c^w，抗弯受拉区强度设计值取 f_t^w；

4. 同附表 2-4-1 注。

附表 2-4-3 **螺栓的强度设计值** N/mm²

螺栓的钢材牌号（或性能等级）和构件的钢材牌号		普通螺栓						锚栓	承压型连接高强度螺栓		
		C 级螺栓			A 级、B 级螺栓						
		抗拉 f_t^b	抗剪 f_v^b	承压 f_c^b	抗拉 f_t^b	抗剪 f_v^b	承压 f_c^b	抗拉 f_t^a	抗拉 f_t^b	抗剪 f_v^b	承压 f_c^b
普通螺栓	4.6 级、4.8 级	170	140	—	—	—	—	—	—	—	—
	8.8 级	—	—	—	400	320	—	—	—	—	—
锚栓	Q235 钢	—	—	—	—	—	—	140	—	—	—
	Q345 钢	—	—	—	—	—	—	180	—	—	—
承压型连接高强度螺栓	8.8 级	—	—	—	—	—	—	—	400	250	—
	10.9 级	—	—	—	—	—	—	—	500	310	—
构件	Q235 钢	—	—	305	—	—	405	—	—	—	470
	Q345 钢	—	—	385	—	—	510	—	—	—	590
	Q390 钢	—	—	400	—	—	530	—	—	—	615
	Q420 钢	—	—	425	—	—	560	—	—	—	655

注：1. A 级螺栓用于 $d \leqslant 24$ mm 和 $l \leqslant 10d$ 或 $l \leqslant 150$ mm（按较小值）的螺栓；B 级螺栓用于 $d > 24$ mm 或 $l > 10d$ 或 $l > 150$ mm（按较小值）的螺栓。D 为公称直径，l 为螺杆公称长度。

2. A、B 级螺栓孔的精度和孔壁表面粗糙度，C 级螺栓孔的允许偏差和孔壁表面粗糙度，均应符合现行国家标准《钢结构工程施工质量验收规范》(GB 50205)的要求。

附表 2-5　　各种截面回转半径的近似值

$i_x=0.30h$　$i_y=0.30h$　$i_z=0.195h$

$i_x=0.40h$　$i_y=0.21b$

$i_y=0.38h$　$i_x=0.60b$

$i_x=0.41h$　$i_y=0.22b$

$i_x=0.32h$　$i_y=0.28b$　$i_z=0.18\frac{h+b}{2}$

$i_x=0.45h$　$i_y=0.235b$

$i_y=0.38h$　$i_x=0.44b$

$i_x=0.32h$　$i_y=0.49b$

$i_x=0.30h$　$i_y=0.215b$

$i_x=0.44h$　$i_y=0.28b$

$i_x=0.32h$　$i_y=0.58b$

$i_x=0.29h$　$i_y=0.50b$

$i_x=0.32h$　$i_y=0.20b$

$i_x=0.43h$　$i_y=0.43b$

$i_x=0.32h$　$i_y=0.40b$

$i_x=0.29h$　$i_y=0.45b$

$i_x=0.28h$　$i_y=0.24b$

$i_x=0.39h$　$i_y=0.20b$

$i_x=0.38h$　$i_y=0.21b$

$i_x=0.29h$　$i_y=0.29b$

$i_x=0.30h$　$i_y=0.17b$

$i_x=0.42h$　$i_y=0.22b$

$i_x=0.44h$　$i_y=0.32b$

$i_x=0.44h_{平}$　$i_y=0.37b_{平}$

$i_x=0.28h$　$i_y=0.21b$

$i_x=0.43h$　$i_y=0.24b$

$i_x=0.44h$　$i_y=0.38b$

$i=0.25d$

$i_x=0.21h$　$i_y=0.21b$　$i_z=0.185h$

$i_x=0.365h$　$i_y=0.275b$

$i_y=0.37h$　$i_x=0.54b$

$i=0.35d_{平}$

$i_x=0.21h$　$i_y=0.21b$

$i_y=0.35h$　$i_x=0.56b$

$i_y=0.37h$　$i_x=0.45b$

$i_x=0.39h$　$i_y=0.53b$

$i_x=0.45h$　$i_y=0.24b$

$i_x=0.39h$　$i_y=0.29b$

$i_x=0.40h$　$i_y=0.24b$

附表 2-6 工字形截面简支梁等效临界弯矩系数和轧制工字钢梁的稳定系数

附表 2-6-1 工字形截面简支梁的等效临界弯矩系数 β_b

项次	侧向支撑	荷载		$\xi=\frac{l_1t_1}{b_1h}$ $\xi\leqslant2.0$	$\xi>2.0$	适用范围
1	跨中无侧向支撑	均布荷载作用在	上翼缘	$0.69+0.13\xi$	0.95	双轴对称及加强受压翼缘的单轴对称工字形截面
2	跨中无侧向支撑	均布荷载作用在	下翼缘	$1.73-0.20\xi$	1.33	双轴对称及加强受压翼缘的单轴对称工字形截面
3	跨中无侧向支撑	集中荷载作用在	上翼缘	$0.73+0.18\xi$	1.09	双轴对称及加强受压翼缘的单轴对称工字形截面
4	跨中无侧向支撑	集中荷载作用在	下翼缘	$2.23-0.28\xi$	1.67	双轴对称及加强受压翼缘的单轴对称工字形截面
5	跨度中点有一个侧向支撑点	均布荷载作用在	上翼缘	1.15		
6	跨度中点有一个侧向支撑点	均布荷载作用在	下翼缘	1.40		
7	跨度中点有一个侧向支撑点	集中荷载作用在截面高度上任意位置		1.75		
8	跨中有不少于两个等距离侧向支撑点	均布荷载或侧向支撑点间的集中荷载作用在	上翼缘	1.20		双轴及单轴对称的工字形截面
9	跨中有不少于两个等距离侧向支撑点	均布荷载或侧向支撑点间的集中荷载作用在	下翼缘	1.40		双轴及单轴对称的工字形截面
10	梁端有弯矩,但跨中无横向荷载			$1.75-1.05\left(\frac{M_2}{M_1}\right)+0.3\left(\frac{M_2}{M_1}\right)^2$ 但$\leqslant2.3$		双轴及单轴对称的工字形截面

注:1. b_1 及 l_1 参见 6.1.3 节。

2. M_1、M_2 为梁的端弯矩,使梁产生同向曲率时 M_1 和 M_2 取同号,产生反向曲率时取异号,$|M_1|\geqslant|M_2|$。

3. 表中项次 3、4 和 7 的集中荷载是指一个或少数几个集中荷载位于跨度中央附近的情况;对其他情况的集中荷载,应按表中项次 1、2、5 和 6 内的数值采用。

4. 表中项次 8、9 的 β_b,当集中荷载作用在侧向支撑点处时,取 $\beta_b=1.20$。

5. 荷载作用在上翼缘系指荷载作用点在翼缘表面,方向指向截面形心;荷载作用在下翼缘系指荷载作用点在翼缘表面,方向背向截面形心。

6. 对 $\alpha_b>0.8$ 的加强受压翼缘工字形截面,下列情况的 β_b 值应乘以相应的系数,项次 1,当 $\xi\leqslant1.0$ 时,乘以 0.95;项次 3,当 $\xi\leqslant0.5$ 时乘以 0.90;当 $0.5<\xi\leqslant1.0$ 时,乘以 0.95。

附表 2-6-2　　轧制普通工字钢简支梁的 φ_b 值

荷载情况			自由长度 l_1/m 工字钢型号	2	3	4	5	6	7	8	9	10
跨中无侧向支撑点的梁	集中荷载作用于	上翼缘	10～20	2.0	1.30	0.99	0.80	0.68	0.58	0.53	0.48	0.43
			22～32	2.4	1.48	1.09	0.86	0.72	0.62	0.54	0.49	0.45
			36～63	2.8	1.60	1.07	0.83	0.68	0.56	0.50	0.45	0.40
		下翼缘	10～20	3.1	1.95	1.34	1.01	0.82	0.69	0.63	0.57	0.52
			22～40	5.5	2.80	1.84	1.37	1.07	0.86	0.73	0.64	0.56
			45～63	7.3	3.60	2.30	1.62	1.20	0.96	0.80	0.69	0.60
	均布荷载作用于	上翼缘	10～20	1.7	1.12	0.84	0.68	0.57	0.50	0.45	0.41	0.37
			22～40	2.1	1.30	0.93	0.73	0.60	0.51	0.45	0.40	0.36
			45～63	2.6	1.45	0.97	0.73	0.59	0.50	0.44	0.38	0.35
		下翼缘	10～20	2.5	1.55	1.08	0.83	0.68	0.50	0.52	0.47	0.42
			22～40	4.0	2.20	1.45	1.10	0.85	0.70	0.60	0.52	0.40
			45～63	5.6	2.80	1.80	1.25	0.95	0.78	0.65	0.55	0.49
跨中有侧向支撑点的梁（不论荷载作用点在截面高度上的位置）			10～20	2.2	1.39	1.01	0.79	0.66	0.57	0.52	0.47	0.42
			22～40	3.0	1.80	1.24	0.96	0.76	0.65	0.56	0.49	0.43
			45～63	4.0	2.20	1.38	1.01	0.80	0.66	0.56	0.49	0.43
备注			1. 集中荷载是指一个或几个集中荷载位于跨度中央附近的情况，对于其他情况可按均布荷载考虑 2. 表中的 φ_b 值适用于 Q235 钢。对于其他钢号，表中数值应乘以 $235/f_y$									

附表 2-7　　轴心受压构件的稳定系数

附表 2-7-1　　a 类截面轴心受压构件的稳定系数 φ

$\lambda\sqrt{\frac{f_y}{235}}$	0	1	2	3	4	5	6	7	8	9
0	1.000	1.000	1.000	1.000	0.999	0.999	0.998	0.998	0.997	0.996
10	0.995	0.994	0.993	0.992	0.991	0.989	0.988	0.986	0.985	0.983
20	0.981	0.979	0.977	0.976	0.974	0.972	0.970	0.968	0.966	0.964
30	0.963	0.961	0.959	0.957	0.955	0.952	0.950	0.948	0.946	0.944
40	0.941	0.939	0.937	0.934	0.932	0.929	0.927	0.924	0.921	0.919
50	0.916	0.913	0.910	0.907	0.904	0.900	0.897	0.894	0.890	0.886
60	0.883	0.879	0.875	0.871	0.867	0.863	0.858	0.854	0.849	0.844
70	0.839	0.834	0.829	0.824	0.818	0.813	0.807	0.801	0.795	0.789
80	0.783	0.776	0.770	0.763	0.757	0.750	0.743	0.736	0.728	0.721
90	0.714	0.706	0.699	0.691	0.684	0.676	0.668	0.661	0.653	0.645
100	0.638	0.630	0.622	0.615	0.607	0.600	0.592	0.585	0.577	0.570
110	0.563	0.555	0.548	0.541	0.534	0.527	0.520	0.514	0.507	0.500
120	0.494	0.488	0.481	0.475	0.469	0.463	0.457	0.451	0.445	0.440
130	0.434	0.429	0.423	0.418	0.412	0.407	0.402	0.397	0.392	0.387
140	0.383	0.378	0.373	0.369	0.364	0.360	0.356	0.351	0.347	0.343
150	0.339	0.335	0.331	0.327	0.323	0.320	0.316	0.312	0.309	0.305
160	0.302	0.298	0.295	0.292	0.289	0.285	0.282	0.279	0.276	0.273
170	0.270	0.267	0.264	0.262	0.259	0.256	0.253	0.251	0.248	0.246
180	0.243	0.241	0.238	0.236	0.233	0.231	0.229	0.226	0.224	0.222
190	0.220	0.218	0.215	0.213	0.211	0.209	0.207	0.205	0.203	0.201
200	0.199	0.198	0.196	0.194	0.192	0.190	0.189	0.187	0.185	0.183
210	0.182	0.180	0.179	0.177	0.175	0.174	0.172	0.171	0.169	0.168
220	0.166	0.165	0.164	0.162	0.161	0.159	0.158	0.157	0.155	0.154
230	0.153	0.152	0.150	0.149	0.148	0.147	0.146	0.144	0.143	0.142
240	0.141	0.140	0.139	0.138	0.136	0.135	0.134	0.133	0.132	0.131
250	0.130									

附表 2-7-2　　b 类截面轴心受压构件的稳定系数 φ

$\lambda\sqrt{\frac{f_y}{235}}$	0	1	2	3	4	5	6	7	8	9
0	1.000	1.000	1.000	0.999	0.999	0.998	0.997	0.996	0.995	0.994
10	0.992	0.991	0.989	0.987	0.985	0.983	0.981	0.978	0.976	0.973
20	0.970	0.967	0.963	0.960	0.957	0.953	0.950	0.946	0.943	0.939
30	0.936	0.932	0.929	0.925	0.922	0.918	0.914	0.910	0.906	0.903
40	0.899	0.895	0.891	0.887	0.882	0.878	0.874	0.870	0.865	0.861
50	0.856	0.852	0.847	0.842	0.838	0.833	0.828	0.823	0.818	0.813
60	0.807	0.802	0.797	0.791	0.786	0.780	0.774	0.769	0.763	0.757
70	0.751	0.745	0.739	0.732	0.726	0.720	0.714	0.707	0.701	0.694
80	0.688	0.681	0.675	0.668	0.661	0.655	0.648	0.641	0.635	0.628
90	0.621	0.614	0.608	0.601	0.594	0.588	0.581	0.575	0.568	0.561
100	0.555	0.549	0.542	0.536	0.529	0.523	0.517	0.511	0.505	0.499
110	0.493	0.487	0.481	0.475	0.470	0.464	0.458	0.453	0.447	0.442
120	0.437	0.432	0.426	0.421	0.416	0.411	0.406	0.402	0.397	0.392
130	0.387	0.383	0.378	0.374	0.370	0.365	0.361	0.357	0.353	0.349
140	0.345	0.341	0.337	0.333	0.329	0.326	0.322	0.318	0.315	0.311
150	0.308	0.304	0.301	0.298	0.295	0.291	0.288	0.285	0.282	0.279
160	0.276	0.273	0.270	0.267	0.265	0.262	0.259	0.256	0.254	0.251
170	0.249	0.246	0.244	0.241	0.239	0.236	0.234	0.232	0.229	0.227
180	0.225	0.223	0.220	0.218	0.216	0.214	0.212	0.210	0.208	0.206
190	0.204	0.202	0.200	0.198	0.197	0.195	0.193	0.191	0.190	0.188
200	0.186	0.184	0.183	0.181	0.180	0.178	0.176	0.175	0.173	0.172
210	0.170	0.169	0.167	0.166	0.165	0.163	0.162	0.160	0.159	0.158
220	0.156	0.155	0.154	0.153	0.151	0.150	0.149	0.148	0.146	0.145
230	0.144	0.143	0.142	0.141	0.140	0.138	0.137	0.136	0.135	0.134
240	0.133	0.132	0.131	0.130	0.129	0.128	0.127	0.126	0.125	0.124
250	0.123									

附表 2-7-3 **c 类截面轴心受压构件的稳定系数**

$\lambda\sqrt{\frac{f_y}{235}}$	0	1	2	3	4	5	6	7	8	9
0	1.000	1.000	1.000	0.999	0.999	0.998	0.997	0.996	0.995	0.993
10	0.992	0.990	0.988	0.986	0.983	0.981	0.978	0.976	0.973	0.970
20	0.966	0.959	0.953	0.947	0.940	0.934	0.928	0.921	0.915	0.909
30	0.902	0.896	0.890	0.884	0.877	0.871	0.865	0.858	0.852	0.846
40	0.839	0.833	0.826	0.820	0.814	0.807	0.801	0.794	0.788	0.781
50	0.775	0.768	0.762	0.755	0.748	0.742	0.735	0.729	0.722	0.715
60	0.709	0.702	0.695	0.689	0.682	0.676	0.669	0.662	0.656	0.649
70	0.643	0.636	0.629	0.623	0.616	0.610	0.604	0.597	0.591	0.584
80	0.578	0.572	0.566	0.559	0.553	0.547	0.541	0.535	0.529	0.523
90	0.517	0.511	0.505	0.500	0.494	0.488	0.483	0.477	0.472	0.467
100	0.463	0.458	0.454	0.449	0.445	0.441	0.436	0.432	0.428	0.423
110	0.419	0.415	0.411	0.407	0.403	0.399	0.395	0.391	0.387	0.383
120	0.379	0.375	0.371	0.367	0.364	0.360	0.356	0.353	0.349	0.346
130	0.342	0.339	0.335	0.332	0.328	0.325	0.322	0.319	0.315	0.312
140	0.309	0.306	0.303	0.300	0.297	0.294	0.291	0.288	0.285	0.282
150	0.280	0.277	0.274	0.271	0.269	0.266	0.264	0.261	0.258	0.256
160	0.254	0.251	0.249	0.246	0.244	0.242	0.239	0.237	0.235	0.233
170	0.230	0.228	0.226	0.224	0.222	0.220	0.218	0.216	0.214	0.212
180	0.210	0.208	0.206	0.205	0.203	0.201	0.199	0.197	0.196	0.194
190	0.192	0.190	0.189	0.187	0.186	0.184	0.182	0.181	0.179	0.178
200	0.176	0.175	0.173	0.172	0.170	0.169	0.168	0.166	0.165	0.163
210	0.162	0.161	0.159	0.158	0.157	0.156	0.154	0.153	0.152	0.151
220	0.150	0.148	0.147	0.146	0.145	0.144	0.143	0.142	0.140	0.139
230	0.138	0.137	0.136	0.135	0.134	0.133	0.132	0.131	0.130	0.129
240	0.128	0.127	0.126	0.125	0.124	0.124	0.123	0.122	0.121	0.120
250	0.119									

附表 2-7-4 **d 类截面轴心受压构件的稳定系数**

$\lambda\sqrt{\frac{f_y}{235}}$	0	1	2	3	4	5	6	7	8	9
0	1.000	1.000	0.999	0.999	0.998	0.996	0.994	0.992	0.990	0.987
10	0.984	0.981	0.978	0.974	0.969	0.965	0.960	0.955	0.949	0.944
20	0.937	0.927	0.918	0.909	0.900	0.891	0.883	0.874	0.865	0.857
30	0.848	0.840	0.831	0.823	0.815	0.807	0.799	0.790	0.782	0.774
40	0.766	0.759	0.751	0.743	0.735	0.728	0.720	0.712	0.705	0.697
50	0.690	0.683	0.675	0.668	0.661	0.654	0.646	0.639	0.632	0.625
60	0.618	0.612	0.605	0.598	0.591	0.585	0.578	0.572	0.565	0.559
70	0.552	0.546	0.540	0.534	0.528	0.522	0.516	0.510	0.504	0.498
80	0.493	0.487	0.481	0.476	0.470	0.465	0.460	0.454	0.449	0.444
90	0.439	0.434	0.429	0.424	0.419	0.414	0.410	0.405	0.401	0.397
100	0.394	0.390	0.387	0.383	0.380	0.376	0.373	0.370	0.366	0.363
110	0.359	0.356	0.353	0.350	0.346	0.343	0.340	0.337	0.334	0.331
120	0.328	0.325	0.322	0.319	0.316	0.313	0.310	0.307	0.304	0.301
130	0.299	0.296	0.293	0.290	0.288	0.285	0.282	0.280	0.277	0.275
140	0.272	0.270	0.267	0.265	0.262	0.260	0.258	0.255	0.253	0.251
150	0.248	0.246	0.244	0.242	0.240	0.237	0.235	0.233	0.231	0.229
160	0.227	0.225	0.223	0.221	0.219	0.217	0.215	0.213	0.212	0.210
[illegible]	0.208	0.206	0.204	0.203	0.201	0.199	0.197	0.196	0.194	0.192
[illegible]	[illegible]191	0.189	0.188	0.186	0.184	0.183	0.181	0.180	0.178	0.177
[illegible]	[illegible]76	0.174	0.173	0.171	0.170	0.168	0.167	0.166	0.164	0.163
[illegible]	[illegible]162									